近场动力学理论及其应用

Peridynamic Theory and Its Appplication

【美】埃尔多安·马德西 【英】额尔坎·奥特库斯 著
余 音 胡祎乐 译

上海交通大學出版社
SHANGHAI JIAO TONG UNIVERSITY PRESS

内容提要

本书旨在对近场动力学理论在统一的框架中进行阐述，除了介绍了理论基础之外，还给出了数值方法。首先介绍了近场动力学理论及其本构方程的导出，随后建立了近场动力学与经典局部理论之间的联系，并导出各向同性材料和复合材料的常规态型近场动力学方程。书中详细介绍了用于近场动力学分析的数值计算方法和具体实施步骤，并且为读者提供了丰富的基准算例，以及众多求解静力学、动力学问题的应用例题。这些例子有助于读者更直观地理解近场动力学理论和分析方法。本书的另一重要内容是与近场动力学方法相关的耦合分析方法，包括了近场动力学和有限元方法的耦合，以及近场动力学热-力耦合的分析方法。本书主要目的是为研究近场动力学的学生和研究人员提供理论基础和实际应用参考，也可用作多物理场和多尺度分析、非局部计算力学和计算损伤预测的教程。书中基准问题的求解代码可在网站 http://extras.springer.com 上获得，该代码可以根据需要自行修改。

图书在版编目(CIP)数据

近场动力学理论及其应用/(美)埃尔多安·马德西(Erdogan Madenci);(英)额尔坎·奥特库斯(Erkan Oterkus)著;余音,胡祎乐译.—上海:上海交通大学出版社,2019(2023重印)

(大飞机出版工程)

ISBN 978-7-313-20658-9

Ⅰ.①近… Ⅱ.①埃…②额…③余…④胡… Ⅲ.①动力学—研究 Ⅳ.①O313

中国版本图书馆CIP数据核字(2018)第273475号

近场动力学理论及其应用

著　者：[美]埃尔多安·马德西　[英]额尔坎·奥特库斯
译　者：余　音　胡祎乐
出版发行：上海交通大学出版社
地　址：上海市番禺路951号
邮政编码：200030
电　话：021-64071208
印　制：苏州市越洋印刷有限公司
经　销：全国新华书店
开　本：710mm×1000mm　1/16
印　张：17.5
字　数：293千字
版　次：2019年7月第1版
印　次：2023年7月第4次印刷
书　号：ISBN 978-7-313-20658-9
定　价：150.00元

将此书献给 Stewart A Silling 博士，
近场动力学之父(美国 Sandia 国家实验室)

序

结构的疲劳、损伤、断裂与破坏是在航空、航天、土木、机械、交通、水工等领域经常遇到且尚未很好解决的结构分析难题。现行的结构力学模型和数值方法，如有限元方法、边界元方法和有限差分方法等，都是基于经典的连续介质力学和热力学理论，根据物体内变形和应力的连续性，利用能量、动量和质量守恒原理，引入材料的应力-应变关系，将结构体系的静态或动态问题转化为偏微分方程的初值和边值问题，进而将其离散成线性、非线性，或时程积分方程，进行数值求解。但是，当结构在长时间、复杂荷载或超限荷载作用下，材料内部发生微结构演变、裂纹萌生和扩展时，原本连续的位移、应力场将不再连续，从而导致裂纹尖端、界面等部位的应力奇异性，使原平衡方程失效，致使连续的模型和算法无法得到定解。

在材料损伤、断裂与裂纹扩展的研究中，目前使用较为广泛的是内聚区单元(cohesive zone element, CZE)和扩展有限元方法(extended finite element method, XFEM)。CZE单元通常被放置在相邻单元的界面上，裂纹只能沿预设的单元扩展，具有极强的网格依赖性。XFEM方法通过引入额外的节点自由度和局部强化函数(enrichment function)，以表征裂纹面两侧的位移不连续性。它允许裂纹沿任意方向扩展，但是要求裂纹在相邻单元的界面上保持连续，这对于三维问题及在处理裂纹分叉与裂纹相互作用时会招致较大的计算复杂性。

为了突破已有的结构力学模型和数值方法对分析疲劳、损伤、断裂及颗粒复合材料结构问题的限制，美国Sandia国家实验室的Stewart Silling博士基于空间积分方程和非局部作用思想，重新构建了弹性力学基本方程，使之在连续和不连续区域均有定义，规避了按连续介质力学方法处理不连续问题的困难，实现了按统一的框架进行结构分析建模，分析疲劳损伤、裂纹萌生与断裂演化问题，建立了近场动力学的理论和算法。

近场动力学在处理损伤、断裂问题方面具有独特优势,裂纹可以自然萌生和自由扩展,不需要预设扩展路径,并允许多条裂纹相互作用。故自2000年问世以来,已受到广泛关注,发展极为迅速,已经从单纯的模型和方法研究迈入了精细分析和工程应用,众多学者已经将近场动力学的理论和方法应用于岩土力学、功能梯度材料、土木工程和复合材料结构分析中。近场动力学已经发展成为固体力学的一个新兴分支。

由于近场动力学的概念和参量与传统固体力学具有一定差异,因此给初学者带来了一定困难。为了使初学者尽快入门,我们推荐这本《近场动力学理论及其应用》。本书由美国亚利桑那大学的Madenci教授和Oterkus博士所著,他们对近场动力学已有深入研究,本书在其研究成果基础上吸纳了相关文献,系统整理而成。

本书的理论部分是常规态型的近场动力学,作者应用图示直观地解释了近场动力学参量的物理意义,叙述具有系统性和数学上的简洁性。全书分为两部分:第一部分为前七章,包括近场动力学基本理论、损伤描述和数值方法;第二部分为后六章,侧重于近场动力学应用,包括基准问题的求解、与有限元方法的耦合、热传导问题、热-力耦合问题等。书中还给出了可供下载的近场动力学Fortran程序的网址和众多算例的计算参数,有利于读者通过算例理解近场动力学的理论和方法,独立编写计算程序。

在序的最后,我们向余音教授、胡祎乐博士表示诚挚的感谢,感谢他们为读者轻松迈入近场动力学的门槛提供了便利,为近场动力学在中国的发展和应用付出了心血,做出了奉献。

是为序。

中国工程院院士,中国科学院数学与系统科学院研究员

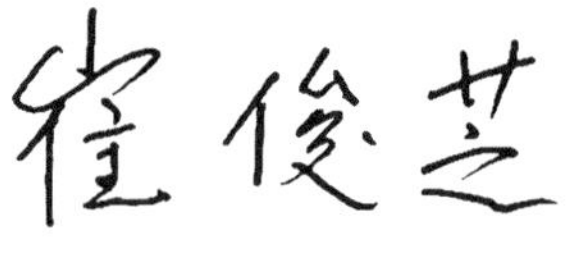

中国力学学会计算力学专业委员会副主任,河海大学教授

译　序

近场动力学方法采用积分形式的控制方程，它避免了对裂纹尖端位移场求空间导数，可有效减小裂尖的奇异性。近场动力学方法不需要预置裂纹起始位置和扩展路径，可以模拟多裂纹在三维空间内的复杂交互作用，可以同时分析裂纹扩展和场量扩散的过程。此外，近场动力学方法是一种考虑非局部作用的方法，其作用范围可根据问题的时空尺度调整，具有在统一的计算框架内进行多尺度分析的能力。

近场动力学方法特别适用于模拟和分析具有复杂破坏机理和多裂纹共存的不连续问题，已在多个领域的研究中得到应用。经过十几年的发展，全球已有众多学者长期关注近场动力学方法，并取得了丰硕的研究成果。为了进一步推动近场动力学方法在我国的发展和应用，需要凝聚更多学者和科研人员的智慧和创新工作，也需要做好基础理论的传播工作，为初学者投入近场动力学研究提供便利。

本书为英文书籍《Peridynamic Theory and Its Applications》的译著，主要阐述了近场动力学基础理论、各向同性材料近场动力学模型、复合材料层合板近场动力学模型、损伤预测方法、数值计算方法、近场动力学热扩散理论及其与机械变形的完全耦合分析。本书非常适合固体力学和复合材料力学专业的研究生了解和学习近场动力学基本概念；此外，本书翻译语言通俗易懂，图文并茂，通过大量的基准算例为读者提供了学习近场动力学基本原理和方法的有效途径。本书引用了多篇参考文献，也非常值得读者仔细研读。

本书的编写得到了孙璐妍、张劲松、刘肃肃、王其政、张卓越、陈欣华等研究生们的热情帮助，在此表示感谢。本书在编写过程中的疏漏错误之处恳请读者指正。

谨以此书奉献给近场动力学领域的工作者和学子们，祝愿我国近场动力学研究不断突破，人才辈出，硕果累累。

余　音　胡祎乐

2019年于上海交通大学

前　　言

以有限元为代表的现代数值计算技术在模拟材料失效破坏方面的能力远远落后于传统的应力分析能力。出现这一困难的原因是这些计算方法所依据的数学理论都假定物体在变形时始终保持连续。目前，用于模拟连续体断裂问题的计算方法都建立在经典连续介质力学偏微分方程的基础之上，但这些方法都存在固有的缺陷，即构成偏微分方程的空间偏导数在裂纹尖端或沿裂纹表面是不存在的。因此，一旦物体中出现裂纹，则方程中的基本数学架构就会失效。针对于此，断裂力学理论发展出了多种特殊方法来解决这个问题。这些方法的普遍思路是重新定义一个不包含裂纹的连续体，然后将裂纹以边界条件的形式加入模型中。此外，现有的模拟裂纹的方法都需要借助额外的裂纹扩展准则，还可能需要重新划分网格。这些准则根据连续介质内的局部状态来控制裂纹的演变和扩展过程。由于需要跟踪裂纹前端的运动轨迹，尤其是三维裂纹的变化过程，也可能是裂纹在不同的材料组分、界面和铺层之间的扩展过程，因此要提供准确的裂纹扩展准则并非易事。

通过分子动力学仿真或建立原子晶格模型可以解决一部分经典连续介质力学所遇到的困难。虽然这类原子(尺度的)方法能够帮助我们深入理解一些材料的断裂机理，但却难以成为工程结构建模的实用工具，因此原子方法无法用来模拟实际结构的断裂过程。

近场动力学理论可以提高材料和结构渐进失效的建模能力，并且为多物理与多尺度问题提供解决途径。尽管目前已经有大量关于近场动力学发展与应用的期刊文章和会议论文，但是近场动力学对于工程技术人员仍然是一个全新的理论。由于近场动力学理论不是建立在常用的传统概念上的，因此本书将在一个独立框架内对近场动力学理论进行说明。书中不仅介绍了近场动力学的基础理论,而且提供了它的数值计算过程。本书的开头是近场动力学理论的概述与基本方程推导;然后构建了近场动力学与经典连续介质力学的关系,从而推导出了适用于各向同性材料和复合材料的常规态型近场动力学方程;通过多个基准与示范例题的求解,详细地给出了近场动力学方程的数值计算方法;为了充分利用近场动力学和有限元方法各自的优势,本书还介绍了一种两个方法的耦合技术;最后介绍了近场动力学理论在热扩散与热-力完全耦合问题上的研究与拓展。

书中用于求解范例的参考算法可以在网站 http://extras.springer.com 上获得,以便研究人员和研究生们对这些算法进行调整和修改,编写出属于自己的求解特定问题的算法。本书的编写目的是为学生与研究人员提供近场动力学的理论与实践知识,以及提高自行编写算法和分析工程问题的能力。

致　谢

我们要感谢美国国家航空航天局兰利研究中心（NASA LaRC）的 Alex Tessler 博士、美国空军科学研究局（AFOSR）的 David Stargel 博士和波音公司（Boeing Company）的 Abe Askari 博士对本书的撰写所提供的大力支持。此外，本书的第一作者在美国桑迪亚国家实验室（Sandia National Laboratories）的学术休假期间，与 Stewart Silling 博士、Richard Lehoucq 博士、Michael Parks 博士、John Mitchell 博士和 David Littlewood 博士等研究人员展开了卓有成效的学术讨论。最后同样重要的是，本书的第一作者想要感谢美国海军航空系统司令部（NAVAIR）Nam Phan 博士的鼓励和支持。

我们非常感激 Connie Spencer 女士为了本书的出版工作，在编写、编辑和协助整理材料方面所做的宝贵努力。同时，我们还想对 Abigail Agwai 博士、Atila Barut 博士、Kyle Colavito 先生、Ibrahim Guven 博士、Bahattin Kilic 博士和 Selda Oterkus 女士在亚利桑那大学期间，在近场动力学理论研究和算例分析中所做出的重要贡献表示感谢。

目　　录

1　绪论　1
1.1　经典局部理论　1
1.1.1　失效预测方面的缺陷　1
1.1.2　改进方法　3
1.2　连续介质的非局部理论　4
1.2.1　近场动力学理论基础　7
1.2.2　特点与现状　7
参考文献　12

2　近场动力学理论　19
2.1　基本概念　19
2.2　变形　20
2.3　力密度　21
2.4　近场动力学状态　22
2.5　应变能密度　23
2.6　运动方程　24
2.7　初始条件和约束条件　27
2.7.1　初始条件　27
2.7.2　约束条件　28
2.7.3　外载荷　29
2.8　守恒定律　31
2.9　键型近场动力学　34
2.10　常规态型近场动力学　35

2.11 非常规态型近场动力学 37
参考文献 40

3 局部作用的近场动力学 42
3.1 运动方程 42
3.2 柯西应力与近场动力学力(密度)的关系 43
3.3 应变能密度 45

4 各向同性材料近场动力学模型 48
4.1 材料参数 48
4.1.1 三维结构 51
4.1.2 二维结构 55
4.1.3 一维结构 59
4.2 表面效应 61
参考文献 66

5 复合材料层合板近场动力学模型 67
5.1 基础 67
5.2 纤维增强复合材料单层板 68
5.3 复合材料层合板 71
5.4 近场动力学材料常数 78
5.4.1 单层板的材料常数 78
5.4.2 横向变形的材料常数 87
5.5 表面效应 92
参考文献 100

6 损伤预测 101
6.1 临界伸长率 101
6.2 损伤起始 106
6.3 局部损伤 107
6.4 失效载荷与裂纹扩展路径预测 107
参考文献 110

7　数值方法　111
7.1　空间离散　112
7.2　体积修正　114
7.3　时域积分　115
7.4　数值稳定性　118
7.5　自适应动力松弛法　120
7.6　数值收敛　122
7.7　表面效应　125
7.8　初始条件和边界条件的施加　126
7.9　预置裂纹和不失效区　127
7.10　裂纹扩展的局部损伤　127
7.11　质点的空间划分　129
7.12　并行计算的利用和负载平衡　130
参考文献　131

8　基准算例　133
8.1　杆的轴向振动　133
8.2　受拉伸的杆　135
8.3　受单轴拉伸或温度均匀变化的各向同性平板　136
8.4　受单轴拉伸或温度均匀变化的单层板　139
8.5　受拉伸载荷的长方体　143
8.6　受横向载荷的长方体　145
8.7　受压缩载荷的长方体　147
8.8　内部具有球形空心的长方体受径向内压　150
参考文献　152

9　非冲击问题　153
9.1　含圆孔平板受准静态拉伸载荷　153
9.2　含裂纹平板边界施加快速载荷　156
9.3　双材料板受到均匀温度变化　159
9.4　矩形板受温度梯度作用　161
参考文献　163

10 冲击问题 164
10.1 冲击模型 164
10.1.1 刚性冲击物 164
10.1.2 可变形冲击物 165
10.2 有效性验证 166
10.2.1 两个相同的可变形杆撞击 166
10.2.2 矩形板受刚性圆盘冲击 168
10.2.3 Kalthoff-Winkler 实验 170
参考文献 172

11 近场动力学理论和有限元方法的耦合 173
11.1 直接耦合 174
11.2 直接耦合法的有效性验证 178
11.2.1 杆受拉伸载荷 178
11.2.2 带孔板受拉伸载荷 180
参考文献 182

12 近场动力学热扩散 184
12.1 基础理论 184
12.2 非局部热扩散 185
12.3 态型 PD 热扩散 186
12.4 热通量和近场动力学热流状态的关系 191
12.5 初值和边界条件 193
12.5.1 初值条件 194
12.5.2 边界条件 195
12.6 键型 PD 热扩散 197
12.7 热响应函数 197
12.8 近场动力学微导热系数 198
12.8.1 一维分析 198
12.8.2 二维分析 199
12.8.3 三维分析 199
12.9 数值过程 200
12.9.1 离散方式和时间步长 201

12.9.2　数值稳定性　202
12.10　表面效应　204
12.11　数值验证　206
12.11.1　具有温度边界条件的厚板　206
12.11.2　具有热对流边界条件的厚板　208
12.11.3　具有绝热边界的平板受热冲击载荷　210
12.11.4　具有温度和绝热边界条件的长方体　211
12.11.5　具有绝热裂纹的异质材料　213
12.11.6　具有两个绝热斜裂纹的厚板　217
参考文献　220

13　热-力完全耦合的近场动力学分析　222
13.1　局部理论　223
13.2　非局部理论　224
13.3　近场动力学热-力耦合方程　225
13.3.1　具有结构耦合项的近场动力学热传导方程　225
13.3.2　具有热耦合项的近场动力学运动方程　228
13.3.3　键型近场动力学热-力耦合方程　230
13.4　热-力耦合方程的无量纲形式　231
13.4.1　特征长度和时间尺度　232
13.4.2　无量纲参数　232
13.5　数值方法　235
13.6　验证　237
13.6.1　半无限长杆受热载荷　238
13.6.2　有限长杆的热弹性振动　239
13.6.3　板受到压力冲击、温度冲击以及压力和温度组合冲击　241
13.6.4　物体受热载荷　245
参考文献　247

附录　250
索引　256

1 绪　论

1.1 经典局部理论

经典理论中的基本假设之一是它的局部性。经典连续介质理论假设一个质点仅与其直接相邻的点有相互作用，因此它是一种局部理论。质点之间的相互作用由各种平衡法则控制。局部模型中的质点只与最靠近的质点进行质量、动量和能量的交换，所以在经典力学中某点的应力状态仅取决于该点处的变形。但是，该假设的有效性在不同的研究尺度下是存疑的。在宏观尺度下，该假设一般来说是可接受的。然而，原子理论清楚地表明了远程力的存在，当几何长度尺寸变得越来越小，并接近于原子尺度时，局部作用的假设就会失效。甚至在某些宏观尺度下，局部作用的有效性也有待确定，例如微小的特征与微观结构对整个宏观结构产生的影响。

尽管已经发展了许多重要的概念来预测材料中裂纹的萌生及扩展，但在经典连续介质力学框架中，这仍然是具有挑战性的课题。其主要困难在于数学方程假设物体产生变形时仍然保持连续。因此，当物体中出现不连续时，方程的基本数学架构就会失效。在数学上，经典理论是通过空间偏微分方程表述的，而空间偏导数在不连续处不存在，这导致了经典理论的一个固有缺陷，即当不连续现象（如裂纹）出现时，控制方程中定义的空间导数就失去了意义。

1.1.1 失效预测方面的缺陷

Griffith(1921)的开创性研究建立了线弹性断裂力学(linear elastic fracture mechanics, LEFM)的概念，他在经典连续介质力学范畴内推导出的裂纹应力场具有奇异性。在 LEFM 中，必须给材料定义一个初始裂纹，并且裂纹尖端的应力场在数学上是奇异的。因此，裂纹萌生和裂纹扩展需要分别引入外部准则进行处理，如临界能量释放率，它们并不是经典连续介质力学控制方程的一部分。此外，LEFM 中的裂纹成核仍是一个尚未解决的问题。

由于存在奇异应力，因此精确计算应力强度因子或能量释放率非常困难，因为它们取决于所加载荷、几何结构以及数值求解方法。除了需要裂纹萌生的外部准则，还需要一个确定裂纹扩展方向的准则。由于存在一系列与晶界、位错、微观裂纹、各向异性等相关的多种机制，每一个特征都在特定长度尺寸上起重要作用，因此理解并预测材料失效的过程相当复杂。

许多实验表明，带有较小裂纹的材料会比带有较大裂纹的材料表现出更高的抗断裂性能，而利用经典连续介质理论得到的解都与裂纹的尺寸无关(Eringen 等人，1977)。此外，对于弹性体中短波长弹性平面波的传播，经典连续理论预测其不会发生频散，而实验却给出了不同的结果(Eringen 1972a)。在经典(局部)连续介质理论中，连续体中的一个质点只受到紧邻质点的影响，因此理论中不包含可以区别不同尺度的长度参量。

尽管经典连续介质理论不能区分不同的尺度，但它还是可以分析一些失效过程，并可以应用于广泛的工程问题，特别是采用有限元法(finite element method, FEM)。FEM 特别适合求解应力场，并且非常适合模拟具有复杂几何形状和不同材料组分的结构承受各种载荷的情况。但是，有限元法的控制方程是根据经典连续介质力学推导而来的，所以它也同样存在裂纹尖端或裂纹表面处空间导数不存在的问题。

当 LEFM 引入 FEM 时，通常需要采用特殊的单元来获得正确的裂纹尖端奇异行为(数学伪像)。在传统有限元法中，通过重新定义物体来修正由裂纹扩展产生的位移场不连续，即把裂纹定义为边界。

断裂力学领域主要关注的是一个物体内原有裂纹的演化问题，而不是新裂纹的形成。即使在求解裂纹扩展问题时，传统的有限元法也存在固有的缺陷，即每次裂纹扩展后都需要对网格重新进行划分。除了需要重新划分网格，还需要为现有的模拟断裂方法提供控制裂纹生长的动力学关系数学表达式，来描述裂纹在局部条件下如何扩展。通过这个表达式确定裂纹的起始时间，扩展的速率，扩展的方向，是否会发生转向、分支、振荡、停止等。考虑到从实验中获得和梳理断裂数据的难度，提供这样的裂纹生长的动力学关系显然是应用传统方法模拟断裂的主要障碍。考虑到裂纹尖端存在奇异性、需要借助外部准则、无法处理裂纹萌生问题以及需要重新定义物体等困难，对于多个相互作用的、扩展方式复杂的多裂纹问题用传统有限元法几乎是不可能解决的。

1.1.2 改进方法

已有许多基于 LEFM 改进传统有限元法不足的相关研究。其中 Dugdale(1960)和 Barenblatt(1962)提出的内聚力概念相对于其他断裂准则得到了更多的认可。计算断裂力学的重要突破之一是 Hillerborg 等人(1976)针对 I 型断裂模式,以及 Xu 和 Needleman(1994)针对复合断裂模式引入的内聚区单元(cohesive zone elements, CZE)。材料界面用面力-位移(traction-separation)关系来模拟,即当位移(separation)达到某个临界值时,面力(traction)为零。内聚力单元通常设置在单元表面,裂纹只能在传统(常规)单元之间发生扩展。因此材料的力学响应同时表现出常规单元和内聚力单元的特征,引入内聚力单元仅仅用于生成断裂行为。随着网格尺寸的减小,内聚区单元数量需要增加,但连续体的大小不变。因此,随着网格尺寸的减小材料出现软化现象。此外,网格划分的纹理会造成各向异性,导致计算的网格依赖性。裂纹扩展路径高度依赖于网格划分的纹理和排列(Klein 等人,2001),并且在裂纹路径未知时就要重新划分网格。

解决这些难题的一种技术途径是扩展有限元法(extended finite element method, XFEM),它可以模拟裂纹与裂纹生长,并且不需要重新划分网格(Belytschko 和 Black, 1999; Moes 等人,1999)。该方法允许裂纹在单元内任意表面扩展,而不是仅仅沿着单元边界扩展,所以它消除了内聚区单元对于新断裂面方向的限制。XFEM 是基于有限元的单元分解法建立的(Melenk 和 Babuska, 1996),它在标准有限元法的基础上引入了额外的节点自由度和局部强化函数(enrichment function),也称加强函数或增强函数。这些强化函数含有不连续位移场,可以表征裂纹面两侧的位移不连续性,还含有 LEFM 裂纹尖端位移场基函数,用于表征裂纹尖端的变形。此外,因为只需要对被裂纹分割的单元节点进行强化,所以附加的自由度可以尽可能少(Zi 等人,2007)。Zi 等人(2007)的研究工作表明,裂纹尖端所在单元的相邻单元由于受到部分强化,因此这些单元不能保证单元分解法的成立。所以,在混合区域内的解不准确,这也阻碍了该方法在具有复杂裂纹形态的多裂纹扩展和相互作用问题中的应用。虽然 XFEM 已成功应用于许多断裂问题,但是对于引入不连续位移场的强化,需要外部的准则。

在经典连续介质力学中遇到的一些困难可以通过分子动力学仿真(molecular dynamics simulations, MDS)或是原子晶格模型的方法解决。原子尺度的仿真无疑是最细致和最真实的预测材料断裂的方法(Schlangen 和 van Mier, 1992),它利用原子间作用力模拟裂纹的萌生与扩展。但是,原子尺度的研究重点是理解动态断裂基本物理过程的原理,而不能预测其过程(Cox 等人, 2005)。这一限制的主要原因来自计算资源。近年来,随着计算机技术的进步,大规模分子动力学仿真逐渐成为可能。例如,Kadau 等人(2006) 使用了3 200亿个原子对一块边长为 1.56 μm 的立方体铜块进行模拟。然而,这样的长度尺度对于现实生活中的工程结构来说仍然非常小。此外,由于时间步长很小,原子模拟的时间跨度受到严格的限制,因此大部分的仿真都是在很高的加载速率下进行的,并且目前还不清楚人为提高速率导致的高应力水平断裂过程是否能够反映低速率时的情况。

在原子晶格模型的启发下,晶格弹簧模型(lattice spring model)用离散点来表征材料,离散点之间通过弹簧或者流变单元进行相互作用,这种方法可以消除原子尺度方法在大尺寸结构仿真中的不足之处(Ostoja-Starzewski 2002)。晶格点之间的相互作用可以是只包含最近点的短程力,也可以是包含更远点的远程力(非局部)。此外,晶格的位置可以是周期性的或者无序的,周期性的晶格有三角形、正方形、蜂窝状等。但是,周期性的晶格会使材料弹性属性产生方向依赖性。适用于某种晶格类型的相互作用力不能直接用于其他类型的晶格,而且也不清楚对于某一特定问题,哪种晶格类型最为合适。

因此,原子尺度的仿真方法显然不足以模拟现实结构的断裂过程。物理学家们的实验还表明内聚力在原子间的一定距离内有作用,而经典连续介质理论中则缺少一个内在的长度参数,适用于不同尺度的模型,因为它只对波长较长的情况才有效(Eringen 1972a)。所以,为了能够考虑远程作用,Eringen 和 Edelen (1972)、Kroner(1967)、Kunin(1982)引入了连续介质的非局部理论。

1.2 连续介质的非局部理论

连续介质的非局部理论建立了经典连续介质力学与分子动力学之间的联系。在局部(经典)连续介质模型中,质点的状态受到它紧邻质点的影响;而在非局部连续介质模型中,质点的状态受有限半径区域内质点的影响。如果作用半径变得无限大,则非局部理论的模型就变成了连续情况下的分子动力学模型。所以,连续介质的非局部理论建立了经典(局部)连续介质力学与分子动力学模型之间的联系。局部和非局部连续介质模型以及与分子动力学模型之间的关系如图 1.1 所示。

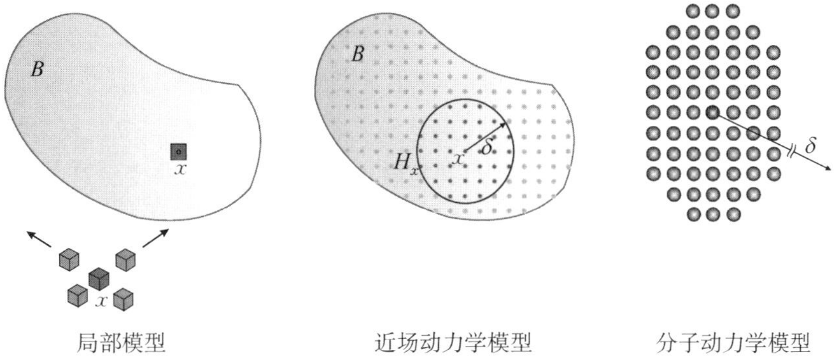

图 1.1 局部与非局部连续介质模型的关系

任意质点 x 与距离 δ 范围内的其他质点产生相互作用，与点 x 的距离小于 δ 的质点称为 x 的族，记为 H_x。在经典连续介质力学的范畴内，x 族中的质点的个数对应于一维、二维和三维分析，分别是 3、5 和 7 个(包括其本身)。

已有多种非局部理论，这些非局部理论包含了高阶位移梯度和空间积分。Eringen 和 Edelen(1972)、Eringen(1972a，b)的早期研究得到了一种用平衡定律与热力学表述的连续介质的非局部理论。然而，得到的方程颇为复杂，后来他们简化了理论，在本构关系中考虑非局部性，并保留了平衡方程和运动方程的局部形式(Eringen 等人，1977)。目前，大多数非局部理论都是通过本构关系考虑非局部性的。一方面，在一般情况下，连续介质力学中的积分型非局部材料模型中存在一个本构定律，通过它将质点处的力(应力)与一定距离外的其他质点的变形(应变)的加权平均值联系起来。另一方面，梯度型的非局部模型考虑了质点紧邻区域内物理场的高阶导数，类似于局部本构定律中应变的一阶导数。这两种类型的非局部模型都有一个相关的特征长度，它与粒子尺寸、断裂过程区尺寸和孔隙尺寸等物理长度有关。

连续介质的非局部理论不仅能描述宏观效应，而且可以描述分子尺度与原子尺度的效应。Eringen(1972b)表明非局部模型可以预测很广的波长范围。非局部理论仍然假设介质为一个连续体，但当考虑远程效应时，它比分子动力学的计算需求更低。由于经典理论是原子理论的长波极限，因此非局部理论可以描述经典长波极限到原子尺度的变形。根据 Bazant 和 Jirasek(2002)的研究，在连续介质力学中有很多需要采用非局部方法的情况。例如，可以捕捉微观结构非均质性对小尺度连续体模型的影响。尺寸效应也需要用非局部模型来捕捉，比如在实验和离散模型中观察到名义强度对于结构尺寸的依赖性，而这一特性通过局部模型无法得到。微裂纹现象也表现出非局部性。实验观察到了分布的微裂纹现象，然而，由于微裂纹的扩展不是由局部变形或局部应力决定的，因此用局部模型进行数值模拟很有挑战性，甚至不可能。有证据表明，微裂纹的特性不仅与微裂纹中心的局部变形有关，而且与微裂纹邻域内产生的变形有关(Bazant 1991)。

非局部理论还可以拓展到用于预测裂纹扩展。Eringen 和 Kim(1974a，b)的研究表明由于该理论具有非局部性质，因此裂纹尖端的应力场在接近裂尖时是有界的，而不是像经典连续介质理论预测的无限大。Eringen 和 Kim(1974a)还提出了一个自然断裂准则，将最大应力等同于使原子键连接在一起的内聚应力。该准则可以用于连续介质的任意位置，且不需要区分不连续性。尽管他们的非局部理论得出了裂纹尖端具有有限的应力，公式中仍保留了位移场导数。

后来，Eringen 和他的同事(1977)将他们的非局部理论应用于 Griffith 裂纹的建模。连续介质的非局部理论通过裂纹尖端预测得到具有物理意义的有限应力场，使得连续介质的非局部理论相对于局部理论在研究断裂问题时的优势更加明显。这是由于局部理论预测的裂纹尖端应力为无限大，而无限大的应力是没有物理意义的，因为没有材料可以承受无限大的应力。此外，Ari 和 Eringen(1983)的研究表明，使用非局部弹性模型的 Griffith 裂纹分析结果与 Elliott(1947)给出的晶格模型是一致的。尽管如此，由于他们的模型控制方程使用空间导数的形式表示，所以在裂纹处仍然没有意义。事实上，大部分非局部模型在不连续处(如裂纹)仍然会失效，因为它们和经典局部理论类似，方程包含了空间导数。比较典型的做法是在非局部模型在应力-应变关系中，通过对应变进行平均而考虑非局部性的影响(Eringen 等人，1977；Ozbolt 和 Barant，1996)或者在标准本构关系的基础上增加应变导数，于是都存在空间导数。

由 Kunin(1982，1983)和 Rogula(1982)提出的另一种类型的非局部理论规避了这个难题，因为其使用了位移场而不是它们的导数。然而，Kunin(1982)和 Rogula(1982)提出的这个理论只适用于一维介质。Kunin(1983)通过将连续介质近似为离散晶格结构，导出了一个三维非局部模型。最近，Silling(2000)提出了一个不需要空间导数的非局部理论，即近场动力学(Peridynamics，PD)理论。与之前 Kunin(1982)和 Rogula(1982)提出的非局部理论相比，PD 理论更具普适性，因为它除了一维介质之外还考虑了二维和三维介质。与 Kunin(1983)的非局部理论相比,PD 理论提供了关于位移的非线性材料响应。此外,PD 理论中的材料响应还包含了破坏。

1.2.1 近场动力学理论基础

鉴于局部和非局部理论的不足之处,Silling 等人(2000,2007)提出了非局部的近场动力学理论来处理不连续问题。与 Kunin(1982)提出的非局部理论类似,在近场动力学理论的公式中使用的是位移而不是位移导数。基本上,近场动力学理论重新构建了固体力学运动方程,使它更适合于模拟具有不连续性(如裂纹)的物体。该理论采用了可应用于不连续体的空间积分方程,这与经典理论中使用的偏微分方程不同,后者在不连续处没有定义。而近场动力学控制方程在裂纹表面处有定义,并且材料损伤也是近场动力学本构关系的一部分。这些特性使之可以模拟裂纹萌生以及裂纹沿任意路径扩展的情况,并且不需要进行特殊的裂纹扩展。此外,不同材料之间的界面也具有自己的特性。

在近场动力学理论中,质点之间通过指定的响应函数直接相互作用,响应函数包含了所有与材料相关的本构信息。响应函数还包含内部长度(近场范围)参数 δ。相互作用的局部性取决于作用范围的大小,随着作用范围减小,相互作用也变得更加局部化。因此,经典弹性理论可以认为是近场动力学理论的内部长度趋近于零时的一个极限情况。已经有研究证明通过选择适当的响应函数,近场动力学理论可以退化为线性弹性理论(Silling 等人,2003; Weckner 和 Abeyaratne,2005)。Silling 和 Bobaru(2005)给出的另一个极限情况是当内部长度趋近于原子间距离时,范德华力可以作为响应函数的一部分来模拟纳米级结构。因此,近场动力学理论能够将纳米尺度与宏观尺度的问题结合起来。与基于经典连续介质力学的方法相比,PD 理论模拟材料损伤的方法更接近真实。随着质点之间相互作用的消失,质点之间的作用断开,连续的断开则形成裂纹,并且在这一过程中积分方程仍具有有效性。

1.2.2 特点与现状

近场动力学理论与经典连续介质力学的主要区别在于前者的方程采用积分形式,而后者的方程采用位移分量的导数。积分方程的特性允许损伤在材料的多部位萌生,并沿任意路径扩展,而不需要采用特殊裂纹扩展准则。在近场动力学理论中,内力通过连续体内质点对之间的非局部相互作用表达,损伤也是本构模型的一部分。不同材料之间的界面也具有本身的特性,损伤可以在任何能量有利的时间与地点传播。PD 理论能够建立起不同尺度之间的联系,可以认为是

MDS 的连续体版本。它具有在统一的框架下解决多物理场和多尺度断裂预测的能力。

Silling(2000)证明了近场动力学理论解释物理现象的能力。Silling 在近场动力学理论的范围内研究了线性应力波的传播和波的频散,以及裂纹尖端的形状。近场动力学中长波长的线性弹性波与经典理论中的一致。在小尺度上,通过近场动力学理论预测得到,并在真实材料中发现的非线性频散曲线,不同于经典弹性理论所预测的曲线。在裂纹尖端研究中,近场动力学理论预测得到尖锐的裂纹尖端,而不是 LEFM 中得到的抛物型裂纹尖端。LEFM 中的抛物型裂纹尖端与裂纹尖端处无物理意义的无限应力有关。

Silling(2000)最初提出的近场动力学公式后来命名为“键型近场动力学理论”,该理论基于成对质点之间相互作用力大小相等的假设,导致了对材料属性的约束,例如要求各向同性材料的泊松比为 1/4。而且键型 PD 方法不能区分体积变形和几何形状的变化,因此不适合用来描述塑性不可压缩性条件,也不能利用现有的材料模型。

为了去除对材料属性的限制,Gerstle 等人(2007)引入了“微极(micropolar)近场动力学模型”,他们在键型近场动力学对点力的基础上增加了成对力矩。虽然这个模型克服了各向同性材料的约束限制,但不清楚是否也能描述不可压缩性条件。因此,Silling 等人(2007)引入了一个更通用的公式,创建了“态型近场动力学理论”,消除了键型近场动力学的局限性。态型 PD 理论基于近场动力学状态概念,它包含了有关近场动力学相互作用信息的无限维数组。Silling(2010)还通过引入“双重状态”概念,将态型 PD 理论扩展到解释质点之间的间接相互作用对其他质点的影响。最近,Lehoucq 和 Sears(2011)利用经典统计力学原理导出了近场动力学理论的能量和动量守恒定律。他们指出非局部的相互作用是连续体守恒定律所固有的特性。最近,Silling(2011)还通过引入“粗粒化方法”扩展了 PD 理论在不同尺度的应用。根据这种方法,可以通过一致的算法将较低级尺度的结构性质反映到高级尺度中。

近场动力学理论并不涉及应力和应变的概念,然而也可以在 PD 框架内定义应力张量。Lehoucq 和 Silling(2008)从非局部的 PD 相互作用导出了 PD 应力张量。应力张量由通过质点体积的 PD 力获得。Silling 和 Lehoucq(2008)研究表明,对于足够平滑的运动,一个本构模型以及任何存在的非均质体,在近场范围收敛到 0 的极限情况下,PD 应力张量收敛到 Piola-Kirchhoff 应力张量。

近场动力学理论的积分-微分方程很难解析求解。然而一些文献也报道了少量的解析解。例如，Silling 等人(2003)研究了承受自平衡分布载荷的无限长杆的变形，通过傅里叶变换，求得了线性 Fredholm 积分方程形式的解析解。该解揭示了经典理论无法得到的有趣结果，包括位移场的衰减振荡和在加载区域外传播的逐渐减弱的不连续现象。Weckner 等人(2009)也使用拉普拉斯和傅里叶变换，并利用格林函数求得了三维 PD 解的积分表达式。Mikata(2012)采用该方法独立研究了一维无限杆的蠕动和近场动力学解，发现近场动力学能够表示某些特定波数负群速度，即可以用来模拟特定类型的不规则频散介质。

近场动力学不仅可用于线弹性材料行为，而且可用于非线性弹性(Silling 和 Bobaru，2005)、塑性(Silling 等人，2007；Mitchell，2011a)、黏弹性(Kilic，2008；Taylor，2008；Mitchell，2011b)和黏塑性(Taylor，2008；Foster 等人，2010)材料行为。Dayal 和 Bhattacharya(2006)用近场动力学理论研究了固体中相变的动力学问题。他们通过将成核视为动力不稳定的导出了成核准则。

求解 PD 方程需要在时间和空间上进行数值积分，可以采用简单的显式高斯求积技术求解。Silling 和 Askari(2005)介绍了这些技术及其在近场动力学中的应用，还给出了时间积分收敛的稳定性准则，并讨论了空间积分均匀离散化(网格)的精度。随后，Emmrich 和 Weckner(2007)提出了不同的空间离散化方案，并用一维线性微弹性材料的无限长杆进行验证。最近，Bobaru 等人(2009)以及 Bobaru 和 Ha(2011 年)研究了非均匀网格和非均匀近场范围的空间积分。为了提高时间积分的数值精度和效率，Polleschi(2010)提出了一种时间积分的显式-隐式混合方法，时间步长的积分是显式的，每一时间步中有一个隐式循环。类似地，Yu 等人(2011)提出了一种自适应梯形积分方法，采用相对-绝对误差综合控制。此外，Mitchell(2011a，b)采用了隐式时间积分方法。

虽然 PD 运动方程包含了惯性项，但如 Kilic 和 Madenci(2010a)所展示的，通过适当的方法可使惯性项消除，也可用于准静态问题的分析。同时，Wang 和 Tian(2012)介绍了一种快速 Galerkin 方法，具有很高的矩阵组集和存储效率。

PD 参数决定了非局部性的程度，即近场范围(horizon)；因此，选择合适的尺寸来获得准确的结果并代表实际的物理意义至关重要。在最近的一项研究中，Bobaru 和 Hu(2012)讨论了 PD 理论中近场范围的含义、选择和使用方法，并解释了什么条件下裂纹的扩展速度与近场范围的大小有关以及入射波对扩展速度的作用。PD 理论中的影响函数是另一个重要参数，决定了质点之间相互作用的强度。Seleson 和 Parks(2011)通过简单一维模型中波的传播和三维模型中的脆性断裂研究了影响函数的作用。

PD 方程的空间积分非常适合并行计算。然而,负载分布是获得最有效的计算环境的关键问题。Kilic(2008)提出了一种有效的负载分布方案。此外,Liu 和 Hong(2012a)证明了采用图形处理单元(GPU)架构可以达到同样的目的。

PD 理论允许裂纹的萌生和生长。Silling 等人(2010)建立了弹性体中出现不连续(裂纹成核)的条件。裂纹生长需要一个材料失效临界参数。Silling 和 Askari(2005)最先对于脆性材料提出的失效参数为"临界伸长率",它可以与材料的临界能量释放率相联系。Warren 等人(2009)指出非常规态型 PD 理论可以基于临界等效应变(剪切应变的量度)或体积应变(dilatation)的平均值来捕捉断裂。Foster 等人(2011)提出用临界能量密度替代临界参数,并将其与临界能量释放率联系起来。如 Siling 和 Lehoucq(2010)以及 Hu 等人(2012b)所展示的,PD 理论还可以计算 J 积分值,这是断裂力学的一个重要参数。

Silling(2003)研究了 Kalthoff-Winkler 实验,该实验中对一个具有两个平行缺口的平板进行冲击,近场动力学模拟成功地捕捉到了实验中观察到的裂纹扩展的角度。Silling 和 Askari(2004)还给出了包括 Charpy V 形缺口实验的冲击损伤模拟。Ha 和 Bobaru(2011)成功地模拟了在实验中观察到的各种动态断裂特性,包括裂纹分支、裂纹路径不稳定等。此外,Agwai 等人(2011)将他们的 PD 分析结果与扩展有限元法(XFEM)和内聚力模型(CZM)预测的结果进行比较,所有的方法计算得到的裂纹扩展速度都在同样的数量级上;然而,PD 预测到的断裂路径更接近实验观察到的结果,其中包括分叉行为和微观分叉行为。

PD 理论描述了局部失效(如裂纹生长)与结构稳定性导致的总体失效之间的相互作用。Kilic 和 Madenci(2009a)研究了带缺口(裂纹初始点)的矩形柱在压缩载荷下以及受约束的平板在均匀温度载荷下的屈曲特性,后者的分析利用了几何缺陷触发侧向位移。

PD 理论还允许存在多个载荷路径,如冲击后的压缩。Demmie 和 Silling(2007)研究了大体积物体对钢筋混凝土结构的撞击产生的极限载荷和混凝土结构的爆炸载荷。这项研究最近被 Oterkus 等人(2012a)扩展到预测混凝土结构受冲击损伤后的剩余强度。

近场动力学理论还可以用来模拟复合材料的损伤。在 PD 框架内,通过在纤维和其他(纤维以外的)方向上设置不同的材料属性是实现具有方向特性的复合材料单层建模最简单的方法。相邻层之间的相互作用通过层间键定义。Askari 等人(2006)和 Colavito 等人(2007a, b)预测了受低速冲击的复合材料层合板的损伤，以及编织复合材料的静压痕损伤。Xu 等人(2007)研究了受双轴载荷作用的带缺口复合材料层合板。此外，Oterkus 等人(2010)表明 PD 分析能够得到复合材料螺栓连接接头的挤压和剪切破坏模式。

Xu 等人(2008)分析了由低速冲击产生的复合材料层合板的分层和基体破坏过程。最近，Askari 等人(2011)考虑了高能和低能的冰雹冲击对增韧环氧树脂、中模量碳纤维复合材料的影响。此外，Hu 等人(2012a)预测了拉伸载荷下含有中心裂纹层压板中的纤维、基体和分层破坏模式。Oterkus 和 Madenci (2012)给出了包括热载荷条件在内的 PD 材料参数的解析推导。他们还证明了成对相互作用的假设对材料常数产生的约束。Kilic 等人(2009)介绍了另一种复合材料建模方法，根据体积分数区分纤维和基体材料，虽然这种方法具有考虑了非均质结构的优点，但是计算量比均质化技术大得多。Alali 和 Lipton(2012)提出的一种复合材料建模方法将微观和宏观连接起来，该方法受双尺度演化方程的影响。方程的微观部分作用于非均质尺度上的动力学问题，宏观部分则作用于均质的动力学问题。

由于近场动力学运动方程的数值解比局部方法(如 FEM)的计算量大，所以将 PD 理论和局部解结合起来是有利的。在最近的研究中，Seleson 等人(2013)提出了一个基于力的混合模型，该模型通过混合函数的积分所构成的非局部权重把 PD 理论和经典弹性理论耦合起来。他们把这种方法推广到近场动力学和任意阶数的高阶梯度模型的耦合分析中。在另一项研究中，Lubineau 等人(2012)通过只影响本构参数的转换(变形)来实现局部和非局部解的耦合。该方法中变形函数(morphing function)的定义取决于能量的等效。除了这些技术，Kilic 和 Madenci(2010b)以及 Liu 和 Hong(2012b)把 FEM 和近场动力学耦合起来。Macek 和 Siling(2007)介绍了一个更简单的耦合过程，该方法用桁架单元来表示 PD 的相互作用。如果只有某部分区域希望使用近场动力学建模，那么其他部分可以用传统有限元法建模。Oterkus 等人(2012b)和 Agwai 等人(2012)提出了另一个简单的方法，先通过有限元分析求得位移场，再将已经得到的位移作为临界区域的近场动力学模型的边界条件。

近场动力学理论也适用于热载荷情况。Kilic 和 Madenci(2010c)在近场动力学相互作用的响应函数中写入了热力项。Kilic 和 Madenci(2009b)采用该方法预测了含有单个或多个预置裂纹的淬火玻璃平板在热载荷作用下产生的裂纹扩展模式，Kilic 和 Madenci(2010c)还预测了在不同材料的区域内由于热载荷导致的损伤萌生和扩展。

PD理论可进一步延伸至热扩散问题。Gerstle等人(2008)构建了一个电子迁移的近场动力学模型,该模型解释了一维物体中的热传导过程。此外,Bobaru和Duangpanya(2010,2012)介绍了一个多维PD热传导方程,并考虑了诸如绝缘裂纹等不连续性区域。这两项研究都采用了键型近场动力学方法。随后,Agwai(2011)推导了态型近场动力学热传导方程,并将其进一步扩展为热-力完全耦合的近场动力学方程。

近场动力学理论已成功地用于从宏观到纳米等不同长度尺度的许多损伤预测问题。为了考虑范德华相互作用,Siling和Bobaru(2005)以及Bobaru(2007)在PD响应函数中引入了一个附加项来表示范德华力。这一新的方程可用于研究三维纳米纤维网在拉伸变形后的力学行为、强度和韧性。结果表明,范德华力的引入显著改变了纳米纤维网状结构的整体变形行为。在最近的研究中,Seleson等人(2009)证明了PD可以作为分子动力学的高级尺度,并指出了PD可以恢复分子动力学解的程度。Celic等人(2011)利用PD获得了在定制的原子力显微镜(AFM)和扫描电子显微镜(SEM)下,受到弯曲载荷的镍纳米纤维的力学性能,并将断裂的纳米纤维的SEM图像与近场动力学仿真结果进行了比较。

尽管已经有大量的关于近场动力学的发展与应用的期刊文章与会议论文,近场动力学在科学领域仍然是一个全新的理论,因为近场动力学不是建立在以前通用的概念上的。本书的编写目的是在一个统一框架中说明近场动力学,书中不仅介绍了理论基础,而且介绍了它的数值实施方法。

全书以近场动力学理论的概述与基本方程的推导开始,建立了近场动力学与经典连续介质力学的关系,从而导出了适用于各向同性材料和复合材料的常规态型近场动力学方程;详细介绍了求解多个基准和示范算例中近场动力学方程的数值方法。为了充分利用近场动力学和有限元法的各自优势,本书给出了一种详细的耦合技术。最后,本书介绍了近场动力学在热扩散与热-力完全耦合分析方面的拓展应用。可在网站 http://extras.springer.com 上获得解决书中基准问题的Fortran程序。

参 考 文 献

Agwai A (2011) A peridynamic approach for coupled fields. Dissertation, University of Arizona.

Agwai A, Guven I, Madenci E (2011) Predicting crack propagation with peridynamics: a comparative study. Int J Fracture 171: 65 - 78.

Agwai A, Guven I, Madenci E (2012) Drop-shock failure prediction in electronic packages by using peridynamic theory. IEEE Trans Adv Pack 2(3): 439 - 447.

Alali B, Lipton R (2012) Multiscale dynamics of heterogeneous media in the peridynamic formulation. J Elast 106: 71 - 103.

Ari N, Eringen AC (1983) Nonlocal stress field at Griffith crack. Cryst Latt Defect Amorph Mater 10: 33 - 38.

Askari E, Xu J, Silling SA (2006) Peridynamic analysis of damage and failure in composites. Paper 2006 - 88 presented at the 44th AIAA aerospace sciences meeting and exhibit. Grand Sierra Resort Hotel, Reno, 9 - 12 Jan 2006.

Askari A, Nelson K, Weckner O, Xu J, Silling S (2011) Hail impact characteristics of a hybrid material by advanced analysis techniques and testing. J Aerosp Eng 24: 210 - 217.

Barenblatt GI (1962) The mathematical theory of equilibrium cracks in brittle fracture. Adv Appl Mech 7: 56 - 125.

Bazant ZP (1991) Why continuum damage is nonlocal—micromechanics arguments. J Eng Mech 117: 1070 - 1087.

Bazant ZP, Jirasek M (2002) Nonlocal integral formulations of plasticity and damage: survey of progress. J Eng Mech 128(11): 1119 - 1149.

Belytschko T, Black T (1999) Elastic crack growth in finite elements with minimal remeshing. Int J Numer Meth Eng 45: 601 - 620.

Bobaru F (2007) Influence of Van Der Waals forces on increasing the strength and toughness in dynamic fracture of nanofiber networks: a peridynamic approach. Model Simul Mater Sci Eng 15: 397 - 417.

Bobaru F, Duangpanya M (2010) The peridynamic formulation for transient heat conduction. Int J Heat Mass Trans 53: 4047 - 4059.

Bobaru F, Duangpanya MA (2012) Peridynamic formulation for transient heat conduction in bodies with evolving discontinuities. J Comput Phys 231: 2764 - 2785.

Bobaru F, Ha YD (2011) Adaptive refinement and multiscale modeling in 2D peridynamics. Int J Multiscale Comput Eng 9(6): 635 - 660.

Bobaru F, Hu W (2012) The meaning, selection and use of the peridynamic horizon and its relation to crack branching in brittle materials. Int J Fract 176(2): 215 - 222.

Bobaru F, Yang M, Alves LF, Silling SA, Askari E, Xu J (2009) Convergence, adaptive refinement, and scaling in 1D peridynamics. Int J Numer Meth Eng 77: 852 - 877.

Celik E, Guven I, Madenci E (2011) Simulations of nanowire bend tests for extracting mechanical properties. Theor Appl Fract Mech 55: 185 - 191.

Colavito KW, Kilic B, Celik E, Madenci E, Askari E, Silling S (2007a) Effect of void content on stiffness and strength of composites by a peridynamic analysis and static indentation test. Paper 2007 - 2251 presented at the 48th AIAA/ASME/ASCE/AHS/ASC structures, structural dynamics, and materials conference, Waikiki, 23 - 26 Apr 2007.

Colavito KW, Kilic B, Celik E, Madenci E, Askari E, Silling S (2007b) Effect of nano particles on stiffness and impact strength of composites. Paper 2007 - 2001 presented at the 48th AIAA/ASME/ASCE/AHS/ASC structures, structural dynamics, and materials conference, Waikiki, 23 - 26 Apr 2007.

Cox BN, Gao H, Gross D, Rittel D (2005) Modern topics and challenges in dynamic fracture. J Mech Phys Solid 53: 565 - 596.

Dayal K, Bhattacharya K (2006) Kinetics of phase transformations in the peridynamic formulation of continuum mechanics. J Mech Phys Solids 54: 1811 - 1842.

Demmie PN, Silling SA (2007) An approach to modeling extreme loading of structures using peridynamics. J Mech Mater Struct 2(10): 1921 - 1945.

Dugdale DS (1960) Yielding of steel sheets containing slits. J Mech Phys Solids 8(2): 100 - 104.

Elliott HA (1947) An analysis of the conditions for rupture due to Griffith cracks. Proc Phys Soc 59: 208 - 223.

Emmrich E, Weckner O (2007) The peridynamic equation and its spatial discretization. J Math Model Anal 12(1): 17 - 27.

Eringen AC (1972a) Nonlocal polar elastic continua. Int J Eng Sci 10: 1 - 16.

Eringen AC (1972b) Linear theory of nonlocal elasticity and dispersion of plane waves. Int J Eng Sci 10: 425 - 435.

Eringen AC, Edelen DGB (1972) On nonlocal elasticity. Int J Eng Sci 10: 233 - 248.

Eringen AC, Kim BS (1974a) Stress concentration at the tip of crack. Mech Res Commun 1: 233 - 237.

Eringen AC, Kim BS (1974b) On the problem of crack tip in nonlocal elasticity. In: Thoft-Christensen P (ed) Continuum mechanics aspects of geodynamics and rock fracture mechanics. Proceedings of the NATO advanced study institute held in Reykjavik, 11 - 20 Aug 1974. D. Reidel, Dordrecht, pp 107 - 113.

Eringen AC, Speziale CG, Kim BS (1977) Crack-tip problem in non-local elasticity. J Mech Phys Solids 25: 339 - 355.

Foster JT, Silling SA, Chen WW (2010) Viscoplasticity using peridynamics. Int J Numer Meth Eng 81: 1242 - 1258.

Foster JT, Silling SA, Chen W (2011) An energy based failure criterion for use with peridynamic states. Int J Multiscale Comput Eng 9(6): 675 - 688.

Gerstle W, Sau N, Silling S (2007) Peridynamic modeling of concrete structures. Nucl Eng Des 237(12 - 13): 1250 - 1258.

Gerstle W, Silling S, Read D, Tewary V, Lehoucq R (2008) Peridynamic simulation of electromigration. Comput Mater Continua 8(2): 75 - 92.

Griffith AA (1921) The phenomena of rupture and flow in solids. Philos Trans R Soc Lond A 221: 163 - 198.

Ha YD, Bobaru F (2011) Characteristics of dynamic brittle fracture captured with peridynamics. Eng Fract Mech 78: 1156 - 1168.

Hillerborg A, Modeer M, Petersson PE (1976) Analysis of crack formation and crack growth by means of fracture mechanics and finite elements. Cem Concr Res 6(6): 773 - 781.

Hu W, Ha YD, Bobaru F (2012a) Peridynamic model for dynamic fracture in unidirectional fiberreinforced composites. Comput Meth Appl Mech Eng 217 - 220: 247 - 261.

Hu W, Ha YD, Bobaru F, Silling SA (2012b) The formulation and computation of the non-local J-integral in bond-based peridynamics. Int J Fract 176: 195 - 206.

Kadau K, Germann TC, Lomdahl PS (2006) Molecular dynamics comes of age: 320 billion atom simulation on BlueGene/L. Int J Mod Phys C 17: 1755 - 1761.

Kilic B (2008) Peridynamic theory for progressive failure prediction in homogeneous and heterogeneous materials. Dissertation, University of Arizona.

Kilic B, Madenci E (2009a) Structural stability and failure analysis using peridynamic theory. Int J Nonlinear Mech 44: 845 - 854.

Kilic B, Madenci E (2009b) Prediction of crack paths in a quenched glass plate by using peridynamic theory. Int J Fract 156: 165 - 177.

Kilic B, Madenci E (2010a) An adaptive dynamic relaxation method for quasi-static simulations using the peridynamic theory. Theor Appl Fract Mech 53: 194 - 201.

Kilic B, Madenci E (2010b) Coupling of peridynamic theory and finite element method. J Mech Mater Struct 5: 707 - 733.

Kilic B, Madenci E (2010c) Peridynamic theory for thermomechanical analysis. IEEE Trans Adv Packag 33: 97 - 105.

Kilic B, Agwai A, Madenci E (2009) Peridynamic theory for progressive damage prediction in centre-cracked composite laminates. Compos Struct 90: 141 - 151.

Klein PA, Foulk JW, Chen EP, Wimmer SA, Gao H (2001) Physics-based modeling of brittle fracture: cohesive formulations and the application of meshfree methods. Theor Appl Fract Mech 37: 99 - 166.

Kroner E (1967) Elasticity theory of materials with long range cohesive forces. Int J Solids Struct 3: 731 - 742.

Kunin IA (1982) Elastic media with microstructure I: one dimensional models. Springer, Berlin.

Kunin IA (1983) Elastic media with microstructure II: three-dimensional models. Springer, Berlin.

Lehoucq RB, Sears MP (2011) Statistical mechanical foundation of the peridynamic nonlocal continuum theory: energy and momentum conservation laws. Phys Rev E 84: 031112.

Lehoucq RB, Silling SA (2008) Force flux and the peridynamic stress tensor. J Mech Phys Solids 56: 1566 - 1577.

Liu W, Hong J (2012a) Discretized peridynamics for brittle and ductile solids. Int J Numer Meth Eng 89(8): 1028 - 1046.

Liu W, Hong J (2012b) A coupling approach of discretized peridynamics with finite element method. Comput Meth Appl Mech Eng 245 - 246: 163 - 175.

Lubineau G, Azdoud Y, Han F, Rey C, Askari A (2012) A morphing strategy to couple nonlocal to local continuum mechanics. J Mech Phys Solids 60: 1088 - 1102.

Macek RW, Silling SA (2007) Peridynamics via finite element analysis. Finite Elem Anal Des 43 (15): 1169 - 1178.

Melenk JM, Babuska I (1996) The partition of unity finite element method: basic theory and applications. Comput Meth Appl Mech Eng 139: 289 - 314.

Mikata Y (2012) Analytical solutions of peristatic and peridynamic problems for a 1D infinite rod. Int J Solids Struct 49(21): 2887 - 2897.

Mitchell JA (2011a) A nonlocal, ordinary, state-based plasticity model for peridynamics. SAND2011 - 3166. Sandia National Laboratories, Albuquerque.

Mitchell JA (2011b) A non-local, ordinary-state-based viscoelasticity model for peridynamics. SAND2011 - 8064. Sandia National Laboratories, Albuquerque.

Moes N, Dolbow J, Belytschko T (1999) A finite element method for crack growth without remeshing. Int J Numer Meth Eng 46: 131 - 150.

Ostoja-Starzewski M (2002) Lattice models in micromechanics. Appl Mech Rev 55: 35 - 60.

Oterkus E, Madenci E (2012) Peridynamic analysis of fiber reinforced composite materials. J Mech Mater Struct 7(1): 45 - 84.

Oterkus E, Barut A, Madenci E (2010) Damage growth prediction from loaded composite fastener holes by using peridynamic theory. In: Proceedings of the 51st AIAA/ASME/ASCE/AHS/ASC structures, structural dynamics, and materials conference, April 2010. AIAA, Reston, Paper 2010 - 3026.

Oterkus E, Guven I, Madenci E (2012a) Impact damage assessment by using peridynamic theory. Cent Eur J Eng 2(4): 523 - 531.

Oterkus E, Madenci E, Weckner O, Silling S, Bogert P, Tessler A (2012b) Combined finite element and peridynamic analyses for predicting failure in a stiffened composite curved panel with a central slot. Compos Struct 94: 839 - 850.

Ozbolt J, Bazant ZP (1996) Numerical smeared fracture analysis: nonlocal microcrack interaction approach. Int J Numer Meth Eng 39: 635 - 661.

Polleschi M (2010) Stability and applications of the peridynamic method. Thesis, Polytechnic University of Turin.

Rogula D (1982) Nonlocal theory of material media. Springer, Berlin, pp 137 - 243.

Schlangen E, van Mier JGM (1992) Simple lattice model for numerical simulation of fracture of concrete materials and structures. Mater Struct 25: 534 - 542.

Seleson P, Parks ML (2011) On the role of influence function in the peridynamic theory. Int J Multiscale Comput Eng 9(6): 689 - 706.

Seleson P, Parks ML, Gunzburger M, Lehocq RB (2009) Peridynamics as an upscaling of molecular dynamics. Multiscale Model Simul 8(1): 204 - 227.

Seleson P, Beneddine S, Prudhomme S (2013) A force-based coupling scheme for peridynamics and classical elasticity. Comput Mater Sci 66: 34 - 49.

Silling SA (2000) Reformulation of elasticity theory for discontinuities and long-range forces. J Mech Phys Solids 48: 175 - 209.

Silling SA (2003) Dynamic fracture modeling with a meshfree peridynamic code. In: Bathe KJ (ed) Computational fluid and solid mechanics. Elsevier, Amsterdam, pp 641 - 644.

Silling SA (2010) Linearized theory of peridynamic states. J Elast 99: 85 - 111.

Silling SA (2011) A coarsening method for linear peridynamics. Int J Multiscale Comput Eng 9 (6): 609 - 622.

Silling SA, Askari A (2004) Peridynamic modeling of impact damage. In: Moody FJ (ed) PVP-vol. 489. American Society of Mechanical Engineers, New York, pp 197 - 205.

Silling SA, Askari A (2005) A meshfree method based on the peridynamic model of solid mechanics. Comput Struct 83(17 - 18): 1526 - 1535.

Silling SA, Bobaru F (2005) Peridynamic modeling of membranes and fibers. Int J Nonlinear Mech 40: 395 - 409.

Silling SA, Lehoucq RB (2008) Convergence of peridynamics to classical elasticity theory. J Elast 93: 13 - 37.

Silling SA, Lehoucq RB (2010) Peridynamic theory of solid mechanics. Adv Appl Mech 44: 73 - 168.

Silling SA, Zimmermann M, Abeyaratne R (2003) Deformation of a peridynamic bar. J Elast 73: 173 - 190.

Silling SA, Epton M, Weckner O, Xu J, Askari A (2007) Peridynamics states and constitutive modeling. J Elast 88: 151 - 184.

Silling SA, Weckner O, Askari A, Bobaru F (2010) Crack nucleation in a peridynamic solid. Int J Fract 162: 219 - 227.

Taylor MJ (2008) Numerical simulation of thermo-elasticity, inelasticity and rupture in membrane theory. Dissertation, University of California, Berkeley.

Wang H, Tian H (2012) A fast Galerkin method with efficient matrix assembly and storage for a peridynamic model. J Comput Phys 231: 7730 - 7738.

Warren TL, Silling SA, Askari A, Weckner O, Epton MA, Xu J (2009) A non-ordinary state-based peridynamic method to model solid material deformation and fracture. Int J Solids Struct 46: 1186 - 1195.

Weckner O, Abeyaratne R (2005) The effect of long-range forces on the dynamic bar. J Mech Phys Solids 53: 705 - 728.

Weckner O, Brunk G, Epton MA, Silling SA, Askari E (2009) Green's functions in non-local three-dimensional linear elasticity. Proc R Soc A 465: 3463 - 3487.

Xu XP, Needleman A (1994) Numerical simulations of fast crack growth in brittle solids. J Mech Phys Solids 42: 1397 - 1434.

Xu J, Askari A, Weckner O, Razi H, Silling S (2007) Damage and failure analysis of composite laminates under biaxial loads. In: Proceedings of the 48th AIAA/ASME/ASCE/AHS/ASC structures, structural dynamics, and materials conference, April 2007. AIAA, Reston. doi: 10. 2514/6. 2007 - 2315.

Xu J, Askari A, Weckner O, Silling SA (2008) Peridynamic analysis of impact damage in composite laminates. J Aerosp Eng 21(3): 187 - 194.

Yu K, Xin XJ, Lease KB (2011) A new adaptive integration method for the peridynamic theory. Model Simul Mater Sci Eng 19: 45003.

Zi G, Rabczuk T, Wall W (2007) Extended meshfree methods without branch enrichment for cohesive cracks. Comput Mech 40: 367 - 382.

2　近场动力学理论

2.1　基本概念

在任一时刻，材料中的每一点都表示了一个物质粒子的位置，而这些无限多的质点（粒子）就构成了连续体。在物体未变形时，质点的坐标为 $\boldsymbol{x}_{(k)}$（其中 $k = 1,\ 2,\ \cdots,\ \infty$），并且每个质点都有其各自的质点体积 $V_{(k)}$ 和质量密度 $\rho[\boldsymbol{x}_{(k)}]$。质点可以受到体力、位移或速度的作用，从而产生运动和变形。在笛卡尔坐标系中，质点 $\boldsymbol{x}_{(k)}$ 在经历了位移 $\boldsymbol{u}_{(k)}$ 后，它的位置由变形状态下的位置矢量（简称位矢）$\boldsymbol{y}_{(k)}$ 描述。质点 $\boldsymbol{x}_{(k)}$ 的位移和体力矢量分别用 $\boldsymbol{u}_{(k)}[\boldsymbol{x}_{(k)},\ t]$ 和 $\boldsymbol{b}_{(k)}[\boldsymbol{x}_{(k)},\ t]$ 表示。质点运动符合拉格朗日描述。

根据 Silling(2000) 提出的近场动力学（PD）理论，通过研究物体中质点 $\boldsymbol{x}_{(k)}$ 与其他可能无限多的质点 $\boldsymbol{x}_{(j)}$（其中 $j = 1,\ 2,\ \cdots,\ \infty$）的相互作用来分析物体的运动。因此，质点 $\boldsymbol{x}_{(k)}$ 与其他质点之间可能存在无限多个相互作用。我们假定质点 $\boldsymbol{x}_{(k)}$ 与超出某个局部区域（近场范围）的质点之间的相互作用为零，如图 2.1 所示，近场范围中的点表示为族 $H_{\boldsymbol{x}_{(k)}}$。类似地，质点 $\boldsymbol{x}_{(j)}$ 也仅与其族 $H_{\boldsymbol{x}_{(j)}}$ 中的质点存在相互作用。

也就是说，PD 理论研究的是质点与其（影响）范围内的所有质点相互作用的物理现象，如图 2.1 所示。质点 $\boldsymbol{x}_{(k)}$ 的（影响）范围由 δ 定义，称为“近场范围”。而在质点 $\boldsymbol{x}_{(k)}$ 近场范围 δ 内的质点称为 $\boldsymbol{x}_{(k)}$ 的族 $H_{\boldsymbol{x}_{(k)}}$。质点之间的相互作用受到微势能的控制，微势能是一个关于变形和材料本构特性的函数。相互作用的局部性取决于近场范围的大小，随着 δ 的减小，相互作用也变得更加局部化。因此，可以将经典的弹性力学理论看作近场动力学理论的近场范围趋近于 0 时的一个极限情况（Silling 和 Lehoucq，2008）。

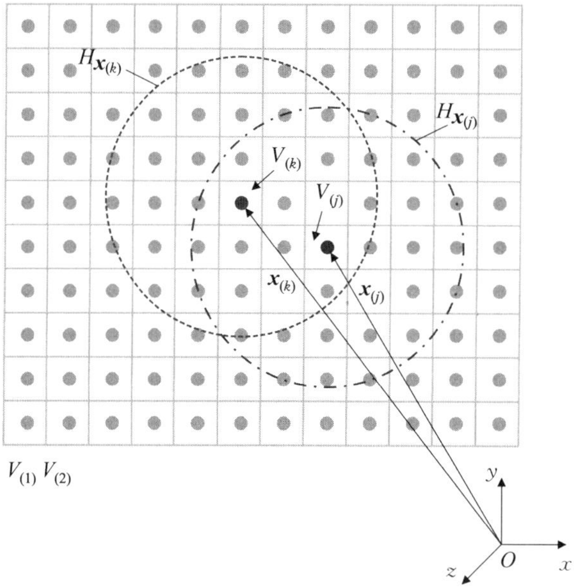

图 2.1　无穷多的 PD 质点以及质点 $\boldsymbol{x}_{(k)}$ 与 $\boldsymbol{x}_{(j)}$ 之间的相互作用

2.2　变形

如图 2.2 所示，质点 $\boldsymbol{x}_{(k)}$ 与族 $H_{\boldsymbol{x}_{(k)}}$ 内的质点具有相互作用，并且受到所有这些质点处的变形的影响。同样地，质点 $\boldsymbol{x}_{(j)}$ 也受到族 $H_{\boldsymbol{x}_{(j)}}$ 内质点处的变

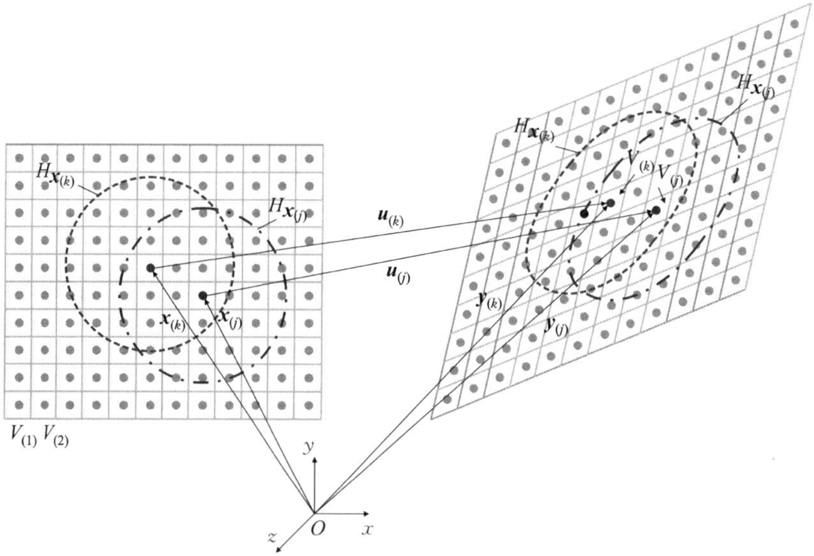

图 2.2　PD 质点的运动

形的影响。在变形后的构型中，质点 $\boldsymbol{x}_{(k)}$ 和 $\boldsymbol{x}_{(j)}$ 分别经历了位移 $\boldsymbol{u}_{(k)}$ 和$\boldsymbol{u}_{(j)}$，如图 2.2 所示。它们在变形前、后的相对位矢分别为$[\boldsymbol{x}_{(j)}-\boldsymbol{x}_{(k)}]$和$[\boldsymbol{y}_{(j)}-\boldsymbol{y}_{(k)}]$。质点 $\boldsymbol{x}_{(k)}$ 和 $\boldsymbol{x}_{(j)}$ 之间的伸长率(stretch)定义为

$$s_{(k)(j)}=\frac{|\boldsymbol{y}_{(j)}-\boldsymbol{y}_{(k)}|-|\boldsymbol{x}_{(j)}-\boldsymbol{x}_{(k)}|}{|\boldsymbol{x}_{(j)}-\boldsymbol{x}_{(k)}|} \tag{2.1}$$

在变形后的构型中，所有与质点 $\boldsymbol{x}_{(k)}$ 相关的相对位矢$[\boldsymbol{y}_{(j)}-\boldsymbol{y}_{(k)}]$(其中 $j=1, 2, \cdots, \infty$)，形成一个无限维数组，或者称为变形矢量状态$\underline{\boldsymbol{Y}}$

$$\underline{\boldsymbol{Y}}[\boldsymbol{x}_{(k)}, t]=\begin{Bmatrix}[\boldsymbol{y}_{(1)}-\boldsymbol{y}_{(k)}]\\ \vdots \\ [\boldsymbol{y}_{(\infty)}-\boldsymbol{y}_{(k)}]\end{Bmatrix} \tag{2.2}$$

Silling 等人(2007)推导了矢量状态的定义和数学特性，它们与 PD 方程相关的特性在附录中进行了总结。

2.3 力密度

如图 2.3 所示，质点 $\boldsymbol{x}_{(k)}$ 与族 $H_{\boldsymbol{x}_{(k)}}$ 内的质点相互作用，而且受到所有这些质点变形的共同影响，由此产生了作用于质点 $\boldsymbol{x}_{(k)}$ 的力密度矢量 $\boldsymbol{t}_{(k)(j)}$。它可

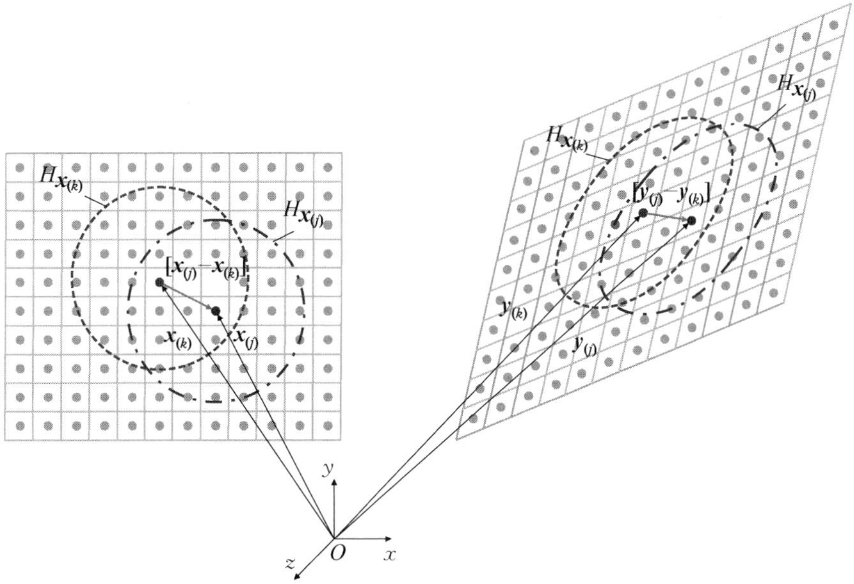

(a)

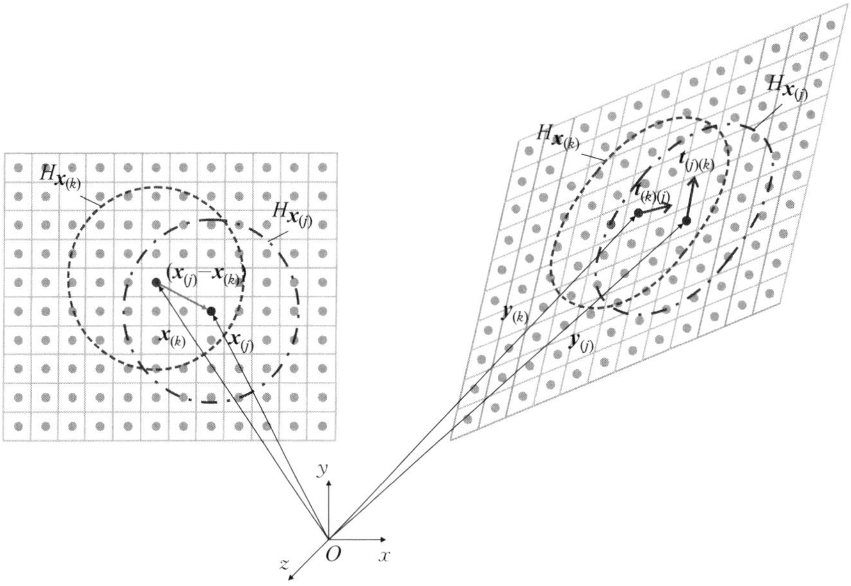

(b)

图 2.3　PD 矢量状态

(a) 变形$\underline{\boldsymbol{Y}}$　(b) 力$\underline{\boldsymbol{T}}$

以看作是由质点 $\boldsymbol{x}_{(j)}$ 施加到质点 $\boldsymbol{x}_{(k)}$ 上的力。同样地，质点 $\boldsymbol{x}_{(j)}$ 也受到族 $H_{\boldsymbol{x}_{(j)}}$ 内质点变形的影响，而对应的力密度矢量为 $\boldsymbol{t}_{(j)(k)}$，由质点 $\boldsymbol{x}_{(k)}$ 施加到质点 $\boldsymbol{x}_{(j)}$ 上。力密度矢量 $\boldsymbol{t}_{(k)(j)}$ 和 $\boldsymbol{t}_{(j)(k)}$ 的大小取决于材料模型以及位于 $H_{\boldsymbol{x}_{(k)}}$ 和 $H_{\boldsymbol{x}_{(j)}}$ 内的所有质点处的变形。

与质点 $\boldsymbol{x}_{(k)}$ 相关的所有力密度矢量 $\boldsymbol{t}_{(k)(j)}$（其中 $j=1,2,\cdots,\infty$）形成一个无限维数组，或称为力矢量状态$\underline{\boldsymbol{T}}$：

$$\underline{\boldsymbol{T}}[\boldsymbol{x}_{(k)},t]=\begin{Bmatrix}\boldsymbol{t}_{(k)(1)}\\ \vdots\\ \boldsymbol{t}_{(k)(\infty)}\end{Bmatrix} \tag{2.3}$$

2.4　近场动力学状态

PD 理论的主要研究对象是变形状态$\underline{\boldsymbol{Y}}$ 和力状态$\underline{\boldsymbol{T}}$。如图 2.3(a)所示，变形后的相对位矢 $[\boldsymbol{y}_{(j)}-\boldsymbol{y}_{(k)}]$ 可以通过将变形状态$\underline{\boldsymbol{Y}}$ 作用于变形前的相对位矢

$[\boldsymbol{x}_{(j)}-\boldsymbol{x}_{(k)}]$得到

$$[\boldsymbol{y}_{(j)}-\boldsymbol{y}_{(k)}]=\underline{\boldsymbol{Y}}[\boldsymbol{x}_{(k)},\ t]\langle\boldsymbol{x}_{(j)}-\boldsymbol{x}_{(k)}\rangle \tag{2.4}$$

类似地，如图 2.3(b)所示，质点 $\boldsymbol{x}_{(j)}$ 施加于质点 $\boldsymbol{x}_{(k)}$ 上的力密度矢量 $\boldsymbol{t}_{(k)(j)}$ 可以表示为

$$\boldsymbol{t}_{(k)(j)}[\boldsymbol{u}_{(j)}-\boldsymbol{u}_{(k)},\ \boldsymbol{x}_{(j)}-\boldsymbol{x}_{(k)},\ t]=\underline{\boldsymbol{T}}[\boldsymbol{x}_{(k)},\ t]\langle\boldsymbol{x}_{(j)}-\boldsymbol{x}_{(k)}\rangle \tag{2.5}$$

力状态与变形状态的区别在于：力状态是关于变形状态的函数，而变形状态是独立的。因此，质点 $\boldsymbol{x}_{(k)}$ 的力状态取决于该质点和其邻域内其他质点之间的相对位移。于是，力状态也可以写成

$$\underline{\boldsymbol{T}}[\boldsymbol{x}_{(k)},\ t]=\underline{\boldsymbol{T}}\{\underline{\boldsymbol{Y}}[\boldsymbol{x}_{(k)},\ t]\} \tag{2.6}$$

2.5　应变能密度

质点 $\boldsymbol{x}_{(k)}$ 与 $\boldsymbol{x}_{(j)}$ 之间的相互作用产生了一个标量值的微势能 $w_{(k)(j)}$，它的大小与材料属性以及点 $\boldsymbol{x}_{(k)}$ 和其族内其他质点之间的伸长率有关。需要注意的是微势能 $w_{(j)(k)}\neq w_{(k)(j)}$，因为 $w_{(j)(k)}$ 取决于点 $\boldsymbol{x}_{(j)}$ 族内质点的状态。微势能可以表示为

$$w_{(k)(j)}=w_{(k)(j)}[\boldsymbol{y}_{(1^k)}-\boldsymbol{y}_{(k)},\ \boldsymbol{y}_{(2^k)}-\boldsymbol{y}_{(k)},\ \cdots] \tag{2.7a}$$

和

$$w_{(j)(k)}=w_{(j)(k)}[\boldsymbol{y}_{(1^j)}-\boldsymbol{y}_{(j)},\ \boldsymbol{y}_{(2^j)}-\boldsymbol{y}_{(j)},\ \cdots] \tag{2.7b}$$

式中：$\boldsymbol{y}_{(k)}$ 为点 $\boldsymbol{x}_{(k)}$ 在变形后构型中的位矢；$\boldsymbol{y}_{(1^k)}$ 为与点 $\boldsymbol{x}_{(k)}$ 相互作用的第一个质点的位矢；$\boldsymbol{y}_{(j)}$ 为点 $\boldsymbol{x}_{(j)}$ 在变形后构型中的位矢；$\boldsymbol{y}_{(1^j)}$ 为与点 $\boldsymbol{x}_{(j)}$ 相互作用的第一个质点的位矢。

质点 $\boldsymbol{x}_{(k)}$ 的应变能密度 $W_{(k)}$ 可以表示为由质点 $\boldsymbol{x}_{(k)}$ 和其近场范围内其他质点 $\boldsymbol{x}_{(j)}$ 产生的微势能 $w_{(k)(j)}$ 的总和。

$$\begin{aligned}W_{(k)}=\frac{1}{2}\sum_{j=1}^{\infty}\frac{1}{2}\{&w_{(k)(j)}[\boldsymbol{y}_{(1^k)}-\boldsymbol{y}_{(k)},\ \boldsymbol{y}_{(2^k)}-\boldsymbol{y}_{(k)},\ \cdots]+\\&w_{(j)(k)}[\boldsymbol{y}_{(1^j)}-\boldsymbol{y}_{(j)},\ \boldsymbol{y}_{(2^j)}-\boldsymbol{y}_{(j)},\ \cdots]\}V_{(j)}\end{aligned} \tag{2.8}$$

式中：当 $k=j$ 时，$w_{(k)(j)}=0$。

2.6 运动方程

质点 $\boldsymbol{x}_{(k)}$ 的 PD 运动方程可以通过虚功原理得到，即

$$\delta\int_{t_0}^{t_1}(T-U)\mathrm{d}t=0 \tag{2.9}$$

式中：T 和 U 分别表示物体的总动能和总势能。通过求解拉格朗日方程可得到满足上式的质点运动方程

$$\frac{\mathrm{d}}{\mathrm{d}t}\left[\frac{\partial L}{\partial \dot{\boldsymbol{u}}_{(k)}}\right]-\frac{\partial L}{\partial \boldsymbol{u}_{(k)}}=0 \tag{2.10}$$

式中：拉格朗日函数 L 定义为

$$L=T-U \tag{2.11}$$

通过对所有质点的动能和势能求和，可以分别得到物体的总动能和总势能

$$T=\sum_{i=1}^{\infty}\frac{1}{2}\rho_{(i)}\ \dot{\boldsymbol{u}}_{(i)}\cdot\dot{\boldsymbol{u}}_{(i)}V_{(i)} \tag{2.12a}$$

和

$$U=\sum_{i=1}^{\infty}W_{(i)}V_{(i)}-\sum_{i=1}^{\infty}[\boldsymbol{b}_{(i)}\cdot\boldsymbol{u}_{(i)}]V_{(i)} \tag{2.12b}$$

将质点 $\boldsymbol{x}_{(i)}$ 的应变能密度 $W_{(i)}$ 表达式(2.8)代入上式，势能可以重写为

$$U=\sum_{i=1}^{\infty}\left\{\frac{1}{2}\sum_{j=1}^{\infty}\frac{1}{2}\begin{bmatrix}w_{(i)(j)}(\boldsymbol{y}_{(1^i)}-\boldsymbol{y}_{(i)},\ \boldsymbol{y}_{(2^i)}-\boldsymbol{y}_{(i)},\ \cdots)+\\ w_{(j)(i)}(\boldsymbol{y}_{(1^j)}-\boldsymbol{y}_{(j)},\ \boldsymbol{y}_{(2^j)}-\boldsymbol{y}_{(j)},\ \cdots)\end{bmatrix}V_{(j)}-[\boldsymbol{b}_{(i)}\cdot\boldsymbol{u}_{(i)}]\right\}V_{(i)} \tag{2.13}$$

将式(2.12a)和式(2.13)代入式(2.11)，并对拉格朗日函数进行展开，只列出与质点 $\boldsymbol{x}_{(k)}$ 相关的项

$$\begin{aligned}L=\cdots+\frac{1}{2}\rho_{(k)}\ \dot{\boldsymbol{u}}_{(k)}\cdot\dot{\boldsymbol{u}}_{(k)}V_{(k)}+\cdots-\\ \frac{1}{2}\sum_{j=1}^{\infty}\left\{\frac{1}{2}[w_{(k)(j)}(\boldsymbol{y}_{(1^k)}-\boldsymbol{y}_{(k)},\ \boldsymbol{y}_{(2^k)}-\boldsymbol{y}_{(k)},\ \cdots)+\right.\\ \left.w_{(j)(k)}(\boldsymbol{y}_{(1^j)}-\boldsymbol{y}_{(j)},\ \boldsymbol{y}_{(2^j)}-\boldsymbol{y}_{(j)},\ \cdots)]V_{(j)}\right\}V_{(k)}\cdots-\end{aligned}$$

$$\frac{1}{2}\sum_{i=1}^{\infty}\left\{\frac{1}{2}[w_{(i)(k)}(\boldsymbol{y}_{(1^i)}-\boldsymbol{y}_{(i)},\ \boldsymbol{y}_{(2^i)}-\boldsymbol{y}_{(i)},\ \cdots)+\right.$$
$$\left.w_{(k)(i)}(\boldsymbol{y}_{(1^k)}-\boldsymbol{y}_{(k)},\ \boldsymbol{y}_{(2^k)}-\boldsymbol{y}_{(k)},\ \cdots)]V_{(i)}\right\}V_{(k)}\cdots+$$
$$[\boldsymbol{b}_{(k)}\cdot\boldsymbol{u}_{(k)}]V_{(k)}\cdots \tag{2.14a}$$

或者

$$L=\cdots+\frac{1}{2}\rho_{(k)}\dot{\boldsymbol{u}}_{(k)}\cdot\dot{\boldsymbol{u}}_{(k)}V_{(k)}+\cdots-$$
$$\frac{1}{2}\sum_{j=1}^{\infty}\{w_{(k)(j)}[\boldsymbol{y}_{(1^k)}-\boldsymbol{y}_{(k)},\ \boldsymbol{y}_{(2^k)}-\boldsymbol{y}_{(k)},\ \cdots]V_{(j)}V_{(k)}\}\cdots-$$
$$\frac{1}{2}\sum_{j=1}^{\infty}\{w_{(j)(k)}[\boldsymbol{y}_{(1^j)}-\boldsymbol{y}_{(j)},\ \boldsymbol{y}_{(2^j)}-\boldsymbol{y}_{(j)},\ \cdots]V_{(j)}V_{(k)}\}\cdots+$$
$$[\boldsymbol{b}_{(k)}\cdot\boldsymbol{u}_{(k)}]V_{(k)}\cdots \tag{2.14b}$$

将式(2.14b)代入式(2.10)，得到关于质点 $\boldsymbol{x}_{(k)}$ 的拉格朗日方程

$$\rho_{(k)}\ddot{\boldsymbol{u}}_{(k)}V_{(k)}+\left\{\sum_{j=1}^{\infty}\frac{1}{2}\left[\sum_{i=1}^{\infty}\frac{\partial w_{(k)(j)}}{\partial(\boldsymbol{y}_{(j)}-\boldsymbol{y}_{(k)})}V_{(i)}\right]\frac{\partial[\boldsymbol{y}_{(j)}-\boldsymbol{y}_{(k)}]}{\partial\boldsymbol{u}_{(k)}}+\right.$$
$$\left.\sum_{j=1}^{\infty}\frac{1}{2}\left[\sum_{i=1}^{\infty}\frac{\partial w_{(j)(k)}}{\partial(\boldsymbol{y}_{(k)}-\boldsymbol{y}_{(j)})}V_{(i)}\right]\frac{\partial[\boldsymbol{y}_{(k)}-\boldsymbol{y}_{(j)}]}{\partial\boldsymbol{u}_{(k)}}-\boldsymbol{b}_{(k)}\right\}V_{(k)}=0 \tag{2.15a}$$

或

$$\rho_{(k)}\ddot{\boldsymbol{u}}_{(k)}=\sum_{j=1}^{\infty}\frac{1}{2}\left\{\sum_{i=1}^{\infty}\frac{\partial w_{(k)(i)}}{\partial[\boldsymbol{y}_{(j)}-\boldsymbol{y}_{(k)}]}V_{(i)}\right\}-\sum_{j=1}^{\infty}\frac{1}{2}\left\{\sum_{i=1}^{\infty}\frac{\partial w_{(i)(k)}}{\partial[\boldsymbol{y}_{(k)}-\boldsymbol{y}_{(j)}]}V_{(i)}\right\}+\boldsymbol{b}_{(k)} \tag{2.15b}$$

上式假设不涉及质点 $\boldsymbol{x}_{(k)}$ 的相互作用对质点 $\boldsymbol{x}_{(k)}$ 无任何影响。根据对该方程进行量纲分析可知，$\sum_{i=1}^{\infty}V_{(i)}\ \partial w_{(k)(i)}/\partial[\boldsymbol{y}_{(j)}-\boldsymbol{y}_{(k)}]$ 表示质点 $\boldsymbol{x}_{(j)}$ 作用于质点 $\boldsymbol{x}_{(k)}$ 的力密度；$\sum_{i=1}^{\infty}V_{(i)}\ \partial w_{(i)(k)}/\partial[\boldsymbol{y}_{(k)}-\boldsymbol{y}_{(j)}]$ 表示质点 $\boldsymbol{x}_{(k)}$ 作用于质点 $\boldsymbol{x}_{(j)}$ 的力密度。故式(2.15b)可以重写为

$$\rho_{(k)}\ddot{\boldsymbol{u}}_{(k)}=\sum_{j=1}^{\infty}\{\boldsymbol{t}_{(k)(j)}[\boldsymbol{u}_{(j)}-\boldsymbol{u}_{(k)},\ \boldsymbol{x}_{(j)}-\boldsymbol{x}_{(k)},\ t]-$$
$$\boldsymbol{t}_{(j)(k)}[\boldsymbol{u}_{(k)}-\boldsymbol{u}_{(j)},\ \boldsymbol{x}_{(k)}-\boldsymbol{x}_{(j)},\ t]\}V_{(j)}+\boldsymbol{b}_{(k)} \tag{2.16}$$

式中：

$$\boldsymbol{t}_{(k)(j)}[\boldsymbol{u}_{(j)}-\boldsymbol{u}_{(k)},\ \boldsymbol{x}_{(j)}-\boldsymbol{x}_{(k)},\ t]=\frac{1}{2}\frac{1}{V_{(j)}}\left\{\sum_{i=1}^{\infty}\frac{\partial w_{(k)(i)}}{\partial[\boldsymbol{y}_{(j)}-\boldsymbol{y}_{(k)}]}V_{(i)}\right\} \tag{2.17a}$$

和

$$\boldsymbol{t}_{(j)(k)}[\boldsymbol{u}_{(k)}-\boldsymbol{u}_{(j)},\ \boldsymbol{x}_{(k)}-\boldsymbol{x}_{(j)},\ t]=\frac{1}{2}\frac{1}{V_{(j)}}\left\{\sum_{i=1}^{\infty}\frac{\partial w_{(i)(k)}}{\partial[\boldsymbol{y}_{(k)}-\boldsymbol{y}_{(j)}]}V_{(i)}\right\} \tag{2.17b}$$

利用状态概念，可将力密度 $\boldsymbol{t}_{(k)(j)}$ 和 $\boldsymbol{t}_{(j)(k)}$ 分别写入质点 $\boldsymbol{x}_{(k)}$ 和 $\boldsymbol{x}_{(j)}$ 的力矢量状态中

$$\underline{\boldsymbol{T}}[\boldsymbol{x}_{(k)},\ t]=\left\{\begin{matrix}\vdots\\ \boldsymbol{t}_{(k)(j)}\\ \vdots\end{matrix}\right\} \tag{2.18a}$$

$$\underline{\boldsymbol{T}}[\boldsymbol{x}_{(j)},\ t]=\left\{\begin{matrix}\vdots\\ \boldsymbol{t}_{(j)(k)}\\ \vdots\end{matrix}\right\} \tag{2.18b}$$

将力矢量状态 $\underline{\boldsymbol{T}}[\boldsymbol{x}_{(k)},\ t]$ 和 $\underline{\boldsymbol{T}}[\boldsymbol{x}_{(j)},\ t]$ 分别作用于初始相对位矢 $[\boldsymbol{x}_{(j)}-\boldsymbol{x}_{(k)}]$ 和 $[\boldsymbol{x}_{(k)}-\boldsymbol{x}_{(j)}]$ 上，可以反求出力密度矢量 $\boldsymbol{t}_{(k)(j)}$ 和 $\boldsymbol{t}_{(j)(k)}$

$$\boldsymbol{t}_{(k)(j)}=\underline{\boldsymbol{T}}[\boldsymbol{x}_{(k)},\ t]\langle\boldsymbol{x}_{(j)}-\boldsymbol{x}_{(k)}\rangle \tag{2.19a}$$

$$\boldsymbol{t}_{(j)(k)}=\underline{\boldsymbol{T}}[\boldsymbol{x}_{(j)},\ t]\langle\boldsymbol{x}_{(k)}-\boldsymbol{x}_{(j)}\rangle \tag{2.19b}$$

利用式(2.19a)和式(2.19b)，质点 $\boldsymbol{x}_{(k)}$ 的拉格朗日方程可以重新写为

$$\rho_{(k)}\ddot{\boldsymbol{u}}_{(k)}=\sum_{j=1}^{\infty}\{\underline{\boldsymbol{T}}[\boldsymbol{x}_{(k)},\ t]\langle\boldsymbol{x}_{(j)}-\boldsymbol{x}_{(k)}\rangle-\underline{\boldsymbol{T}}[\boldsymbol{x}_{(j)},\ t]\langle\boldsymbol{x}_{(k)}-\boldsymbol{x}_{(j)}\rangle\}V_{(j)}+\boldsymbol{b}_{(k)} \tag{2.20}$$

由于每个质点的体积 $V_{(j)}$ 都是无穷小的，因此对于 $V_{(j)}$ 趋于 0 的极限情况，只考虑近场范围内的质点，无限求和可以用积分形式表示

$$\sum_{j=1}^{\infty}(\cdot)V_{(j)}\rightarrow\int_{V}(\cdot)\mathrm{d}V'\rightarrow\int_{H}(\cdot)\mathrm{d}H \tag{2.21}$$

于是,式(2.20)可以写成积分形式

$$\rho(\boldsymbol{x})\,\ddot{\boldsymbol{u}}(\boldsymbol{x},\,t)=\int_H[\underline{\boldsymbol{T}}(\boldsymbol{x},\,t)\langle\boldsymbol{x}'-\boldsymbol{x}\rangle-\underline{\boldsymbol{T}}(\boldsymbol{x}',\,t)\langle\boldsymbol{x}-\boldsymbol{x}'\rangle]\mathrm{d}H+\boldsymbol{b}(\boldsymbol{x},\,t) \tag{2.22a}$$

或

$$\rho(\boldsymbol{x})\,\ddot{\boldsymbol{u}}(\boldsymbol{x},\,t)=\int_H[\boldsymbol{t}(\boldsymbol{u}'-\boldsymbol{u},\,\boldsymbol{x}'-\boldsymbol{x},\,t)-\boldsymbol{t}'(\boldsymbol{u}-\boldsymbol{u}',\,\boldsymbol{x}-\boldsymbol{x}',\,t)]\mathrm{d}H+\boldsymbol{b}(\boldsymbol{x},\,t) \tag{2.22b}$$

2.7 初始条件和约束条件

前文中得到的 PD 运动方程是一个关于时间和空间的非线性积分-微分方程,它不受运动学线性化的制约,因此也适用于几何非线性分析。方程包含了对时间的微分和空间的积分,不包含任何位移的空间导数。因此无论材料中是否存在位移不连续的情况,PD 运动方程都是处处有效的。方程解的构造涉及时间和空间积分,并受到材料区域 R 的边界 B 上的约束条件和载荷条件,以及位移场和速度场的初始条件的影响。

2.7.1 初始条件

对时间的积分需要在 R 中的每个质点处定义初始位移和初始速度,可以写为

$$\boldsymbol{u}(\boldsymbol{x},\,t=0)=\boldsymbol{u}^*(\boldsymbol{x}) \tag{2.23a}$$

和

$$\dot{\boldsymbol{u}}(\boldsymbol{x},\,t=0)=\boldsymbol{v}^*(\boldsymbol{x}) \tag{2.23b}$$

此外,初始条件也可以是位移梯度 $\boldsymbol{H}^*(\boldsymbol{x})$ 和速度梯度 $\boldsymbol{L}^*(\boldsymbol{x})$,可以写为

$$\boldsymbol{H}(\boldsymbol{x},\,t=0)=\boldsymbol{H}^*(\boldsymbol{x})\sim\frac{\partial u_i(x_k,\,0)}{\partial x_j},\ i,\,j,\,k=1,\,2,\,3 \tag{2.24a}$$

和

$$\boldsymbol{L}(\boldsymbol{x},\,t=0)=\boldsymbol{L}^*(\boldsymbol{x})\sim\frac{\partial \dot{u}_i(x_k,\,0)}{\partial x_j},\ i,\,j,\,k=1,\,2,\,3 \tag{2.24b}$$

相应的位移和速度场可与初始的位移和速度场进行叠加，得到

$$\boldsymbol{u}(\boldsymbol{x},\ t=0)=\boldsymbol{u}^{*}(\boldsymbol{x})+\boldsymbol{H}^{*}(\boldsymbol{x})(\boldsymbol{x}-\boldsymbol{x}_{\mathrm{ref}}) \tag{2.25a}$$

和

$$\dot{\boldsymbol{u}}(\boldsymbol{x},\ t=0)=\boldsymbol{v}^{*}(\boldsymbol{x})+\boldsymbol{L}^{*}(\boldsymbol{x})(\boldsymbol{x}-\boldsymbol{x}_{\mathrm{ref}}) \tag{2.25b}$$

式中：$\boldsymbol{x}_{\mathrm{ref}}$ 为参考点(Silling 2004)。

2.7.2 约束条件

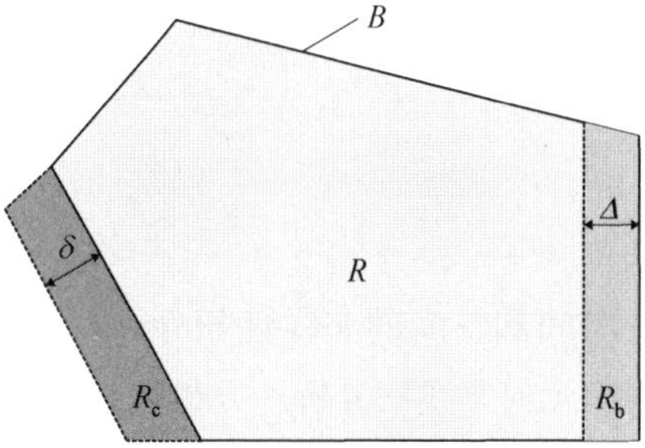

图 2.4 引入约束和外部载荷的边界区域

PD 运动方程不包含任何空间导数。因此在一般情况下，对于求解积分-微分方程来说，约束条件不是必要的，但是可以在沿着边界的非零体积虚拟材料层中施加位移和速度场约束。基于数值实验的结果，Macek 和 Silling(2007)建议将虚拟边界层的深度设定为等于近场范围 δ，以确保所施加的约束能在实际材料区域中得到准确反映。因此，如图 2.4 所示，沿实际材料区域 R 的边界引入一个深度为 δ 的虚拟边界层 R_c。

1) 位移约束

在区域 R_c 内的质点上施加位移矢量 $\boldsymbol{U}_0$

$$\boldsymbol{u}(\boldsymbol{x},\ t)=\boldsymbol{U}_0,\ \boldsymbol{x}\in R_c \tag{2.26}$$

此外，为了避免引入约束时边界条件的突变，可以按以下方式逐渐施加

$$\boldsymbol{u}(\boldsymbol{x},\ t)=\begin{cases}\boldsymbol{U}_0\dfrac{t}{t_0}, & 0\leqslant t\leqslant t_0\\ \boldsymbol{U}_0, & t_0\leqslant t\end{cases} \tag{2.27}$$

式中：t_0 为达到目标位移的时间。各质点处的速度 $\dot{\boldsymbol{u}}(\boldsymbol{u},\ t)$ 可以通过微分计算得到。

2) 速度约束

在区域 R_c 内的质点上施加速度矢量 $\mathbf{V}(t)$

$$\dot{\boldsymbol{u}}(\boldsymbol{x},\ t)=\mathbf{V}(t),\ \boldsymbol{x}\in R_c \tag{2.28}$$

它们的位移由下式得到。

$$u(x, t) = \int_0^t V(t')\mathrm{d}t' \tag{2.29}$$

如果 $V(t) = V_0 H(t)$，其中 V_0 为常数，那么 R_c 中所有质点的位移矢量为 $u(x, t) = V_0 t$。阶跃函数(heaviside step function)用 $H(t)$表示。与位移约束相似，为了避免速度突然增大，可以按下式逐渐引入速度约束。

$$V(t) = \begin{cases} V_0 \dfrac{t}{t_0}, & 0 \leqslant t \leqslant t_0 \\ V_0, & t_0 \leqslant t \end{cases} \tag{2.30}$$

式中：t_0为达到目标速度的时间。

2.7.3 外载荷

由于边界上的面力(traction)不直接出现在 PD 运动方程中，因此外载荷的作用方式也不同于经典连续介质理论的外载荷作用方式。它们之间的差异可以通过分析一个受到外载荷的区域 Ω 来说明。如果将这个区域分成两个虚拟部分 Ω^- 和 Ω^+，如图 2.5(a)所示，则必然存在一个由域 Ω^- 施加到域 Ω^+ 的净力 F^+，从而满足受力平衡(Kilic 2008)。

根据经典连续介质力学理论，力 F^+ 可以通过对区域 Ω^- 和 Ω^+ 的横截面 $\partial\Omega$ 上的面力积分得到

$$F^+ = \int_{\partial\Omega} T\mathrm{d}A \tag{2.31}$$

式中：T 为面力[见图 2.5(b)]。

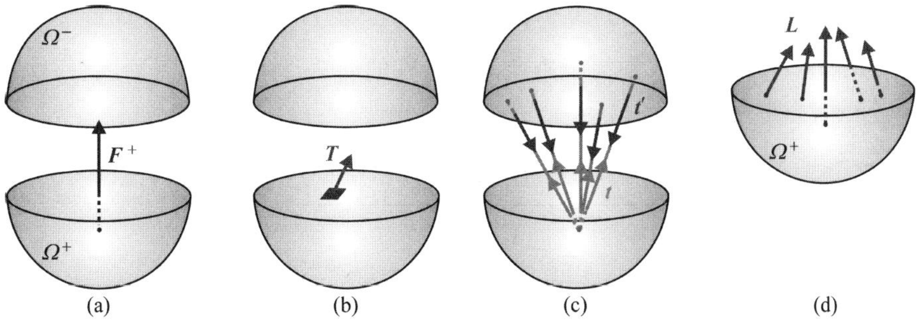

图 2.5 边界条件

(a) 关注的区域 (b) 经典连续介质力学面力 (c) 域 Ω^+ 内的一个质点与域 Ω^- 内的其他质点之间的相互作用 (d) 由于域 Ω^- 而作用在域 Ω^+ 上的力密度

在 PD 理论中，位于域 Ω^+ 内的质点与域 Ω^- 内的质点进行相互作用[见图 2.5(c)]。因此，力 $\boldsymbol{F}^+$ 可以通过对域 Ω^+ 内的力密度[见图 2.5(d)]进行体积积分，得到

$$\boldsymbol{F}^+ = \int_{\Omega^+} \boldsymbol{L}(\boldsymbol{x}) \mathrm{d}V \tag{2.32a}$$

式中：被积函数 $\boldsymbol{L}$ 表示作用在域 Ω^+ 内的某一质点上的力密度

$$\boldsymbol{L}(\boldsymbol{x}) = \int_{\Omega^-} [\boldsymbol{t}(\boldsymbol{u}' - \boldsymbol{u}, \boldsymbol{x}' - \boldsymbol{x}, t) - \boldsymbol{t}'(\boldsymbol{u} - \boldsymbol{u}', \boldsymbol{x} - \boldsymbol{x}', t)] \mathrm{d}V \tag{2.32b}$$

值得注意的是，如果 Ω^- 体积为零，则式(2.32b)中的体积积分也等于零。因此在 PD 方法中，面力或者集中力不能直接作为边界条件来使用，因为它们的体积积分等于零。但是，可以将外载荷以体力密度(单位体积的物质所受的力)的形式施加在边界上的非零体积真实材料层上。数值实验的结果表明，边界层的范围应尽可能接近边界，即深度尽可能小。因此如图 2.4 所示，外载荷施加在材料区域 R 的边界上，深度为 Δ 的边界层 R_1 中。

对于边界层 R_1 表面 S_1 上的分布压力 $p(\boldsymbol{x}, t)$ 或集中力 $\boldsymbol{P}(t)$ 的外载荷，它们的体力密度矢量可以表示为

$$\boldsymbol{b}(\boldsymbol{x}, t) = -\frac{1}{\Delta} p(\boldsymbol{x}, t) \boldsymbol{n} \tag{2.33a}$$

或

$$\boldsymbol{b}(\boldsymbol{x}, t) = \frac{1}{S_1 \Delta} \boldsymbol{P}(t) \tag{2.33b}$$

如果外载荷 $p(\boldsymbol{x}, t) = p_0(\boldsymbol{x}) H(t)$，$\boldsymbol{P}(t) = \boldsymbol{P}_0 H(t)$，其中 $p_0(\boldsymbol{x})$ 和 $\boldsymbol{P}_0$ 分别代表分布压力和集中力，则为了避免约束条件的突变，体力密度矢量也可以按下式施加。

$$\boldsymbol{b}(\boldsymbol{x}, t) = -\frac{1}{\Delta} p_0(\boldsymbol{x}) \boldsymbol{n} \frac{t}{t_0} \text{ 或 } \boldsymbol{b}(\boldsymbol{x}, t) = \frac{1}{S_1 \Delta} \boldsymbol{P}_0 \frac{t}{t_0}, \ 0 \leqslant t \leqslant t_0 \tag{2.34a}$$

和

$$\boldsymbol{b}(\boldsymbol{x}, t) = -\frac{1}{\Delta} p_0(\boldsymbol{x}) \boldsymbol{n} \text{ 或 } \boldsymbol{b}(\boldsymbol{x}, t) = \frac{1}{S_1 \Delta} \boldsymbol{P}_0, \ t_0 \leqslant t \tag{2.34b}$$

式中：t_0 为达到目标外载荷的时间。边界层 R_1 中所有点的位移和速度可根据

PD 运动方程计算得到。

2.8 守恒定律

PD 运动方程必须进一步满足线动量、角动量和能量的守恒定律，这些守恒定律是力学的基本定律。基于虚功原理的式(2.9)给出了 PD 运动方程的变分形式(weak form 或 variational form)，自动满足线动量和能量守恒的条件，但还需要证明角动量的守恒。

在 t 时刻，体积 V 中的一组固定的粒子的线动量 $\boldsymbol{L}$ 和角动量(关于坐标原点)$\boldsymbol{H}_0$ 分别为

$$\boldsymbol{L} = \int_V \rho(\boldsymbol{x})\, \dot{\boldsymbol{u}}(\boldsymbol{x}, t)\mathrm{d}V \tag{2.35a}$$

和

$$\boldsymbol{H}_0 = \int_V \boldsymbol{y}(\boldsymbol{x}, t) \times \rho(\boldsymbol{x})\, \dot{\boldsymbol{u}}(\boldsymbol{x}, t)\mathrm{d}V \tag{2.35b}$$

而总力 $\boldsymbol{F}$ 和扭矩 $\boldsymbol{\Pi}_0$(关于原点)分别由下式给出：

$$\boldsymbol{F} = \int_V \boldsymbol{b}(\boldsymbol{x}, t)\mathrm{d}V + \int_V\int_H \underline{\boldsymbol{T}}(\boldsymbol{x}, t)\langle \boldsymbol{x}' - \boldsymbol{x}\rangle \mathrm{d}H\mathrm{d}V - \int_V\int_H \underline{\boldsymbol{T}}(\boldsymbol{x}', t)\langle \boldsymbol{x} - \boldsymbol{x}'\rangle \mathrm{d}H\mathrm{d}V \tag{2.35c}$$

和

$$\begin{aligned}\boldsymbol{\Pi}_0 = &\int_V \boldsymbol{y}(\boldsymbol{x}, t) \times \boldsymbol{b}(\boldsymbol{x}, t)\mathrm{d}V + \int_V\int_H \boldsymbol{y}(\boldsymbol{x}, t) \times \underline{\boldsymbol{T}}(\boldsymbol{x}, t)\langle \boldsymbol{x}' - \boldsymbol{x}\rangle \mathrm{d}H\mathrm{d}V - \\ &\int_V\int_H \boldsymbol{y}(\boldsymbol{x}, t) \times \underline{\boldsymbol{T}}(\boldsymbol{x}', t)\langle \boldsymbol{x} - \boldsymbol{x}'\rangle \mathrm{d}H\mathrm{d}V\end{aligned} \tag{2.35d}$$

因此，根据线动量守恒公式 $\dot{\boldsymbol{L}} = \boldsymbol{F}$ 和角动量守恒公式 $\dot{\boldsymbol{H}}_0 = \boldsymbol{\Pi}_0$，得到

$$\begin{aligned}\int_V \rho(\boldsymbol{x})\, \ddot{\boldsymbol{u}}(\boldsymbol{x}, t)\mathrm{d}V = &\int_V \boldsymbol{b}(\boldsymbol{x}, t)\mathrm{d}V + \\ &\int_V\int_H \underline{\boldsymbol{T}}(\boldsymbol{x}, t)\langle \boldsymbol{x}' - \boldsymbol{x}\rangle \mathrm{d}H\mathrm{d}V - \\ &\int_V\int_H \underline{\boldsymbol{T}}(\boldsymbol{x}', t)\langle \boldsymbol{x} - \boldsymbol{x}'\rangle \mathrm{d}H\mathrm{d}V\end{aligned} \tag{2.36a}$$

和

$$\int_V \boldsymbol{y}(\boldsymbol{x}, t) \times \rho(\boldsymbol{x}) \ddot{\boldsymbol{u}}(\boldsymbol{x}, t) \mathrm{d}V = \int_V \boldsymbol{y}(\boldsymbol{x}, t) \times \boldsymbol{b}(\boldsymbol{x}, t) \mathrm{d}V + \int_V \int_H \boldsymbol{y}(\boldsymbol{x}, t) \times \underline{\boldsymbol{T}}(\boldsymbol{x}, t)\langle \boldsymbol{x}' - \boldsymbol{x}\rangle \mathrm{d}H \mathrm{d}V - \int_V \int_H \boldsymbol{y}(\boldsymbol{x}, t) \times \underline{\boldsymbol{T}}(\boldsymbol{x}', t)\langle \boldsymbol{x} - \boldsymbol{x}'\rangle \mathrm{d}H \mathrm{d}V \tag{2.36b}$$

因为对于 $\boldsymbol{x}' \notin H$，有$\underline{\boldsymbol{T}}(\boldsymbol{x}, t)\langle \boldsymbol{x}' - \boldsymbol{x}\rangle = \underline{\boldsymbol{T}}(\boldsymbol{x}', t)\langle \boldsymbol{x} - \boldsymbol{x}'\rangle = \boldsymbol{0}$，所以可以将上式的积分域 H 换为包含所有质点的体积 V：

$$\int_V \rho(\boldsymbol{x}) \ddot{\boldsymbol{u}}(\boldsymbol{x}, t) \mathrm{d}V = \int_V \boldsymbol{b}(\boldsymbol{x}, t) \mathrm{d}V + \int_V \int_V \underline{\boldsymbol{T}}(\boldsymbol{x}, t)\langle \boldsymbol{x}' - \boldsymbol{x}\rangle \mathrm{d}V' \mathrm{d}V - \int_V \int_V \underline{\boldsymbol{T}}(\boldsymbol{x}', t)\langle \boldsymbol{x} - \boldsymbol{x}'\rangle \mathrm{d}V' \mathrm{d}V \tag{2.37a}$$

和

$$\int_V [\boldsymbol{y}(\boldsymbol{x}, t) \times \rho(\boldsymbol{x}) \ddot{\boldsymbol{u}}(\boldsymbol{x}, t)] \mathrm{d}V = \int_V \boldsymbol{y}(\boldsymbol{x}, t) \times \boldsymbol{b}(\boldsymbol{x}, t) \mathrm{d}V + \int_V \int_V \boldsymbol{y}(\boldsymbol{x}, t) \times \underline{\boldsymbol{T}}(\boldsymbol{x}, t)\langle \boldsymbol{x}' - \boldsymbol{x}\rangle \mathrm{d}V' \mathrm{d}V - \int_V \int_V \boldsymbol{y}(\boldsymbol{x}, t) \times \underline{\boldsymbol{T}}(\boldsymbol{x}', t)\langle \boldsymbol{x} - \boldsymbol{x}'\rangle \mathrm{d}V' \mathrm{d}V \tag{2.37b}$$

如果将式(2.37a)、式(2.37b)右边的第三个积分中的参数 $\boldsymbol{x}$ 和 $\boldsymbol{x}'$ 交换，则第三个积分成为

$$\int_V \int_V \underline{\boldsymbol{T}}(\boldsymbol{x}', t)\langle \boldsymbol{x} - \boldsymbol{x}'\rangle \mathrm{d}V' \mathrm{d}V = \int_V \int_V \underline{\boldsymbol{T}}(\boldsymbol{x}, t)\langle \boldsymbol{x}' - \boldsymbol{x}\rangle \mathrm{d}V \mathrm{d}V' \tag{2.38a}$$

和

$$\int_V \int_V [\boldsymbol{y}(\boldsymbol{x}, t) \times \underline{\boldsymbol{T}}(\boldsymbol{x}', t)\langle \boldsymbol{x} - \boldsymbol{x}' \rangle] \mathrm{d}V' \mathrm{d}V$$
$$= \int_V \int_V [\boldsymbol{y}(\boldsymbol{x}', t) \times \underline{\boldsymbol{T}}(\boldsymbol{x}, t)\langle \boldsymbol{x}' - \boldsymbol{x} \rangle] \mathrm{d}V \mathrm{d}V' \tag{2.38b}$$

于是,式(2.37a)、式(2.37b)可以重写为

$$\int_V [\rho(\boldsymbol{x})\, \ddot{\boldsymbol{u}}(\boldsymbol{x}, t) - \boldsymbol{b}(\boldsymbol{x}, t)] \mathrm{d}V = 0 \tag{2.39a}$$

和

$$\int_V [\boldsymbol{y}(\boldsymbol{x}, t) \times \rho(\boldsymbol{x})\, \ddot{\boldsymbol{u}}(\boldsymbol{x}, t)] \mathrm{d}V = \int_V \boldsymbol{y}(\boldsymbol{x}, t) \times \boldsymbol{b}(\boldsymbol{x}, t) \mathrm{d}V -$$
$$\int_V \int_V \{[\boldsymbol{y}(\boldsymbol{x}', t) - \boldsymbol{y}(\boldsymbol{x}, t)] \times \underline{\boldsymbol{T}}(\boldsymbol{x}, t)\langle \boldsymbol{x}' - \boldsymbol{x} \rangle\} \mathrm{d}V' \mathrm{d}V \tag{2.39b}$$

因此,对于任意力密度矢量 $\underline{\boldsymbol{T}}(\boldsymbol{x}, t)\langle \boldsymbol{x}' - \boldsymbol{x} \rangle$ 和$\underline{\boldsymbol{T}}(\boldsymbol{x}', t)\langle \boldsymbol{x} - \boldsymbol{x}' \rangle$,式(2.39a)均满足线动量守恒的要求。

在变形后的构型中,质点 $\boldsymbol{x}$ 和 $\boldsymbol{x}'$之间的相对位置可以用状态标记法表示为

$$\boldsymbol{y}(\boldsymbol{x}', t) - \boldsymbol{y}(\boldsymbol{x}, t) = (\boldsymbol{y}' - \boldsymbol{y}) = \underline{\boldsymbol{Y}}(\boldsymbol{x}, t)\langle \boldsymbol{x}' - \boldsymbol{x} \rangle \tag{2.40}$$

式中:$\boldsymbol{y}' = \boldsymbol{y}(\boldsymbol{x}', t) = \boldsymbol{x}' + \boldsymbol{u}'$ 和 $\boldsymbol{y} = \boldsymbol{y}(\boldsymbol{x}, t) = \boldsymbol{x} + \boldsymbol{u}$。如果只考虑近场范围内的质点,则将式(2.40)代入式(2.39b)得到

$$\int_V \boldsymbol{y}(\boldsymbol{x}, t) \times [\rho(\boldsymbol{x})\, \ddot{\boldsymbol{u}}(\boldsymbol{x}, t) - \boldsymbol{b}(\boldsymbol{x}, t)] \mathrm{d}V$$
$$= -\int_V \int_H [\underline{\boldsymbol{Y}}(\boldsymbol{x}, t)\langle \boldsymbol{x}' - \boldsymbol{x} \rangle \times \underline{\boldsymbol{T}}(\boldsymbol{x}, t)\langle \boldsymbol{x}' - \boldsymbol{x} \rangle] \mathrm{d}H \mathrm{d}V \tag{2.41}$$

将线动量守恒定律[式(2.39a)]代入式(2.41),则式(2.41)右边的积分必须为零

$$\int_H [\underline{\boldsymbol{Y}}(\boldsymbol{x}, t)\langle \boldsymbol{x}' - \boldsymbol{x} \rangle \times \underline{\boldsymbol{T}}(\boldsymbol{x}, t)\langle \boldsymbol{x}' - \boldsymbol{x} \rangle] \mathrm{d}H = 0 \tag{2.42a}$$

或

$$\int_H [(\boldsymbol{y}' - \boldsymbol{y}) \times \underline{\boldsymbol{T}}(\boldsymbol{x}, t)\langle \boldsymbol{x}' - \boldsymbol{x} \rangle] \mathrm{d}H = 0 \tag{2.42b}$$

因此,如果力密度矢量 $\boldsymbol{t}(\boldsymbol{u}'-\boldsymbol{u},\ \boldsymbol{x}'-\boldsymbol{x},\ t)=\underline{\boldsymbol{T}}(\boldsymbol{x},\ t)\langle\boldsymbol{x}'-\boldsymbol{x}\rangle$ 和 $\boldsymbol{t}'(\boldsymbol{u}-\boldsymbol{u}',\ \boldsymbol{x}-\boldsymbol{x}',\ t)=\underline{\boldsymbol{T}}(\boldsymbol{x}',\ t)\langle\boldsymbol{x}-\boldsymbol{x}'\rangle$ 与变形后构型中质点的相对位矢 $(\boldsymbol{y}'-\boldsymbol{y})$ 平行,则能满足角动量守恒的要求。满足式(2.42b)的力密度函数的一般形式也可以通过经典连续介质力学的变形梯度和应力张量推导得到。

2.9 键型近场动力学

作为特例,力密度矢量可以在大小上相等,方向与变形后构型中的相对位矢平行,如图 2.6 所示,以满足角动量守恒定律。它可以表示为

$$\begin{aligned}\boldsymbol{t}(\boldsymbol{u}'-\boldsymbol{u},\ \boldsymbol{x}'-\boldsymbol{x},\ t)&=\underline{\boldsymbol{T}}(\boldsymbol{x},\ t)\langle\boldsymbol{x}'-\boldsymbol{x}\rangle\\&=\frac{1}{2}C\frac{\boldsymbol{y}'-\boldsymbol{y}}{|\boldsymbol{y}'-\boldsymbol{y}|}=\frac{1}{2}\boldsymbol{f}(\boldsymbol{u}'-\boldsymbol{u},\ \boldsymbol{x}'-\boldsymbol{x},\ t)\end{aligned}\tag{2.43a}$$

和

$$\begin{aligned}\boldsymbol{t}'(\boldsymbol{u}-\boldsymbol{u}',\ \boldsymbol{x}-\boldsymbol{x}',\ t)&=\underline{\boldsymbol{T}}(\boldsymbol{x}',\ t)\langle\boldsymbol{x}-\boldsymbol{x}'\rangle\\&=-\frac{1}{2}C\frac{\boldsymbol{y}'-\boldsymbol{y}}{|\boldsymbol{y}'-\boldsymbol{y}|}=-\frac{1}{2}\boldsymbol{f}(\boldsymbol{u}'-\boldsymbol{u},\ \boldsymbol{x}'-\boldsymbol{x},\ t)\end{aligned}\tag{2.43b}$$

式中:C 为一个未定的辅助参数,它取决于工程材料常数 $\boldsymbol{x}'$ 和 $\boldsymbol{x}$ 之间的伸长率和近场范围。Silling(2000)把以这种特殊形式的力矢作为力密度函数的 PD 方法称为"键型近场动力学"。如图 2.6 所示,键型近场动力学理论中质点是成对相互作用的。

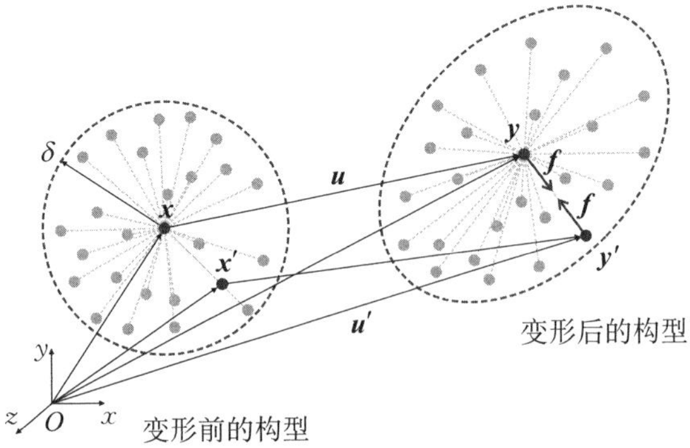

图 2.6 PD 质点 $\boldsymbol{x}$ 和 $\boldsymbol{x}'$ 的变形以及产生的大小相等、方向相反的成对力密度矢量

将上式代入式(2.22b),可以得到关于质点 $\boldsymbol{x}$ 的键型 PD 运动方程

$$\rho(\boldsymbol{x})\,\ddot{\boldsymbol{u}}(\boldsymbol{x},\,t)=\int_H \boldsymbol{f}(\boldsymbol{u}'-\boldsymbol{u},\,\boldsymbol{x}'-\boldsymbol{x},\,t)\mathrm{d}H+\boldsymbol{b}(\boldsymbol{x},\,t) \tag{2.44}$$

式中:力密度矢量 $\boldsymbol{f}(\boldsymbol{u}'-\boldsymbol{u},\,\boldsymbol{x}'-\boldsymbol{x})$ 为对点力响应函数(Silling 和 Askari,2005)。它定义为质点 $\boldsymbol{x}'$施加在质点 $\boldsymbol{x}$ 上的单位体积平方的力矢。力密度矢量可以假设为与这些质点之间的伸长率呈线性关系,形式为

$$\boldsymbol{f}(\boldsymbol{u}'-\boldsymbol{u},\,\boldsymbol{x}'-\boldsymbol{x})=[c_1 s(\boldsymbol{u}'-\boldsymbol{u},\,\boldsymbol{x}'-\boldsymbol{x})-c_2 T]\,\frac{\boldsymbol{y}'-\boldsymbol{y}}{|\boldsymbol{y}'-\boldsymbol{y}|} \tag{2.45}$$

式中:T 为质点 $\boldsymbol{x}'$ 和 $\boldsymbol{x}$ 相对于环境温度的温度变化量平均值。伸长率 $s(\boldsymbol{u}'-\boldsymbol{u},\,\boldsymbol{x}'-\boldsymbol{x})$ 可以理解为经典连续介质理论中的应变,其定义为

$$s(\boldsymbol{u}'-\boldsymbol{u},\,\boldsymbol{x}'-\boldsymbol{x})=\frac{|\boldsymbol{y}'-\boldsymbol{y}|-|\boldsymbol{x}'-\boldsymbol{x}|}{|\boldsymbol{x}'-\boldsymbol{x}|} \tag{2.46}$$

根据 Silling 和 Askari(2005)的建议,对于各向同性材料,式(2.45)中的近场动力学材料参数 c_1 和 c_2 可以通过计算各向同性(均匀)膨胀下的无限均质物体的能量密度来确定,同时物体也可受到均匀的温度变化 T。将近场动力学和经典连续介质理论中的能量密度等同,可以推出 c_1 和 c_2 的值为

$$c_1=c=\frac{18\kappa}{\pi\delta^4} \tag{2.47a}$$

$$c_2=c\alpha \tag{2.47b}$$

式中:κ 为体积模量;α 为材料的热膨胀系数;PD 材料参数 c 称为键常数。在这种情况下,PD 理论对各向同性材料的泊松比有限制,只有一个独立的材料常数。它只能反映物体的整体变形,不能区分几何形状的变化和体积变化。此外,它也不支持塑性和不可压缩性的材料本构模型。

2.10 常规态型近场动力学

如图 2.7 所示,平行于变形后构型中的相对位矢,但大小不相等的力密度矢量也满足角动量守恒的要求[见公式(2.42b)]。于是,力密度矢量可定义为

$$\boldsymbol{t}(\boldsymbol{u}'-\boldsymbol{u},\,\boldsymbol{x}'-\boldsymbol{x},\,t)=\underline{\boldsymbol{T}}(\boldsymbol{x},\,t)\langle\boldsymbol{x}'-\boldsymbol{x}\rangle=\frac{1}{2}A\,\frac{\boldsymbol{y}'-\boldsymbol{y}}{|\boldsymbol{y}'-\boldsymbol{y}|} \tag{2.48a}$$

和

$$t'(\boldsymbol{u}-\boldsymbol{u}',\ \boldsymbol{x}-\boldsymbol{x}',\ t)=\underline{\boldsymbol{T}}(\boldsymbol{x}',\ t)\langle \boldsymbol{x}-\boldsymbol{x}'\rangle=-\frac{1}{2}B\frac{\boldsymbol{y}'-\boldsymbol{y}}{|\boldsymbol{y}'-\boldsymbol{y}|} \tag{2.48b}$$

式中：A 和 B 为辅助参数，它们的值取决于工程材料常数、变形场和近场范围。Silling(2007)构造的这种力密度矢量形式的 PD 方法称为"常规态型近场动力学"。它不仅可以解耦几何形状变形和体积变形，而且可以实现塑性和不可压缩性。

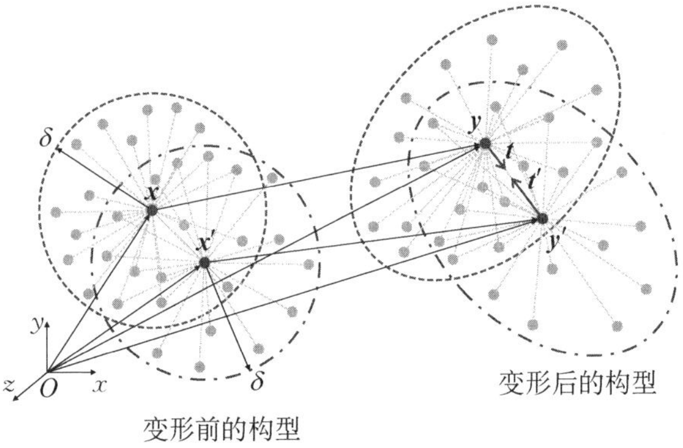

图 2.7 PD 质点 x 和 x' 的变形以及产生的一对不相等的力密度矢量

根据应变能密度函数的定义式(2.8)、力密度矢量的微势能表达式(2.17a)、式(2.17b)以及力密度矢量式(2.48a)、式(2.48b)对方向的要求，可以将力密度矢量与应变能密度函数 W 联系起来，即

$$\boldsymbol{t}(\boldsymbol{u}'-\boldsymbol{u},\ \boldsymbol{x}'-\boldsymbol{x},\ t)\sim\frac{\partial w(\boldsymbol{x})}{\partial(|\boldsymbol{y}'-\boldsymbol{y}|)}\frac{\boldsymbol{y}'-\boldsymbol{y}}{|\boldsymbol{y}'-\boldsymbol{y}|} \tag{2.49a}$$

或

$$\boldsymbol{t}'(\boldsymbol{u}-\boldsymbol{u}',\ \boldsymbol{x}-\boldsymbol{x}',\ t)\sim\frac{\partial w(\boldsymbol{x}')}{\partial(|\boldsymbol{y}-\boldsymbol{y}'|)}\frac{\boldsymbol{y}'-\boldsymbol{y}}{|\boldsymbol{y}'-\boldsymbol{y}|} \tag{2.49b}$$

上式可确定式(2.48)中的辅助参数 A 和 B，从而得到表征材料力学行为的近场动力学基本参数。本书第 4 章给出了各向同性材料的 PD 参数的表达式，第 5 章给出了纤维增强复合材料的 PD 参数的表达式。

2.11 非常规态型近场动力学

如图 2.8 所示，通过对式(2.22a)应用虚位移原理，可以得到满足角动量守恒要求[见式(2.42b)]的力密度矢量的一般形式

$$\rho(\boldsymbol{x})\,\ddot{\boldsymbol{u}}(\boldsymbol{x},\,t)\cdot\Delta\boldsymbol{u}$$
$$=\int_H[\underline{\boldsymbol{T}}(\boldsymbol{x},\,t)\langle\boldsymbol{x}'-\boldsymbol{x}\rangle-\underline{\boldsymbol{T}}(\boldsymbol{x}',\,t)\langle\boldsymbol{x}-\boldsymbol{x}'\rangle]\cdot\Delta\boldsymbol{u}\mathrm{d}H+\boldsymbol{b}(\boldsymbol{x},\,t)\cdot\Delta\boldsymbol{u} \tag{2.50}$$

式中：$\Delta\boldsymbol{u}$ 表示作用于 PD 质点 $\boldsymbol{x}$ 上的虚位移矢量。该式也可以写成矩阵形式

$$\rho(\boldsymbol{x})\,\ddot{\boldsymbol{u}}^{\mathrm{T}}(\boldsymbol{x},\,t)\Delta\boldsymbol{u}$$
$$=\int_H[\underline{\boldsymbol{T}}(\boldsymbol{x},\,t)\langle\boldsymbol{x}'-\boldsymbol{x}\rangle-\underline{\boldsymbol{T}}(\boldsymbol{x}',\,t)\langle\boldsymbol{x}-\boldsymbol{x}'\rangle]^{\mathrm{T}}\Delta\boldsymbol{u}\mathrm{d}H+\boldsymbol{b}^{\mathrm{T}}(\boldsymbol{x},\,t)\Delta\boldsymbol{u} \tag{2.51}$$

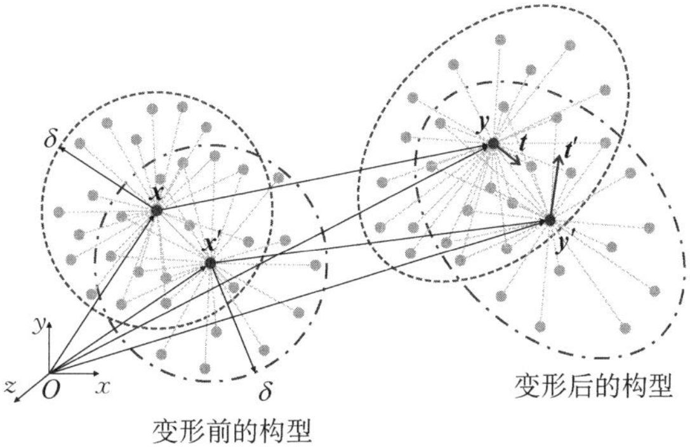

图 2.8 PD 质点 $\boldsymbol{x}$ 和 $\boldsymbol{x}'$ 的变形，以及产生的任意方向力密度矢量

注意当 $\boldsymbol{x}'\notin H$ 时，$\underline{\boldsymbol{T}}(\boldsymbol{x},\,t)\langle\boldsymbol{x}'-\boldsymbol{x}\rangle=\underline{\boldsymbol{T}}(\boldsymbol{x}',\,t)\langle\boldsymbol{x}-\boldsymbol{x}'\rangle=\boldsymbol{0}$，因此将式(2.51)的积分域换为整个物体的体积 V，可得到

$$\int_V[\rho(\boldsymbol{x})\,\ddot{\boldsymbol{u}}^{\mathrm{T}}(\boldsymbol{x},\,t)-\boldsymbol{b}^{\mathrm{T}}(\boldsymbol{x},\,t)]\Delta\boldsymbol{u}\mathrm{d}V$$
$$=\int_V\int_V[\underline{\boldsymbol{T}}(\boldsymbol{x},\,t)\langle\boldsymbol{x}'-\boldsymbol{x}\rangle]^{\mathrm{T}}\Delta\boldsymbol{u}\mathrm{d}V'\mathrm{d}V-\int_V\int_V[\underline{\boldsymbol{T}}(\boldsymbol{x}',\,t)\langle\boldsymbol{x}-\boldsymbol{x}'\rangle]^{\mathrm{T}}\Delta\boldsymbol{u}\mathrm{d}V'\mathrm{d}V \tag{2.52}$$

将式(2.52)右边第二个积分中的参数 $\boldsymbol{x}$ 和 $\boldsymbol{x}'$ 进行交换，得到

$$\int_V \int_V [\underline{\boldsymbol{T}}(\boldsymbol{x}', t)\langle \boldsymbol{x} - \boldsymbol{x}' \rangle]^{\mathrm{T}} \Delta \boldsymbol{u} \mathrm{d}V' \mathrm{d}V = \int_V \int_V [\underline{\boldsymbol{T}}(\boldsymbol{x}, t)\langle \boldsymbol{x}' - \boldsymbol{x} \rangle]^{\mathrm{T}} \Delta \boldsymbol{u}' \mathrm{d}V \mathrm{d}V' \tag{2.53}$$

于是式(2.52)的右边可以写为

$$\begin{aligned} & \int_V \int_V [\underline{\boldsymbol{T}}(\boldsymbol{x}, t)\langle \boldsymbol{x}' - \boldsymbol{x} \rangle]^{\mathrm{T}} \Delta \boldsymbol{u} \mathrm{d}V' \mathrm{d}V - \int_V \int_V [\underline{\boldsymbol{T}}(\boldsymbol{x}', t)\langle \boldsymbol{x} - \boldsymbol{x}' \rangle]^{\mathrm{T}} \Delta \boldsymbol{u} \mathrm{d}V' \mathrm{d}V \\ = & \int_V \int_V [\underline{\boldsymbol{T}}(\boldsymbol{x}, t)\langle \boldsymbol{x}' - \boldsymbol{x} \rangle]^{\mathrm{T}} (\Delta \boldsymbol{u} - \Delta \boldsymbol{u}') \mathrm{d}V' \mathrm{d}V \end{aligned} \tag{2.54}$$

将质点 $\boldsymbol{x}$ 和 $\boldsymbol{x}'$ 的虚位移之差写成状态形式，有

$$\Delta \boldsymbol{u}' - \Delta \boldsymbol{u} = \Delta \underline{\boldsymbol{Y}}(\boldsymbol{x}, t)\langle \boldsymbol{x}' - \boldsymbol{x} \rangle \tag{2.55}$$

于是式(2.54)可重写为

$$\begin{aligned} & \int_V \int_V [\underline{\boldsymbol{T}}(\boldsymbol{x}, t)\langle \boldsymbol{x}' - \boldsymbol{x} \rangle]^{\mathrm{T}} (\Delta \boldsymbol{u} - \Delta \boldsymbol{u}') \mathrm{d}V' \mathrm{d}V \\ = & -\int_V \int_V [\underline{\boldsymbol{T}}(\boldsymbol{x}, t)\langle \boldsymbol{x}' - \boldsymbol{x} \rangle]^{\mathrm{T}} [\Delta \underline{\boldsymbol{Y}}(\boldsymbol{x}, t)\langle \boldsymbol{x}' - \boldsymbol{x} \rangle] \mathrm{d}V' \mathrm{d}V \end{aligned} \tag{2.56}$$

利用上式，式(2.52)可以写成

$$\int_V [\rho(\boldsymbol{x}) \ddot{\boldsymbol{u}}^{\mathrm{T}}(\boldsymbol{x}, t) - \boldsymbol{b}^{\mathrm{T}}(\boldsymbol{x}, t)] \Delta \boldsymbol{u} \mathrm{d}V = -\int_V \Delta W_i \mathrm{d}V \tag{2.57}$$

式中：ΔW_i 为质点 $\boldsymbol{x}$ 与其他质点相互作用的内力所做的虚功

$$\Delta W_i = \int_V [\underline{\boldsymbol{T}}(\boldsymbol{x}, t)\langle \boldsymbol{x}' - \boldsymbol{x} \rangle]^{\mathrm{T}} [\Delta \underline{\boldsymbol{Y}}(\boldsymbol{x}, t)\langle \boldsymbol{x}' - \boldsymbol{x} \rangle] \mathrm{d}V' \tag{2.58}$$

当只考虑在近场范围内的质点时，式(2.58)可以写为

$$\Delta W_i = \int_H [\underline{\boldsymbol{T}}(\boldsymbol{x}, t)\langle \boldsymbol{x}' - \boldsymbol{x} \rangle]^{\mathrm{T}} [\Delta \underline{\boldsymbol{Y}}(\boldsymbol{x}, t)\langle \boldsymbol{x}' - \boldsymbol{x} \rangle] \mathrm{d}H \tag{2.59}$$

经典连续介质力学中相应的内力虚功为

$$\Delta W_i = \mathrm{tr}(\boldsymbol{S}^{\mathrm{T}} - \Delta \boldsymbol{E}) \tag{2.60}$$

式中：$\boldsymbol{S} = \boldsymbol{S}^{\mathrm{T}}$ 为 PK－II(second Piola-Kirchhoff)应力张量，而格林-拉格朗日(Green-Lagrange)应变张量 $\boldsymbol{E} = \boldsymbol{E}^{\mathrm{T}}$ 与变形梯度(deformation gradient)张量 $\boldsymbol{F}$ 的关系为

$$\boldsymbol{E}=\frac{1}{2}(\boldsymbol{F}^{\mathrm{T}}\boldsymbol{F}-\boldsymbol{I}) \tag{2.61}$$

根据式(2.61)，格林-拉格朗日虚应变张量可写为

$$\Delta\boldsymbol{E}=\frac{1}{2}(\Delta\boldsymbol{F}^{\mathrm{T}}\boldsymbol{F}+\boldsymbol{F}^{\mathrm{T}}\Delta\boldsymbol{F}) \tag{2.62}$$

将式(2.62)代入式(2.60)，得到经典连续介质力学中的内力虚功表达式

$$\Delta W_i=\mathrm{tr}(\boldsymbol{S}^{\mathrm{T}}\boldsymbol{F}^{\mathrm{T}}\Delta\boldsymbol{F})=\mathrm{tr}(\boldsymbol{P}\Delta\boldsymbol{F}) \tag{2.63}$$

式中：$\boldsymbol{P}=(\boldsymbol{S}^{\mathrm{T}}\boldsymbol{F}^{\mathrm{T}})$，为 PK－I(first Piola-Kirchhoff)应力张量。

利用附录中式(A.8)给出的将矢量状态缩减为二阶张量的状态运算公式，可以将 PD 理论中的变形状态缩减为变形梯度张量

$$\boldsymbol{F}=(\underline{\boldsymbol{Y}}*\underline{\boldsymbol{X}})\boldsymbol{K}^{-1} \tag{2.64}$$

其虚变形梯度为

$$\Delta\boldsymbol{F}=(\Delta\underline{\boldsymbol{Y}}*\underline{\boldsymbol{X}})\boldsymbol{K}^{-1} \tag{2.65}$$

式中：形状张量 $\boldsymbol{K}$ 作为体积平均量，其表达式在附录中导出，它是一个对角矩阵。符号“ * ”表示矢量状态的张量积运算，也在附录中定义。

将式(2.65)代入经典连续介质力学的内力虚功表达式(2.63)，并结合式(A.7)，得到

$$\Delta W_i=\mathrm{tr}\left[\boldsymbol{P}\left(\int_H \underline{w}\langle\boldsymbol{x}'-\boldsymbol{x}\rangle\Delta\underline{\boldsymbol{Y}}\langle\boldsymbol{x}'-\boldsymbol{x}\rangle\otimes\underline{\boldsymbol{X}}\langle\boldsymbol{x}'-\boldsymbol{x}\rangle\mathrm{d}H\right)\boldsymbol{K}^{-1}\right] \tag{2.66}$$

式中的影响(权)函数$\underline{w}$ 是一个标量状态，而$\otimes$表示两个矢量的并矢乘积运算，即 $\boldsymbol{C}=\boldsymbol{a}\otimes\boldsymbol{b}$ 或 $C_{ij}=a_ib_j$。影响函数可根据质点之间的距离控制它们的相互作用大小。

利用式(A.4)和式(2.55)，上式可以用张量标记法表示为

$$\Delta W_i=P_{ij}\left[\int_H \underline{w}\langle\boldsymbol{x}'-\boldsymbol{x}\rangle(\Delta u_i'-\Delta u_i)(x_k'-x_k)\mathrm{d}H\right]K_{ij}^{-1},\ i,\ j,\ k=1,\ 2,\ 3 \tag{2.67}$$

因为形状张量是对称的，所以上式可以重新排列为

$$\Delta W_i = \int_H \underline{w}\langle \boldsymbol{x}' - \boldsymbol{x}\rangle P_{ij} K_{jk}^{-1} (x_k' - x_k)(\Delta u_i' - \Delta u_i) \mathrm{d}H, \ i, \ j, \ k = 1, \ 2, \ 3 \tag{2.68a}$$

或矩阵形式

$$\Delta W_i = \int_H [\underline{w}\langle \boldsymbol{x}' - \boldsymbol{x}\rangle \boldsymbol{PK}^{-1} (\boldsymbol{x}' - \boldsymbol{x})]^{\mathrm{T}} (\Delta \boldsymbol{u}' - \Delta \boldsymbol{u}) \mathrm{d}H \tag{2.68b}$$

将式(2.55)代入式(2.68b),并令 PD 理论的虚功表达式(2.59)与经典连续介质力学的虚功表达式(2.68b)相等,有

$$\begin{aligned} & \int_H [\underline{\boldsymbol{T}}(\boldsymbol{x}, \ t)\langle \boldsymbol{x}' - \boldsymbol{x}\rangle]^{\mathrm{T}} [\Delta \underline{\boldsymbol{Y}}(\boldsymbol{x}, \ t)\langle \boldsymbol{x}' - \boldsymbol{x}\rangle] \mathrm{d}H \\ \equiv & \int_H [\underline{w}\langle \boldsymbol{x}' - \boldsymbol{x}\rangle \boldsymbol{PK}^{-1} (\boldsymbol{x}' - \boldsymbol{x})]^{\mathrm{T}} [\Delta \underline{\boldsymbol{Y}}(\boldsymbol{x}, \ t)\langle \boldsymbol{x}' - \boldsymbol{x}\rangle] \mathrm{d}H \end{aligned} \tag{2.69}$$

由此得到了 PD 力矢量状态与经典连续介质力学中的变形梯度和应力张量之间的关系为

$$\boldsymbol{t}(\boldsymbol{u}' - \boldsymbol{u}, \ \boldsymbol{x}' - \boldsymbol{x}, \ t) = \underline{\boldsymbol{T}}(\boldsymbol{x}, \ t)\langle \boldsymbol{x}' - \boldsymbol{x}\rangle \equiv \underline{w}\langle \boldsymbol{x}' - \boldsymbol{x}\rangle \boldsymbol{PK}^{-1} (\boldsymbol{x}' - \boldsymbol{x}) \tag{2.70}$$

这个力密度矢量的表达式[见式 2.70)]与 Siling 等人(2007)推导的结果一致,但此推导过程基于虚位移原理,证明了对于任何可直接或者通过增量法获得 Piola-Kirchhoff 应力张量的材料模型,该力密度矢量都是有效的。因此,该方程也构成了 PD 理论描述所有材料力学行为的基础。

参 考 文 献

Kilic B (2008) Peridynamic theory for progressive failure prediction in homogeneous and heterogeneous materials. Dissertation, University of Arizona.

Macek RW, Silling SA (2007) Peridynamics via finite element analysis. Finite Elem Anal Des 43: 1169 - 1178.

Silling SA (2000) Reformulation of elasticity theory for discontinuities and long-range forces. J Mech Phys Solids 48: 175 - 209.

Silling SA (2004) EMU user's manual, Code Ver. 2. 6d. Sandia National Laboratories, Albuquerque.

Silling SA, Askari E (2005) A meshfree method based on the peridynamic model of solid mechanics. Comput Struct 83：1526－1535.

Silling SA，Lehoucq RB（2008）Convergence of peridynamics to classical elasticity theory. J Elast 93：13－37.

Silling SA，Epton M，Weckner O，Xu J，Askari A（2007）Peridynamics states and constitutive modeling. J Elast 88：151－184.

3 局部作用的近场动力学

3.1 运动方程

在经典连续介质力学中，一个质点只能与其紧邻的质点相互作用。如图 3.1所示，位于 $\boldsymbol{x}_{(k)}$ 处的质点 k 只能与质点$(k-1)$、$(k+1)$、$(k-m)$、$(k+m)$、$(k-n)$、$(k+n)$ 发生相互作用。这些相互作用由"内面力矢量"表示。在质点 k 处，位于单位法向量 $\boldsymbol{n}^{\mathrm{T}}=(n_x, n_y, n_z)$ 的表面的面力矢量 $\boldsymbol{T}^{\mathrm{T}}=(T_x, T_y, T_z)$ 与柯西应力的关系为

$$\begin{Bmatrix} T_x \\ T_y \\ T_z \end{Bmatrix} = \begin{bmatrix} \sigma_{xx(k)} & \sigma_{xy(k)} & \sigma_{xz(k)} \\ \sigma_{xy(k)} & \sigma_{yy(k)} & \sigma_{yz(k)} \\ \sigma_{xz(k)} & \sigma_{yz(k)} & \sigma_{zz(k)} \end{bmatrix} \begin{Bmatrix} n_x \\ n_y \\ n_z \end{Bmatrix} \tag{3.1}$$

式中 $[\sigma_{xx(k)}, \sigma_{yy(k)}, \sigma_{zz(k)}]$ 和$[\sigma_{xy(k)}, \sigma_{yz(k)}, \sigma_{xz(k)}]$ 分别为正应力和剪应力分量。

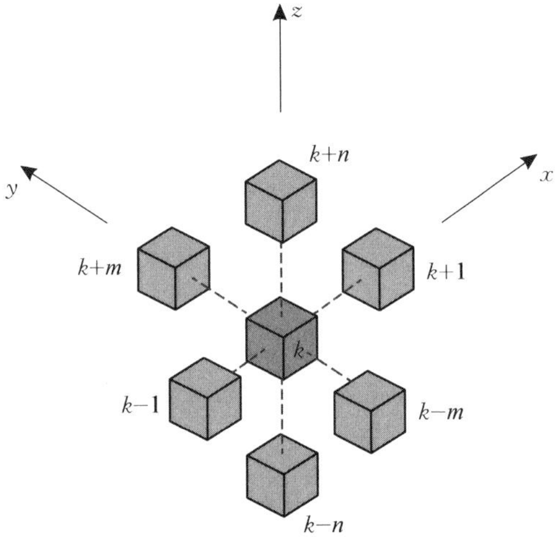

图 3.1 质点与紧邻的其他质点的相互作用

在质点 k 处，可以对作用于单位法向量 $\boldsymbol{n}=(\pm\boldsymbol{e}_x,\pm\boldsymbol{e}_y,\pm\boldsymbol{e}_z)$ 的面上的面力表达式稍做调整，得

$$\boldsymbol{T}_{(k)(j)}=T_{x(k)(j)}\boldsymbol{e}_x+T_{y(k)(j)}\boldsymbol{e}_y+T_{z(k)(j)}\boldsymbol{e}_z \tag{3.2}$$

式中：$j=(k-1),(k+1),(k-m),(k+m),(k-n),(k+n)$；面力矢量 $\boldsymbol{T}_{(k)(j)}$ 表示质点 j 作用在质点 k 上的力。

经典连续介质（局部）理论的运动方程也可以通过类似于非局部 PD 理论运动方程的推导方法得到。唯一的区别在于，局部理论中质点 k 的应变能 $W_{(k)}$ 的表达式是质点 k 与紧邻的六个质点 $(k-1)$、$(k+1)$、$(k-m)$、$(k+m)$、$(k-n)$、$(k+n)$ 相互作用产生的微势能 $w_{(k)(j)}$ 的总和，如图 3.1 所示。于是对非局部理论的应变能密度表达式(2.8)进行修改得到

$$\begin{aligned}W_{(k)}=\frac{1}{2}\sum_{j=k-1,\,k+1,\,k-m,\,k+m,\,k-n,\,k+n}&\frac{1}{2}\{w_{(k)(j)}[\boldsymbol{y}_{(1^k)}-\boldsymbol{y}_{(k)},\ \boldsymbol{y}_{(2^k)}-\boldsymbol{y}_{(k)},\ \cdots]+\\&w_{(j)(k)}[\boldsymbol{y}_{(1^j)}-\boldsymbol{y}_{(j)},\ \boldsymbol{y}_{(2^j)}-\boldsymbol{y}_{(j)},\ \cdots]\}V_{(j)}\end{aligned} \tag{3.3}$$

按照非局部 PD 运动方程的推导方法，得到质点 k 的局部理论运动方程。

$$\rho_{(k)}\ddot{\boldsymbol{u}}_{(k)}=\sum_{j=k-1,\,k+1,\,k-m,\,k+m,\,k-n,\,k+n}[\boldsymbol{t}_{(k)(j)}-\boldsymbol{t}_{(j)(k)}]V_{(j)}+\boldsymbol{b}_{(k)} \tag{3.4a}$$

$$\boldsymbol{t}_{(k)(j)}=\frac{1}{2}\frac{\partial w_{(k)(j)}}{\partial[\boldsymbol{y}_{(j)}-\boldsymbol{y}_{(k)}]},\ \boldsymbol{t}_{(j)(k)}=\frac{1}{2}\frac{\partial w_{(j)(k)}}{\partial[\boldsymbol{y}_{(k)}-\boldsymbol{y}_{(j)}]} \tag{3.4b}$$

$\boldsymbol{t}_{(k)(j)}$ 表示质点 $\boldsymbol{x}_{(j)}$ 作用在 $\boldsymbol{x}_{(k)}$ 上的力密度；$\boldsymbol{t}_{(j)(k)}$ 表示质点 $\boldsymbol{x}_{(k)}$ 作用在 $\boldsymbol{x}_{(j)}$ 上的力密度。

3.2　柯西应力与近场动力学力(密度)的关系

对于质点 $\boldsymbol{x}_{(k)}$，基于经典连续介质力学的运动方程也可以用应力分量 $\sigma_{\alpha\beta(k)}$ 的形式表示。

$$\rho_{(k)}\ddot{u}_{\alpha(k)}=\sigma_{\alpha x,\,x(k)}+\sigma_{\alpha y,\,y(k)}+\sigma_{\alpha z,\,z(k)}+b_{\alpha(k)} \tag{3.5}$$

式中：$\alpha=(x,y,z)$。利用有限差分法对偏导项进行近似，同时使用向前和向后差分公式，该方程可以表示为

$$\begin{aligned}\rho_{(k)}\ddot{u}_{x(k)}=&\frac{1}{2}\frac{[\sigma_{xx(k)}-\sigma_{xx(k-1)}]}{\Delta x}+\frac{1}{2}\frac{[\sigma_{xx(k+1)}-\sigma_{xx(k)}]}{\Delta x}+\\&\frac{1}{2}\frac{[\sigma_{xy(k)}-\sigma_{xy(k-m)}]}{\Delta y}+\frac{1}{2}\frac{[\sigma_{xy(k+m)}-\sigma_{xy(k)}]}{\Delta y}+\end{aligned}$$

$$\frac{1}{2}\frac{[\sigma_{xz(k)}-\sigma_{xz(k-n)}]}{\Delta z}+\frac{1}{2}\frac{[\sigma_{xz(k+n)}-\sigma_{xz(k)}]}{\Delta z}+b_{x(k)} \tag{3.6a}$$

$$\begin{aligned}\rho_{(k)}\ddot{u}_{y(k)}=&\frac{1}{2}\frac{[\sigma_{xy(k)}-\sigma_{xy(k-1)}]}{\Delta x}+\frac{1}{2}\frac{[\sigma_{xy(k+1)}-\sigma_{xy(k)}]}{\Delta x}+\\&\frac{1}{2}\frac{[\sigma_{yy(k)}-\sigma_{yy(k-m)}]}{\Delta y}+\frac{1}{2}\frac{[\sigma_{yy(k+m)}-\sigma_{yy(k)}]}{\Delta y}+\\&\frac{1}{2}\frac{[\sigma_{yz(k)}-\sigma_{yz(k-n)}]}{\Delta z}+\frac{1}{2}\frac{[\sigma_{yz(k+n)}-\sigma_{yz(k)}]}{\Delta z}+b_{y(k)}\end{aligned} \tag{3.6b}$$

和

$$\begin{aligned}\rho_{(k)}\ddot{u}_{z(k)}=&\frac{1}{2}\frac{[\sigma_{xz(k)}-\sigma_{xz(k-1)}]}{\Delta x}+\frac{1}{2}\frac{[\sigma_{xz(k+1)}-\sigma_{xz(k)}]}{\Delta x}+\\&\frac{1}{2}\frac{[\sigma_{yz(k)}-\sigma_{yz(k-m)}]}{\Delta y}+\frac{1}{2}\frac{[\sigma_{yz(k+m)}-\sigma_{yz(k)}]}{\Delta y}+\\&\frac{1}{2}\frac{[\sigma_{zz(k)}-\sigma_{zz(k-n)}]}{\Delta z}+\frac{1}{2}\frac{[\sigma_{zz(k+n)}-\sigma_{zz(k)}]}{\Delta z}+b_{z(k)}\end{aligned} \tag{3.6c}$$

令式(3.6a)、式(3.6b)、式(3.6c)与式(3.4a)中相应的项相等，得到应力和PD力密度之间的关系为

$$\sigma_{\alpha\beta(k)}=2t_{\beta(k)(q_\alpha)}\Delta\alpha V_{(q_\alpha)}\text{，此时 } q_x=(k+1),\ q_y=(k+m),\ q_z=(k+n) \tag{3.7a}$$

$$\sigma_{\alpha\beta(k)}=-2t_{\beta(k)(q_\alpha)}\Delta\alpha V_{(q_\alpha)}\text{，此时 } q_x=(k-1),\ q_y=(k-m),\ q_z=(k-n) \tag{3.7b}$$

式中：$\alpha,\beta=(x,\ y,\ z)$。柯西应力张量的正应力也可以写为

$$\sigma_{\alpha\alpha(k)}=2\boldsymbol{t}_{(k)(q_\alpha)}\cdot[\boldsymbol{x}_{(q_\alpha)}-\boldsymbol{x}_{(k)}]V_{(q_\alpha)} \tag{3.8a}$$

式中：$\boldsymbol{t}_{(k)(j)}$ 与 $\boldsymbol{x}_{(q_\alpha)}$ 表达式如下所示。

$$\boldsymbol{t}_{(k)(q_\alpha)}=t_{x(k)(q_\alpha)}\boldsymbol{e}_x+t_{y(k)(q_\alpha)}\boldsymbol{e}_y+t_{z(k)(q_\alpha)}\boldsymbol{e}_z \tag{3.8b}$$

以及

$$\boldsymbol{x}_{(q_\alpha)}-\boldsymbol{x}_{(k)}=\Delta\alpha\boldsymbol{e}_\alpha \tag{3.8c}$$

式中：$\alpha=(x,\ y,\ z)$。

笛卡尔坐标系$(x,\ y,\ z)$的单位矢量可以表示为 $\boldsymbol{e}_\alpha$。值得注意的是，涉及正应力和剪应力分量的一些其他的表达式也可以用PD力密度来表示：

$$\sum_{\beta=x,y,z} \sigma_{\alpha\beta(k)}^2 = \sum_{\beta=x,y,z} 4t_{\beta(k)(q_\alpha)}^2 (\Delta\alpha)^2 V_{(q_\alpha)}^2 \tag{3.9a}$$

或

$$\sum_{\beta=x,y,z} \sigma_{\alpha\beta(k)}^2 = 4[\boldsymbol{t}_{(k)(q_\alpha)} |\boldsymbol{x}_{(q_\alpha)} - \boldsymbol{x}_{(k)}| V_{(q_\alpha)}] \cdot [\boldsymbol{t}_{(k)(q_\alpha)} |\boldsymbol{x}_{(q_\alpha)} - \boldsymbol{x}_{(k)}| V_{(q_\alpha)}] \tag{3.9b}$$

3.3 应变能密度

基于经典连续介质力学，质点 k 处的应变能密度表示为

$$W_{(k)} = \frac{\kappa}{2}[\theta_{(k)} - 3\alpha T_{(k)}]^2 + \left\{\frac{1}{4\mu}[\sigma_{xx(k)}^2 + \sigma_{yy(k)}^2 + \sigma_{zz(k)}^2] + \frac{1}{2\mu}[\sigma_{xy(k)}^2 + \sigma_{xz(k)}^2 + \sigma_{yz(k)}^2] - \frac{3\kappa^2}{4\mu}\theta_{(k)}^2\right\} \tag{3.10}$$

式中：$T_{(k)}$ 为温度变化量；α 表示体积模量为 κ 的各向同性材料的热膨胀系数。等式右边的第一项和第二项分别表示引起体积变化和几何形状变化的能量密度。稍做改变，该方程也可以表示为以下形式：

$$\begin{aligned} W_{(k)} = {} & \frac{\kappa}{2}[\theta_{(k)} - 3\alpha T_{(k)}]^2 - \frac{3\kappa^2}{4\mu}\theta_{(k)}^2 + \\ & \frac{1}{8\mu}\{[\sigma_{xx(k)}^2 + \sigma_{xy(k)}^2 + \sigma_{xz(k)}^2] + [\sigma_{xx(k)}^2 + \sigma_{xy(k)}^2 + \sigma_{xz(k)}^2]\} + \\ & \frac{1}{8\mu}\{[\sigma_{yy(k)}^2 + \sigma_{xy(k)}^2 + \sigma_{yz(k)}^2] + [\sigma_{yy(k)}^2 + \sigma_{xy(k)}^2 + \sigma_{yz(k)}^2]\} + \\ & \frac{1}{8\mu}\{[\sigma_{zz(k)}^2 + \sigma_{xz(k)}^2 + \sigma_{yz(k)}^2] + [\sigma_{zz(k)}^2 + \sigma_{xz(k)}^2 + \sigma_{yz(k)}^2]\} \end{aligned} \tag{3.11}$$

式中每一项都包含了应力分量，这些应力分量对应于质点 $(k-1)$、$(k+1)$、$(k-m)$、$(k+m)$、$(k-n)$、$(k+n)$ 作用在质点 k 上的 PD 力密度。

利用式(3.9b)，应变能密度可以用 PD 力密度表示为

$$\begin{aligned} W_{(k)} = {} & \frac{\kappa}{2}[\theta_{(k)} - 3\alpha T_{(k)}]^2 - \frac{3\kappa^2}{4\mu}\theta_{(k)}^2 + \\ & \frac{1}{2\mu}\sum_{\substack{j=k-1,\,k+1,\\ k-m,\,k+m,\\ k-n,\,k+n}} [\boldsymbol{t}_{(k)(j)} |\boldsymbol{x}_{(j)} - \boldsymbol{x}_{(k)}| V_{(j)}] \cdot [\boldsymbol{t}_{(k)(j)} |\boldsymbol{x}_{(j)} - \boldsymbol{x}_{(k)}| V_{(j)}] \end{aligned} \tag{3.12}$$

根据式(2.43a),对于质点 k 和其他六个质点 $(k-1)$、$(k+1)$、$(k-m)$、$(k+m)$、$(k-n)$、$(k+n)$ 的成对相互作用,它们的 PD 力密度矢量可以用 $\boldsymbol{f}_{(k)(j)}$ 替代 $\boldsymbol{t}_{(k)(j)}$,得到

$$W_{(k)}=\frac{\kappa}{2}[\theta_{(k)}-3\alpha T_{(k)}]^2-\frac{3\kappa^2}{4\mu}\theta_{(k)}^2+\frac{1}{8\mu}\sum_{\substack{j=k-1,\,k+1,\\k-m,\,k+m,\\k-n,\,k+n}}[\boldsymbol{f}_{(k)(j)}|\boldsymbol{x}_{(j)}-\boldsymbol{x}_{(k)}|V_{(j)}]\cdot[\boldsymbol{f}_{(k)(j)}|\boldsymbol{x}_{(j)}-\boldsymbol{x}_{(k)}|V_{(j)}] \tag{3.13}$$

将式(2.45)中的对点力密度和式(2.46)代入上式,得到

$$W_{(k)}=\frac{\kappa}{2}[\theta_{(k)}-3\alpha T_{(k)}]^2-\frac{3\kappa^2}{4\mu}\theta_{(k)}^2+\frac{c^2}{8\mu}\sum_{\substack{j=k-1,\,k+1,\\k-m,\,k+m,\\k-n,\,k+n}}[s_{(k)(j)}-\alpha T_{(k)}]^2|x_{(j)}-x_{(k)}|^2V_{(j)}^2 \tag{3.14}$$

把上式写成可同时适用于键型和常规态型近场动力学方程的一般形式,得到

$$W_{(k)}=a\theta_{(k)}^2-a_2\theta_{(k)}T_{(k)}+a_3T_{(k)}^2+\sum_{\substack{j=k-1,\,k+1,\\k-m,\,k+m,\\k-n,\,k+n}}b[s_{(k)(j)}-\alpha T_{(k)}]^2|\boldsymbol{x}_{(j)}-\boldsymbol{x}_{(k)}|^2V_{(j)} \tag{3.15a}$$

或

$$W_{(k)}=a\theta_{(k)}^2-a_2\theta_{(k)}T_{(k)}+a_3T_{(k)}^2+\sum_{\substack{j=k-1,\,k+1,\\k-m,\,k+m,\\k-n,\,k+n}}b\{[(|\boldsymbol{y}_{(j)}-\boldsymbol{y}_{(k)}|-|\boldsymbol{x}_{(j)}-\boldsymbol{x}_{(k)}|)-\alpha T_{(k)}|\boldsymbol{x}_{(j)}-\boldsymbol{x}_{(k)}|]^2V_{(j)}\} \tag{3.15b}$$

式中:a、a_2、a_3和 b 为近场动力学参数。

质点 k 的体积应变(或称体应变、体积变化率)$\theta_{(k)}$在经典连续介质力学中定义为

$$\theta_{(k)}=[\varepsilon_{xx(k)}+\varepsilon_{yy(k)}+\varepsilon_{zz(k)}]=\frac{[\sigma_{xx(k)}+\sigma_{yy(k)}+\sigma_{zz(k)}]}{3\kappa}+3\alpha T_{(k)} \tag{3.16}$$

式中：正应变分量为[$\varepsilon_{xx(k)}$，$\varepsilon_{yy(k)}$，$\varepsilon_{zz(k)}$]。它也可写成以下形式

$$\theta_{(k)}=\frac{1}{3\kappa}\left[\frac{1}{2}\sigma_{xx(k)}+\frac{1}{2}\sigma_{xx(k)}+\frac{1}{2}\sigma_{yy(k)}+\frac{1}{2}\sigma_{yy(k)}+\frac{1}{2}\sigma_{zz(k)}+\frac{1}{2}\sigma_{zz(k)}\right]+3\alpha T_{(k)} \tag{3.17}$$

式中：每项对应于质点 $(k-1)$、$(k+1)$、$(k-m)$、$(k+m)$、$(k-n)$ 和 $(k+n)$ 作用在质点 k 上的近场动力学力。利用式(3.8a)，体积应变可以用近场动力学力密度表示为

$$\theta_{(k)}=\frac{1}{3\kappa}\left\{\sum_{j=k-1,\,k+1,\,k-m,\,k+m,\,k-n,\,k+n}\left[\boldsymbol{t}_{(k)(j)}\cdot(\boldsymbol{x}_{(j)}-\boldsymbol{x}_{(k)})\right]V_{(j)}\right\}+3\alpha T_{(k)} \tag{3.18}$$

与应变能密度相似，体积应变也用质点 k 和其他六个质点的成对相互作用力表示，得到

$$\theta_{(k)}=\frac{1}{6\kappa}\left\{\sum_{j=k-1,\,k+1,\,k-m,\,k+m,\,k-n,\,k+n}\left[\boldsymbol{f}_{(k)(j)}\cdot(\boldsymbol{x}_{(j)}-\boldsymbol{x}_{(k)})\right]V_{(j)}\right\}+3\alpha T_{(k)} \tag{3.19}$$

将式(2.45)中的对点力密度以及式(2.46)代入式(3.19)，得到

$$\theta_{(k)}=\frac{c}{6\kappa}\sum_{\substack{j=k-1\\k+1\\k-m\\k+m\\k-n\\k+n}}\left[s_{(k)(j)}-\alpha T_{(k)}\right]\frac{\left[\boldsymbol{y}_{(j)}-\boldsymbol{y}_{(k)}\right]}{\left|\boldsymbol{y}_{(j)}-\boldsymbol{y}_{(k)}\right|}\cdot\left[\boldsymbol{x}_{(j)}-\boldsymbol{x}_{(k)}\right]V_{(j)}+3\alpha T_{(k)} \tag{3.20}$$

该表达式的一般形式为

$$\theta_{(k)}=d\sum_{\substack{j=k-1\\k+1\\k-m\\k+m\\k-n\\k+n}}\left[s_{(k)(j)}-\alpha T_{(k)}\right]\frac{\left[\boldsymbol{y}_{(j)}-\boldsymbol{y}_{(k)}\right]}{\left|\boldsymbol{y}_{(j)}-\boldsymbol{y}_{(k)}\right|}\cdot\left[\boldsymbol{x}_{(j)}-\boldsymbol{x}_{(k)}\right]V_{(j)}+3\alpha T_{(k)} \tag{3.21}$$

式中：d 为近场动力学参数。质点 k 的体积应变 $\theta_{(k)}$ 和应变能密度 $W_{(k)}$ 表达式在常规态型近场动力学框架下采用一般形式表示，相互作用的数量则不局限于经典连续介质力学中紧邻的质点个数。

4 各向同性材料近场动力学模型

4.1 材料参数

式(2.43)中的辅助参数 C 及式(2.48)中的辅助参数 A、B 可以利用式(2.49)给出的质点 k 处的力密度矢量和应变能密度 $W_{(k)}$ 之间的关系得到，关系可表示为

$$\boldsymbol{t}_{(k)(j)}[\boldsymbol{u}_{(j)}-\boldsymbol{u}_{(k)},\ \boldsymbol{x}_{(j)}-\boldsymbol{x}_{(k)},\ t]=\frac{1}{V_{(j)}}\frac{\partial w_{(k)}}{\partial[|\boldsymbol{y}_{(j)}-\boldsymbol{y}_{(k)}|]}\frac{\boldsymbol{y}_{(j)}-\boldsymbol{y}_{(k)}}{|\boldsymbol{y}_{(j)}-\boldsymbol{y}_{(k)}|} \tag{4.1}$$

式中：$V_{(j)}$ 为质点 j 的体积；$\boldsymbol{t}_{(k)(j)}$ 为质点 j 对质点 k 施加的力密度矢量，方向与变形后构型中的相对位矢平行。在确定辅助参数前，需要先得到应变能密度函数的表达式。

对于各向同性的弹性材料，在质点 k 处的应变能密度 $W_{(k)}$ 可以通过对式(3.15)的推广得到。

$$\begin{aligned}W_{(k)}=&a\theta_{(k)}^2-a_2\theta_{(k)}T_{(k)}+a_3T_{(k)}^2+\\&b\sum_{j=1}^{N}w_{(k)(j)}\{[|\boldsymbol{y}_{(j)}-\boldsymbol{y}_{(k)}|-|\boldsymbol{x}_{(j)}-\boldsymbol{x}_{(k)}|]-\alpha T_{(k)}|\boldsymbol{x}_{(j)}-\boldsymbol{x}_{(k)}|\}^2V_{(j)}\end{aligned} \tag{4.2}$$

式中：N 为质点 $\boldsymbol{x}_{(k)}$ 的族中质点的数量；无量纲影响函数 $w_{(k)(j)}=w[|\boldsymbol{x}_{(j)}-\boldsymbol{x}_{(k)}|]$ 可控制 $\boldsymbol{x}_{(k)}$ 周围质点对其作用力的大小；$T_{(k)}$ 为质点 k 的温度变化；参数 α 为热膨胀系数。类似地，$\theta_{(k)}$ 的显式表达式可以通过式(3.21)推广得到

$$\theta_{(k)} = d\sum_{j=1}^{N} w_{(k)(j)}[s_{(k)(j)} - \alpha T_{(k)}] \frac{\boldsymbol{y}_{(j)} - \boldsymbol{y}_{(k)}}{|\boldsymbol{y}_{(j)} - \boldsymbol{y}_{(k)}|} \cdot [\boldsymbol{x}_{(j)} - \boldsymbol{x}_{(k)}]V_{(j)} + 3\alpha T_{(k)} \tag{4.3}$$

式中：PD 参数 d 保证了 $\theta_{(k)}$ 保持无量纲。式(4.2)的 PD 材料参数 a、a_2、a_3 和 b 可以通过考虑简单加载情况得到，其与经典连续介质力学的工程材料常数剪切模量 μ、体积模量 κ 和热膨胀系数 α 相关。

将式(4.3)中的体积应变 $\theta_{(k)}$ 代入应变能密度 $W_{(k)}$ 的表达式(4.2)中，并进行微分，得到用 PD 材料参数表达的力密度矢量 $\boldsymbol{t}_{(k)(j)}[\boldsymbol{u}_{(j)} - \boldsymbol{u}_{(k)},\ \boldsymbol{x}_{(j)} - \boldsymbol{x}_{(k)},\ t]$

$$\boldsymbol{t}_{(k)(j)}[\boldsymbol{u}_{(j)} - \boldsymbol{u}_{(k)},\ \boldsymbol{x}_{(j)} - \boldsymbol{x}_{(k)},\ t] = \frac{1}{2}A\frac{\boldsymbol{y}_{(j)} - \boldsymbol{y}_{(k)}}{|\boldsymbol{y}_{(j)} - \boldsymbol{y}_{(k)}|} \tag{4.4a}$$

式中：

$$A = 4w_{(k)(j)}\left\{\begin{aligned} & d\frac{\boldsymbol{y}_{(j)} - \boldsymbol{y}_{(k)}}{|\boldsymbol{y}_{(j)} - \boldsymbol{y}_{(k)}|} \cdot \frac{\boldsymbol{x}_{(j)} - \boldsymbol{x}_{(k)}}{|\boldsymbol{x}_{(j)} - \boldsymbol{x}_{(k)}|}\left[a\theta_{(k)} - \frac{1}{2}a_2 T_{(k)}\right] + \\ & b[(|\boldsymbol{y}_{(j)} - \boldsymbol{y}_{(k)}| - |\boldsymbol{x}_{(j)} - \boldsymbol{x}_{(k)}|) - \alpha T_{(k)}|\boldsymbol{x}_{(j)} - \boldsymbol{x}_{(k)}|] \end{aligned}\right\} \tag{4.4b}$$

类似地，力密度矢量 $\boldsymbol{t}_{(j)(k)}[\boldsymbol{u}_{(k)} - \boldsymbol{u}_{(j)},\ \boldsymbol{x}_{(k)} - \boldsymbol{x}_{(j)},\ t]$ 可写为如下形式。

$$\boldsymbol{t}_{(j)(k)}[\boldsymbol{u}_{(k)} - \boldsymbol{u}_{(j)},\ \boldsymbol{x}_{(k)} - \boldsymbol{x}_{(j)},\ t] = -\frac{1}{2}B\frac{\boldsymbol{y}_{(j)} - \boldsymbol{y}_{(k)}}{|\boldsymbol{y}_{(j)} - \boldsymbol{y}_{(k)}|} \tag{4.5a}$$

式中：

$$B = 4w_{(j)(k)}\left\{\begin{aligned} & d\frac{\boldsymbol{y}_{(k)} - \boldsymbol{y}_{(j)}}{|\boldsymbol{y}_{(k)} - \boldsymbol{y}_{(j)}|} \cdot \frac{\boldsymbol{x}_{(k)} - \boldsymbol{x}_{(j)}}{|\boldsymbol{x}_{(k)} - \boldsymbol{x}_{(j)}|}\left[a\theta_{(j)} - \frac{1}{2}a_2 T_{(j)}\right] + \\ & b[(|\boldsymbol{y}_{(k)} - \boldsymbol{y}_{(j)}| - |\boldsymbol{x}_{(k)} - \boldsymbol{x}_{(j)}|) - \alpha T_{(j)}|\boldsymbol{x}_{(k)} - \boldsymbol{x}_{(j)}|] \end{aligned}\right\} \tag{4.5b}$$

尽管式(4.4b)和式(4.5b)看上去很相似，但由于质点 $\boldsymbol{x}_{(k)}$ 和 $\boldsymbol{x}_{(j)}$ 各自的 $[\theta_{(k)},\ T_{(k)}]$ 和 $[\theta_{(j)},\ T_{(j)}]$ 不相等，它们的函数值也不一定相等。然而对于键型 PD 理论，材料参数 A 和 B 必须相等，于是式(4.4b)和式(4.5b)中 $\theta_{(k)}$ 和 $\theta_{(j)}$ 的相关项必须消失，需要满足

$$ad = 0 \tag{4.6}$$

此时，式(2.43)中的参数 C 变为

$$C = 4bw_{(k)(j)}\{[|\boldsymbol{y}_{(j)} - \boldsymbol{y}_{(k)}| - |\boldsymbol{x}_{(j)} - \boldsymbol{x}_{(k)}|] - \alpha T_{(k)}|\boldsymbol{x}_{(j)} - \boldsymbol{x}_{(k)}|\} \tag{4.7}$$

力密度矢量可重写成

$$\boldsymbol{t}_{(k)(j)} = 2bw_{(k)(j)}\{[|\boldsymbol{y}_{(j)} - \boldsymbol{y}_{(k)}| - |\boldsymbol{x}_{(j)} - \boldsymbol{x}_{(k)}|] - \alpha T_{(k)}|\boldsymbol{x}_{(j)} - \boldsymbol{x}_{(k)}|\}\frac{\boldsymbol{y}_{(j)} - \boldsymbol{y}_{(k)}}{|\boldsymbol{y}_{(j)} - \boldsymbol{y}_{(k)}|} \tag{4.8}$$

利用式(2.43),可得到质点 $\boldsymbol{x}_{(k)}$ 和 $\boldsymbol{x}_{(j)}$ 之间的键型力密度矢量为

$$\boldsymbol{f}_{(k)(j)} = 4bw_{(k)(j)}|\boldsymbol{x}_{(j)} - \boldsymbol{x}_{(k)}|[s_{(k)(j)} - \alpha T_{(k)}]\frac{\boldsymbol{y}_{(j)} - \boldsymbol{y}_{(k)}}{|\boldsymbol{y}_{(j)} - \boldsymbol{y}_{(k)}|} \tag{4.9}$$

将此式与键型力密度矢量定义[式(2.45)]比较,推导出影响函数的表达式为

$$w_{(k)(j)} = \frac{c}{4b}\frac{1}{|\boldsymbol{x}_{(j)} - \boldsymbol{x}_{(k)}|} \tag{4.10}$$

由量纲分析可知,式(4.2)中参数 b 的量纲为力/(长度)^7,式(2.45)中参数 $c = c_1$ 的量纲为力/(长度)^6。为了使影响函数能够保持无量纲,参数 c/b 之比的量纲应为长度量纲。由 PD 基础理论可知,近场范围 δ 可控制相互作用的影响范围,因此它适合于此处的长度量纲。那么,基于状态的近场动力学方程的影响(权重)函数如下所示。

$$w_{(k)(j)} = \frac{\delta}{|\boldsymbol{x}_{(j)} - \boldsymbol{x}_{(k)}|} \tag{4.11}$$

于是 c/b 的比值为

$$\frac{c}{b} = 4\delta \tag{4.12}$$

将影响函数代入式(4.8),可得到力密度矢量的最终形式为

$$\boldsymbol{t}_{(k)(j)} = 2\delta\left\{\begin{array}{l} d\dfrac{\Lambda_{(k)(j)}}{|\boldsymbol{x}_{(j)} - \boldsymbol{x}_{(k)}|}\left[a\theta_{(k)} - \dfrac{1}{2}a_2 T_{(k)}\right] + \\ b[s_{(k)(j)} - \alpha T_{(k)}] \end{array}\right\}\frac{\boldsymbol{y}_{(j)} - \boldsymbol{y}_{(k)}}{|\boldsymbol{y}_{(j)} - \boldsymbol{y}_{(k)}|} \tag{4.13}$$

式中:参数 $\Lambda_{(k)(j)}$ 定义为

$$\Lambda_{(k)(j)} = \left[\frac{\boldsymbol{y}_{(j)} - \boldsymbol{y}_{(k)}}{|\boldsymbol{y}_{(j)} - \boldsymbol{y}_{(k)}|}\right]\cdot\left[\frac{\boldsymbol{x}_{(j)} - \boldsymbol{x}_{(k)}}{|\boldsymbol{x}_{(j)} - \boldsymbol{x}_{(k)}|}\right] \tag{4.14}$$

对于键型 PD 方程,体积应变 $\theta_{(k)}$ 必须消失,得到

$$\boldsymbol{t}_{(k)(j)} = 2\delta b[s_{(k)(j)} - \alpha T_{(k)}]\frac{\boldsymbol{y}_{(j)} - \boldsymbol{y}_{(k)}}{|\boldsymbol{y}_{(j)} - \boldsymbol{y}_{(k)}|} \tag{4.15}$$

根据式(2.43),并结合式(4.12),键型PD方程的力密度函数为

$$\boldsymbol{f}_{(k)(j)}=c[s_{(k)(j)}-\alpha T_{(k)(j)}]\frac{\boldsymbol{y}_{(j)}-\boldsymbol{y}_{(k)}}{|\boldsymbol{y}_{(j)}-\boldsymbol{y}_{(k)}|}\tag{4.16}$$

式中：$T_{(k)(j)}=[T_{(j)}+T_{(k)}]/2$。式(4.16)与由Silling和Askari(2005)提出的含有键常数c的键型PD方程一致。

尽管所有结构本质上都是三维的,但为了减少计算量,它们也能在特定条件下理想化(简化)为一维或二维问题。例如,长杆能视作一维结构,薄板能当作二维结构。PD材料常数必须能反映这些理想化后的模型的特性。二维平板可以离散为一层(厚度方向)质点。球形积分域H变成半径为δ、厚度为h的圆盘形。一维长杆可以离散成一排质点,球形积分域H变成长度为2δ、横截面积为A的线段。

4.1.1 三维结构

对于三维分析,经典连续介质力学中的应变能密度可从下式得到

$$W_{(k)}=\frac{1}{2}\boldsymbol{\sigma}_{(k)}^{\mathrm{T}}\boldsymbol{\varepsilon}_{(k)}\tag{4.17}$$

式中：应力矢量$\boldsymbol{\sigma}_{(k)}$和应变矢量$\boldsymbol{\varepsilon}_{(k)}$定义分别为

$$\boldsymbol{\sigma}_{(k)}^{\mathrm{T}}=\{\sigma_{xx(k)}\quad\sigma_{yy(k)}\quad\sigma_{zz(k)}\quad\sigma_{yz(k)}\quad\sigma_{xz(k)}\quad\sigma_{xy(k)}\}\tag{4.18a}$$

和

$$\boldsymbol{\varepsilon}_{(k)}^{\mathrm{T}}=\{\varepsilon_{xx(k)}\quad\varepsilon_{yy(k)}\quad\varepsilon_{zz(k)}\quad\gamma_{yz(k)}\quad\gamma_{xz(k)}\quad\gamma_{xy(k)}\}\tag{4.18b}$$

若各向同性材料的体积模量为κ,剪切模量为μ,则其应力、应变的本构关系为

$$\boldsymbol{\sigma}_{(k)}=\boldsymbol{C}\boldsymbol{\varepsilon}_{(k)}\tag{4.19}$$

式中材料属性矩阵$\boldsymbol{C}$定义如下。

$$\boldsymbol{C}=\begin{bmatrix}\kappa+(4\mu/3) & \kappa-(2\mu/3) & \kappa-(2\mu/3) & 0 & 0 & 0\\ \kappa-(2\mu/3) & \kappa+(4\mu/3) & \kappa-(2\mu/3) & 0 & 0 & 0\\ \kappa-(2\mu/3) & \kappa-(2\mu/3) & \kappa+(4\mu/3) & 0 & 0 & 0\\ 0 & 0 & 0 & \mu & 0 & 0\\ 0 & 0 & 0 & 0 & \mu & 0\\ 0 & 0 & 0 & 0 & 0 & \mu\end{bmatrix}\tag{4.20a}$$

式中:

$$\kappa = \frac{E}{3(1-2\nu)}, \mu = \frac{E}{2(1+\nu)} \tag{4.20b}$$

可以用各向同性(均匀)膨胀和简单剪切(simple shear)两种不同的载荷工况对 PD 材料参数 a、a_2、a_3、b 和 d 进行标定,并与经典连续介质力学的工程材料常数建立联系。

如图 4.1 所示,如果在物体的所有方向上施加正应变 ζ 和均匀的温度变化量 T,就能得到各向同性膨胀的变形。物体中的应变分量为

$$\varepsilon_{xx(k)} = \varepsilon_{yy(k)} = \varepsilon_{zz(k)} = \zeta + \alpha T \tag{4.21a}$$

和

$$\gamma_{xy(k)} = \gamma_{xz(k)} = \gamma_{yz(k)} = 0 \tag{4.21b}$$

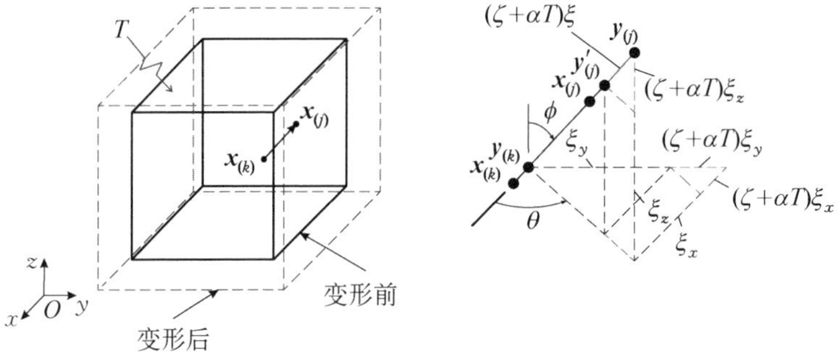

图 4.1　三维物体承受各向同性膨胀变形

在相同变形下,经典连续介质力学中的体积应变 $\theta_{(k)}$ 和应变能密度 $W_{(k)}$ 变为

$$\theta_{(k)} = \varepsilon_{xx(k)} + \varepsilon_{yy(k)} + \varepsilon_{zz(k)} = 3\zeta + 3\alpha T \tag{4.22a}$$

和

$$W_{(k)} = \frac{9}{2}\kappa\zeta^2 \tag{4.22b}$$

质点 $\boldsymbol{x}_{(j)}$ 和 $\boldsymbol{x}_{(k)}$ 在变形后的构型中的相对位矢可写为

$$|\boldsymbol{y}_{(j)} - \boldsymbol{y}_{(k)}| = [1 + \zeta + \alpha T_{(k)}] |\boldsymbol{x}_{(j)} - \boldsymbol{x}_{(k)}| \tag{4.23}$$

式中：$T_{(k)}=T$。

定义 $\boldsymbol{\xi}=\boldsymbol{x}_{(j)}-\boldsymbol{x}_{(k)}$，其中 $\xi=|\boldsymbol{\xi}|$。将它代入式(4.11)中的 $w_{(k)(j)}$ 和式(4.23)中的相对位矢。质点 $\boldsymbol{x}_{(k)}$ 与半径为 δ 的球形域中的其他质点具有相互作用，所以质点 $\boldsymbol{x}_{(k)}$ 的应变能密度 $W_{(k)}$ 可根据式(4.2)计算得到。

$$W_{(k)}=a\theta_{(k)}^2-a_2\theta_{(k)}T_{(k)}+a_3T_{(k)}^2+$$
$$b\int_0^{\delta}\int_0^{2\pi}\int_0^{\pi}\frac{\delta}{\xi}\{[(1+\zeta+\alpha T_{(k)})\xi-\xi]-\alpha T_{(k)}\xi\}^2\xi^2\sin\phi\mathrm{d}\phi\mathrm{d}\theta\mathrm{d}\xi \tag{4.24}$$

式中：$(\xi,\ \theta,\ \phi)$为球坐标。调用式(4.22a)后，它的值变为

$$W_{(k)}=a[3\zeta+3\alpha T_{(k)}]^2-a_2[3\zeta+3\alpha T_{(k)}]T_{(k)}+a_3T_{(k)}^2+\pi b\zeta^2\delta^5 \tag{4.25}$$

令式(4.22b)和式(4.25)的应变能密度等同，就能得到 PD 参数和工程材料常数之间的联系为

$$9a+\pi b\delta^5=\frac{9}{2}\kappa \tag{4.26a}$$

$$a_2=6\alpha a \tag{4.26b}$$

$$a_3=9\alpha^2a \tag{4.26c}$$

类似地，式(4.3)中的 $\theta_{(k)}$ 可以写为

$$\theta_{(k)}=d\int_0^{\delta}\int_0^{2\pi}\int_0^{\pi}\frac{\delta}{\xi}\{[(1+\zeta+\alpha T_{(k)})\xi-\xi]-\alpha T_{(k)}\xi\}\times$$
$$\left(\frac{\boldsymbol{\xi}}{\xi}\cdot\frac{\boldsymbol{\xi}}{\xi}\right)\xi^2\sin\phi\mathrm{d}\phi\mathrm{d}\theta\mathrm{d}\xi+3\alpha T_{(k)} \tag{4.27}$$

计算体积积分后得到

$$\theta_{(k)}=\frac{4\pi d\delta^4}{3}\zeta+3\alpha T_{(k)} \tag{4.28}$$

令式(4.22a)和式(4.28)的体积应变相等，得到近场动力学参数 d 为

$$d=\frac{9}{4\pi\delta^4} \tag{4.29}$$

图 4.2 中显示的是简单剪切的情形，这时物体中的应变分量和温度变化分别为

$$\gamma_{xy(k)}=\zeta,\ \varepsilon_{xx(k)}=\varepsilon_{yy(k)}=\varepsilon_{zz(k)}=\gamma_{xz(k)}=\gamma_{yz(k)}=T_{(k)}=0 \tag{4.30}$$

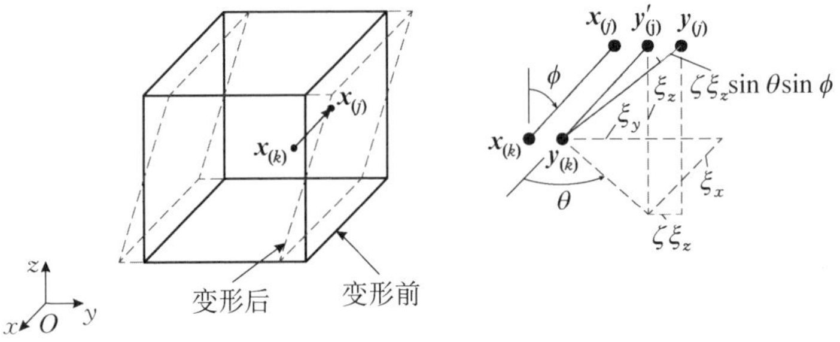

图 4.2　受简单剪切载荷的三维物体

在经典连续介质力学中，简单剪切变形的体积应变 $\theta_{(k)}$ 和应变能密度 $W_{(k)}$ 分别为

$$\theta_{(k)}=0 \tag{4.31a}$$

和

$$W_{(k)}=\frac{1}{2}\mu\zeta^2 \tag{4.31b}$$

在变形后的构型中，两质点的相对位矢为

$$|\boldsymbol{y}_{(j)}-\boldsymbol{y}_{(k)}|=\left[1+\frac{\zeta\sin(2\phi)\sin\theta}{2}\right]|\boldsymbol{x}_{(j)}-\boldsymbol{x}_{(k)}| \tag{4.32}$$

因此，式(4.2)的应变能密度 $W_{(k)}$ 可写为

$$W_{(k)}=b\int_0^{\delta}\int_0^{2\pi}\int_0^{\pi}\frac{\delta}{\xi}\left\{\left[1+\frac{\zeta\sin(2\phi)\sin\theta}{2}\right]\xi-\xi\right\}^2\xi^2\sin\phi\,\mathrm{d}\phi\mathrm{d}\theta\mathrm{d}\xi \tag{4.33a}$$

计算结果为

$$W_{(k)}=\frac{b\pi\delta^5\zeta^2}{15} \tag{4.33b}$$

令经典连续介质力学的应变能密度式(4.31b)与 PD 理论得到的应变能密度式(4.33b)等同，得到近场动力学参数 b 和剪切模量 μ 的关系为

$$b=\frac{15\mu}{2\pi\delta^5} \tag{4.34}$$

将式(4.34)代入式(4.26a)，可将近场动力学参数 a 写成体积模量 κ 和剪切模量 μ 的表达式：

$$a=\frac{1}{2}\left(\kappa-\frac{5\mu}{3}\right) \tag{4.35}$$

综上所述，三维近场动力学方程中的 PD 材料参数(各向同性材料)为

$$a=\frac{1}{2}\left(\kappa-\frac{5\mu}{3}\right),\ a_2=6\alpha a \tag{4.36a, b}$$

$$a_3=9\alpha^2 a,\ b=\frac{15\mu}{2\pi\delta^5},\ d=\frac{9}{4\pi\delta^4} \tag{4.36c—e}$$

根据式(4.6)的约束条件，可知键型 PD 方程中的体积模量 κ 和剪切模量 μ 具有特定关系 $\kappa=5\mu/3$，即泊松比 ν 固定为 1/4；根据式(4.12)所提供的 PD 参数 b 和 c 之间的关系，可以得到键常数 $c=30\mu/\pi\delta^4$ 或 $c=18\kappa/\pi\delta^4$。

4.1.2　二维结构

在二维问题中，应力、应变矢量 $\boldsymbol{\sigma}_{(k)}$、$\boldsymbol{\varepsilon}_{(k)}$ 的定义为

$$\boldsymbol{\sigma}_{(k)}^{\mathrm{T}}=\{\sigma_{xx(k)}\quad \sigma_{yy(k)}\quad \sigma_{xy(k)}\} \tag{4.37a}$$

和

$$\boldsymbol{\varepsilon}_{(k)}^{\mathrm{T}}=\{\varepsilon_{xx(k)}\quad \varepsilon_{yy(k)}\quad \varepsilon_{xy(k)}\} \tag{4.37b}$$

式(4.19)中的材料属性矩阵 $\boldsymbol{C}$ 缩减为以下矩阵。

$$\boldsymbol{C}=\begin{bmatrix}\kappa+\mu & \kappa-\mu & 0\\ \kappa-\mu & \kappa+\mu & 0\\ 0 & & \mu\end{bmatrix} \tag{4.38}$$

在二维问题中，体积模量的表达式与三维情况下的表达式(4.20b)有所不同

$$\kappa=\frac{E}{2(1-\nu)} \tag{4.39}$$

如图 4.3 所示，一个二维平板被离散成单层质点。式(2.22a)中的积分域 H 变为一个半径为 δ、厚度为 h 的圆盘。与之前三维模型的推导方式相同，也可用各向同性膨胀和简单剪切的载荷来标定二维模型的近场动力学参数。

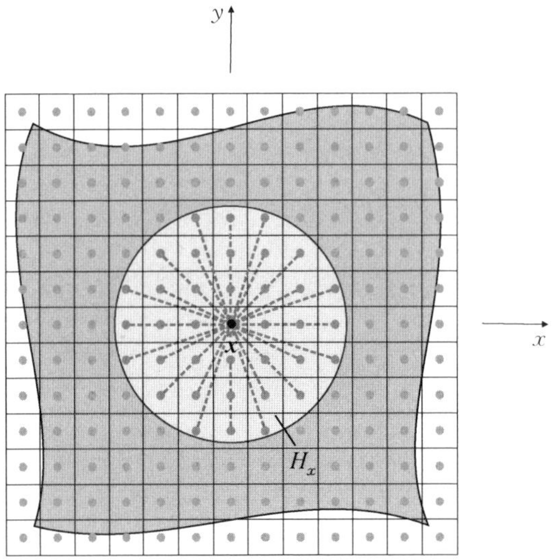

图 4.3 二维平板模型中的近场范围以及质点 **x** 与其近场范围内其他质点之间的相互作用

如图 4.4 所示，各向同性膨胀的变形可通过在所有方向上施加一个正应变 ζ 及一个均匀的温度变化量 T 实现。此时结构中的应变分量如下所示。

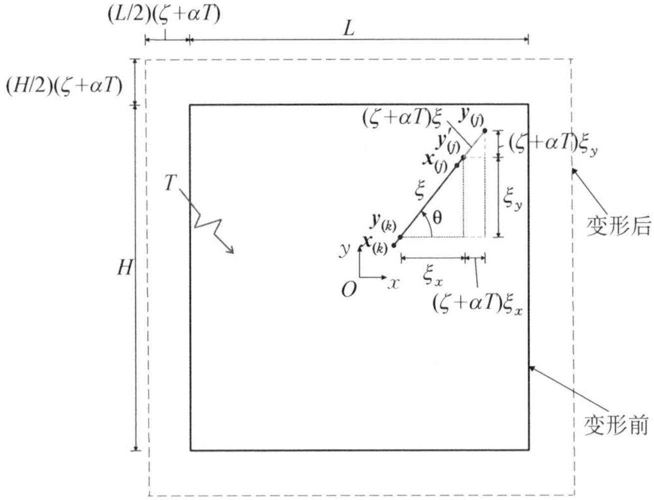

图 4.4 二维平板承受各向同性膨胀载荷

$$\varepsilon_{xx(k)} = \varepsilon_{yy(k)} = \zeta + \alpha T,\ \gamma_{xy(k)} = 0 \tag{4.40}$$

经典连续介质力学中的体积应变 $\theta_{(k)}$ 和应变能密度 $W_{(k)}$ 分别为

$$\theta_{(k)} = \varepsilon_{xx(k)} + \varepsilon_{yy(k)} = 2\zeta + 2\alpha T \tag{4.41a}$$

和

$$W_{(k)} = 2\kappa\zeta^2 \tag{4.41b}$$

在变形后的构型中，质点 $\boldsymbol{x}_{(j)}$ 和 $\boldsymbol{x}_{(k)}$ 的相对位矢为

$$|\boldsymbol{y}_{(j)} - \boldsymbol{y}_{(k)}| = [1 + \zeta + \alpha T_{(k)}]\,|\boldsymbol{x}_{(j)} - \boldsymbol{x}_{(k)}| \tag{4.42}$$

式中：$T_{(k)} = T$。

将上式代入式(4.2)，并且质点 $\boldsymbol{x}_{(k)}$ 的积分域变为半径为 δ、厚度为 h 的圆盘，得到应变能密度 $W_{(k)}$ 表达式为

$$\begin{aligned} W_{(k)} = {} & a\theta_{(k)}^2 - a_2\theta_{(k)}T_{(k)} + a_3T_{(k)}^2 + \\ & bh\int_0^{\delta}\int_0^{2\pi}\frac{\delta}{\xi}\{[(1+\zeta+\alpha T_{(k)})\xi - \xi] - \alpha T_{(k)}\xi\}^2\xi\mathrm{d}\theta\mathrm{d}\xi \end{aligned} \tag{4.43}$$

式中：(ξ,θ)为极坐标。引用式(4.41a)，则式(4.43)的计算结果如下：

$$W_{(k)} = a[2\zeta + 2\alpha T_{(k)}]^2 - a_2[2\zeta + 2\alpha T_{(k)}]T_{(k)} + a_3T_{(k)}^2 + \frac{2}{3}\pi bh\delta^4\zeta^2 \tag{4.44}$$

令式(4.41b)和式(4.44)的应变能密度相等，就能求得 PD 参数和工程材料常数之间的联系为

$$4a + \frac{2}{3}\pi bh\delta^4 = 2\kappa \tag{4.45a}$$

$$a_2 = 4\alpha a \tag{4.45b}$$

$$a_3 = 4\alpha^2 a \tag{4.45c}$$

类似地，式(4.3)中的体积应变 $\theta_{(k)}$ 可重写为

$$\begin{aligned} \theta_{(k)} = {} & dh\int_0^{\delta}\int_0^{2\pi}\frac{\delta}{\xi}\{[(1+\zeta+\alpha T)\xi - \xi] - \alpha T\xi\} \times \\ & \left(\frac{\boldsymbol{\xi}}{\xi}\cdot\frac{\boldsymbol{\xi}}{\xi}\right)\xi\mathrm{d}\theta\mathrm{d}\xi + 2\alpha T_{(k)} \end{aligned} \tag{4.46a}$$

其计算结果为

$$\theta_{(k)} = \pi d h \delta^3 \zeta + 2\alpha T_{(k)} \tag{4.46b}$$

令式(4.41a)和式(4.46b)中的体积应变相等,可确定近场动力学参数 d 为

$$d = \frac{2}{\pi h \delta^3} \tag{4.47}$$

如图 4.5 所示,简单剪切变形可通过施加如下应变得到

$$\gamma_{xy(k)} = \zeta,\ \varepsilon_{xx(k)} = \varepsilon_{yy(k)} = T_{(k)} = 0 \tag{4.48}$$

此时,经典连续介质力学的体积应变 $\theta_{(k)}$ 和应变能密度 $W_{(k)}$ 分别为

$$\theta_{(k)} = 0,\ W_{(k)} = \frac{1}{2}\mu\zeta^2 \tag{4.49a, b}$$

在变形后的构型中,质点 $\boldsymbol{x}_{(k)}$ 和 $\boldsymbol{x}_{(j)}$ 的相对位矢等于

$$|\boldsymbol{y}_{(j)} - \boldsymbol{y}_{(k)}| = [1 + (\sin\theta\cos\theta)\zeta]\,|\boldsymbol{x}_{(j)} - \boldsymbol{x}_{(k)}| \tag{4.50}$$

因此,式(4.2)的应变能密度 $W_{(k)}$ 计算式变为

$$W_{(k)} = a(0) + bh\int_0^{\delta}\int_0^{2\pi}\frac{\delta}{\xi}\{[1 + (\sin\theta\cos\theta)\zeta]\xi - \xi\}^2\xi\,\mathrm{d}\theta\,\mathrm{d}\xi \tag{4.51a}$$

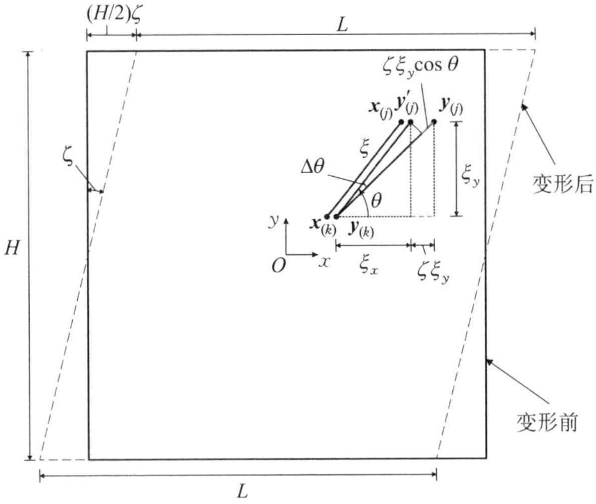

图 4.5 受简单剪切载荷的二维平板

其计算结果为

$$W_{(k)} = \frac{\pi h \delta^4 \zeta^2}{12} b \tag{4.51b}$$

令式(4.49b)和式(4.51b)中的应变能密度相等,得到近场动力学参数 b 和剪切模量 μ 之间的关系为

$$b = \frac{6\mu}{\pi h \delta^4} \tag{4.52}$$

将式(4.52)代入式(4.45a),可以把近场动力学参数 a 写成体积模量 κ 和剪切模量 μ 的表达式

$$a = \frac{1}{2}(\kappa - 2\mu) \tag{4.53}$$

在二维分析中 PD 材料参数(各向同性材料)总结如下

$$a = \frac{1}{2}(\kappa - 2\mu),\ a_2 = 4\alpha a \tag{4.54a, b}$$

$$a_3 = 4\alpha^2 a,\ b = \frac{6\mu}{\pi h \delta^4},\ d = \frac{2}{\pi h \delta^3} \tag{4.54c—e}$$

根据式(4.6)的约束条件,可知键型 PD 方程中的体积模量 κ 和剪切模量 μ 具有特定关系 $\kappa = 2\mu$,即泊松比 ν 固定为1/3;根据式(4.12)所提供的 PD 参数 b 和 c 之间的关系,可以得到键常数 $c = 24\mu/\pi h \delta^3$ 或 $c = 12\kappa/\pi h \delta^3$。

4.1.3 一维结构

在一维结构中,应力和应变分量为 $\sigma_{xx(k)}$ 和 $\varepsilon_{xx(k)}$,通过杨氏模量建立起联系

$$\sigma_{xx(k)} = E\varepsilon_{xx(k)} \tag{4.55}$$

如图 4.6 所示,杆结构受到均匀拉伸 $s = \zeta$ 和热膨胀 αT 的载荷,它的总应变为

$$\varepsilon_{xx(k)} = \zeta + \alpha T \tag{4.56}$$

此时,经典连续介质力学中的体积应变 $\theta_{(k)}$ 和应变能密度 $W_{(k)}$ 变为

$$\theta_{(k)} = \varepsilon_{xx(k)} = \zeta + \alpha T \tag{4.57a}$$

和

$$W_{(k)}=\frac{1}{2}E\zeta^2 \tag{4.57b}$$

如图 4.6 所示，一维结构离散成单排质点。式(2.22a)中的积分域 H 变为一条横截面面积为 A 的线段。

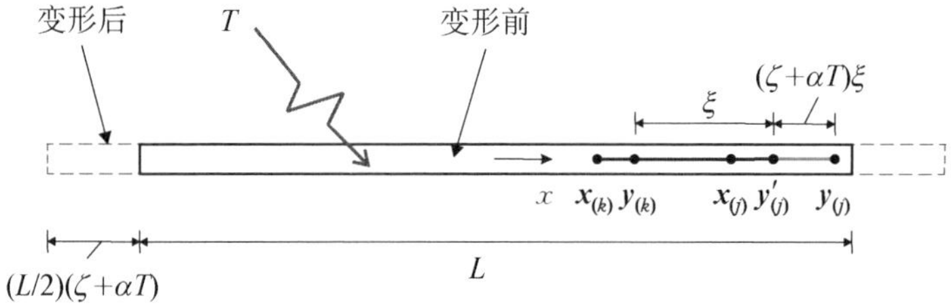

图 4.6 承受各向同性膨胀的一维杆结构

在变形后的构型中，$\boldsymbol{x}_{(j)}$ 和 $\boldsymbol{x}_{(k)}$ 之间的相对位矢为

$$|\boldsymbol{y}_{(j)}-\boldsymbol{y}_{(k)}|=[1+\zeta+\alpha T_{(k)}]|\boldsymbol{x}_{(j)}-\boldsymbol{x}_{(k)}| \tag{4.58}$$

式中：$T_{(k)}=T$。

质点 $\boldsymbol{x}_{(k)}$ 与距其长度 δ 以内的、横截面积为 A 的质点有相互作用，其应变能密度 $W_{(k)}$ 计算式为

$$W_{(k)}=a\theta_{(k)}^2-a_2\theta T_{(k)}+a_3T_{(k)}^2+$$
$$2bA\int_0^\delta \frac{\delta}{\xi}\{[(1+\zeta+\alpha T_{(k)})\xi-\xi]-\alpha T_{(k)}\xi\}^2\mathrm{d}\xi \tag{4.59}$$

式中：ξ 为坐标。把式(4.57a)代入式(4.59)，可得

$$W_{(k)}=a[\zeta+\alpha T_{(k)}]^2-a_2[\zeta+\alpha T_{(k)}]T_{(k)}+a_3T_{(k)}^2+b\zeta^2\delta^3A \tag{4.60}$$

假设泊松比为 0 时 $a=0$，并令式(4.57b)和式(4.60)的应变能密度相同，便可得到一维问题中 PD 参数与工程材料常数之间的关系为

$$a_2=a_3=0,\ b=\frac{E}{2A\delta^3} \tag{4.61}$$

类似地，$\theta_{(k)}$ 的表达式(4.3)可重写为

$$\theta_{(k)}=2dA\int_0^\delta \frac{\delta}{\xi}\{[(1+\zeta+\alpha T_{(k)})\xi-\xi]-\alpha T_{(k)}\xi\}\times\left(\frac{\boldsymbol{\xi}}{\xi}\cdot\frac{\boldsymbol{\xi}}{\xi}\right)\mathrm{d}\xi+\alpha T_{(k)} \tag{4.62a}$$

其计算结果为

$$\theta_{(k)} = 2d\delta^2 \zeta A + \alpha T_{(k)} \tag{4.62b}$$

令式(4.57a)和式(4.62b)的体积应变表达式相等,可以确定近场动力学参数 d 为

$$d = \frac{1}{2\delta^2 A} \tag{4.63}$$

因此,一维问题的 PD 材料参数(各向同性材料)表达式为

$$a = a_2 = a_3 = 0,\ b = \frac{E}{2A\delta^3},\ d = \frac{1}{2\delta^2 A} \quad (4.64\text{a—c})$$

根据式(4.12),键型 PD 方程的键常数 $c = 2E/A\delta^2$。

4.2 表面效应

近场动力学方程中的材料参数 a、b 和 d 基于一个具有完整近场范围(完全嵌入材料中)的质点的体积应变和应变能密度确定。除了参数 a,其余 PD 参数的值取决于质点近场范围确定的积分域。因此,如果质点靠近自由表面或材料界面(见图 4.7),那么 PD 参数 b 和 d 的值就需要修正。由于自由表面的存在与否完全取决于所研究的问题,因此通过解析的方法来解决表面效应问题是不太可行的。而通过数值方法可以实现对材料参数的修正。在简单加载条件下,通过数值积分得到体积应变和应变能密度,并与经典连续介质力学得到的结果进行比较,对材料参数进行修正。

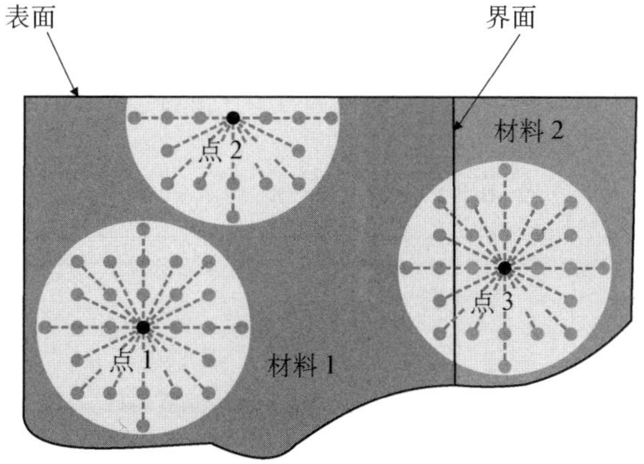

图 4.7 自由表面和材料界面上的表面效应

首先,对物体施加 x、y 和 z 方向的三种单轴拉伸载荷,即 $\varepsilon_{xx}\neq 0$,$\varepsilon_{\alpha\alpha}=\gamma_{\alpha\beta}=0$(见图 4.8),$\varepsilon_{yy}\neq 0$,$\varepsilon_{\alpha\alpha}=\gamma_{\alpha\beta}=0$ 和 $\varepsilon_{zz}\neq 0$,$\varepsilon_{\alpha\alpha}=\gamma_{\alpha\beta}=0$,其中 $\alpha, \beta = x, y, z$。

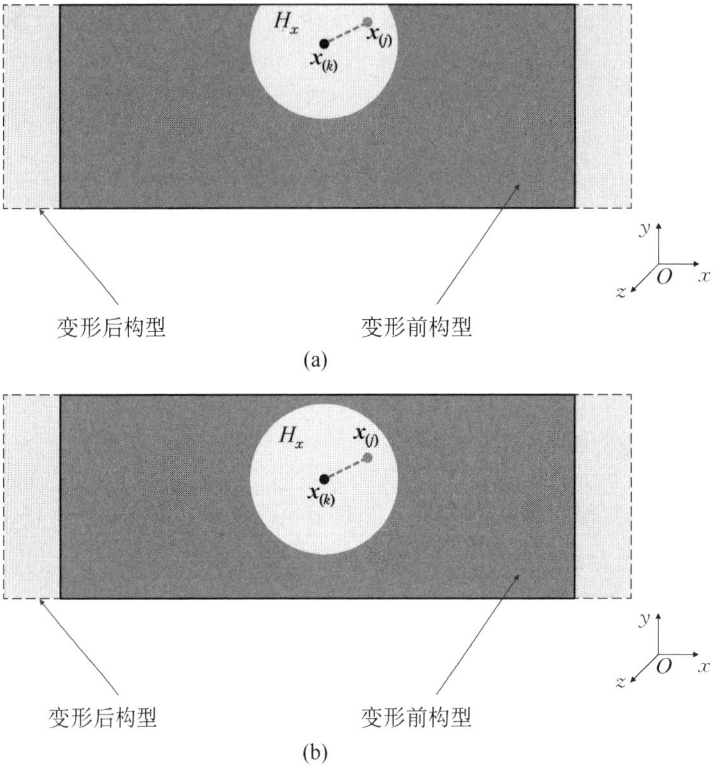

图 4.8 单轴拉伸载荷下,具有不同近场范围的质点 x

(a) 不完整近场范围 (b) 远离外表面(完整近场范围)

在 x、y 和 z 方向施加的单轴拉伸载荷引起恒定的位移梯度 $\partial u_{\alpha}^{*}/\partial\alpha=\zeta$,其中 $\alpha = x, y, z$。在该载荷作用下,质点 $\boldsymbol{x}$ 的位移场表达式如下所示。

$$\boldsymbol{u}_1^{\mathrm{T}}(\boldsymbol{x})=\left\{\frac{\partial u_x^*}{\partial x}x \quad 0 \quad 0\right\} \tag{4.65a}$$

$$\boldsymbol{u}_2^{\mathrm{T}}(\boldsymbol{x})=\left\{0 \quad \frac{\partial u_y^*}{\partial y}y \quad 0\right\} \tag{4.65b}$$

$$\boldsymbol{u}_3^{\mathrm{T}}(\boldsymbol{x})=\left\{0 \quad 0 \quad \frac{\partial u_z^*}{\partial z}z\right\} \tag{4.65c}$$

式中:下标 1、2、3 分别表示单轴拉伸的 x、y 和 z 方向。在此位移场下,质点 $\boldsymbol{x}_{(k)}$

的 PD 体积应变 $\theta_m^{\mathrm{PD}}[\boldsymbol{x}_{(k)}](m=1, 2, 3)$ 可以根据式(4.3)计算得到

$$\theta_m^{\mathrm{PD}}[\boldsymbol{x}_{(k)}] = d\delta \sum_{j=1}^{N} s_{(k)(j)}\Lambda_{(k)(j)}V_{(j)} \tag{4.66}$$

式中：N 为质点 $\boldsymbol{x}_{(k)}$ 近场范围内质点的个数。经典连续介质力学的体积应变 $\theta_m^{\mathrm{CM}}[\boldsymbol{x}_{(k)}]$ 在域中均匀分布，其值为

$$\theta_m^{\mathrm{CM}}[\boldsymbol{x}_{(k)}] = \zeta \tag{4.67}$$

故体积应变的修正项为

$$D_{m(k)} = \frac{\theta_m^{\mathrm{CM}}[\boldsymbol{x}_{(k)}]}{\theta_m^{\mathrm{PD}}[\boldsymbol{x}_{(k)}]} = \frac{\zeta}{d\delta \sum_{j=1}^{N} s_{(k)(j)}\Lambda_{(k)(j)}V_{(j)}} \tag{4.68}$$

体积应变的最大值分别出现在与全局坐标系 x、y 和 z 一致的加载方向上。

类似地，在 $(x'-y')$、$(x'-z')$、$(y'-z')$ 平面内的简单剪切载荷下，可计算得到任一质点的应变能密度。简单剪切载荷 $\gamma_{x'y'} \neq 0$，$\varepsilon_{\alpha\alpha} = \gamma_{\alpha\beta} = 0$(见图 4.9)，

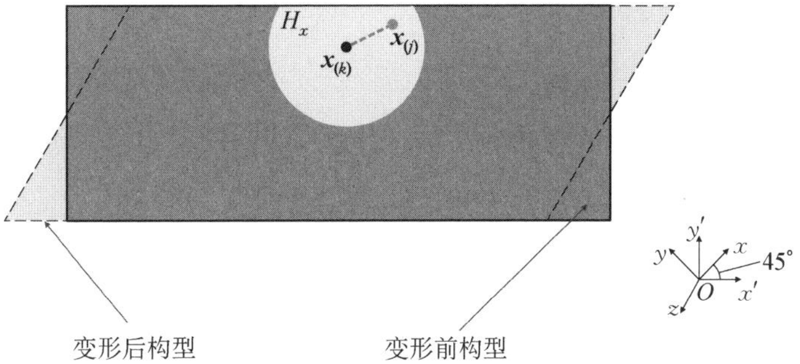

(a)

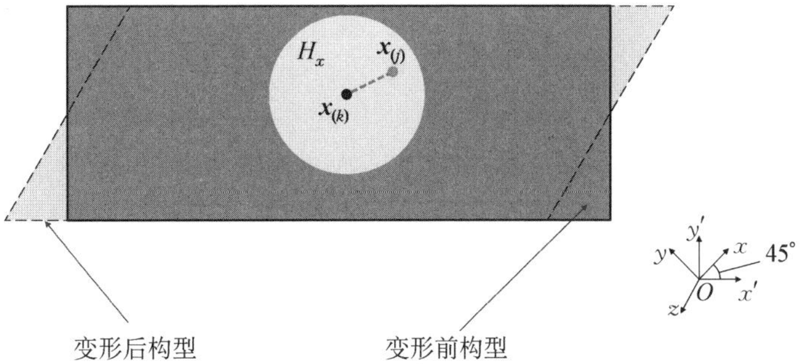

(b)

图 4.9　简单剪切载荷下，具有不同近场范围的质点 x

(a) 不完整近场范围　(b) 远离外表面(完整近场范围)

$\gamma_{x'z'}\neq 0, \varepsilon_{\alpha\alpha}=\gamma_{\alpha\beta}=0$ 以及 $\gamma_{y'z'}\neq 0, \varepsilon_{\alpha\alpha}=\gamma_{\alpha\beta}=0$，其中 $\alpha, \beta = x', y', z'$。该载荷可以通过施加恒定的位移梯度 $\partial u_{\alpha}^{*}/\partial\beta=\zeta$ 得到，其中 $\alpha\neq\beta$，并且 $\alpha, \beta = x', y', z'$。载荷作用面相对于 $(x-y)$、$(x-z)$、$(y-z)$ 平面旋转了 $-45°$，最大应变能发生在 x、y 和 z 方向上。

在 $(x'-y')$、$(x'-z')$、$(y'-z')$ 平面内的简单剪切变形下，质点 $\boldsymbol{x}$ 的位移场可写为

$$\boldsymbol{u}_1^{\mathrm{T}}(\boldsymbol{x})=\left\{\frac{1}{2}\frac{\partial u_{x'}^{*}}{\partial y'}x \quad -\frac{1}{2}\frac{\partial u_{x'}^{*}}{\partial y'}y \quad 0\right\} \tag{4.69a}$$

$$\boldsymbol{u}_2^{\mathrm{T}}(\boldsymbol{x})=\left\{0 \quad \frac{1}{2}\frac{\partial u_{y'}^{*}}{\partial z'}y \quad -\frac{1}{2}\frac{\partial u_{y'}^{*}}{\partial z'}z\right\} \tag{4.69b}$$

$$\boldsymbol{u}_3^{\mathrm{T}}(\boldsymbol{x})=\left\{-\frac{1}{2}\frac{\partial u_{z'}^{*}}{\partial x'}x \quad 0 \quad \frac{1}{2}\frac{\partial u_{z'}^{*}}{\partial x'}z\right\} \tag{4.69c}$$

式中：下标 1、2、3 分别表示在 $(x'-y')$、$(x'-z')$、$(y'-z')$ 平面施加剪切变形。

在该位移场作用下，质点 $\boldsymbol{x}_{(k)}$ 处的 PD 应变能密度可由式(4.2)得到

$$\begin{aligned}&W_m^{\mathrm{PD}}[\boldsymbol{x}_{(k)}]\\&=a\,\{\theta_m^{\mathrm{PD}}[\boldsymbol{x}_{(k)}]\}^2+b\delta\sum_{j=1}^{N}\frac{1}{|\boldsymbol{x}_{(j)}-\boldsymbol{x}_{(k)}|}[\,|\boldsymbol{y}_{(j)}-\boldsymbol{y}_{(k)}|-|\boldsymbol{x}_{(j)}-\boldsymbol{x}_{(k)}|\,]^2V_{(j)}\end{aligned} \tag{4.70}$$

式中：$m=1$、2、3。

在相同载荷下，经典连续介质力学的体积应变和应变能密度为

$$\theta_m^{\mathrm{CM}}[\boldsymbol{x}_{(k)}]=0,\ W_m^{\mathrm{CM}}[\boldsymbol{x}_{(k)}]=\frac{1}{2}\mu\zeta^2 \tag{4.71a, b}$$

式中：$m=1, 2, 3$。

由于体积应变 $\theta_m^{\mathrm{PD}}[\boldsymbol{x}_{(k)}]$ 已经由式(4.68)进行修正，所以在该加载条件下应该为零。于是，应变能密度的表达式简化为

$$W_m^{\mathrm{PD}}[\boldsymbol{x}_{(k)}]=b\delta\sum_{j=1}^{N}\frac{1}{|\boldsymbol{x}_{(j)}-\boldsymbol{x}_{(k)}|}[\,|\boldsymbol{y}_{(j)}-\boldsymbol{y}_{(k)}|-|\boldsymbol{x}_{(j)}-\boldsymbol{x}_{(k)}|\,]^2V_{(j)} \tag{4.72}$$

因此，只需要对含参数 b 的项进行修正，得

$$S_{m(k)}=\frac{W^{\mathrm{CM}}_{(m)}[\boldsymbol{x}_{(k)}]}{W^{\mathrm{PD}}_{(m)}[\boldsymbol{x}_{(k)}]}=\frac{\frac{1}{2}\mu\zeta^2}{b\delta\sum_{j=1}^{N}\frac{1}{|\boldsymbol{x}_{(j)}-\boldsymbol{x}_{(k)}|}[|\boldsymbol{y}_{(j)}-\boldsymbol{y}_{(k)}|-|\boldsymbol{x}_{(j)}-\boldsymbol{x}_{(k)}|]^2V_{(j)}} \tag{4.73}$$

根据这些表达式，质点 $\boldsymbol{x}_{(k)}$ 的体积应变和应变能密度积分项的修正系数矢量可写为

$$\boldsymbol{g}_{(d)}[\boldsymbol{x}_{(k)}]=\{g_{x(d)(k)},\ g_{y(d)(k)},\ g_{z(d)(k)}\}^{\mathrm{T}}=\{D_{1(k)},\ D_{2(k)},\ D_{3(k)}\}^{\mathrm{T}} \tag{4.74a}$$

$$\boldsymbol{g}_{(b)}[\boldsymbol{x}_{(k)}]=\{g_{x(b)(k)},\ g_{y(b)(k)},\ g_{z(b)(k)}\}^{\mathrm{T}}=\{S_{1(k)},\ S_{2(k)},\ S_{3(k)}\}^{\mathrm{T}} \tag{4.74b}$$

这些修正系数仅在 x、y 和 z 方向上有效。但为了能计算出任意方向的表面效应修正系数，可用它们作为半主轴形成一个椭球面，如图 4.10 所示。那么在一般加载条件（任意方向载荷）下，质点 $\boldsymbol{x}_{(k)}$ 和 $\boldsymbol{x}_{(j)}$ 相互作用的修正系数就能通过它们的单位相对位矢 $\boldsymbol{n}=[\boldsymbol{x}_{(j)}-\boldsymbol{x}_{(k)}]/|\boldsymbol{x}_{(j)}-\boldsymbol{x}_{(k)}|=\{n_x,\ n_y,\ n_z\}^{\mathrm{T}}$ 获得，如图 4.11（a）所示。

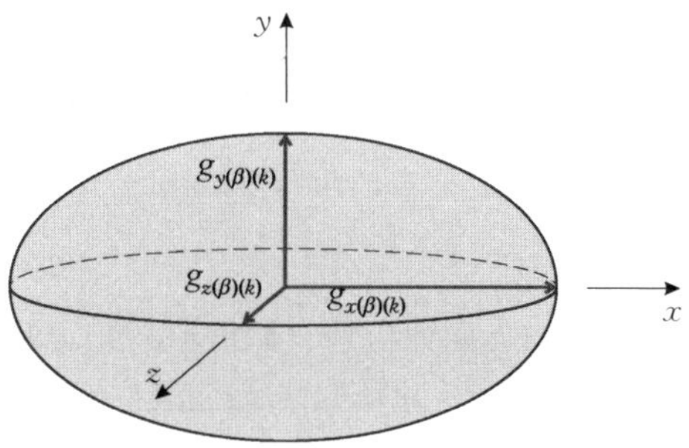

图 4.10　构建质点的表面修正系数的椭球面

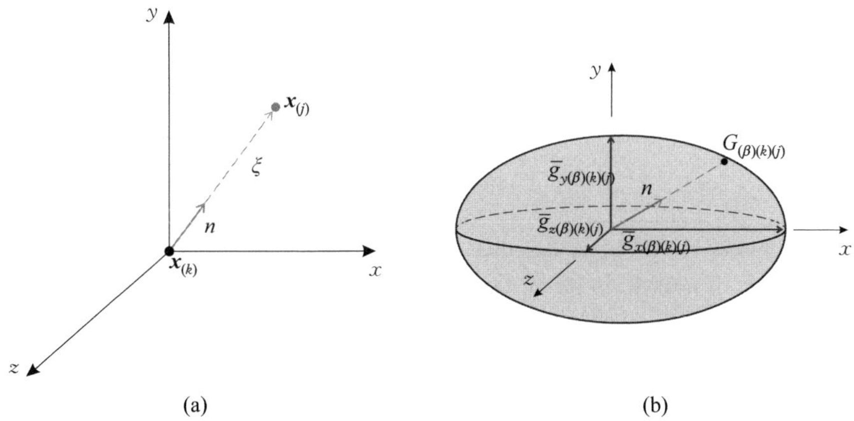

图 4.11　一般载荷条件下质点间相互作用的修正

（a）质点 $\boldsymbol{x}_{(k)}$ 和 $\boldsymbol{x}_{(j)}$ 间的 PD 相互作用　（b）相互作用的表面修正系数椭球面

类似地，质点 $\boldsymbol{x}_{(j)}$ 的体积应变和应变能密度积分的修正系数矢量可写成

$$\boldsymbol{g}_{(d)(j)}[\boldsymbol{x}_{(j)}] = \{g_{x(d)(j)},\ g_{y(d)(j)},\ g_{z(d)(j)}\}^{\mathrm{T}} = \{D_{1(j)},\ D_{2(j)},\ D_{3(j)}\}^{\mathrm{T}} \tag{4.75a}$$

$$\boldsymbol{g}_{(b)(j)}[\boldsymbol{x}_{(j)}] = \{g_{x(b)(j)},\ g_{y(b)(j)},\ g_{z(b)(j)}\}^{\mathrm{T}} = \{S_{1(j)},\ S_{2(j)},\ S_{3(j)}\}^{\mathrm{T}} \tag{4.75b}$$

一般情况下，在质点 $\boldsymbol{x}_{(k)}$ 和 $\boldsymbol{x}_{(j)}$ 处的修正系数是不同的，因此质点 $\boldsymbol{x}_{(k)}$ 和 $\boldsymbol{x}_{(j)}$ 之间相互作用的修正系数可以取它们的平均值

$$\bar{\boldsymbol{g}}_{(\beta)(k)(j)} = \{\bar{g}_{x(\beta)(k)(j)},\ \bar{g}_{y(\beta)(k)(j)},\ \bar{g}_{z(\beta)(k)(j)}\}^{\mathrm{T}} = \frac{\boldsymbol{g}_{(\beta)(k)} + \boldsymbol{g}_{(\beta)(j)}}{2} \tag{4.76}$$

式中：$\beta = d,\ b$。以此为半主轴，得到相互作用表面修正系数的椭球面，如图 4.11(b)所示。

椭球面与质点 $\boldsymbol{x}_{(k)}$ 和 $\boldsymbol{x}_{(j)}$ 相对位矢的交点就是相互作用的修正系数：

$$G_{(\beta)(k)(j)} = \{[n_x/\bar{g}_{x(\beta)(k)(j)}]^2 + [n_y/\bar{g}_{y(\beta)(k)(j)}]^2 + [n_z/\bar{g}_{z(\beta)(k)(j)}]^2\}^{-1/2} \tag{4.77}$$

考虑表面效应后，体积应变和应变能密度的离散形式可修正为

$$\theta_{(k)} = d\delta \sum_{j=1}^{N} G_{(d)(k)(j)} s_{(k)(j)} \Lambda_{(k)(j)} V_{(j)} \tag{4.78a}$$

$$W_{(k)} = a\theta_{(k)}^2 - a_2\theta_{(k)} T_{(k)} + a_3 T_{(k)}^2 + b\delta \sum_{j=1}^{N} G_{(b)(k)(j)} \frac{1}{|\boldsymbol{x}_{(j)} - \boldsymbol{x}_{(k)}|} [|\boldsymbol{y}_{(j)} - \boldsymbol{y}_{(k)}| - |\boldsymbol{x}_{(j)} - \boldsymbol{x}_{(k)}|]^2 V_{(j)} \tag{4.78b}$$

参 考 文 献

Silling SA, Askari E (2005) A meshfree method based on the peridynamic model of solid mechanics. Comput Struct 83: 1526 - 1535.

5　复合材料层合板近场动力学模型

5.1　基础

纤维增强复合材料层合板通常是由多层单层板按照一定顺序黏合而成的。每一层都可以有各自的材料属性和厚度。如图 5.1 所示，纤维方向角 θ 是相对于参考坐标轴 x 定义的。纤维方向通常沿 x_1 轴，纤维横向沿 x_2 轴。单层板通常是特殊正交各向异性的，有四个独立的材料常数：纤维方向弹性模量 E_{11}、横向弹性模量 E_{22}、面内剪切模量 G_{12} 和面内泊松比 ν_{12}。

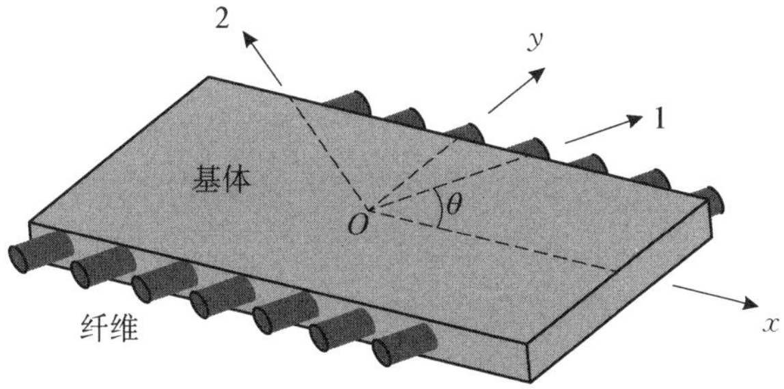

图 5.1　纤维增强复合材料单层板的自然坐标系和参考坐标系

在单层板的材料坐标系（自然坐标系）(x_1, x_2) 下，应力与应变之间的本构关系由刚度矩阵 $\boldsymbol{Q}$ 确定。

$$\begin{Bmatrix} \sigma_{11} \\ \sigma_{22} \\ \sigma_{12} \end{Bmatrix} = \begin{bmatrix} Q_{11} & Q_{12} & 0 \\ Q_{12} & Q_{22} & 0 \\ 0 & 0 & Q_{66} \end{bmatrix} \begin{Bmatrix} \varepsilon_{11} \\ \varepsilon_{22} \\ \gamma_{12} \end{Bmatrix} \tag{5.1a}$$

式中

$$Q_{11}=\frac{E_{11}}{1-\nu_{12}\nu_{21}},\ Q_{12}=\frac{\nu_{12}E_{22}}{1-\nu_{12}\nu_{21}},\ Q_{22}=\frac{E_{22}}{1-\nu_{12}\nu_{21}},\ Q_{66}=G_{12} \quad (5.1b)$$

式中：$\nu_{12}/E_{11}=\nu_{21}/E_{22}$。

应力分量 σ_{ij} 和应变分量 ε_{ij} 参考材料主坐标系(自然坐标系)(x_1, x_2)。单层板刚度矩阵 $\boldsymbol{Q}$ 的逆矩阵为柔度矩阵 $\boldsymbol{S}$,其矩阵元素为

$$S_{11}=\frac{1}{E_{11}},\ S_{12}=-\frac{\nu_{12}}{E_{11}}=-\frac{\nu_{21}}{E_{22}},\ S_{22}=\frac{1}{E_{22}},\ S_{66}=\frac{1}{G_{12}} \quad (5.2)$$

当刚度矩阵和柔度矩阵的系数指定为下式时,表征各向同性材料铺层的本构关系。

$$Q_{11}=Q_{22}=\kappa+\mu,\ Q_{12}=\kappa-\mu,\ Q_{66}=\mu \quad (5.3a)$$

$$S_{11}=S_{22}=\frac{\mu+\kappa}{4\kappa\mu},\ S_{12}=\frac{\mu-\kappa}{4\kappa\mu},\ S_{66}=\frac{1}{\mu} \quad (5.3b)$$

式中:κ 和 μ 分别为体积模量和剪切模量。在经典连续介质力学中,单层板的体积应变为

$$\theta=(\varepsilon_{11}+\varepsilon_{22}) \quad (5.4)$$

并且经典连续介质力学的应变能密度 W 为

$$W=\frac{1}{2}\sigma_{11}\varepsilon_{11}+\frac{1}{2}\sigma_{22}\varepsilon_{22}+\frac{1}{2}\sigma_{12}\gamma_{12} \quad (5.5a)$$

或

$$W=\frac{1}{2}(Q_{11}\varepsilon_{11}^2+2Q_{12}\varepsilon_{22}\varepsilon_{11}+Q_{66}\gamma_{12}^2+Q_{22}\varepsilon_{22}^2) \quad (5.5b)$$

在一般加载条件下,单层板的总变形不能分解为体积变形和几何形状变形。根据纤维方向角的不同,单层板表现为拉伸和面内剪切的耦合变形。

5.2 纤维增强复合材料单层板

单层板可以理想化为二维结构,因此在厚度方向上可以离散成单层的质点。当材料为各向同性时,质点之间的相互作用与方向无关。但对于纤维增强复合材料单层板而言,其质点之间相互作用的大小与作用方向有关,必须在 PD 分析

中加以考虑。

如图 5.2 所示，质点 q 代表沿着纤维方向与质点 k 发生作用的质点，纤维方向与 x 轴方向的夹角为 θ。类似地，质点 r 代表沿着横向与质点 k 发生作用的质点。质点 p 则代表在任意方向（包括纤维方向和横向）与质点 k 发生作用的质点。质点 p 和质点 k 之间的 PD 作用力方向与 x 轴夹角为 ϕ。式(2.22a)中积分域 H 是一个半径为 δ、厚度为 h 的圆盘。

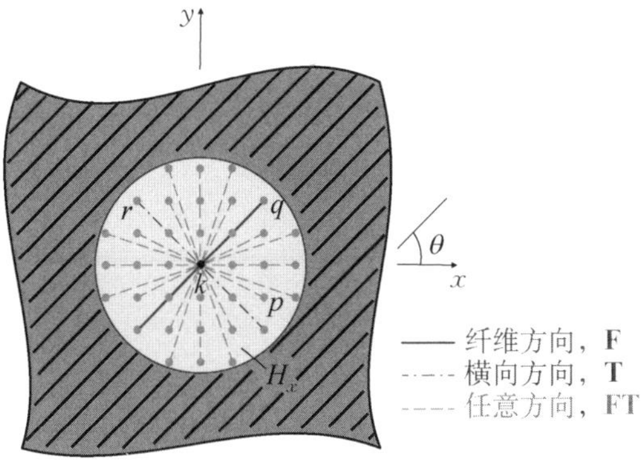

图 5.2　纤维增强复合材料单层板的质点近场范围以及质点族内的相互作用

对于纤维增强复合材料单层板的 PD 模型，式(2.48)给出的力密度与伸长率的关系体现了 PD 材料参数的方向性。它们的关系可定义为如下形式

$$\boldsymbol{t}_{(k)(j)}[\boldsymbol{u}_{(j)}-\boldsymbol{u}_{(k)},\ \boldsymbol{x}_{(j)}-\boldsymbol{x}_{(k)},\ t]=\frac{1}{2}A_{(k)(j)}\frac{\boldsymbol{y}_{(j)}-\boldsymbol{y}_{(k)}}{|\boldsymbol{y}_{(j)}-\boldsymbol{y}_{(k)}|} \tag{5.6a}$$

以及

$$\boldsymbol{t}_{(j)(k)}[\boldsymbol{u}_{(k)}-\boldsymbol{u}_{(j)},\ \boldsymbol{x}_{(k)}-\boldsymbol{x}_{(j)},\ t]=-\frac{1}{2}B_{(j)(k)}\frac{\boldsymbol{y}_{(k)}-\boldsymbol{y}_{(j)}}{|\boldsymbol{y}_{(k)}-\boldsymbol{y}_{(j)}|} \tag{5.6b}$$

式中：$A_{(k)(j)}$ 和 $B_{(j)(k)}$ 为辅助参数。与各向同性材料的推导过程类似，这些参数也可通过式(4.1)得到。故需要知道单层板中质点 $\boldsymbol{x}_{(k)}$ 的 PD 应变能密度表达式。

根据式(4.2)以及单层板的方向性，PD 应变能密度函数可表示为

$$W_{(k)}=a\theta_{(k)}^{2}+b_{\mathrm{F}}\sum_{j=1}^{J}\frac{\delta}{|\boldsymbol{x}_{(j)}-\boldsymbol{x}_{(k)}|}[|\boldsymbol{y}_{(j)}-\boldsymbol{y}_{(k)}|-|\boldsymbol{x}_{(j)}-\boldsymbol{x}_{(k)}|]^{2}V_{(j)}+$$

$$b_{FT}\sum_{j=1}^{\infty}\frac{\delta}{|\boldsymbol{x}_{(j)}-\boldsymbol{x}_{(k)}|}[|\boldsymbol{y}_{(j)}-\boldsymbol{y}_{(k)}|-|\boldsymbol{x}_{(j)}-\boldsymbol{x}_{(k)}|]^2V_{(j)}+$$

$$b_T\sum_{j=1}^{J}\frac{\delta}{|\boldsymbol{x}_{(j)}-\boldsymbol{x}_{(k)}|}[|\boldsymbol{y}_{(j)}-\boldsymbol{y}_{(k)}|-|\boldsymbol{x}_{(j)}-\boldsymbol{x}_{(k)}|]^2V_{(j)} \tag{5.7}$$

式中:PD 材料参数 a 与体积应变 $\theta_{(k)}$ 相关。其他材料参数 b_F、b_T 和 b_{FT} 分别与质点在纤维方向、横向和任意方向的变形相关联。在质点 $\boldsymbol{x}_{(k)}$ 的族内,纤维方向以及横向的质点总数为 J。单层板的 PD 体积应变 $\theta_{(k)}$ 可表示为

$$\theta_{(k)}=d\sum_{j=1}^{\infty}\frac{\delta}{|\boldsymbol{x}_{(j)}-\boldsymbol{x}_{(k)}|}[|\boldsymbol{y}_{(j)}-\boldsymbol{y}_{(k)}|-|\boldsymbol{x}_{(j)}-\boldsymbol{x}_{(k)}|]\Lambda_{(k)(j)}V_{(j)} \tag{5.8}$$

式中: d 为 PD 参量。

将式(5.8)的 $\theta_{(k)}$ 代入式(5.7)的 $W_{(k)}$ 中,并求微分,代入式(4.1)推导出含有 PD 材料参数的力密度矢量 $\boldsymbol{t}_{(k)(j)}[\boldsymbol{u}_{(j)}-\boldsymbol{u}_{(k)}, \boldsymbol{x}_{(j)}-\boldsymbol{x}_{(k)}, t]$ 的表达式为

$$\boldsymbol{t}_{(k)(j)}[\boldsymbol{u}_{(j)}-\boldsymbol{u}_{(k)}, \boldsymbol{x}_{(j)}-\boldsymbol{x}_{(k)}, t]=\frac{1}{2}A_{(k)(j)}\frac{\boldsymbol{y}_{(j)}-\boldsymbol{y}_{(k)}}{|\boldsymbol{y}_{(j)}-\boldsymbol{y}_{(k)}|} \tag{5.9a}$$

式中:

$$A_{(k)(j)}=4ad\frac{\delta}{|\boldsymbol{x}_{(j)}-\boldsymbol{x}_{(k)}|}\Lambda_{(k)(j)}\theta_{(k)}+4\delta(\mu_F b_F+b_{FT}+\mu_T b_T)s_{(k)(j)} \tag{5.9b}$$

其中

$$\mu_F=\begin{cases}1, & \text{向量}[\boldsymbol{x}_{(j)}-\boldsymbol{x}_{(k)}]\text{平行于纤维方向}\\0, & \text{其他情况}\end{cases} \tag{5.9c}$$

$$\mu_T=\begin{cases}1, & \text{向量}[\boldsymbol{x}_{(j)}-\boldsymbol{x}_{(k)}]\text{垂直于纤维方向}\\0, & \text{其他情况}\end{cases} \tag{5.9d}$$

类似地,力密度矢量 $\boldsymbol{t}_{(j)(k)}[\boldsymbol{u}_{(k)}-\boldsymbol{u}_{(j)}, \boldsymbol{x}_{(k)}-\boldsymbol{x}_{(j)}, t]$ 可表示为

$$\boldsymbol{t}_{(j)(k)}[\boldsymbol{u}_{(k)}-\boldsymbol{u}_{(j)}, \boldsymbol{x}_{(k)}-\boldsymbol{x}_{(j)}, t]=-\frac{1}{2}B_{(j)(k)}\frac{\boldsymbol{y}_{(j)}-\boldsymbol{y}_{(k)}}{|\boldsymbol{y}_{(j)}-\boldsymbol{y}_{(k)}|} \tag{5.10a}$$

式中:

$$B_{(j)(k)}=4ad\frac{\delta}{|\boldsymbol{x}_{(k)}-\boldsymbol{x}_{(j)}|}\Lambda_{(j)(k)}\theta_{(j)}+4\delta(\mu_F b_F+b_{FT}+\mu_T b_T)s_{(j)(k)} \tag{5.10b}$$

式(5.9b)和式(5.10b)尽管形式相近,但并不相同。这是因为 $\theta_{(k)}$ 和 $\theta_{(j)}$ 分别代表质点 $\boldsymbol{x}_{(k)}$ 和 $\boldsymbol{x}_{(j)}$ 处的体积应变是不同的,所以式(5.9b)和式(5.10b)的函数值不同。与第 4 章的推导过程相似,上式也可扩展成热-力耦合的方程。Oterkus 和 Madenci(2012)曾对键型近场动力学方程进行了扩展。

5.3 复合材料层合板

复合材料层合板中的单层板是完全粘接的,因此各单层之间没有相对滑移。除了加载条件之外,层合板的变形还与单层材料性能、厚度和铺层顺序有关。在各单层之间通常有富树脂层,裂纹和分层往往源于此处。因此,面外法向(transverse normal)和横向剪切(transverse shear)变形对分层的形成和扩展起到了关键作用。同时,在铺层非对称的情况下,层合板表现出面内和面外变形的耦合效应,形成弯曲变形。

如图 5.3 所示,参考坐标系(x, y, z)位于层合板的中面上。层合板总厚度为

$$h=\sum_{n=1}^{N}h_n \tag{5.11}$$

式中:N 为铺层总数;参数 h_n表示第 n 层的厚度。各个铺层相对于层合板中面的位置 z_n定义为

$$z_n=-\frac{h}{2}+\sum_{m=1}^{n-1}h_m+\frac{1}{2}h_n \tag{5.12}$$

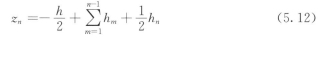

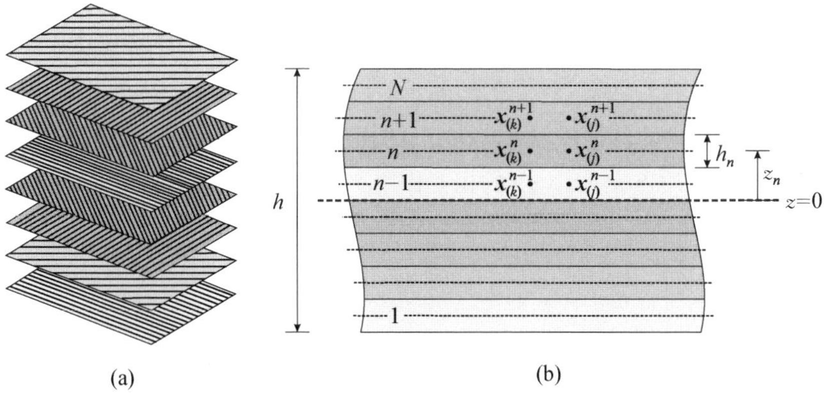

图 5.3 层合板各单层的高度

假定某一层的材料质点仅与其最邻近的上、下两层的质点产生相互作用，那么在推导 PD 运动方程时，就能将层合板面外法向和横向剪切的变形考虑进去。

具有 N 层铺层的层合板总势能可以表示为如下形式

$$U=\sum_{n=1}^{N}\sum_{i=1}^{\infty}W_{(i)}^{n}+\sum_{n=1}^{N-1}\sum_{i=1}^{\infty}\hat{W}_{(i)}^{n}+\sum_{n=1}^{N-1}\sum_{i=1}^{\infty}\widetilde{W}_{(i)}^{n}-\sum_{n=1}^{N}\sum_{i=1}^{\infty}\boldsymbol{b}_{(i)}^{n}\cdot\boldsymbol{u}_{(i)}^{n} \tag{5.13}$$

式中：$W_{(i)}^{n}$、$\hat{W}_{(i)}^{n}$、$\widetilde{W}_{(i)}^{n}$ 分别为来自面内变形、面外法向变形、横向剪切变形的应变能；$\boldsymbol{b}_{(i)}^{n}$ 为体力向量。

利用式(5.7)，在位于第 n 层的质点 $\boldsymbol{x}_{(k)}^{n}$ 处，由于面内变形引起的应变能密度 $W_{(k)}^{n}$ 可以表示为微势能 $w_{(k)(j)}$ 和的形式，如下式所示。其中，微势能 $w_{(k)(j)}$ 由材料质点 $\boldsymbol{x}_{(k)}^{n}$ 与其近场范围内其他质点 $\boldsymbol{x}_{(j)}^{n}$ 的相互作用产生。

$$W_{(k)}^{n}=\frac{1}{2}\sum_{j=1}^{\infty}\frac{1}{2}\left\{\begin{aligned}&w_{(k)(j)}[\boldsymbol{y}_{(1^{k})}^{n}-\boldsymbol{y}_{(k)}^{n},\ \boldsymbol{y}_{(2^{k})}^{n}-\boldsymbol{y}_{(k)}^{n},\ \cdots]+\\&w_{(j)(k)}[\boldsymbol{y}_{(1^{j})}^{n}-\boldsymbol{y}_{(j)}^{n},\ \boldsymbol{y}_{(2^{j})}^{n}-\boldsymbol{y}_{(j)}^{n},\ \cdots]\end{aligned}\right\}V_{(j)}^{n} \tag{5.14}$$

式中：当 $k=j$ 时 $w_{(k)(j)}=0$。在第 n 层的质点 $\boldsymbol{x}_{(k)}^{n}$ 处，由于面外法向变形引起的应变能密度 $\hat{W}_{(k)}^{n}$ 可以表示为微势能 $\hat{w}_{(k)}$ 和的形式，如下式所示。其中，微势能 $\hat{w}_{(k)}$ 由材料质点 $\boldsymbol{x}_{(k)}^{n}$ 和与其相邻的第$(n+1)$层质点 $\boldsymbol{x}_{(k)}^{n+1}$、第$(n-1)$层质点 $\boldsymbol{x}_{(k)}^{n-1}$ 的相互作用产生。

$$\hat{W}_{(k)}^{n}=\frac{1}{2}\sum_{m=n+1,\ n-1}\frac{1}{2}\{\hat{w}_{(k)}[\boldsymbol{y}_{(k)}^{m}-\boldsymbol{y}_{(k)}^{n}]V_{(k)}^{m}+\hat{w}_{(k)}[\boldsymbol{y}_{(k)}^{n}-\boldsymbol{y}_{(k)}^{m}]V_{(k)}^{m}\} \tag{5.15}$$

同样，在第 n 层的质点 $\boldsymbol{x}_{(k)}^{n}$ 处，由横向剪切变形引起的应变能密度 $\widetilde{W}_{(k)}^{n}$ 可以表示为微势能 $\widetilde{w}_{(k)(j)}$ 与 $\widetilde{w}_{(j)(k)}$ 和的形式，如下式所示。其中，微势能 $\widetilde{w}_{(k)(j)}$ 由材料质点 $\boldsymbol{x}_{(k)}^{n}$ 和其族内的其他质点 $\boldsymbol{x}_{(j)}^{n+1}$、$\boldsymbol{x}_{(j)}^{n-1}$ 的相互作用产生；$\widetilde{w}_{(j)(k)}$ 由材料质点 $\boldsymbol{x}_{(j)}^{n}$ 和其族内的其他质点 $\boldsymbol{x}_{(k)}^{n+1}$、$\boldsymbol{x}_{(k)}^{n-1}$ 的相互作用产生。

$$\begin{aligned}\hat{W}_{(k)}^{n}=\frac{1}{2}\Big\{&\sum_{j=1}^{\infty}\frac{1}{2}\widetilde{w}_{(k)(j)}[\boldsymbol{y}_{(j)}^{n+1}-\boldsymbol{y}_{(k)}^{n},\ \boldsymbol{y}_{(k)}^{n+1}-\boldsymbol{y}_{(j)}^{n}]V_{(j)}^{n+1}+\\&\sum_{j=1}^{\infty}\frac{1}{2}\widetilde{w}_{(j)(k)}[\boldsymbol{y}_{(k)}^{n}-\boldsymbol{y}_{(j)}^{n+1},\ \boldsymbol{y}_{(j)}^{n}-\boldsymbol{y}_{(k)}^{n+1}]V_{(j)}^{n+1}+\\&\sum_{j=1}^{\infty}\frac{1}{2}\widetilde{w}_{(j)(k)}[\boldsymbol{y}_{(k)}^{n}-\boldsymbol{y}_{(j)}^{n-1},\ \boldsymbol{y}_{(j)}^{n}-\boldsymbol{y}_{(k)}^{n-1}]V_{(j)}^{n-1}+\end{aligned}$$

$$\sum_{j=1}^{\infty}\frac{1}{2}\widetilde{w}_{(k)(j)}[\boldsymbol{y}_{(j)}^{n-1}-\boldsymbol{y}_{(k)}^{n},\ \boldsymbol{y}_{(k)}^{n-1}-\boldsymbol{y}_{(j)}^{n}]V_{(j)}^{n-1}+$$

$$\sum_{j=1}^{\infty}\frac{1}{2}\widetilde{w}_{(j)(k)}[\boldsymbol{y}_{(k)}^{n+1}-\boldsymbol{y}_{(j)}^{n},\ \boldsymbol{y}_{(j)}^{n+1}-\boldsymbol{y}_{(k)}^{n}]V_{(j)}^{n}+$$

$$\sum_{j=1}^{\infty}\frac{1}{2}\widetilde{w}_{(k)(j)}[\boldsymbol{y}_{(j)}^{n}-\boldsymbol{y}_{(k)}^{n+1},\ \boldsymbol{y}_{(k)}^{n}-\boldsymbol{y}_{(j)}^{n+1}]V_{(j)}^{n}+$$

$$\sum_{j=1}^{\infty}\frac{1}{2}\widetilde{w}_{(k)(j)}[\boldsymbol{y}_{(j)}^{n}-\boldsymbol{y}_{(k)}^{n-1},\ \boldsymbol{y}_{(k)}^{n}-\boldsymbol{y}_{(j)}^{n-1}]V_{(j)}^{n}+$$

$$\sum_{j=1}^{\infty}\frac{1}{2}\widetilde{w}_{(j)(k)}[\boldsymbol{y}_{(k)}^{n-1}-\boldsymbol{y}_{(j)}^{n},\ \boldsymbol{y}_{(j)}^{n-1}-\boldsymbol{y}_{(k)}^{n}]V_{(j)}^{n}\Bigg\} \tag{5.16}$$

将式(5.14)、式(5.15)和式(5.16)表示的质点 $\boldsymbol{x}_{(k)}^{n}$ 处的应变能密度$W_{(i)}^{n}$、$\hat{W}_{(i)}^{n}$、$\widetilde{W}_{(i)}^{n}$ 代入式(5.13),可得到 N 层层合板的势能函数为

$$\begin{aligned}
U=&\sum_{n=1}^{N}\Bigg\{\frac{1}{2}\sum_{i=1}^{\infty}\sum_{j=1}^{\infty}\frac{1}{2}[w_{(i)(j)}(\boldsymbol{y}_{(1^i)}^{n}-\boldsymbol{y}_{(i)}^{n},\ \boldsymbol{y}_{(2^i)}^{n}-\boldsymbol{y}_{(i)}^{n},\ \cdots)+\\
&w_{(j)(i)}(\boldsymbol{y}_{(1^j)}^{n}-\boldsymbol{y}_{(j)}^{n},\ \boldsymbol{y}_{(2^j)}^{n}-\boldsymbol{y}_{(j)}^{n},\ \cdots)]V_{(j)}^{n}V_{(i)}^{n}\Bigg\}+\\
&\frac{1}{2}\sum_{n=1}^{N-1}\sum_{i=1}^{\infty}\sum_{m=n+1,\ n-1}\frac{1}{2}\{\hat{w}_{(i)}[\boldsymbol{y}_{(i)}^{m}-\boldsymbol{y}_{(i)}^{n}]+\hat{w}_{(i)}[\boldsymbol{y}_{(i)}^{n}-\boldsymbol{y}_{(i)}^{m}]\}V_{(i)}^{m}V_{(i)}^{n}+\\
&\frac{1}{2}\sum_{n=1}^{N-1}\Bigg\{\sum_{i=1}^{\infty}\frac{1}{2}\Bigg[\sum_{j=1}^{\infty}[\widetilde{w}_{(i)(j)}(\boldsymbol{y}_{(j)}^{n+1}-\boldsymbol{y}_{(i)}^{n},\ \boldsymbol{y}_{(i)}^{n+1}-\boldsymbol{y}_{(j)}^{n})V_{(j)}^{n+1}V_{(i)}^{n}+\\
&\sum_{j=1}^{\infty}\widetilde{w}_{(j)(i)}(\boldsymbol{y}_{(i)}^{n}-\boldsymbol{y}_{(j)}^{n+1},\ \boldsymbol{y}_{(j)}^{n}-\boldsymbol{y}_{(i)}^{n+1})V_{(j)}^{n+1}V_{(i)}^{n}+\\
&\sum_{j=1}^{\infty}\widetilde{w}_{(j)(i)}(\boldsymbol{y}_{(i)}^{n}-\boldsymbol{y}_{(j)}^{n-1},\ \boldsymbol{y}_{(j)}^{n}-\boldsymbol{y}_{(i)}^{n-1})V_{(j)}^{n-1}V_{(i)}^{n}+\\
&\sum_{j=1}^{\infty}\widetilde{w}_{(i)(j)}(\boldsymbol{y}_{(j)}^{n-1}-\boldsymbol{y}_{(i)}^{n},\ \boldsymbol{y}_{(i)}^{n-1}-\boldsymbol{y}_{(j)}^{n})V_{(j)}^{n-1}V_{(i)}^{n}\Bigg]\Bigg\}+\\
&\frac{1}{2}\sum_{n=1}^{N-1}\Bigg\{\sum_{i=1}^{\infty}\frac{1}{2}\Bigg[\sum_{j=1}^{\infty}[\widetilde{w}_{(j)(i)}(\boldsymbol{y}_{(i)}^{n+1}-\boldsymbol{y}_{(j)}^{n},\ \boldsymbol{y}_{(j)}^{n+1}-\boldsymbol{y}_{(i)}^{n})V_{(i)}^{n+1}V_{(j)}^{n}+\\
&\sum_{j=1}^{\infty}\widetilde{w}_{(i)(j)}(\boldsymbol{y}_{(j)}^{n}-\boldsymbol{y}_{(i)}^{n+1},\ \boldsymbol{y}_{(i)}^{n}-\boldsymbol{y}_{(j)}^{n+1})V_{(i)}^{n+1}V_{(j)}^{n}+\\
&\sum_{j=1}^{\infty}\widetilde{w}_{(i)(j)}(\boldsymbol{y}_{(j)}^{n}-\boldsymbol{y}_{(i)}^{n-1},\ \boldsymbol{y}_{(i)}^{n}-\boldsymbol{y}_{(j)}^{n-1})V_{(i)}^{n-1}V_{(j)}^{n}+\\
&\sum_{j=1}^{\infty}\widetilde{w}_{(j)(i)}(\boldsymbol{y}_{(i)}^{n-1}-\boldsymbol{y}_{(j)}^{n},\ \boldsymbol{y}_{(j)}^{n-1}-\boldsymbol{y}_{(i)}^{n})V_{(i)}^{n-1}V_{(j)}^{n}\Bigg]\Bigg\}-
\end{aligned}$$

$$\sum_{n=1}^{N}\left\{\sum_{i=1}^{\infty}\left[\boldsymbol{b}_{(i)}^{n}\cdot\boldsymbol{u}_{(i)}^{n}\right]V_{(i)}^{n}\right\} \tag{5.17a}$$

在第 4 个求和项中交换哑标 i 和 j 的顺序得到

$$\begin{aligned}
U=&\sum_{n=1}^{N}\left\{\frac{1}{2}\sum_{i=1}^{\infty}\sum_{j=1}^{\infty}\frac{1}{2}\left[w_{(i)(j)}(\boldsymbol{y}_{(1^i)}^{n}-\boldsymbol{y}_{(i)}^{n},\ \boldsymbol{y}_{(2^i)}^{n}-\boldsymbol{y}_{(i)}^{n},\ \cdots)+\right.\right.\\
&\left.\left.w_{(j)(i)}(\boldsymbol{y}_{(1^j)}^{n}-\boldsymbol{y}_{(j)}^{n},\ \boldsymbol{y}_{(2^j)}^{n}-\boldsymbol{y}_{(j)}^{n},\ \cdots)\right]V_{(j)}^{n}V_{(i)}^{n}\right\}+\\
&\frac{1}{2}\sum_{n=1}^{N-1}\sum_{i=1}^{\infty}\sum_{m=n+1,\ n-1}\frac{1}{2}\{\hat{w}_{(i)}[\boldsymbol{y}_{(i)}^{m}-\boldsymbol{y}_{(i)}^{n}]+\hat{w}_{(i)}[\boldsymbol{y}_{(i)}^{n}-\boldsymbol{y}_{(i)}^{m}]\}V_{(i)}^{m}V_{(i)}^{n}+\\
&\frac{1}{2}\sum_{n=1}^{N-1}\sum_{i=1}^{\infty}\sum_{j=1}^{\infty}\sum_{m=n+1,\ n-1}\left\{\begin{matrix}\tilde{w}_{(i)(j)}[\boldsymbol{y}_{(j)}^{m}-\boldsymbol{y}_{(i)}^{n},\ \boldsymbol{y}_{(i)}^{m}-\boldsymbol{y}_{(j)}^{n}]+\\ \tilde{w}_{(j)(i)}[\boldsymbol{y}_{(i)}^{n}-\boldsymbol{y}_{(j)}^{m},\ \boldsymbol{y}_{(j)}^{n}-\boldsymbol{y}_{(i)}]\end{matrix}\right\}V_{(j)}^{m}V_{(i)}^{n}-\\
&\sum_{n=1}^{N}\sum_{i=1}^{\infty}\left[\boldsymbol{b}_{(i)}^{n}\cdot\boldsymbol{u}_{(i)}^{n}\right]V_{(i)}^{n}
\end{aligned} \tag{5.17b}$$

只显示第 n 层中的质点 $\boldsymbol{x}_{(k)}^{n}$ 的相关展开项，式(2.11)的拉格朗日函数可表示为如下的形式：

$$\begin{aligned}
L=&\cdots+\frac{1}{2}\rho_{(k)}^{n}\dot{\boldsymbol{u}}_{(k)}^{n}\cdot\dot{\boldsymbol{u}}_{(k)}^{n}V_{(k)}^{n}+\cdots-\\
&\frac{1}{2}\sum_{j=1}^{\infty}\{w_{(k)(j)}[\boldsymbol{y}_{(1^k)}^{n}-\boldsymbol{y}_{(k)}^{n},\ \boldsymbol{y}_{(2^k)}^{n}-\boldsymbol{y}_{(k)}^{n},\ \cdots]V_{(j)}^{n}V_{(k)}^{n}\}\cdots-\\
&\frac{1}{2}\sum_{j=1}^{\infty}\{w_{(j)(k)}[\boldsymbol{y}_{(1^j)}^{n}-\boldsymbol{y}_{(j)}^{n},\ \boldsymbol{y}_{(2^j)}^{n}-\boldsymbol{y}_{(j)}^{n},\ \cdots]V_{(j)}^{n}V_{(k)}^{n}\}\cdots-\\
&\frac{1}{2}\hat{w}_{(k)}[\boldsymbol{y}_{(k)}^{n+1}-\boldsymbol{y}_{(k)}^{n}]V_{(k)}^{n+1}V_{(k)}^{n}\cdots-\frac{1}{2}\hat{w}_{(k)}[\boldsymbol{y}_{(k)}^{n}-\boldsymbol{y}_{(k)}^{n+1}]V_{(k)}^{n}V_{(k)}^{n+1}-\\
&\frac{1}{2}\hat{w}_{(k)}[\boldsymbol{y}_{(k)}^{n}-\boldsymbol{y}_{(k)}^{n-1}]V_{(k)}^{n}V_{(k)}^{n-1}\cdots-\frac{1}{2}\hat{w}_{(k)}[\boldsymbol{y}_{(k)}^{n-1}-\boldsymbol{y}_{(k)}^{n}]V_{(k)}^{n-1}V_{(k)}^{n}-\\
&\sum_{j=1}^{\infty}\tilde{w}_{(k)(j)}[\boldsymbol{y}_{(j)}^{n+1}-\boldsymbol{y}_{(k)}^{n},\ \boldsymbol{y}_{(k)}^{n+1}-\boldsymbol{y}_{(j)}^{n}]V_{(j)}^{n+1}V_{(k)}^{n}\cdots-\\
&\sum_{j=1}^{\infty}\tilde{w}_{(j)(k)}[\boldsymbol{y}_{(k)}^{n}-\boldsymbol{y}_{(j)}^{n+1},\ \boldsymbol{y}_{(j)}^{n}-\boldsymbol{y}_{(k)}^{n+1}]V_{(k)}^{n}V_{(j)}^{n+1}\cdots-\\
&\sum_{j=1}^{\infty}\tilde{w}_{(j)(k)}[\boldsymbol{y}_{(k)}^{n}-\boldsymbol{y}_{(j)}^{n-1},\ \boldsymbol{y}_{(j)}^{n}-\boldsymbol{y}_{(k)}^{n-1}]V_{(k)}^{n}V_{(j)}^{n-1}\cdots-\\
&\sum_{j=1}^{\infty}\tilde{w}_{(k)(j)}[\boldsymbol{y}_{(j)}^{n-1}-\boldsymbol{y}_{(k)}^{n},\ \boldsymbol{y}_{(k)}^{n-1}-\boldsymbol{y}_{(j)}^{n}]V_{(j)}^{n-1}V_{(k)}^{n}\cdots+\\
&\boldsymbol{b}_{(k)}^{n}\cdot\boldsymbol{u}_{(k)}^{n}V_{(k)}^{n}\cdots
\end{aligned} \tag{5.18}$$

将式(5.18)代入式(2.10)得到第 n 层中的质点 $\boldsymbol{x}_{(k)}^{n}$ 的拉格朗日方程为

$$\begin{aligned}&\Big\{\rho^n_{(k)}\ddot{\boldsymbol{u}}^n_{(k)}+\sum_{j=1}^{\infty}\frac{1}{2}\Big[\sum_{i=1}^{\infty}\frac{\partial w_{(k)(i)}}{\partial(\boldsymbol{y}^n_{(j)}-\boldsymbol{y}^n_{(k)})}V^n_{(i)}\Big]\frac{\partial[\boldsymbol{y}^n_{(j)}-\boldsymbol{y}^n_{(k)}]}{\partial\boldsymbol{u}^n_{(k)}}+\\&\sum_{j=1}^{\infty}\frac{1}{2}\Big[\sum_{i=1}^{\infty}\frac{\partial w_{(j)(k)}}{\partial(\boldsymbol{y}^n_{(k)}-\boldsymbol{y}^n_{(j)})}V^n_{(i)}\Big]\frac{\partial[\boldsymbol{y}^n_{(k)}-\boldsymbol{y}^n_{(j)}]}{\partial\boldsymbol{u}^n_{(k)}}+\\&\sum_{m=n+1,\ n-1}\frac{1}{2}\frac{\partial\hat{w}_{(k)}}{\partial[\boldsymbol{y}^m_{(k)}-\boldsymbol{y}^n_{(k)}]}\frac{\partial[\boldsymbol{y}^m_{(k)}-\boldsymbol{y}^n_{(k)}]}{\partial\boldsymbol{u}^n_{(k)}}V^m_{(k)}+\\&\sum_{m=n+1,\ n-1}\frac{1}{2}\frac{\partial\hat{w}_{(k)}}{\partial[\boldsymbol{y}^n_{(k)}-\boldsymbol{y}^m_{(k)}]}\frac{\partial[\boldsymbol{y}^n_{(k)}-\boldsymbol{y}^m_{(k)}]}{\partial\boldsymbol{u}^n_{(k)}}V^m_{(k)}+\\&2\sum_{m=n+1,\ n-1}\sum_{j=1}^{\infty}\frac{1}{2}\frac{\partial\tilde{w}_{(k)(j)}}{\partial[\boldsymbol{y}^m_{(j)}-\boldsymbol{y}^n_{(k)}]}\frac{\partial[\boldsymbol{y}^m_{(j)}-\boldsymbol{y}^n_{(k)}]}{\partial\boldsymbol{u}^n_{(k)}}V^m_{(j)}+\\&2\sum_{m=n+1,\ n-1}\sum_{j=1}^{\infty}\frac{1}{2}\frac{\partial\tilde{w}_{(j)(k)}}{\partial[\boldsymbol{y}^n_{(k)}-\boldsymbol{y}^m_{(j)}]}\frac{\partial[\boldsymbol{y}^n_{(k)}-\boldsymbol{y}^m_{(j)}]}{\partial\boldsymbol{u}^n_{(k)}}V^m_{(j)}-b^n_{(k)}\Big\}V^n_{(k)}=0\end{aligned} \tag{5.19}$$

这里假设不包含质点 $\boldsymbol{x}^n_{(k)}$ 的作用力对质点 $\boldsymbol{x}^n_{(k)}$ 没有任何影响。微势能的偏导数可代表质点对其他质点的作用力密度函数，故上式中的方程可重写为

$$\begin{aligned}\rho^n_{(k)}\ddot{\boldsymbol{u}}^n_{(k)}=&\sum_{j=1}^{\infty}\{\boldsymbol{t}^n_{(k)(j)}[\boldsymbol{u}^n_{(j)}-\boldsymbol{u}^n_{(k)},\ \boldsymbol{x}^n_{(j)}-\boldsymbol{x}^n_{(k)},\ t]-\\&\boldsymbol{t}^n_{(j)(k)}[\boldsymbol{u}^n_{(k)}-\boldsymbol{u}^n_{(j)},\ \boldsymbol{x}^n_{(k)}-\boldsymbol{x}^n_{(j)},\ t]\}V^n_{(j)}+\\&\sum_{m=n+1,\ n-1}\{\boldsymbol{r}^{(n)(m)}_{(k)}[\boldsymbol{u}^m_{(k)}-\boldsymbol{u}^n_{(k)},\ \boldsymbol{x}^m_{(k)}-\boldsymbol{x}^n_{(k)},\ t]-\\&\boldsymbol{r}^{(m)(n)}_{(k)}[\boldsymbol{u}^n_{(k)}-\boldsymbol{u}^m_{(k)},\ \boldsymbol{x}^n_{(k)}-\boldsymbol{x}^m_{(k)},\ t]\}V^m_{(k)}+\\&2\sum_{m=n+1,\ n-1}\sum_{j=1}^{\infty}\{\boldsymbol{s}^{(n)(m)}_{(k)(j)}[\boldsymbol{u}^m_{(j)}-\boldsymbol{u}^n_{(k)},\ \boldsymbol{u}^m_{(k)}-\boldsymbol{u}^n_{(j)},\ \boldsymbol{x}^m_{(j)}-\boldsymbol{x}^n_{(k)},\ \boldsymbol{x}^m_{(k)}-\boldsymbol{x}^n_{(j)},\ t]-\\&\boldsymbol{s}^{(m)(n)}_{(j)(k)}[\boldsymbol{u}^n_{(k)}-\boldsymbol{u}^m_{(j)},\ \boldsymbol{u}^n_{(j)}-\boldsymbol{u}^m_{(k)},\ \boldsymbol{x}^n_{(k)}-\boldsymbol{x}^m_{(j)},\ \boldsymbol{x}^n_{(j)}-\boldsymbol{x}^m_{(k)},\ t]\}V^m_{(j)}+\boldsymbol{b}^n_{(k)}\end{aligned} \tag{5.20}$$

式中：$\boldsymbol{t}^n_{(k)(j)}$ 表示面内变形引起的，由质点 $\boldsymbol{x}^n_{(j)}$ 作用于质点 $\boldsymbol{x}^n_{(k)}$ 的力密度；$\boldsymbol{t}^n_{(j)(k)}$ 代表质点 $\boldsymbol{x}^n_{(k)}$ 作用于质点 $\boldsymbol{x}^n_{(j)}$ 的力密度；$\boldsymbol{r}^{(n)(m)}_{(k)}$ 和 $\boldsymbol{r}^{(m)(n)}_{(k)}$ 表示由面外法向变形引起的，质点 $\boldsymbol{x}^n_{(k)}$ 和 $\boldsymbol{x}^m_{(k)}$ 之间的力密度矢量，其中 $m=(n+1),(n-1)$；$\boldsymbol{r}^{(n)(m)}_{(k)}$ 表示质点 $\boldsymbol{x}^m_{(k)}$ 作用于 $\boldsymbol{x}^n_{(k)}$ 上的力密度向量，反之则表示为 $\boldsymbol{r}^{(m)(n)}_{(k)}$；力密度矢量 $\boldsymbol{s}^{(n)(m)}_{(k)(j)}$ 和 $\boldsymbol{s}^{(m)(n)}_{(j)(k)}$ 表示由横向剪切变形引起的，质点 $\boldsymbol{x}^m_{(j)}$ 和 $\boldsymbol{x}^n_{(k)}$ 之间的力密度矢量，其中 $m=(n+1),(n-1)$；力密度矢量 $\boldsymbol{s}^{(n)(m)}_{(k)(j)}$ 表示质点 $\boldsymbol{x}^m_{(j)}$ 作用于 $\boldsymbol{x}^n_{(k)}$ 上的力密度矢量，反

之则表示为 $\boldsymbol{s}_{(j)(k)}^{(m)(n)}$。这些力密度矢量定义为

$$\begin{cases} \boldsymbol{t}_{(k)(j)}^{n}[\boldsymbol{u}_{(j)}^{n}-\boldsymbol{u}_{(k)}^{n},\ \boldsymbol{x}_{(j)}^{n}-\boldsymbol{x}_{(k)}^{n},\ t]=\dfrac{1}{2}\dfrac{1}{V_{(j)}^{n}}\left\{\sum_{i=1}^{\infty}\dfrac{\partial w_{(k)(i)}}{\partial[\boldsymbol{y}_{(j)}^{n}-\boldsymbol{y}_{(k)}^{n}]}V_{(i)}^{n}\right\} \\ \boldsymbol{t}_{(j)(k)}^{n}[\boldsymbol{u}_{(k)}^{n}-\boldsymbol{u}_{(j)}^{n},\ \boldsymbol{x}_{(k)}^{n}-\boldsymbol{x}_{(j)}^{n},\ t]=\dfrac{1}{2}\dfrac{1}{V_{(j)}^{n}}\left\{\sum_{i=1}^{\infty}\dfrac{\partial w_{(i)(k)}}{\partial[\boldsymbol{y}_{(k)}^{n}-\boldsymbol{y}_{(j)}^{n}]}V_{(i)}^{n}\right\} \end{cases} \tag{5.21a}$$

$$\begin{cases} \boldsymbol{r}_{(k)}^{(n)(m)}[\boldsymbol{u}_{(k)}^{m}-\boldsymbol{u}_{(k)}^{n},\ \boldsymbol{x}_{(k)}^{m}-\boldsymbol{x}_{(k)}^{n},\ t]=\dfrac{1}{2}\dfrac{\partial\hat{w}_{(k)}}{\partial[\boldsymbol{y}_{(k)}^{m}-\boldsymbol{y}_{(k)}^{n}]} \\ \boldsymbol{r}_{(k)}^{(m)(n)}[\boldsymbol{u}_{(k)}^{n}-\boldsymbol{u}_{(k)}^{m},\ \boldsymbol{x}_{(k)}^{n}-\boldsymbol{x}_{(k)}^{m},\ t]=\dfrac{1}{2}\dfrac{\partial\hat{w}_{(k)}}{\partial[\boldsymbol{y}_{(k)}^{n}-\boldsymbol{y}_{(k)}^{m}]} \end{cases} \tag{5.21b}$$

以及

$$\begin{cases} \boldsymbol{s}_{(k)(j)}^{(n)(m)}[\boldsymbol{u}_{(j)}^{m}-\boldsymbol{u}_{(k)}^{n},\ \boldsymbol{u}_{(k)}^{m}-\boldsymbol{u}_{(j)}^{n},\ \boldsymbol{x}_{(j)}^{m}-\boldsymbol{x}_{(k)}^{n},\ \boldsymbol{x}_{(k)}^{m}-\boldsymbol{x}_{(j)}^{n},\ t] \\ \qquad =\dfrac{1}{2}\dfrac{\partial\tilde{w}_{(k)(j)}}{\partial[\boldsymbol{y}_{(j)}^{m}-\boldsymbol{y}_{(k)}^{n}]} \\ \boldsymbol{s}_{(j)(k)}^{(m)(n)}[\boldsymbol{u}_{(k)}^{n}-\boldsymbol{u}_{(j)}^{m},\ \boldsymbol{u}_{(j)}^{n}-\boldsymbol{u}_{(k)}^{m},\ \boldsymbol{x}_{(k)}^{n}-\boldsymbol{x}_{(j)}^{m},\ \boldsymbol{x}_{(j)}^{n}-\boldsymbol{x}_{(k)}^{m},\ t] \\ \qquad =\dfrac{1}{2}\dfrac{\partial\tilde{w}_{(j)(k)}}{\partial[\boldsymbol{y}_{(k)}^{n}-\boldsymbol{y}_{(j)}^{m}]} \end{cases} \tag{5.21c}$$

式中：$m=(n+1),(n-1)$。根据 2.8 节的推导结果，为了满足角动量守恒定律，式(5.20)表示的运动方程必须满足

$$\int_{H}\{[\boldsymbol{y}_{(j)}^{n}-\boldsymbol{y}_{(k)}^{n}]\times\boldsymbol{t}_{(k)(j)}^{n}[\boldsymbol{u}_{(j)}^{n}-\boldsymbol{u}_{(k)}^{n},\ \boldsymbol{x}_{(j)}^{n}-\boldsymbol{x}_{(k)}^{n},\ t]\}\mathrm{d}H=0 \tag{5.22a}$$

$$\int_{H}\{[\boldsymbol{y}_{(k)}^{m}-\boldsymbol{y}_{(k)}^{n}]\times\boldsymbol{r}_{(k)}^{(n)(m)}[\boldsymbol{u}_{(k)}^{m}-\boldsymbol{u}_{(k)}^{n},\ \boldsymbol{x}_{(k)}^{m}-\boldsymbol{x}_{(k)}^{n},\ t]\}\mathrm{d}H=0 \tag{5.22b}$$

$$\int_{H}\{[\boldsymbol{y}_{(j)}^{m}-\boldsymbol{y}_{(k)}^{n}]\times\boldsymbol{s}_{(k)(j)}^{(n)(m)}[\boldsymbol{u}_{(j)}^{m}-\boldsymbol{u}_{(k)}^{n},\ \boldsymbol{u}_{(k)}^{m}-\boldsymbol{u}_{(j)}^{n},\ \boldsymbol{x}_{(j)}^{m}-\boldsymbol{x}_{(k)}^{n},\ \boldsymbol{x}_{(k)}^{m}-\boldsymbol{x}_{(j)}^{n},\ t]\}\mathrm{d}H=0 \tag{5.22c}$$

显然，如果力密度矢量 $\boldsymbol{t}_{(k)(j)}^{n}$、$\boldsymbol{r}_{(k)}^{(n)(m)}$ 和 $\boldsymbol{s}_{(k)(j)}^{(n)(m)}$ 分别平行于质点在变形状态下的相对位矢$[\boldsymbol{y}_{(j)}^{n}-\boldsymbol{y}_{(k)}^{n}]$、$[\boldsymbol{y}_{(k)}^{m}-\boldsymbol{y}_{(k)}^{n}]$ 和$[\boldsymbol{y}_{(j)}^{m}-\boldsymbol{y}_{(k)}^{n}]$，则上述条件自然满足。故而，这些力密度矢量可表示为如下形式

$$\boldsymbol{t}_{(k)(j)}^{n}=\frac{1}{2}A_{(k)(j)}^{n}\frac{\boldsymbol{y}_{(j)}^{n}-\boldsymbol{y}_{(k)}^{n}}{|\boldsymbol{y}_{(j)}^{n}-\boldsymbol{y}_{(k)}^{n}|} \tag{5.23a}$$

$$\boldsymbol{t}_{(j)(k)}^{n}=-\frac{1}{2}B_{(j)(k)}^{n}\frac{\boldsymbol{y}_{(j)}^{n}-\boldsymbol{y}_{(k)}^{n}}{|\boldsymbol{y}_{(j)}^{n}-\boldsymbol{y}_{(k)}^{n}|} \tag{5.23b}$$

和

$$\boldsymbol{r}_{(k)}^{(n)(m)}=\frac{1}{2}C_{(k)}^{(n)(m)}\frac{\boldsymbol{y}_{(k)}^{m}-\boldsymbol{y}_{(k)}^{n}}{|\boldsymbol{y}_{(k)}^{m}-\boldsymbol{y}_{(k)}^{n}|}=\frac{1}{2}\boldsymbol{p}_{(k)}^{(n)(m)} \tag{5.24a}$$

$$\boldsymbol{r}_{(k)}^{(m)(n)}=-\frac{1}{2}C_{(k)}^{(n)(m)}\frac{\boldsymbol{y}_{(k)}^{m}-\boldsymbol{y}_{(k)}^{n}}{|\boldsymbol{y}_{(k)}^{m}-\boldsymbol{y}_{(k)}^{n}|}=-\frac{1}{2}\boldsymbol{p}_{(k)}^{(n)(m)} \tag{5.24b}$$

和

$$\boldsymbol{s}_{(k)(j)}^{(n)(m)}=\frac{1}{2}D_{(k)(j)}^{(n)(m)}\frac{\boldsymbol{y}_{(j)}^{m}-\boldsymbol{y}_{(k)}^{n}}{|\boldsymbol{y}_{(j)}^{m}-\boldsymbol{y}_{(k)}^{n}|}=\frac{1}{2}\boldsymbol{q}_{(k)(j)}^{(n)(m)} \tag{5.25a}$$

$$\boldsymbol{s}_{(j)(k)}^{(m)(n)}=-\frac{1}{2}D_{(k)(j)}^{(n)(m)}\frac{\boldsymbol{y}_{(j)}^{m}-\boldsymbol{y}_{(k)}^{n}}{|\boldsymbol{y}_{(j)}^{m}-\boldsymbol{y}_{(k)}^{n}|}=-\frac{1}{2}\boldsymbol{q}_{(k)(j)}^{(n)(m)} \tag{5.25b}$$

式中：$A_{(k)(j)}^{n}$、$B_{(j)(k)}^{n}$、$C_{(k)}^{(n)(m)}$ 和 $D_{(k)(j)}^{(n)(m)}$ 为辅助参数。基于以上力密度矢量的表达式，第 n 层中的质点 $\boldsymbol{x}_{(k)}^{n}$ 的运动方程可表示为

$$\begin{aligned}\rho_{(k)}^{n}\ddot{\boldsymbol{u}}_{(k)}^{n}=&\sum_{j=1}^{\infty}\{\boldsymbol{t}_{(k)(j)}^{n}[\boldsymbol{u}_{(j)}^{n}-\boldsymbol{u}_{(k)}^{n},\ \boldsymbol{x}_{(j)}^{n}-\boldsymbol{x}_{(k)}^{n},\ t]-\\&\boldsymbol{t}_{(j)(k)}^{n}[\boldsymbol{u}_{(k)}^{n}-\boldsymbol{u}_{(j)}^{n},\ \boldsymbol{x}_{(k)}^{n}-\boldsymbol{x}_{(j)}^{n},\ t]\}V_{(j)}^{n}+\\&\sum_{m=n+1,\ n-1}\boldsymbol{p}_{(k)}^{(n)(m)}V_{(k)}^{m}+2\sum_{m=n+1,\ n-1}\sum_{j=1}^{\infty}\boldsymbol{q}_{(k)(j)}^{(n)(m)}V_{(j)}^{m}+\boldsymbol{b}_{(k)}^{n}\end{aligned} \tag{5.26}$$

辅助参量 $A_{(k)(j)}^{n}$、$B_{(j)(k)}^{n}$、$C_{(k)}^{(n)(m)}$ 和 $D_{(k)(j)}^{(n)(m)}$ 可以通过力密度矢量和应变能密度函数 $W_{(k)}$ 的关系得到。$A_{(k)(j)}^{n}$ 和 $B_{(j)(k)}^{n}$ 的显式表达式已在式(5.9b)和式(5.10b)中给出。余下的辅助参量 $C_{(k)}^{(n)(m)}$ 和 $D_{(k)(j)}^{(n)(m)}$ 可以通过以下关系得到

$$\boldsymbol{r}_{(k)}^{(n)(m)}=\frac{1}{V_{(k)}^{m}}\frac{\partial\hat{W}_{(k)}^{n}}{\partial[|\boldsymbol{y}_{(k)}^{m}-\boldsymbol{y}_{(k)}^{n}|]}\frac{\boldsymbol{y}_{(k)}^{m}-\boldsymbol{y}_{(k)}^{n}}{|\boldsymbol{y}_{(k)}^{m}-\boldsymbol{y}_{(k)}^{n}|} \tag{5.27a}$$

$$\boldsymbol{s}_{(k)(j)}^{(n)(m)}=\frac{1}{V_{(j)}^{m}}\frac{\partial\widetilde{W}_{(k)}^{n}}{\partial[|\boldsymbol{y}_{(j)}^{m}-\boldsymbol{y}_{(k)}^{n}|]}\frac{\boldsymbol{y}_{(j)}^{m}-\boldsymbol{y}_{(k)}^{n}}{|\boldsymbol{y}_{(j)}^{m}-\boldsymbol{y}_{(k)}^{n}|} \tag{5.27b}$$

式中：$V_{(k)}^{m}$ 和 $V_{(j)}^{m}$ 分别代表质点 $\boldsymbol{x}_{(k)}^{m}$ 和 $\boldsymbol{x}_{(j)}^{m}$ 的体积，并且力密度矢量的方向平行于变形后构型中的相对位矢。但是，确定辅助参量需要一个应变能密度函数的显式表达式。对于面外法向和横向剪切变形，各向同性弹性材料(富树脂层)的应变能密度函数$\hat{W}_{(k)}^{n}$和$\widetilde{W}_{(k)}^{n}$可以表示为

$$\hat{W}_{(k)}^{n}=b_{\mathrm{N}}\sum_{m=n+1,\ n-1}\frac{\hat{\delta}}{|\boldsymbol{x}_{(k)}^{m}-\boldsymbol{x}_{(k)}^{n}|}[|\boldsymbol{y}_{(k)}^{m}-\boldsymbol{y}_{(k)}^{n}|-|\boldsymbol{x}_{(k)}^{m}-\boldsymbol{x}_{(k)}^{n}|]^{2}V_{(k)}^{m} \tag{5.28a}$$

$$\widetilde{W}_{(k)}^{n} = b_{\mathrm{S}} \sum_{m=n+1,\ n-1} \sum_{j=1}^{\infty} \frac{\widetilde{\delta}}{|\boldsymbol{x}_{(j)}^{m} - \boldsymbol{x}_{(k)}^{n}|} \{[|\ \boldsymbol{y}_{(j)}^{m} - \boldsymbol{y}_{(k)}^{n}\ | - |\ \boldsymbol{x}_{(j)}^{m} - \boldsymbol{x}_{(k)}^{n}\ |] - [|\ \boldsymbol{y}_{(k)}^{m} - \boldsymbol{y}_{(j)}^{n}\ | - |\ x_{(k)}^{m} - x_{(j)}^{n}\ |]\}^{2} V_{(j)}^{m} \tag{5.28b}$$

式中：PD 材料参数 b_{N} 和 b_{S} 与基体材料的面外法向和剪切变形有关，但还有待于写成杨氏模量和剪切模量的表达式。近场范围在厚度方向上的尺寸为 $\hat{\delta}$，并定义参量 $\widetilde{\delta} = \sqrt{\delta^{2} + \hat{\delta}^{2}}$。需要注意的是 $|\boldsymbol{x}_{(j)}^{m} - \boldsymbol{x}_{(k)}^{n}|$ 和 $|\boldsymbol{x}_{(k)}^{m} - \boldsymbol{x}_{(j)}^{n}|$ 相等。将式(5.28a)、式(5.28b)的应变能密度函数代入式(5.27a)、式(5.27b)得到

$$\boldsymbol{p}_{(k)}^{(n)(m)} = 4b_{\mathrm{N}}\ \hat{\delta}\left[\frac{|\ \boldsymbol{y}_{(k)}^{m} - \boldsymbol{y}_{(k)}^{n}\ | - |\ \boldsymbol{x}_{(k)}^{m} - \boldsymbol{x}_{(k)}^{n}\ |}{|\ \boldsymbol{x}_{(k)}^{m} - \boldsymbol{x}_{(k)}^{n}\ |}\right] \frac{\boldsymbol{y}_{(k)}^{m} - \boldsymbol{y}_{(k)}^{n}}{|\ \boldsymbol{y}_{(k)}^{m} - \boldsymbol{y}_{(k)}^{n}\ |} \tag{5.29a}$$

$$\boldsymbol{q}_{(k)(j)}^{(n)(m)} = 4b_{\mathrm{S}}\ \widetilde{\delta}\left\{\left[\frac{|\ \boldsymbol{y}_{(j)}^{m} - \boldsymbol{y}_{(k)}^{n}\ | - |\ \boldsymbol{x}_{(j)}^{m} - \boldsymbol{x}_{(k)}^{n}\ |}{|\ \boldsymbol{x}_{(j)}^{m} - \boldsymbol{x}_{(k)}^{n}\ |}\right] - \left[\frac{|\ \boldsymbol{y}_{(k)}^{m} - \boldsymbol{y}_{(j)}^{n}\ | - |\ \boldsymbol{x}_{(k)}^{m} - \boldsymbol{x}_{(j)}^{n}\ |}{|\ \boldsymbol{x}_{(k)}^{m} - \boldsymbol{x}_{(j)}^{n}\ |}\right]\right\} \frac{\boldsymbol{y}_{(j)}^{m} - \boldsymbol{y}_{(k)}^{n}}{|\ \boldsymbol{y}_{(j)}^{m} - \boldsymbol{y}_{(k)}^{n}\ |} \tag{5.29b}$$

比较式(5.24a)和式(5.29a)以及式(5.25a)和式(5.29b)，得到辅助参数 $C_{(k)}^{(n)(m)}$ 和 $D_{(k)(j)}^{(n)(m)}$ 的表达式分别为

$$C_{(k)}^{(n)(m)} = 4b_{\mathrm{N}}\ \hat{\delta}\left[\frac{|\ \boldsymbol{y}_{(k)}^{m} - \boldsymbol{y}_{(k)}^{n}\ | - |\ \boldsymbol{x}_{(k)}^{m} - \boldsymbol{x}_{(k)}^{n}\ |}{|\ \boldsymbol{x}_{(k)}^{m} - \boldsymbol{x}_{(k)}^{n}\ |}\right] \tag{5.30a}$$

$$D_{(k)(j)}^{(n)(m)} = 4b_{\mathrm{S}}\ \widetilde{\delta}\left\{\left[\frac{|\ \boldsymbol{y}_{(j)}^{m} - \boldsymbol{y}_{(k)}^{n}\ | - |\ \boldsymbol{x}_{(j)}^{m} - \boldsymbol{x}_{(k)}^{n}\ |}{|\ \boldsymbol{x}_{(j)}^{m} - \boldsymbol{x}_{(k)}^{n}\ |}\right] - \left[\frac{|\ \boldsymbol{y}_{(k)}^{m} - \boldsymbol{y}_{(j)}^{n}\ | - |\ \boldsymbol{x}_{(k)}^{m} - \boldsymbol{x}_{(j)}^{n}\ |}{|\ \boldsymbol{x}_{(k)}^{m} - \boldsymbol{x}_{(j)}^{n}\ |}\right]\right\} \tag{5.30b}$$

5.4 近场动力学材料常数

对应于面内、面外法向和横向剪切变形的力密度矢量-伸长率关系中的 PD 材料常数，可以通过考虑简单加载条件，用经典层合板理论中的工程材料常数表示。

5.4.1 单层板的材料常数

单层板面内变形的力密度矢量和伸长率关系式(5.9b)和式(5.10b)中的 PD 材料常数 a、d、b_{F} 和 b_{FT} 与工程材料常数之间的关系，可通过考虑四种不同的简单加载条件得到。

(1) 简单剪切：$\gamma_{12} = \zeta$。

(2) 纤维方向单轴拉伸：$\varepsilon_{11} = \zeta$，$\varepsilon_{22} = 0$。

(3) 横向单轴拉伸：$\varepsilon_{11}=0$，$\varepsilon_{22}=\zeta$。

(4) 双轴拉伸：$\varepsilon_{11}=\zeta$，$\varepsilon_{22}=\zeta$。

1) 简单剪切：$\gamma_{12}=\zeta$

利用式(5.1a)，因简单剪切产生的单层板中的应力为

$$\begin{Bmatrix}\sigma_{11}\\ \sigma_{22}\\ \sigma_{12}\end{Bmatrix}=\begin{bmatrix}Q_{11} & Q_{12} & 0\\ Q_{12} & Q_{22} & 0\\ 0 & 0 & Q_{66}\end{bmatrix}\begin{Bmatrix}0\\ 0\\ \zeta\end{Bmatrix} \text{或} \begin{Bmatrix}\sigma_{11}\\ \sigma_{22}\\ \sigma_{12}\end{Bmatrix}=\begin{Bmatrix}0\\ 0\\ Q_{66}\zeta\end{Bmatrix} \tag{5.31}$$

由式(5.4)和式(5.5b)得到质点 $\boldsymbol{x}_{(k)}^{n}$ 处基于经典连续介质力学的体积应变和应变能密度为

$$\theta_{(k)}=0 \tag{5.32a}$$

$$W_{(k)}=\frac{1}{2}Q_{66}\zeta^{2} \tag{5.32b}$$

如图 5.4 所示，质点 $\boldsymbol{y}_{(j)}$ 和 $\boldsymbol{y}_{(k)}$ 在变形后构型中的相对位矢的大小为

$$|\boldsymbol{y}'-\boldsymbol{y}|=[1+(\sin\phi\cos\phi)\zeta]|\boldsymbol{x}'-\boldsymbol{x}| \tag{5.33a}$$

或

$$|\boldsymbol{y}_{(j)}^{n}-\boldsymbol{y}_{(k)}^{n}|=\{1+[\sin\phi_{(j)(k)}\cos\phi_{(j)(k)}]\zeta\}|\boldsymbol{x}_{(j)}^{n}-\boldsymbol{x}_{(k)}^{n}| \tag{5.33b}$$

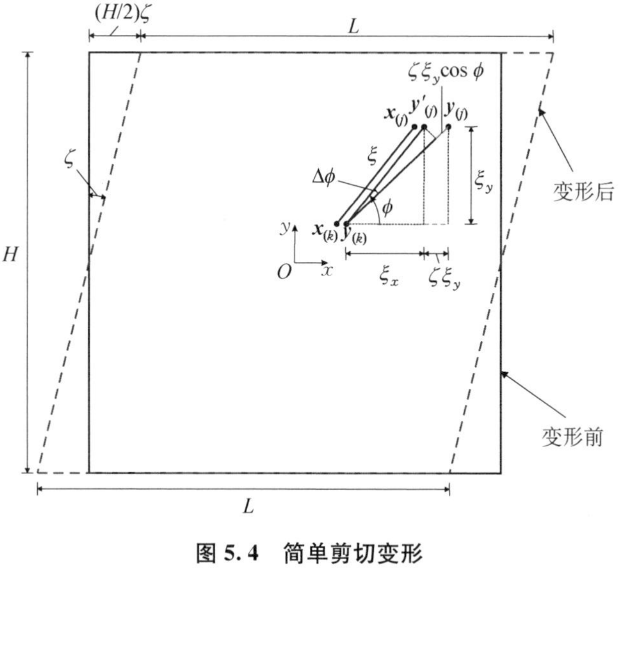

图 5.4　简单剪切变形

如果质点 $\boldsymbol{y}_{(j)}^{n}$ 和 $\boldsymbol{y}_{(k)}^{n}$ 之间的方向与纤维方向或者横向平行，那么角度 ϕ 分别为 $\phi_{(j)(k)}=0°$ 和 $\phi_{(j)(k)}=90°$。

在该变形状态下，式(5.8)中的体积应变为

$$\theta_{(k)}=d\int_{H}\frac{\delta}{\xi}\{[1+(\sin\phi\,\cos\phi)\zeta]\xi-\xi\}\mathrm{d}H \tag{5.34}$$

式中：$\xi=|\boldsymbol{x}_{(j)}^{n}-\boldsymbol{x}_{(k)}^{n}|$。

正如预期，这种加载条件不会产生体积应变。由式(5.7)可得 PD 应变能密度为

$$W_{(k)}=a(0)+b_{\mathrm{F}}(0)+b_{\mathrm{FT}}\int_{H}\frac{\delta}{\xi}\{[1+(\sin\phi\,\cos\phi)\zeta]\xi-\xi\}^{2}\mathrm{d}H+b_{\mathrm{T}}(0) \tag{5.35a}$$

或

$$W_{(k)}=b_{\mathrm{FT}}h\int_{0}^{\delta}\int_{0}^{2\pi}\frac{\delta}{\xi}\{[1+(\sin\phi\,\cos\phi)\zeta]\xi-\xi\}^{2}\xi\mathrm{d}\xi\mathrm{d}\phi=\frac{\pi h\delta^{4}\zeta^{2}}{12}b_{\mathrm{FT}} \tag{5.35b}$$

令应变能密度的经典连续介质力学表达式(5.32b)和 PD 表达式(5.35b)相等，得到

$$b_{\mathrm{FT}}=\frac{6Q_{66}}{\pi h\delta^{4}} \tag{5.36}$$

2) 纤维方向单轴拉伸：$\varepsilon_{11}=\zeta$，$\varepsilon_{22}=0$

利用式(5.1a)，纤维方向单轴拉伸产生的单层板中应力为

$$\begin{Bmatrix}\sigma_{11}\\ \sigma_{22}\\ \sigma_{12}\end{Bmatrix}=\begin{Bmatrix}Q_{11}\zeta\\ Q_{12}\zeta\\ 0\end{Bmatrix} \tag{5.37}$$

由式(5.4)和式(5.5b)，质点 $\boldsymbol{x}_{(k)}^{n}$ 处基于经典连续介质力学的体积应变和应变能密度为

$$\theta_{(k)}=\zeta \tag{5.38a}$$

$$W_{(k)}=\frac{1}{2}Q_{11}\zeta^{2} \tag{5.38b}$$

如图 5.5 所示，质点 $\boldsymbol{y}_{(j)}^{n}$ 和 $\boldsymbol{y}_{(k)}^{n}$ 在变形后构型中的相对位矢的大小为

$$|\boldsymbol{y}'-\boldsymbol{y}|=[1+(\cos^2\phi)\zeta]|\boldsymbol{x}'-\boldsymbol{x}| \tag{5.39a}$$

或

$$|\boldsymbol{y}_{(j)}^{n}-\boldsymbol{y}_{(k)}^{n}|=\{1+[\cos^2\phi_{(j)(k)}]\zeta\}|\boldsymbol{x}_{(j)}^{n}-\boldsymbol{x}_{(k)}^{n}| \tag{5.39b}$$

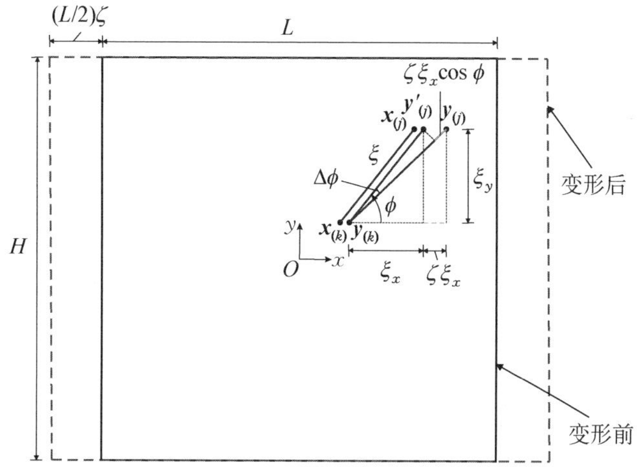

图 5.5 纤维方向单轴拉伸变形

在该变形状态下，PD 体积应变为

$$\theta_{(k)}=d\int_{H}\frac{\delta}{\xi}\{[1+(\cos^2\phi)\zeta]\xi-\xi\}\mathrm{d}H \tag{5.40a}$$

或

$$\theta_{(k)}=\frac{\pi dh\delta^3\zeta}{2} \tag{5.40b}$$

令体积应变的经典连续介质力学表达式(5.38a)和 PD 表达式(5.40b)相等，得到

$$d=\frac{2}{\pi h\delta^3} \tag{5.41}$$

在该变形状态下的 PD 应变能密度为

$$W_{(k)}=a\zeta^2+b_{\mathrm{F}}\sum_{j=1}^{J}\frac{\delta}{|\boldsymbol{x}_{(j)}^{n}-\boldsymbol{x}_{(k)}^{n}|}\{[\cos^2\phi_{(j)(k)}]\zeta|\boldsymbol{x}_{(j)}^{n}-\boldsymbol{x}_{(k)}^{n}|\}^2V_{(j)}^{n}+$$

$$b_{\mathrm{FT}}\int_H \frac{\delta}{\xi}\{[1+(\cos^2\phi)\zeta]\xi-\xi\}^2\mathrm{d}H+b_{\mathrm{T}}(0) \tag{5.42a}$$

或

$$W_{(k)}=a\zeta^2+b_{\mathrm{F}}\delta\zeta^2\sum_{j=1}^{J}[\,|\boldsymbol{x}_{(j)}^n-\boldsymbol{x}_{(k)}^n|\,]V_{(j)}+\frac{\pi h\delta^4\zeta^2}{4}b_{\mathrm{FT}} \tag{5.42b}$$

将式(5.36)表示的 b_{FT} 代入，得到最终形式

$$W_{(k)}=a\zeta^2+b_{\mathrm{F}}\delta\zeta^2\left[\sum_{j=1}^{J}|\boldsymbol{x}_{(j)}^n-\boldsymbol{x}_{(k)}^n|\,V_{(j)}\right]+\frac{3Q_{66}\zeta^2}{2} \tag{5.43}$$

令应变能密度的经典连续介质力学表达式(5.38b)和 PD 表达式(5.43)相等，得到

$$a+\delta\left[\sum_{j=1}^{J}|\boldsymbol{x}_{(j)}^n-\boldsymbol{x}_{(k)}^n|\,V_{(j)}\right]b_{\mathrm{F}}=\frac{1}{2}(Q_{11}-3Q_{66}) \tag{5.44}$$

3) 横向单轴拉伸：$\varepsilon_{11}=0,\ \varepsilon_{22}=\zeta$

利用式(5.1)，横向单轴拉伸产生的单层板中的应力为

$$\begin{Bmatrix}\sigma_{11}\\ \sigma_{22}\\ \sigma_{12}\end{Bmatrix}=\begin{Bmatrix}Q_{12}\zeta\\ Q_{22}\zeta\\ 0\end{Bmatrix} \tag{5.45}$$

由式(5.4)和式(5.5b)得到质点 $\boldsymbol{x}_{(k)}^n$ 处基于经典连续介质力学的体积应变和应变能密度为

$$\theta_{(k)}=\zeta \tag{5.46a}$$

$$W_{(k)}=\frac{1}{2}Q_{22}\zeta^2 \tag{5.46b}$$

如图 5.6 所示，质点 $\boldsymbol{y}_{(j)}$ 和 $\boldsymbol{y}_{(k)}$ 在变形后构型中的相对位矢的大小为

$$|\boldsymbol{y}'-\boldsymbol{y}|=[1+(\sin^2\phi)\zeta]\,|\boldsymbol{x}'-\boldsymbol{x}| \tag{5.47a}$$

或

$$|\boldsymbol{y}_{(j)}^n-\boldsymbol{y}_{(k)}^n|=\{1+[\sin^2\phi_{(j)(k)}]\zeta\}\,|\boldsymbol{x}_{(j)}^n-\boldsymbol{x}_{(k)}^n| \tag{5.47b}$$

在该变形状态下，PD 体积应变为

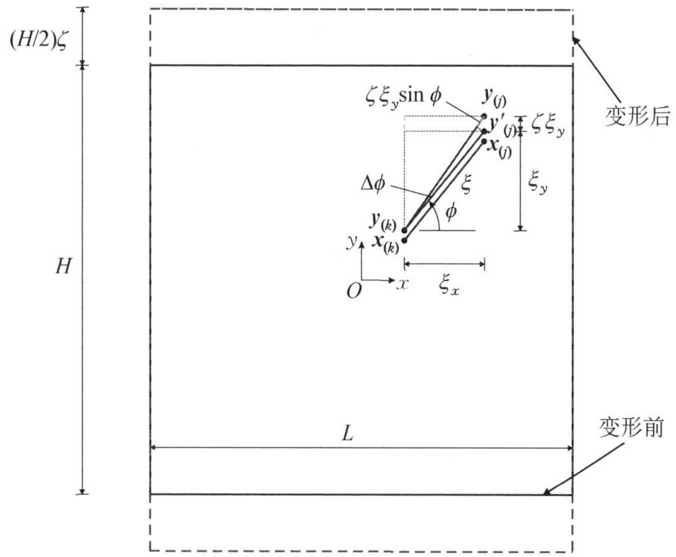

图 5.6　横向单轴拉伸变形

$$\theta_{(k)}=d\int_H\frac{\delta}{\xi}\{[1+(\sin^2\phi)\zeta]\xi-\xi\}\mathrm{d}H \tag{5.48a}$$

或

$$\theta_{(k)}=\frac{\pi dh\delta^3\zeta}{2} \tag{5.48b}$$

令体积应变的经典连续介质力学表达式(5.46a)和 PD 表达式(5.48b)相等，得到

$$d=\frac{2}{\pi h\delta^3} \tag{5.49}$$

正如预期，从纤维方向拉伸得到的 PD 材料常数 d 的表达式(5.41)和从横向拉伸得到的 d 的表达式(5.49)相同，且 d 与材料属性无关。

在该变形状态下的 PD 应变能密度为

$$W_{(k)}=a\zeta^2+b_{\mathrm{F}}(0)+b_{\mathrm{FT}}\int_H\frac{\delta}{\xi}\{[1+(\sin^2\phi)\zeta]\xi-\xi\}^2\mathrm{d}H+ b_{\mathrm{T}}\delta\zeta^2\Big[\sum_{j=1}^{J}|\boldsymbol{x}_{(j)}^n-\boldsymbol{x}_{(k)}^n|V_{(j)}^n\Big] \tag{5.50a}$$

或

$$W_{(k)} = a\zeta^2 + b_{\mathrm{FT}} \frac{\pi h\delta^4 \zeta^2}{4} + b_{\mathrm{T}}\delta\zeta^2 \left[\sum_{j=1}^{J} \left| \boldsymbol{x}_{(j)}^n - \boldsymbol{x}_{(k)}^n \right| V_{(j)}^n \right] \tag{5.50b}$$

将式(5.36)表示的 b_{FT} 代入上式，得到最终形式为

$$W_{(k)} = a\zeta^2 + \frac{3Q_{66}\zeta^2}{2} + b_{\mathrm{T}}\delta\zeta^2 \left[\sum_{j=1}^{J} \left| \boldsymbol{x}_{(j)}^n - \boldsymbol{x}_{(k)}^n \right| V_{(j)}^n \right] \tag{5.51}$$

令应变能密度的经典连续介质力学表达式(5.46b)和 PD 表达式(5.51)相等，得到

$$\frac{1}{2}(Q_{22} - 3Q_{66}) = a + \delta\left[\sum_{j=1}^{J} \left| \boldsymbol{x}_{(j)}^n - \boldsymbol{x}_{(k)}^n \right| V_{(j)} \right] b_{\mathrm{T}} \tag{5.52}$$

4) 双轴拉伸：$\varepsilon_{11} = \zeta$，$\varepsilon_{22} = \zeta$

利用式(5.1)，双轴拉伸引起的单层板中的应力为

$$\begin{Bmatrix} \sigma_{11} \\ \sigma_{22} \\ \sigma_{12} \end{Bmatrix} = \begin{bmatrix} Q_{11} & Q_{12} & 0 \\ Q_{12} & Q_{22} & 0 \\ 0 & 0 & Q_{66} \end{bmatrix} \begin{Bmatrix} \zeta \\ \zeta \\ 0 \end{Bmatrix} \text{ 或 } \begin{Bmatrix} \sigma_{11} \\ \sigma_{22} \\ \sigma_{12} \end{Bmatrix} = \begin{Bmatrix} (Q_{11} + Q_{12})\zeta \\ (Q_{12} + Q_{22})\zeta \\ 0 \end{Bmatrix} \tag{5.53}$$

由式(5.4)和式(5.5b)，质点 $\boldsymbol{x}_{(k)}^n$ 处基于经典连续介质力学的体积应变和应变能密度为

$$\theta_{(k)} = 2\zeta \tag{5.54a}$$

$$W_{(k)} = \frac{1}{2}(Q_{11} + 2Q_{12} + Q_{22})\zeta^2 \tag{5.54b}$$

如图 5.7 所示，质点 $\boldsymbol{y}_{(j)}$ 和 $\boldsymbol{y}_{(k)}$ 在变形后构型中的相对位矢的大小为

$$|\boldsymbol{y}' - \boldsymbol{y}| = [1 + (\cos^2\phi + \sin^2\phi)\zeta] |\boldsymbol{x}' - \boldsymbol{x}| \tag{5.55a}$$

或

$$\left|\boldsymbol{y}_{(j)}^n - \boldsymbol{y}_{(k)}^n\right| = \{1 + [\cos^2\phi_{(j)(k)} + \sin^2\phi_{(j)(k)}]\zeta\} \left|\boldsymbol{x}_{(j)}^n - \boldsymbol{x}_{(k)}^n\right| \tag{5.55b}$$

在该变形状态下，PD 体积应变为

$$\theta_{(k)} = d\int_H \frac{\delta}{\xi}[(1+\zeta)\xi - \xi]\mathrm{d}H \tag{5.56a}$$

或

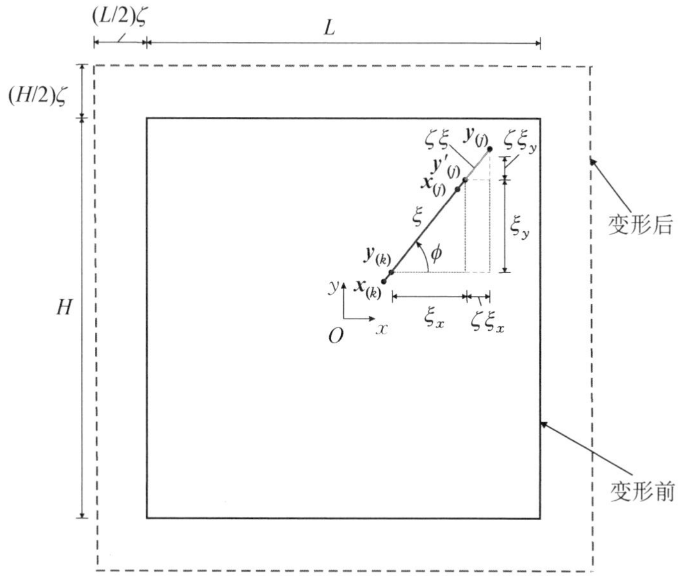

图 5.7 双轴拉伸变形

$$\theta_{(k)} = \pi d h \delta^3 \zeta \tag{5.56b}$$

令体积应变的经典连续介质力学表达式(5.54a)和 PD 表达式(5.56b)相等,得到

$$d = \frac{2}{\pi h \delta^3} \tag{5.57}$$

在式(5.55b)的变形状态下,PD 应变能密度为

$$\begin{aligned} W_{(k)} = & 4a\zeta^2 + b_{\mathrm{F}}\zeta^2\delta\left\{\sum_{j=1}^{J}[\,|\boldsymbol{x}_{(j)}^n - \boldsymbol{x}_{(k)}^n|\,]V_{(j)}^n\right\} + \\ & b_{\mathrm{FT}}\frac{2\pi h\delta^4\zeta^2}{3} + b_{\mathrm{T}}\zeta^2\delta\left\{\sum_{j=1}^{J}[\,|\boldsymbol{x}_{(j)}^n - \boldsymbol{x}_{(k)}^n|\,]V_{(j)}^n\right\} \end{aligned} \tag{5.58}$$

将式(5.36)表示的 b_{FT} 代入,得到最终形式为

$$\begin{aligned} W_{(k)} = & 4a\zeta^2 + b_{\mathrm{F}}\zeta^2\delta\left\{\sum_{j=1}^{J}[\,|\boldsymbol{x}_{(j)}^n - \boldsymbol{x}_{(k)}^n|\,]V_{(j)}^n\right\} + \\ & 4Q_{66}\zeta^2 + b_{\mathrm{T}}\zeta^2\delta\left\{\sum_{j=1}^{J}[\,|\boldsymbol{x}_{(j)}^n - \boldsymbol{x}_{(k)}^n|\,]V_{(j)}\right\} \end{aligned} \tag{5.59}$$

令应变能密度的经典连续介质力学表达式(5.54b)和PD表达式(5.59)相等,得到

$$\frac{1}{2}(Q_{11}+2Q_{12}+Q_{22}-8Q_{66})$$
$$=4a+b_{\mathrm{F}}\delta\left\{\sum_{j=1}^{J}\left[\,|\boldsymbol{x}_{(j)}^{n}-\boldsymbol{x}_{(k)}^{n}|\,\right]V_{(j)}^{n}\right\}+b_{\mathrm{T}}\delta\left\{\sum_{j=1}^{J}\left[\,|\boldsymbol{x}_{(j)}^{n}-\boldsymbol{x}_{(k)}^{n}|\,\right]V_{(j)}^{n}\right\} \tag{5.60}$$

在应变能密度表达式中剩余的近场动力学参数可通过前面得到的关系式(5.44)和式(5.52),联立式(5.60)得到

$$a=\frac{1}{2}(Q_{12}-Q_{66}) \tag{5.61a}$$

$$b_{\mathrm{F}}=\frac{(Q_{11}-Q_{12}-2Q_{66})}{2\delta\left[\sum_{j=1}^{N}|\boldsymbol{x}_{(j)}^{n}-\boldsymbol{x}_{(k)}^{n}|V_{(j)}^{n}\right]} \tag{5.61b}$$

$$b_{\mathrm{T}}=\frac{(Q_{22}-Q_{12}-2Q_{66})}{2\delta\left[\sum_{j=1}^{N}|\boldsymbol{x}_{(j)}^{n}-\boldsymbol{x}_{(k)}^{n}|V_{(j)}^{n}\right]} \tag{5.61c}$$

$$b_{\mathrm{FT}}=\frac{6Q_{66}}{\pi h\delta^{4}} \tag{5.61d}$$

对于键型近场动力学方程,与体积应变相关的参数 a 以及与横向变形相关的参数 b_{T} 都为零,可得到如下约束方程(由 Oterkus 和 Madenci 在 2012 年推导得到)。

$$Q_{12}=Q_{66}\,,\;Q_{22}=3Q_{12} \tag{5.62}$$

不为零的近场动力学参数 b_{F}(纤维方向)和 b_{FT}(其余方向)的表达式也与 Oterkus 和 Madenci 在 2012 得到的表达式相同。

$$b_{\mathrm{F}}=\frac{(Q_{11}-Q_{22})}{2\delta\left[\sum_{j=1}^{N}|\boldsymbol{x}_{(j)}^{n}-\boldsymbol{x}_{(k)}^{n}|V_{(j)}\right]},\;b_{\mathrm{FT}}=\frac{6Q_{66}}{\pi h\delta^{4}} \tag{5.63}$$

对于各向同性材料,有 $Q_{11}=Q_{22}=\kappa+\mu$, $Q_{12}=\kappa-\mu$, $Q_{66}=\mu$, 这时PD材料参数则回到式(4.52)和式(4.53)的表达式。

$$a=\frac{1}{2}(\kappa-2\mu),\;b_{\mathrm{F}}=0,\;b_{\mathrm{T}}=0,\;b_{\mathrm{FT}}=b=\frac{6\mu}{\pi h\delta^{4}} \tag{5.64}$$

并且参量 d 的表达式也与式(4.47)给出的各向同性材料的表达式相同。

5.4.2 横向变形的材料常数

在力密度矢量-伸长率的关系式(5.29a,b)中,与层合板横向变形有关的近场动力学参数 b_N 和 b_S 可通过考虑两个简单的加载条件来确定。

(1) 面外法向伸长:$\varepsilon_{33}=\zeta$。

(2) 简单横向剪切:$\gamma_{13}=\zeta$。

1) 面外法向伸长:$\varepsilon_{33}=\zeta$

为了获得近场动力学材料参数 b_N,让层合板受均匀面外法向应变,如图 5.8 所示。

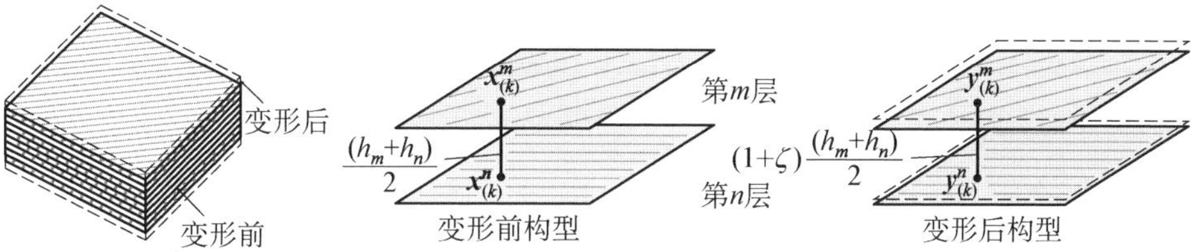

图 5.8 复合材料层合板受面外法向拉伸

在质点 $\boldsymbol{x}_{(k)}$ 处的经典连续介质力学的应变能密度为

$$\hat{W}_{(k)}=\frac{1}{2}E_m\zeta^2 \tag{5.65}$$

式中:E_m 为基体材料的弹性模量。

质点 $\boldsymbol{x}_{(k)}^m$ 和 $\boldsymbol{x}_{(k)}^n$ 在变形前、后的距离可分别表示为

$$|\boldsymbol{x}_{(k)}^m-\boldsymbol{x}_{(k)}^n|=\frac{1}{2}(h_m+h_n) \tag{5.66a}$$

和

$$|\boldsymbol{y}_{(k)}^m-\boldsymbol{y}_{(k)}^n|=(1+\zeta)|\boldsymbol{x}_{(k)}^m-\boldsymbol{x}_{(k)}^n| \tag{5.66b}$$

定义 $\boldsymbol{\xi}=\boldsymbol{x}_{(k)}^m-\boldsymbol{x}_{(k)}^n$,并注意到其长度等于两个相邻层厚度总和的一半,也就是 $\xi=|\boldsymbol{\xi}|=(h_m+h_n)/2$,其中 $m=(n+1),(n-1)$。将式(5.66a)代入 PD 应变能密度 $\hat{W}_{(k)}$ 表达式(5.28a)的相对位移矢量中,得到

$$\hat{W}_{(k)}^n=\frac{1}{2}\zeta^2 b_N\,\hat{\delta}[(h_{n+1}+h_n)V_{(k)}^{n+1}+(h_{n-1}+h_n)V_{(k)}^{n-1}] \tag{5.67}$$

令式(5.65)和式(5.67)的应变能密度表达式相等，得到 PD 参数 b_N 和基体杨氏模量 E_m 之间的关系为

$$b_N = \frac{E_m}{\hat{\delta}[(h_{n+1} + h_n)V_{(k)}^{n+1} + (h_{n-1} + h_n)V_{(k)}^{n-1}]} \tag{5.68}$$

2) 简单横向剪切：$\gamma_{13} = \zeta$

类似地，近场动力学材料参数 b_S 可通过使层合板受简单横向剪切载荷 ζ 来确定，如图 5.9 所示。点 $\boldsymbol{x}_{(k)}$ 处的基于经典连续介质力学的应变能密度为

$$\widetilde{W}_{(k)} = \frac{1}{2}G_m\zeta^2 \tag{5.69}$$

式中：G_m 为基体材料的剪切模量。

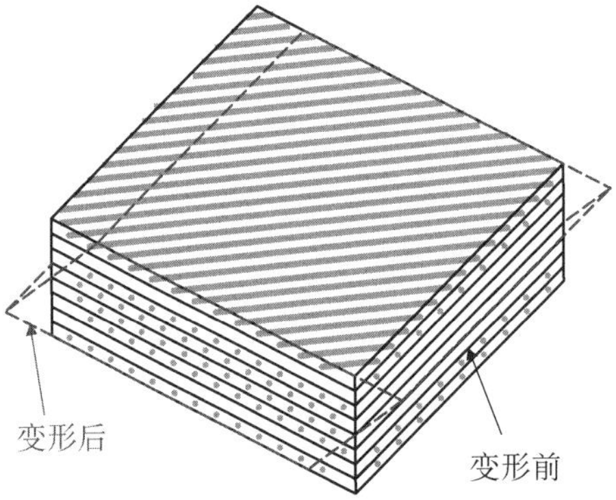

图 5.9 复合材料层合板受简单横向剪切变形

如图 5.10 所示，质点 $\boldsymbol{x}_{(j)}^m$ 和 $\boldsymbol{x}_{(k)}^n$ 在变形前、后的距离可分别表示为

$$|\boldsymbol{x}_{(j)}^m - \boldsymbol{x}_{(k)}^n| = \sqrt{l^2 + \frac{(h_m + h_n)^2}{4}} \tag{5.70a}$$

$$|\boldsymbol{y}_{(j)}^m - \boldsymbol{y}_{(k)}^n| = \sqrt{\bar{l}^2 + \frac{(h_m + h_n)^2}{4}} \tag{5.70b}$$

式中：$\bar{l}$ 可通过余弦定理得到

$$\bar{l}^2 = l^2 + \zeta^2\frac{(h_m + h_n)^2}{4} - l\zeta(h_m + h_n)\cos(\pi - \phi) \tag{5.71}$$

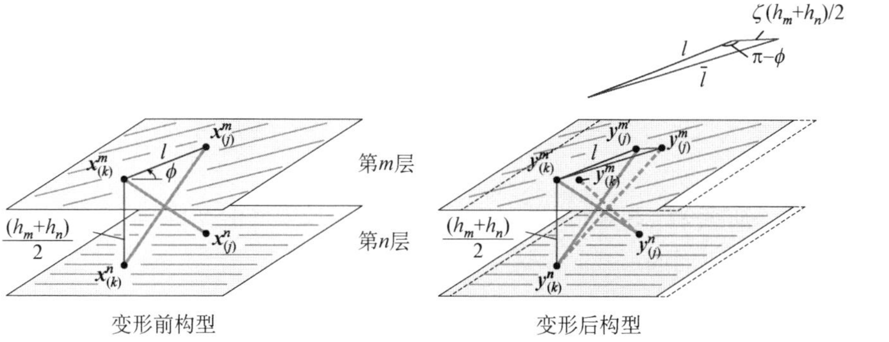

图 5.10 简单横向剪切作用下质点在变形前、后的位置变化

因此，$\boldsymbol{x}^m_{(j)}$ 和 $\boldsymbol{x}^n_{(k)}$ 在变形后的距离可以表示为

$$|\boldsymbol{y}^m_{(j)}-\boldsymbol{y}^n_{(k)}|=\sqrt{\left[l^2+\frac{(h_m+h_n)^2}{4}\right]+l\zeta(h_m+h_n)\cos\phi} \tag{5.72}$$

在该表达式的推导过程中，因为横向剪切应变 ζ 远小于 1，因此忽略了 $\zeta^2(h_m+h_n)^2/4$ 项，而保留了 $(h_m+h_n)^2/4$ 项。此外，因为 $l\zeta(h_m+h_n)\cos\phi\ll[l^2+(h_m+h_n)^2/4]$，所以该表达式可通过平方根近似进一步简化为

$$|\boldsymbol{y}^m_{(j)}-\boldsymbol{y}^n_{(k)}|=\sqrt{l^2+\frac{(h_m+h_n)^2}{4}}+\frac{l\zeta(h_m+h_n)\cos\phi}{2\sqrt{l^2+\frac{(h_m+h_n)^2}{4}}} \tag{5.73}$$

因此，质点间的伸长量可表示为

$$|\boldsymbol{y}^m_{(j)}-\boldsymbol{y}^n_{(k)}|-|\boldsymbol{x}^m_{(j)}-\boldsymbol{x}^n_{(k)}|=\frac{l\zeta(h_m+h_n)\cos\phi}{2\sqrt{l^2+\frac{(h_m+h_n)^2}{4}}} \tag{5.74}$$

类似地，质点 $\boldsymbol{x}^m_{(k)}$ 和 $\boldsymbol{x}^n_{(j)}$ 在变形前、后的距离可分别表示为

$$|\boldsymbol{x}^m_{(k)}-\boldsymbol{x}^n_{(j)}|=\sqrt{l^2+\frac{(h_m+h_n)^2}{4}} \tag{5.75a}$$

和

$$|\boldsymbol{y}^m_{(k)}-\boldsymbol{y}^n_{(j)}|=\sqrt{l^2+\frac{(h_m+h_n)^2}{4}}-\frac{l\zeta(h_m+h_n)\cos\phi}{2\sqrt{l^2+\frac{(h_m+h_n)^2}{4}}} \tag{5.75b}$$

式中：负号表示质点 $\boldsymbol{x}^m_{(k)}$ 和 $\boldsymbol{x}^n_{(j)}$ 在变形后距离缩小，否则为伸长变形。因此，质

点间的距离缩短量为

$$|\boldsymbol{y}_{(k)}^{m}-\boldsymbol{y}_{(j)}^{n}|-|\boldsymbol{x}_{(k)}^{m}-\boldsymbol{x}_{(j)}^{n}|=-\frac{l\zeta(h_m+h_n)\cos\phi}{2\sqrt{l^2+\frac{(h_m+h_n)^2}{4}}} \tag{5.76}$$

在代入质点 $\boldsymbol{x}_{(j)}^{m}$ 和 $\boldsymbol{x}_{(k)}^{n}$ 以及 $\boldsymbol{x}_{(k)}^{m}$ 和 $\boldsymbol{x}_{(j)}^{n}$ 的伸长率之前，应变能密度的表达式可改写为略为不同的形式

$$\widetilde{W}_{(k)}^{n}=b_{\mathrm{S}}\sum_{m=n+1,\ n-1}\left(\frac{h_m+h_n}{2}\right)^2\times \sum_{j=1}^{\infty}\frac{\widetilde{\delta}}{|\boldsymbol{x}_{(j)}^{m}-\boldsymbol{x}_{(k)}^{n}|}\left[\frac{|\boldsymbol{y}_{(j)}^{m}-\boldsymbol{y}_{(k)}^{n}|-|\boldsymbol{x}_{(j)}^{m}-\boldsymbol{x}_{(k)}^{n}|}{\left(\frac{h_m+h_n}{2}\right)}-\frac{|\boldsymbol{y}_{(k)}^{m}-\boldsymbol{y}_{(j)}^{n}|-|\boldsymbol{x}_{(k)}^{m}-\boldsymbol{x}_{(j)}^{n}|}{\left(\frac{h_m+h_n}{2}\right)}\right]^2 V_{(j)}^{m} \tag{5.77}$$

式中：在 $|\boldsymbol{x}_{(j)}^{m}-\boldsymbol{x}_{(k)}^{n}|\gg h$ 和 $|\boldsymbol{x}_{(k)}^{m}-\boldsymbol{x}_{(j)}^{n}|\gg h$ 的假设下，求和项中的比例项可以视为角度相对于 π/2 的变化值，如图 5.11 所示。在这样的解释下，该表达式可进一步写成

$$\widetilde{W}_{(k)}^{n}=b_{\mathrm{S}}\sum_{m=n+1,\ n-1}\left(\frac{h_m+h_n}{2}\right)^2\sum_{j=1}^{\infty}\frac{\widetilde{\delta}}{|\boldsymbol{x}_{(j)}^{m}-\boldsymbol{x}_{(k)}^{n}|}\left[\alpha_{(k)(j)}^{(m)(n)}+\beta_{(j)(k)}^{(m)(n)}\right]^2 V_{(j)}^{m} \tag{5.78}$$

式中：

$$\alpha_{(k)(j)}^{(m)(n)}=\frac{|\boldsymbol{y}_{(j)}^{m}-\boldsymbol{y}_{(k)}^{n}|-|\boldsymbol{x}_{(j)}^{m}-\boldsymbol{x}_{(k)}^{n}|}{\left(\frac{h_m+h_n}{2}\right)} \tag{5.79a}$$

$$\beta_{(j)(k)}^{(m)(n)}=-\frac{|\boldsymbol{y}_{(k)}^{m}-\boldsymbol{y}_{(j)}^{n}|-|\boldsymbol{x}_{(k)}^{m}-\boldsymbol{x}_{(j)}^{n}|}{\left(\frac{h_m+h_n}{2}\right)} \tag{5.79b}$$

在经典连续介质力学中，因剪切应变产生的角度变化的平均值 $\varphi_{(j)(k)}^{(m)(n)}$ 为

$$\begin{aligned}\varphi_{(k)(j)}^{(m)(n)}&=\frac{\alpha_{(k)(j)}^{(m)(n)}+\beta_{(j)(k)}^{(m)(n)}}{2}\\&=\frac{\left[|\boldsymbol{y}_{(j)}^{m}-\boldsymbol{y}_{(k)}^{n}|-|\boldsymbol{x}_{(j)}^{m}-\boldsymbol{x}_{(k)}^{n}|\right]-\left[|\boldsymbol{y}_{(k)}^{m}-\boldsymbol{y}_{(j)}^{n}|-|\boldsymbol{x}_{(k)}^{m}-\boldsymbol{x}_{(j)}^{n}|\right]}{(h_m+h_n)}\end{aligned} \tag{5.80}$$

将质点 $\boldsymbol{x}_{(j)}^{m}$ 和 $\boldsymbol{x}_{(k)}^{n}$ 以及 $\boldsymbol{x}_{(k)}^{m}$ 和 $\boldsymbol{x}_{(j)}^{n}$ 的伸长率代入，得到在简单横向剪切载荷作用下的角度变化的平均值 $\varphi_{(k)(j)}^{(m)(n)}$ 为

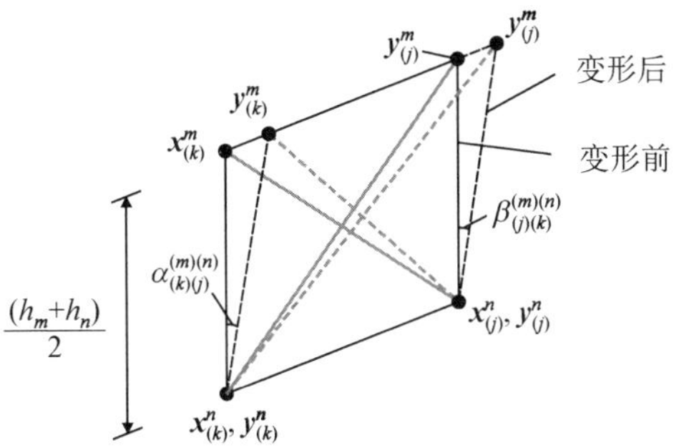

图 5.11　变形后的角度变化量

$$\varphi_{(k)(j)}^{(m)(n)} = \frac{l\zeta\cos\phi}{\sqrt{l^2 + \frac{(h_m + h_n)^2}{4}}} \tag{5.81}$$

因此，PD 应变能密度函数可用角度变化平均值来表示。

$$\widetilde{W}_{(k)}^{n} = 4b_S \sum_{m=n+1,\ n-1} \left(\frac{h_m + h_n}{2}\right)^2 \sum_{j=1}^{\infty} \frac{\widetilde{\delta}}{|\boldsymbol{x}_{(j)}^{m} - \boldsymbol{x}_{(k)}^{n}|} [\varphi_{(k)(j)}^{(m)(n)}]^2 V_{(j)}^{m} \tag{5.82a}$$

或

$$\widetilde{W}_{(k)}^{n} = 4b_S \left\{ \left(\frac{h_{n+1} + h_n}{2}\right)^2 \sum_{j=1}^{\infty} \frac{\widetilde{\delta}}{|\boldsymbol{x}_{(j)}^{n+1} - \boldsymbol{x}_{(k)}^{n}|} [\varphi_{(k)(j)}^{(n+1)(n)}]^2 V_{(j)}^{n+1} + \left(\frac{h_{n-1} + h_n}{2}\right)^2 \sum_{j=1}^{\infty} \frac{\widetilde{\delta}}{|\boldsymbol{x}_{(j)}^{n-1} - \boldsymbol{x}_{(k)}^{n}|} [\varphi_{(k)(j)}^{(n-1)(n)}]^2 V_{(j)}^{n-1} \right\} \tag{5.82b}$$

或

$$\widetilde{W}_{(k)}^{n} = 4\zeta^2 b_S \widetilde{\delta} \left\{ \left(\frac{h_{n+1} + h_n}{2}\right)^2 \sum_{j=1}^{\infty} \frac{l^2\cos^2\phi}{\left[l^2 + \left(\frac{h_{n+1} + h_n}{2}\right)^2\right]^{3/2}} V_{(j)}^{n+1} + \left(\frac{h_{n-1} + h_n}{2}\right)^2 \sum_{j=1}^{\infty} \frac{l^2\cos^2\phi}{\left[l^2 + \left(\frac{h_{n-1} + h_n}{2}\right)^2\right]^{3/2}} V_{(j)}^{n-1} \right\} \tag{5.82c}$$

将求和转化为积分形式，得到

$$\widetilde{W}_{(k)}^{n} = 4\zeta^2 b_S \widetilde{\delta} \left\{ \left(\frac{h_{n+1} + h_n}{2}\right)^3 \int_0^{\delta}\int_0^{2\pi} \frac{l^2\cos^2\phi}{\left[l^2 + \left(\frac{h_{n+1} + h_n}{2}\right)^2\right]^{3/2}} l\,\mathrm{d}l\,\mathrm{d}\phi + \left(\frac{h_{n-1} + h_n}{2}\right)^3 \int_0^{\delta}\int_0^{2\pi} \frac{l^2\cos^2\phi}{\left[l^2 + \left(\frac{h_{n-1} + h_n}{2}\right)^2\right]^{3/2}} l\,\mathrm{d}l\,\mathrm{d}\phi \right\} \tag{5.83}$$

求积分得到

$$\widetilde{W}^{n}_{(k)}=4\zeta^{2}b_{\mathrm{S}}\pi\,\tilde{\delta}\left\{\left(\frac{h_{n+1}+h_{n}}{2}\right)^{3}\left[\frac{\delta^{2}+2\left(\frac{h_{n+1}+h_{n}}{2}\right)^{2}}{\sqrt{\delta^{2}+\left(\frac{h_{n+1}+h_{n}}{2}\right)^{2}}}-(h_{n+1}+h_{n})\right]+\left(\frac{h_{n-1}+h_{n}}{2}\right)^{3}\left[\frac{\delta^{2}+2\left(\frac{h_{n-1}+h_{n}}{2}\right)^{2}}{\sqrt{\delta^{2}+\left(\frac{h_{n-1}+h_{n}}{2}\right)^{2}}}-(h_{n-1}+h_{n})\right]\right\}\tag{5.84}$$

令式(5.69)和式(5.84)的应变能密度相等，得到 PD 参数 b_{S} 和基体剪切模量之间的关系为

$$b_{\mathrm{S}}=\frac{G_{\mathrm{m}}}{8\pi\,\tilde{\delta}\left\{\left(\frac{h_{n+1}+h_{n}}{2}\right)^{3}\left[\frac{\delta^{2}+2\left(\frac{h_{n+1}+h_{n}}{2}\right)^{2}}{\sqrt{\delta^{2}+\left(\frac{h_{n+1}+h_{n}}{2}\right)^{2}}}-(h_{n+1}+h_{n})\right]+\left(\frac{h_{n-1}+h_{n}}{2}\right)^{3}\left[\frac{\delta^{2}+2\left(\frac{h_{n-1}+h_{n}}{2}\right)^{2}}{\sqrt{\delta^{2}+\left(\frac{h_{n-1}+h_{n}}{2}\right)^{2}}}-(h_{n-1}+h_{n})\right]\right\}}\tag{5.85}$$

5.5　表面效应

在上节中，PD 力-伸长率关系式中的 PD 材料参数 a、d、b_{F}、b_{T}、b_{FT}、b_{N} 和 b_{S} 是通过计算邻域完全包含在材料内部的质点，计算其体积应变和应变能密度确定的。除了 a 之外的参数的值取决于积分精度和由近场范围决定的积分域大小。对于位于材料边界附近的质点，如图 5.12 所示，这些参数的值将会不同，需要在自由边界处进行修正。

对于不同的问题，自由表面的情况也不同，不能得到统一的解析解，需要采用数值积分方法，在简单加载条件下，计算每个质点的 PD 体积应变和应变能密度，并与经典连续力学得到的结果进行比较，实现对材料参数的修正。得到各参数的修正因子后，再对 PD 运动方程中的力密度矢量进行修正。

为了确定近场动力学参数 d 和 $b_l(l=\mathrm{F},\ \mathrm{T},\ \mathrm{FT})$，分别施加两种简单载荷：纤维方向拉伸和横向单轴拉伸，即 $\varepsilon_{11}\neq 0$，$\varepsilon_{22}=\gamma_{12}=0$（见图 5.13）和 $\varepsilon_{22}\neq 0$，$\varepsilon_{11}=\gamma_{12}=0$。纤维方向和横向分别沿材料的自然坐标系轴 1 和 2。

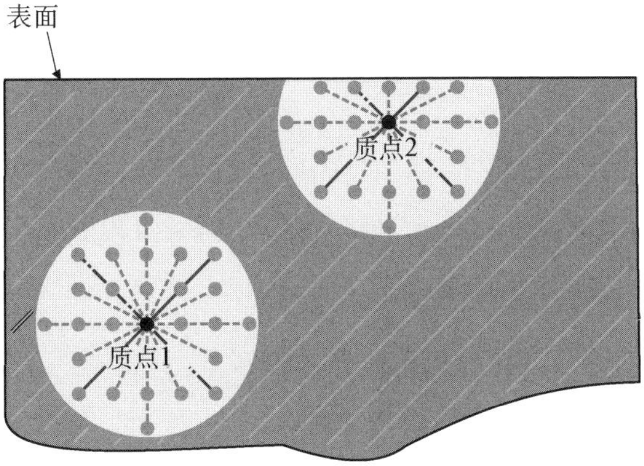

图 5.12　自由表面的表面效应

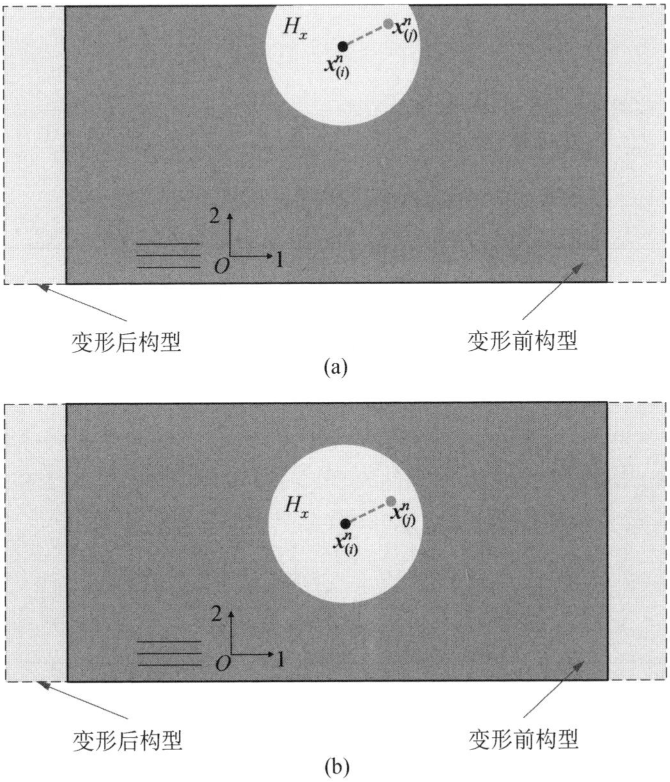

图 5.13　单轴拉伸载荷下，具有不同邻域的质点 x

(a) 截断的近场范围　(b) 远离外表面(完整)

通过恒定的位移梯度实现在纤维方向和横向的单轴拉伸：$\partial u_\alpha^* / \partial x_\alpha = \zeta$（$\alpha = 1, 2$）。这两种加载条件下，质点 $\boldsymbol{x}$ 处的位移场可表示为

$$\boldsymbol{u}_1^T(\boldsymbol{x}) = \left\{\frac{\partial u_1^*}{\partial x_1}x_1 \quad 0\right\},\ \boldsymbol{u}_2^T(\boldsymbol{x}) = \left\{0 \quad \frac{\partial u_2^*}{\partial x_2}x_2\right\} \tag{5.86a, b}$$

该位移场的作用使得质点 $\boldsymbol{x}_{(i)}^n$ 处的近场动力学体积应变项 $\theta_\alpha^{PD}[\boldsymbol{x}_{(i)}^n]$ 可通过下式求得。

$$\theta_\alpha^{PD}[\boldsymbol{x}_{(i)}^n] = d\sum_{j=1}^{N}\frac{\delta}{|\boldsymbol{x}_{(j)}^n - \boldsymbol{x}_{(i)}^n|}[|\boldsymbol{y}_{(j)}^n - \boldsymbol{y}_{(i)}^n| - |\boldsymbol{x}_{(j)}^n - \boldsymbol{x}_{(i)}^n|]\Lambda_{(i)(j)}^n V_{(j)}^n \tag{5.87}$$

式中：N 为质点 $\boldsymbol{x}_{(i)}^n$ 近场范围内的质点数量。根据经典连续介质力学，相应的体积应变项 $\theta_\alpha^{CM}[\boldsymbol{x}_{(i)}^n]$ 在整个邻域内是均匀的，且由下式确定。

$$\theta_\alpha^{CM}[\boldsymbol{x}_{(i)}^n] = \varepsilon_{\alpha\alpha} = \zeta,\ \alpha = 1, 2 \tag{5.88}$$

体积应变修正系数可通过下式定义。

$$D_{\alpha(i)} = \frac{\theta_\alpha^{CM}[\boldsymbol{x}_{(i)}^n]}{\theta_\alpha^{PD}[\boldsymbol{x}_{(i)}^n]} = \frac{\zeta}{d\delta\sum_{j=1}^{N}s_{(i)(j)}^n\Lambda_{(i)(j)}^n V_{(j)}^n} \tag{5.89}$$

当加载方向和自然坐标系(1,2)方向重合时，体积应变分别达到最大值。

在质点 $\boldsymbol{x}_{(i)}^n$ 处的近场动力学应变能密度可通过式(5.7)得到。

$$W_\alpha^{PD}[\boldsymbol{x}_{(i)}^n] = W_{\alpha\theta}^{PD}[\boldsymbol{x}_{(i)}^n] + W_{\alpha F}^{PD}[\boldsymbol{x}_{(i)}^n] + W_{\alpha FT}^{PD}[\boldsymbol{x}_{(i)}^n] + W_{\alpha T}^{PD}[\boldsymbol{x}_{(i)}^n] \tag{5.90}$$

式中：$\alpha = 1, 2$；$W_{\alpha\theta}^{PD}$ 和体积应变有关；$W_{\alpha F}^{PD}$、$W_{\alpha T}^{PD}$ 和 $W_{\alpha FT}^{PD}$ 分别表示来自纤维方向、横向和任意方向变形的贡献。基于式(5.7)，各项表达式为

$$W_{\alpha\theta}^{PD}[\boldsymbol{x}_{(i)}^n] = a\{\theta_\alpha^{PD}[\boldsymbol{x}_{(i)}^n]\}^2 \tag{5.91a}$$

$$W_{\alpha F}^{PD}[\boldsymbol{x}_{(i)}^n] = b_F\delta\sum_{j=1}^{M}\frac{1}{|\boldsymbol{x}_{(j)}^n - \boldsymbol{x}_{(i)}^n|}[|\boldsymbol{y}_{(j)}^n - \boldsymbol{y}_{(i)}^n| - |\boldsymbol{x}_{(j)}^n - \boldsymbol{x}_{(i)}^n|]^2 V_{(j)}^n \tag{5.91b}$$

$$W_{\alpha T}^{PD}[\boldsymbol{x}_{(i)}^n] = b_T\delta\sum_{j=1}^{N}\frac{1}{|\boldsymbol{x}_{(j)}^n - \boldsymbol{x}_{(i)}^n|}[|\boldsymbol{y}_{(j)}^n - \boldsymbol{y}_{(i)}^n| - |\boldsymbol{x}_{(j)}^n - \boldsymbol{x}_{(i)}^n|]^2 V_{(j)}^n \tag{5.91c}$$

$$W_{\alpha \mathrm{FT}}^{\mathrm{PD}}[\boldsymbol{x}_{(i)}^n] = b_{\mathrm{FT}} \delta \sum_{j=1}^{P} \frac{1}{|\boldsymbol{x}_{(j)}^n - \boldsymbol{x}_{(i)}^n|} [\,|\boldsymbol{y}_{(j)}^n - \boldsymbol{y}_{(i)}^n| - |\boldsymbol{x}_{(j)}^n - \boldsymbol{x}_{(i)}^n|\,]^2 V_{(j)}^n \tag{5.91d}$$

根据经典连续介质力学，纤维方向单轴拉伸的应变能密度 $W_1^{\mathrm{CM}}[\boldsymbol{x}_{(i)}^n]$ 以及横向单轴拉伸的应变能密度 $W_2^{\mathrm{CM}}[\boldsymbol{x}_{(i)}^n]$ 都是均匀的，且可由下式得到

$$W_{\alpha}^{\mathrm{CM}}[\boldsymbol{x}_{(i)}^n] = \frac{1}{2} Q_{\alpha\alpha} \zeta^2,\ \alpha = 1,\ 2 \tag{5.92}$$

上式可进一步分解为

$$W_{\alpha}^{\mathrm{CM}}[\boldsymbol{x}_{(i)}^n] = W_{\alpha\theta}^{\mathrm{CM}}[\boldsymbol{x}_{(i)}^n] + W_{\alpha \mathrm{F}}^{\mathrm{CM}}[\boldsymbol{x}_{(i)}^n] + W_{\alpha \mathrm{T}}^{\mathrm{CM}}[\boldsymbol{x}_{(i)}^n] + W_{\alpha \mathrm{FT}}^{\mathrm{CM}}[\boldsymbol{x}_{(i)}^n] \tag{5.93}$$

式中：$W_{\alpha\theta}^{\mathrm{CM}}$ 和体积应变有关，$W_{\alpha \mathrm{F}}^{\mathrm{PD}}$、$W_{\alpha \mathrm{T}}^{\mathrm{PD}}$ 和 $W_{\alpha \mathrm{FT}}^{\mathrm{PD}}$ 分别表示来自纤维方向、横向和任意方向变形的贡献。联合式(5.42b)和式(5.61a、b、d)，当纤维方向单轴拉伸(即 $\alpha = 1$)时，应变能密度分量可表示为

$$W_{1\theta}^{\mathrm{CM}}[\boldsymbol{x}_{(i)}^n] = \frac{1}{2}(Q_{12} - Q_{66})\zeta^2 \tag{5.94a}$$

$$W_{1\mathrm{F}}^{\mathrm{CM}}[\boldsymbol{x}_{(i)}^n] = \frac{1}{2}(Q_{11} - Q_{12} - 2Q_{66})\zeta^2 \tag{5.94b}$$

$$W_{1\mathrm{T}}^{\mathrm{CM}}[\boldsymbol{x}_{(i)}^n] = 0 \tag{5.94c}$$

$$W_{1\mathrm{FT}}^{\mathrm{CM}}[\boldsymbol{x}_{(i)}^n] = \frac{3}{2} Q_{66} \zeta^2 \tag{5.94d}$$

联合式(5.51)和式(5.61a、c)，当横向单轴拉伸(即 $\alpha = 2$)时，应变能密度分量可表示为

$$W_{2\theta}^{\mathrm{CM}}[\boldsymbol{x}_{(i)}^n] = \frac{1}{2}(Q_{12} - Q_{66})\zeta^2 \tag{5.95a}$$

$$W_{2\mathrm{F}}^{\mathrm{CM}}[\boldsymbol{x}_{(i)}^n] = 0 \tag{5.95b}$$

$$W_{2\mathrm{T}}^{\mathrm{CM}}[\boldsymbol{x}_{(i)}^n] = \frac{1}{2}(Q_{22} - Q_{12} - 2Q_{66})\zeta^2 \tag{5.95c}$$

$$W_{2\mathrm{FT}}^{\mathrm{CM}}[\boldsymbol{x}_{(i)}^n] = \frac{3}{2} Q_{66} \zeta^2 \tag{5.95d}$$

因体积应变 $\theta_{\alpha}^{\mathrm{PD}}[\boldsymbol{x}_{(i)}^n]$ 已经包含体积应变修正系数，式(5.91a)在这种加载条件下自动得以修正，因此，只需对包含 b_l($l = \mathrm{F},\ \mathrm{T},\ \mathrm{FT}$) 的项进行修正即可。在

纤维方向单轴拉伸的情况下，这些参数的修正项可分别定义为

$$S_{1F(i)} = \frac{W_{1F}^{CM}[\boldsymbol{x}_{(i)}^n]}{W_{1F}^{PD}[\boldsymbol{x}_{(i)}^n]} = \frac{\frac{1}{2}(Q_{11} - Q_{12} - 2Q_{66})\zeta^2}{b_F\delta \sum_{j=1}^{M} \frac{1}{|\boldsymbol{x}_{(j)}^n - \boldsymbol{x}_{(i)}^n|}[|\boldsymbol{y}_{(j)}^n - \boldsymbol{y}_{(i)}^n| - |\boldsymbol{x}_{(j)}^n - \boldsymbol{x}_{(i)}^n|]^2 V_{(j)}^n} \tag{5.96a}$$

$$S_{1T(i)} = 1 \tag{5.96b}$$

$$S_{1FT(i)} = \frac{W_{1FT}^{CM}[\boldsymbol{x}_{(i)}^n]}{W_{1FT}^{PD}[\boldsymbol{x}_{(i)}^n]} = \frac{\frac{3}{2}Q_{66}\zeta^2}{b_{FT}\delta \sum_{j=1}^{P} \frac{1}{|\boldsymbol{x}_{(j)}^n - \boldsymbol{x}_{(i)}^n|}[|\boldsymbol{y}_{(j)}^n - \boldsymbol{y}_{(i)}^n| - |\boldsymbol{x}_{(j)}^n - \boldsymbol{x}_{(i)}^n|]^2 V_{(j)}^n} \tag{5.96c}$$

对于横向拉伸，这些参数的修正项可定义为

$$S_{2F(i)} = 1 \tag{5.97a}$$

$$S_{2T(i)} = \frac{W_{2T}^{CM}[\boldsymbol{x}_{(i)}^n]}{W_{2T}^{PD}[\boldsymbol{x}_{(i)}^n]} = \frac{\frac{1}{2}(Q_{22} - Q_{12} - 2Q_{66})\zeta^2}{b_T\delta \sum_{j=1}^{N} \frac{1}{|\boldsymbol{x}_{(j)}^n - \boldsymbol{x}_{(i)}^n|}[|\boldsymbol{y}_{(j)}^n - \boldsymbol{y}_{(i)}^n| - |\boldsymbol{x}_{(j)}^n - \boldsymbol{x}_{(i)}^n|]^2 V_{(j)}^n} \tag{5.97b}$$

$$S_{2FT(i)} = \frac{W_{2FT}^{CM}[\boldsymbol{x}_{(i)}^n]}{W_{2FT}^{PD}[\boldsymbol{x}_{(i)}^n]} = \frac{\frac{3}{2}Q_{66}\zeta^2}{b_{FT}\delta \sum_{j=1}^{P} \frac{1}{|\boldsymbol{x}_{(j)}^n - \boldsymbol{x}_{(i)}^n|}[|\boldsymbol{y}_{(j)}^n - \boldsymbol{y}_{(i)}^n| - |\boldsymbol{x}_{(j)}^n - \boldsymbol{x}_{(i)}^n|]^2 V_{(j)}^n} \tag{5.97c}$$

通过这些修正系数，在质点 $\boldsymbol{x}_{(i)}^n$ 处的体积应变和应变能密度的积分及求和

项的修正系数向量为

$$\boldsymbol{g}_{(d)(i)}[\boldsymbol{x}_{(i)}^{n}]=\{g_{1(d)}[\boldsymbol{x}_{(i)}^{n}],\ g_{2(d)}[\boldsymbol{x}_{(i)}^{n}]\}^{\mathrm{T}}=\{D_{1(i)},\ D_{2(i)}\}^{\mathrm{T}} \quad (5.98\mathrm{a})$$

$$\boldsymbol{g}_{(b)l(i)}[\boldsymbol{x}_{(i)}^{n}]=\{g_{1(b)l}[\boldsymbol{x}_{(i)}^{n}],\ g_{2(b)l}[\boldsymbol{x}_{(i)}^{n}]\}^{\mathrm{T}}=\{S_{1l(i)},\ S_{2l(i)}\}^{\mathrm{T}} \quad (5.98\mathrm{b})$$

式中：$l=\mathrm{F},\ \mathrm{T},\ \mathrm{FT}$。

这些修正系数是分别作用纤维方向和横向载荷得到的。对于任意方向的载荷，可以用这些表面修正系数作为椭圆的半主轴，得到如图 5.14 所示的椭圆形曲线。那么对于一般加载条件(任意方向)，质点 $\boldsymbol{x}_{(i)}^{n}$ 和 $\boldsymbol{x}_{(j)}^{n}$ 之间相互作用的修正系数可通过它们的相对位矢的单位向量 $\boldsymbol{n}=[\boldsymbol{x}_{(j)}^{n}-\boldsymbol{x}_{(i)}^{n}]/|\boldsymbol{x}_{(j)}^{n}-\boldsymbol{x}_{(i)}^{n}|=\{n_1,\ n_2\}^{\mathrm{T}}$ 得到，如图 5.15(a)所示。

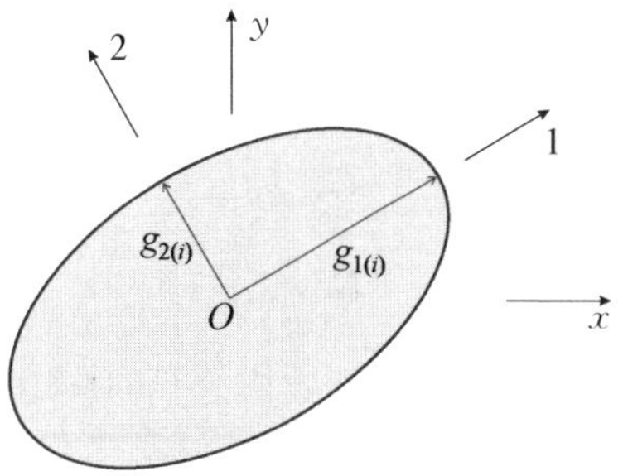

图 5.14　构建质点表面修正系数椭圆

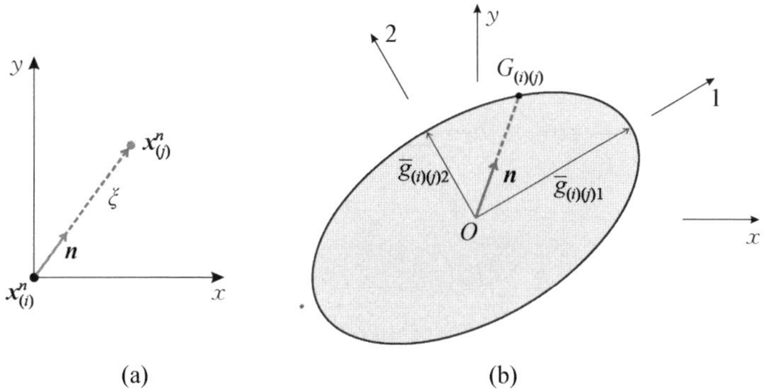

图 5.15　相互作用力的修正

(a) 质点 $\boldsymbol{x}_{(i)}^{n}$ 与 $\boldsymbol{x}_{(j)}^{n}$ 的 PD 相互作用　(b) 相互作用的表面修正系数的椭圆形曲线

类似地，在质点 $\boldsymbol{x}_{(j)}^{n}$ 处，体积应变和应变能密度表达式中积分项的修正系数向量可表示为

$$\boldsymbol{g}_{(d)(j)}[\boldsymbol{x}_{(j)}^{n}]=\{g_{1(d)}[\boldsymbol{x}_{(j)}^{n}],\ g_{2(d)}[\boldsymbol{x}_{(j)}^{n}]\}^{\mathrm{T}}=\{D_{1(j)},\ D_{2(j)}\}^{\mathrm{T}} \quad (5.99\mathrm{a})$$

$$\boldsymbol{g}_{(b)l(j)}[\boldsymbol{x}_{(j)}^{n}]=\{g_{1(b)l}[\boldsymbol{x}_{(j)}^{n}],\ g_{2(b)l}[\boldsymbol{x}_{(j)}^{n}]\}^{\mathrm{T}}=\{S_{1l(j)},\ S_{2l(j)}\}^{\mathrm{T}} \quad (5.99\mathrm{b})$$

质点 $\boldsymbol{x}_{(i)}^{n}$ 和 $\boldsymbol{x}_{(j)}^{n}$ 处的修正系数在一般情况下是不相同的。因此，质点 $\boldsymbol{x}_{(i)}^{n}$ 和

$\boldsymbol{x}^n_{(j)}$ 之间相互作用力的修正系数可通过两者的平均值获得。

$$\bar{\boldsymbol{g}}_{(d)(i)(j)} = \{\bar{g}_{(d)(i)(j)1}, \bar{g}_{(d)(i)(j)2}\}^{\mathrm{T}} = \frac{\boldsymbol{g}_{(d)(i)} + \boldsymbol{g}_{(d)(j)}}{2} \tag{5.100a}$$

$$\bar{\boldsymbol{g}}_{(b)\ell(i)(j)} = \{\bar{g}_{(b)\ell(i)(j)1}, \bar{g}_{(b)\ell(i)(j)2}\}^{\mathrm{T}} = \frac{\boldsymbol{g}_{(b)\ell(i)} + \boldsymbol{g}_{(b)\ell(j)}}{2} \tag{5.100b}$$

并可用于椭圆的半主轴[见图 5.15(b)],用于确定非纤维方向和非横向相互作用力的修正系数。质点 $\boldsymbol{x}^n_{(i)}$ 和 $\boldsymbol{x}^n_{(j)}$ 的相对位置向量 $\boldsymbol{n}$ 和椭圆的交叉点即为修正系数值。

$$\boldsymbol{G}_{(d)(i)(j)} = \{[n_1/\bar{g}_{(d)(i)(j)1}]^2 + [n_2/\bar{g}_{(d)(i)(j)2}]^2\}^{-1/2} \tag{5.101a}$$

$$\boldsymbol{G}_{(b)\ell(i)(j)} = \{[n_1/\bar{g}_{(b)\ell(i)(j)1}]^2 + [n_2/\bar{g}_{(b)\ell(i)(j)2}]^2\}^{-1/2} \tag{5.101b}$$

在考虑表面效应之后,体积应变和应变能密度的离散形式修正为

$$\theta^n_{(i)} = d\sum_{j=1}^{P} G_{(d)(i)(j)} \frac{\delta}{|\boldsymbol{x}^n_{(j)} - \boldsymbol{x}^n_{(i)}|}[|\boldsymbol{y}^n_{(j)} - \boldsymbol{y}^n_{(i)}| - |\boldsymbol{x}^n_{(j)} - \boldsymbol{x}^n_{(i)}|] \times \left[\frac{\boldsymbol{y}^n_{(j)} - \boldsymbol{y}^n_{(i)}}{|\boldsymbol{y}^n_{(j)} - \boldsymbol{y}^n_{(i)}|} \cdot \frac{\boldsymbol{x}^n_{(j)} - \boldsymbol{x}^n_{(i)}}{|\boldsymbol{x}^n_{(j)} - \boldsymbol{x}^n_{(i)}|}\right] V^n_{(j)} \tag{5.102a}$$

$$\begin{aligned} W^n_{(i)} = {} & a\theta^2_{(i)} + b_{\mathrm{F}}\delta \sum_{j=1}^{M} G_{(b)\mathrm{F}(i)(j)} \frac{1}{|\boldsymbol{x}^n_{(j)} - \boldsymbol{x}^n_{(i)}|} \times \\ & [|\boldsymbol{y}^n_{(j)} - \boldsymbol{y}^n_{(i)}| - |\boldsymbol{x}^n_{(j)} - \boldsymbol{x}^n_{(i)}|]^2 V^n_{(j)} + \\ & b_{\mathrm{T}}\delta \sum_{j=1}^{N} G_{(b)\mathrm{T}(i)(j)} \frac{1}{|\boldsymbol{x}^n_{(j)} - \boldsymbol{x}^n_{(i)}|} \times \\ & [|\boldsymbol{y}^n_{(j)} - \boldsymbol{y}^n_{(i)}| - |\boldsymbol{x}^n_{(j)} - \boldsymbol{x}^n_{(i)}|]^2 V^n_{(j)} + \\ & b_{\mathrm{FT}}\delta \sum_{j=1}^{P} G_{(b)\mathrm{FT}(i)(j)} \frac{1}{|\boldsymbol{x}^n_{(j)} - \boldsymbol{x}^n_{(i)}|} \times \\ & [|\boldsymbol{y}^n_{(j)} - \boldsymbol{y}^n_{(i)}| - |\boldsymbol{x}^n_{(j)} - \boldsymbol{x}^n_{(i)}|]^2 V^n_{(j)} \end{aligned} \tag{5.102b}$$

对于处在边界层($n = 1$ 或 $n = N$)的质点,其近场动力学的材料参数 b_{N} 和 b_{S} 也需要进行修正。但是对于处在非边界层($n \neq 1, N$)的质点 $\boldsymbol{x}^n_{(i)}$,并不需要进行修正,因其邻域完全处在层合板内部,如图 5.3 所示。

将均匀的面外法向拉伸 $\partial u_3^* / \partial x_3 = \zeta$ 和简单横向剪切 $\partial u_1^* / \partial x_3 = \zeta$ 的变形分别作用于层合板,用于计算修正系数。

在这些加载条件下,质点 $\boldsymbol{x}$ 处的位移场可分别表示为

$$\boldsymbol{u}_3^{\mathrm{T}} = \left\{0 \quad 0 \quad \frac{\partial u_3^*}{\partial x_3} x_3\right\} \tag{5.103a}$$

$$\boldsymbol{u}_{\mathrm{S}}^{\mathrm{T}} = \left\{\frac{\partial u_1^*}{\partial x_3} x_3 \quad 0 \quad 0\right\} \tag{5.103b}$$

对于处在表面层（$n=1$ 或 $n=N$）的质点 $\boldsymbol{x}_{(i)}^n$，其 PD 应变能密度可分别表示为

$$\begin{cases} W_3^{\mathrm{PD}}[\boldsymbol{x}_{(i)}^1] = \dfrac{1}{4}\zeta^2 b_{\mathrm{N}}(h_{n+1}+h_n)^2 V_{(i)}^{n+1} \\ W_3^{\mathrm{PD}}[\boldsymbol{x}_{(i)}^N] = \dfrac{1}{4}\zeta^2 b_{\mathrm{N}}(h_{n-1}+h_n)^2 V_{(i)}^{n-1} \end{cases} \tag{5.104a}$$

和

$$\begin{cases} W_{\mathrm{S}}^{\mathrm{PD}}[\boldsymbol{x}_{(i)}^1] = 4\zeta^2 b_{\mathrm{S}}\left(\dfrac{h_{n+1}+h_n}{2}\right)^2 \sum\limits_{j=1}^{N} \dfrac{l^2\cos^2\phi}{l^2+\left(\dfrac{h_{n+1}+h_n}{2}\right)^2} V_{(j)}^{n+1} \\ W_{\mathrm{S}}^{\mathrm{PD}}[\boldsymbol{x}_{(i)}^N] = 4\zeta^2 b_{\mathrm{S}}\left(\dfrac{h_{n-1}+h_n}{2}\right)^2 \sum\limits_{j=1}^{N} \dfrac{l^2\cos^2\phi}{l^2+\left(\dfrac{h_{n-1}+h_n}{2}\right)^2} V_{(j)}^{n-1} \end{cases} \tag{5.104b}$$

经典连续介质力学对应的应变能密度表达式为

$$W_3^{\mathrm{CM}}[\boldsymbol{x}_{(i)}^n] = \frac{1}{2}E_{\mathrm{m}}\zeta^2 \quad n=1,\ N \tag{5.105a}$$

$$W_{\mathrm{S}}^{\mathrm{CM}}[\boldsymbol{x}_{(i)}^n] = \frac{1}{2}G_{\mathrm{m}}\zeta^2 \quad n=1,\ N \tag{5.105b}$$

因此对于处在边界层（$n=1$ 或 $n=N$）的质点 $\boldsymbol{x}_{(i)}^n$，PD 材料参数 b_{N} 和 b_{S} 的修正系数为

$$S_{3(i)}^n = \frac{W_3^{\mathrm{CM}}[\boldsymbol{x}_{(i)}^n]}{W_3^{\mathrm{PD}}[\boldsymbol{x}_{(i)}^n]} \tag{5.106a}$$

$$S_{\mathrm{S}(i)}^n = \frac{W_{\mathrm{S}}^{\mathrm{CM}}[\boldsymbol{x}_{(i)}^n]}{W_{\mathrm{S}}^{\mathrm{PD}}[\boldsymbol{x}_{(i)}^n]} \tag{5.106b}$$

对于处在非边界层（$n\neq 1,N$）的质点 $\boldsymbol{x}_{(i)}^n$，b_{N} 和 b_{S} 并不需要进行修正。因此，对于质点 $\boldsymbol{x}_{(i)}^n$（$n=1,N$）和 $\boldsymbol{x}_{(j)}^m$（$m\neq 1,N$），两者之间相互作用的修正系数可利用平均值得到。

$$\begin{cases}\bar{S}_{3(i)}^{(n)(m)}=[S_{3(i)}^{n}+1]/2, & n=1,\ N\text{ 且 }m\neq 1,\ N\\ \bar{S}_{3(i)}^{(n)(m)}=1, & n,\ m\neq 1,\ N\end{cases} \tag{5.107a}$$

$$\begin{cases}\bar{S}_{S(i)(j)}^{(n)(m)}=[S_{S(i)}^{n}+1]/2, & n=1,\ N\text{ 且 }m\neq 1,\ N\\ \bar{S}_{S(i)(j)}^{(n)(m)}=1, & n,\ m\neq 1,\ N\end{cases} \tag{5.107b}$$

在考虑表面效应之后，应变能密度$\hat{W}_{(i)}^{n}$和$\widetilde{W}_{(i)}^{n}$的离散形式修正为

$$\hat{W}_{(i)}^{n}=b_{\mathrm{N}}\sum_{m=n+1,\ n-1}\bar{S}_{3(i)}^{(n)(m)}[\,|\boldsymbol{y}_{(i)}^{m}-\boldsymbol{y}_{(i)}^{n}|-|\boldsymbol{x}_{(i)}^{m}-\boldsymbol{x}_{(i)}^{n}|\,]^{2}V_{(i)}^{m} \tag{5.108a}$$

$$\widetilde{W}_{(i)}^{n}=b_{\mathrm{S}}\sum_{m=n+1,\ n-1}\sum_{j=1}^{\infty}\bar{S}_{S(i)(j)}^{(n)(m)}\{[\,|\boldsymbol{y}_{(j)}^{m}-\boldsymbol{y}_{(i)}^{n}|-|\boldsymbol{x}_{(j)}^{m}-\boldsymbol{x}_{(i)}^{n}|\,]-[\,|\boldsymbol{y}_{(i)}^{m}-\boldsymbol{y}_{(j)}^{n}|-|\boldsymbol{x}_{(i)}^{m}-\boldsymbol{x}_{(j)}^{n}|\,]\}^{2}V_{(j)}^{m} \tag{5.108b}$$

参 考 文 献

Oterkus E, Madenci E (2012) Peridynamic analysis of fiber reinforced composite materials. J Mech Mater Struct 7(1): 45 - 84.

6 损 伤 预 测

在近场动力学方法中，材料损伤通过质点之间的相互作用(微势能)的截断描述。当两个质点 $\boldsymbol{x}_{(k)}$ 和 $\boldsymbol{x}_{(j)}$ 之间的伸长率 $s_{(k)(j)}$ 超过了它的临界值 s_c 时，就会产生损伤。当损伤出现时，运动方程中两个质点之间的作用力将不可逆地永久消除，于是载荷在物体剩余的质点间进行重新分配。随着载荷步的不断增加，质点间的作用力将逐渐消除，从而使得损伤自主地在模型中扩展。

6.1 临界伸长率

当模型中新增一个裂纹面 A 时，所有穿过这个裂纹面的质点间的微势能(相互作用)都终止。如图 6.1 所示，质点 $\boldsymbol{x}_{(k^+)}$ 和 $\boldsymbol{x}_{(j^-)}$ 分别位于新产生的裂纹面的两侧，$|\boldsymbol{x}_{(k^+)} - \boldsymbol{x}_{(j^-)}|$ 定义了这对质点相互作用的作用线，该作用线与裂纹面相交。

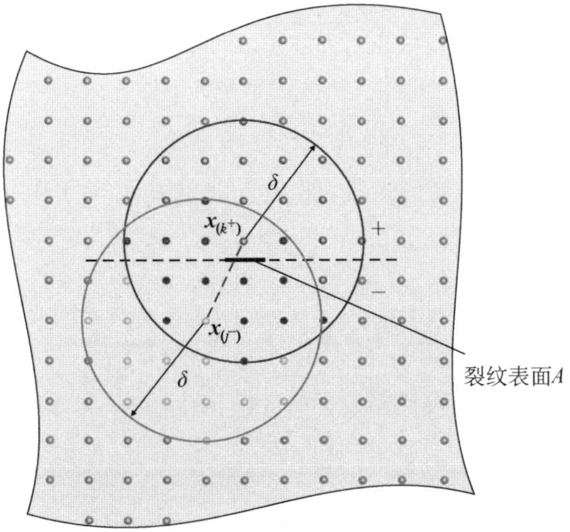

图 6.1　质点 $\boldsymbol{x}_{(k^+)}$ 和 $\boldsymbol{x}_{(j^-)}$ 之间的相互作用线穿过裂纹面

根据式(2.17),线弹性变形下的质点间的微势能可表示为

$$w_{(k^+)(j^-)} = 2\boldsymbol{t}_{(k^+)(j^-)} \cdot [\boldsymbol{u}_{(j^-)} - \boldsymbol{u}_{(k^+)}] \tag{6.1a}$$

$$w_{(j^-)(k^+)} = 2\boldsymbol{t}_{(j^-)(k^+)} \cdot [\boldsymbol{u}_{(k^+)} - \boldsymbol{u}_{(j^-)}] \tag{6.1b}$$

或

$$w_{(k^+)(j^-)} = A[\,|\boldsymbol{y}_{(j^-)} - \boldsymbol{y}_{(k^+)}| - \Lambda_{(k^+)(j^-)}|\boldsymbol{x}_{(j^-)} - \boldsymbol{x}_{(k^+)}|\,] \tag{6.2a}$$

$$w_{(j^-)(k^+)} = B[\,|\boldsymbol{y}_{(k^+)} - \boldsymbol{y}_{(j^-)}| - \Lambda_{(j^-)(k^+)}|\boldsymbol{x}_{(k^+)} - \boldsymbol{x}_{(j^-)}|\,] \tag{6.2b}$$

式中:参量 A 和 B 分别为

$$A = \frac{4ad\delta}{|\boldsymbol{x}_{(j^-)} - \boldsymbol{x}_{(k^+)}|}\Lambda_{(k^+)(j^-)}\theta_{(k^+)} + 4\delta bs_{(k^+)(j^-)} \tag{6.3a}$$

$$B = \frac{4ad\delta}{|\boldsymbol{x}_{(k^+)} - \boldsymbol{x}_{(j^-)}|}\Lambda_{(j^-)(k^+)}\theta_{(j^-)} + 4\delta bs_{(j^-)(k^+)} \tag{6.3b}$$

上式中参量 θ 和 Λ 的表达式为

$$\theta_{(k^+)} = d\delta \sum_{i=1}^{N} \Lambda_{(k^+)(i)} s_{(k^+)(i)} V_{(i)} \tag{6.4a}$$

$$\theta_{(j^-)} = d\delta \sum_{i=1}^{N} \Lambda_{(j^-)(i)} s_{(j^-)(i)} V_{(i)} \tag{6.4b}$$

和

$$\Lambda_{(k^+)(j^-)} = \frac{\boldsymbol{y}_{(j^-)} - \boldsymbol{y}_{(k^+)}}{|\boldsymbol{y}_{(j^-)} - \boldsymbol{y}_{(k^+)}|} \cdot \frac{\boldsymbol{x}_{(j^-)} - \boldsymbol{x}_{(k^+)}}{|\boldsymbol{x}_{(j^-)} - \boldsymbol{x}_{(k^+)}|} \tag{6.5a}$$

$$\Lambda_{(j^-)(k^+)} = \frac{\boldsymbol{y}_{(k^+)} - \boldsymbol{y}_{(j^-)}}{|\boldsymbol{y}_{(k^+)} - \boldsymbol{y}_{(j^-)}|} \cdot \frac{\boldsymbol{x}_{(k^+)} - \boldsymbol{x}_{(j^-)}}{|\boldsymbol{x}_{(k^+)} - \boldsymbol{x}_{(j^-)}|} \tag{6.5b}$$

如果材料处于线弹性变形阶段,那么参量 $\Lambda_{(k^+)(j^-)} \approx 1$ 和 $\Lambda_{(j^-)(k^+)} \approx 1$,于是式(6.2)中的微势能改写为

$$w_{(k^+)(j^-)} = 4ad^2\delta^2\Big[\sum_{i=1}^{N-K^-} s_{(k^+)(i)} s_{(k^+)(j^-)} V_{(i)} + \sum_{i=1}^{K^-} s_{(k^+)(i)} s_{(k^+)(j^-)} V_{(i)}\Big] + 4\delta bs^2_{(k^+)(j^-)}|\boldsymbol{x}_{(j^-)} - \boldsymbol{x}_{(k^+)}| \tag{6.6a}$$

$$w_{(j^-)(k^+)} = 4ad^2\delta^2\Big[\sum_{i=1}^{N-J^+} s_{(j^-)(i)} s_{(j^-)(k^+)} V_{(i)} + \sum_{i=1}^{J^+} s_{(j^-)(i)} s_{(j^-)(k^+)} V_{(i)}\Big] +$$

$$4\delta b s^2_{(j^-)(k^+)} \left| \boldsymbol{x}_{(k^+)} - \boldsymbol{x}_{(j^-)} \right| \tag{6.6b}$$

式中：N 为质点 $\boldsymbol{x}_{(k^+)}$、$\boldsymbol{x}_{(j^-)}$ 的族中质点的总数。

把材料质点 $\boldsymbol{x}_{(k^+)}$ 的族中位于裂纹面下侧的质点总数记为 K^-，把质点 $\boldsymbol{x}_{(j^-)}$ 的族中位于裂纹面上侧的质点总数记为 J^+。当裂纹产生时，位于裂纹面同侧的质点之间的相互作用仍然保持完好，但位于裂纹面异侧的质点之间的相互作用则会发生破坏。因此在式(6.6)中表示膨胀变形的参量 θ 中的第一项仍然保存完好，而第二项所代表的微势能则由于裂纹的产生而被耗散掉。如果将临界伸长率 s_c 代入上式，则可以求出这部分耗散掉的微势能临界值

$$w^c_{(k^+)(j^-)} = 4ad^2\delta^2\left[\sum_{i=1}^{K^-} s_c^2 V_{(i)}\right] + 4\delta b s_c^2 \left| \boldsymbol{x}_{(j^-)} - \boldsymbol{x}_{(k^+)} \right| \tag{6.7a}$$

$$w^c_{(j^-)(k^+)} = 4ad^2\delta^2\left[\sum_{i=1}^{J^+} s_c^2 V_{(i)}\right] + 4\delta b s_c^2 \left| \boldsymbol{x}_{(k^+)} - \boldsymbol{x}_{(j^-)} \right| \tag{6.7b}$$

在得到微势能之后，可以进一步求出由于质点 $\boldsymbol{x}_{(k^+)}$ 和 $\boldsymbol{x}_{(j^-)}$ 之间的相互作用的消除而耗散掉的应变能为

$$W^c_{(k^+)(j^-)} = \frac{1}{2}\,\frac{w^c_{(k^+)(j^-)} + w^c_{(j^-)(k^+)}}{2} V_{(k^+)} V_{(j^-)} \tag{6.8}$$

于是，由于新增裂纹面 A 所导致的质点之间的应变能的总耗散量可表示为

$$W^c = \frac{1}{2}\sum_{k=1}^{K^+}\frac{1}{2}\sum_{j=1}^{J^-} w^c_{(k^+)(j^-)} V_{(k^+)} V_{(j^-)} + \frac{1}{2}\sum_{k=1}^{K^+}\frac{1}{2}\sum_{j=1}^{J^-} w^c_{(j^-)(k^+)} V_{(j^-)} V_{(k^+)} \tag{6.9}$$

式中：参数 K^+ 和 J^- 分别为 $\boldsymbol{x}_{(k^+)}$ 和 $\boldsymbol{x}_{(j^-)}$ 族中的位于裂纹面上、下两侧的质点数量。如果两质点间的作用线与裂纹尖端相交，那么使用上式时仅需考虑一半的微势能。将式(6.7a)和式(6.7b)中的微势能代入式(6.9)，可得到用于新增裂纹面 A 所需的临界应变能为

$$W^c = s_c^2 \sum_{k=1}^{K^+}\sum_{j=1}^{J^-}\left\{ad^2\delta^2\left[\sum_{i=1}^{K^-} V_{(i)} + \sum_{i=1}^{J^+} V_{(i)}\right] + 2\delta b \left| \boldsymbol{x}_{(j^-)} - \boldsymbol{x}_{(k^+)} \right| \right\} V_{(k^+)} V_{(j^-)} \tag{6.10}$$

上式中得到的总临界应变能 W^c 应等于临界能量释放率 G_c 与裂纹面积 A 的

乘积。

$$G_c = \frac{s_c^2 \sum_{k=1}^{K^+} \sum_{j=1}^{J^-} \left\{ ad^2\delta^2 \left[\sum_{i=1}^{K^-} V_{(i)} + \sum_{i=1}^{J^+} V_{(i)} \right] + 2\delta b \left| \boldsymbol{x}_{(j^-)} - \boldsymbol{x}_{(k^+)} \right| \right\} V_{(k^+)} V_{(j^-)}}{A} \tag{6.11}$$

因此，两质点之间的临界伸长率 s_c 可表示为

$$s_c = \sqrt{\frac{G_c A}{\sum_{k=1}^{K^+} \sum_{j=1}^{J^-} \left\{ ad^2\delta^2 \left[\sum_{i=1}^{K^-} V_{(i)} + \sum_{i=1}^{J^+} V_{(i)} \right] + 2\delta b \left| \boldsymbol{x}_{(j^-)} - \boldsymbol{x}_{(k^+)} \right| \right\} V_{(k^+)} V_{(j^-)}}} \tag{6.12}$$

如果将参数设置为 $a = 0, 4\delta b = c$，那么式(6.11)缩减为键型近场动力学表达式。

$$G_c = \frac{1}{2} c s_c^2 \frac{\sum_{k=1}^{K^+} \sum_{j=1}^{J^-} \left| \boldsymbol{x}_{(j^-)} - \boldsymbol{x}_{(k^+)} \right| V_{(k^+)} V_{(j^-)}}{A} \tag{6.13}$$

Silling 和 Askari(2005)推导了适用于三维模型的键型近场动力学方法的临界能量释放率的积分表达式，如下所示。

$$G_c = \int_0^\delta \int_0^{2\pi} \int_z^\delta \int_0^{\arccos z/\xi} \frac{1}{2} c \xi s_c^2 \xi^2 \sin\phi \, d\phi \, d\xi \, d\theta \, dz = \frac{1}{2} c s_c^2 \left(\frac{\pi \delta^5}{5} \right) \tag{6.14}$$

式(6.14)中的积分式给出了截断所有介于质点 $\boldsymbol{x}_{(j^-)}$（裂纹下侧）与它的近场范围内的质点 $\boldsymbol{x}_{(k^+)}$（裂纹上侧）之间的相互作用所需的总应变能(见图 6.2)。该式的球坐标(ξ, θ, ϕ)积分域为材料质点 $\boldsymbol{x}_{(j^-)}$ 位于裂纹面上侧的近场范围，式中的线积分项包含了介于 $z = 0$ 和 $z = \delta$（近场范围）之间的所有质点 $\boldsymbol{x}_{(j^-)}$ 的能量贡献。

对于二维模型，键型近场动力学方法的临界能量释放率的积分表达式可用极坐标系表示为

$$G_c = 2h \int_0^\delta \int_z^\delta \int_0^{\arccos z/\xi} \frac{1}{2} c \xi s_c^2 \xi \, d\phi \, d\xi \, dz = \frac{1}{2} c s_c^2 \left(\frac{h \delta^4}{2} \right) \tag{6.15}$$

式中：参数 h 为材料厚度。

比较式(6.13)、式(6.14)与式(6.15)，可以得到

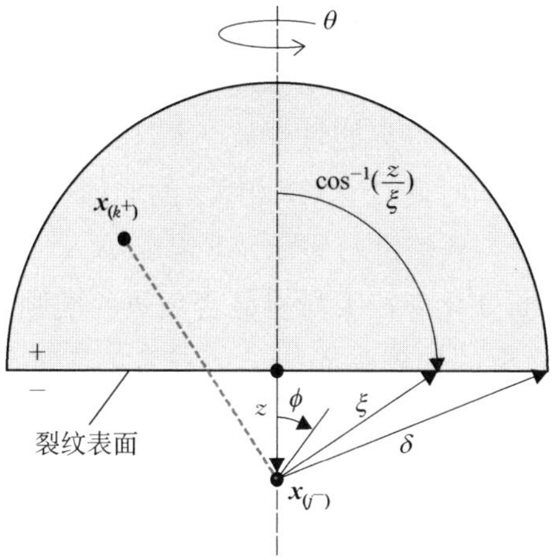

图 6.2 穿过裂纹面的相互作用微势能的积分域

$$\frac{\sum_{k=1}^{K^+}\sum_{j=1}^{J^-}|\boldsymbol{x}_{(j^-)}-\boldsymbol{x}_{(k^+)}|V_{(k^+)}V_{(j^-)}}{A}=\begin{cases}\dfrac{\pi\delta^5}{5}, & \text{三维}\\[2mm] \dfrac{h\delta^4}{2}, & \text{二维}\end{cases} \tag{6.16}$$

并可以得到式(6.11)中的第一项为

$$\frac{\sum_{k=1}^{K^+}\sum_{j=1}^{J^-}\left[\sum_{i=1}^{K^-}V_{(i^-)}+\sum_{i=1}^{J^+}V_{(i^+)}\right]V_{(k^+)}V_{(j^-)}}{A}=\begin{cases}\dfrac{\pi^2\delta^7}{8}, & \text{三维}\\[2mm] \dfrac{8h^2\delta^5}{9}, & \text{二维}\end{cases} \tag{6.17}$$

因此,临界能量释放率可表示为

$$G_c=\begin{cases}\left(\dfrac{2\pi}{5}b\delta^6+\dfrac{\pi^2}{8}ad^2\delta^9\right)s_c^2, & \text{三维}\\[2mm] \left(bh\delta^5+\dfrac{8}{9}ad^2h^2\delta^7\right)s_c^2, & \text{二维}\end{cases} \tag{6.18}$$

将近场动力学参数 a、b 和 d 代入上式,可得到临界伸长率的表达式为

$$s_c=\begin{cases}\sqrt{\dfrac{G_c}{\left[3\mu+\left(\dfrac{3}{4}\right)^4\left(\kappa-\dfrac{5\mu}{3}\right)\right]\delta}}, & \text{三维}\\[2mm] \sqrt{\dfrac{G_c}{\left[\dfrac{6}{\pi}\mu+\dfrac{16}{9\pi^2}(\kappa-2\mu)\right]\delta}}, & \text{二维}\end{cases} \tag{6.19}$$

临界伸长率是关于近场范围 δ 的函数。近场范围 δ 的大小对于材料的物理特性、载荷特性、尺寸效应以及计算截断半径都有影响。式(6.19)给出了一种适用于线弹性脆性材料的临界能量释放率 G_c和临界伸长率 s_c之间的简单的关系式。但是对于具有随时间变化(率相关)的非线性行为的材料,它的临界伸长率 s_c就不能使用单一数值进行表示。Foster 等人(2011)曾提出过一种根据临界能量密度来判断变化率相关材料是否失效的准则。但是对于复杂材料模型,目前还不存在简单的计算临界伸长率或者临界能量的方法。在这样的情况下,可以考虑采用反向分析方法得到材料临界伸长率 s_c,通过测量得到的断裂实验数据,用近场动力学方法模拟同一实验。在近场动力学模拟中先使用临界伸长率的试探值进行计算,并将计算得到的失效载荷与实验结果进行比对。然后不断修正试探值,最终得到一个在误差允许范围内的临界伸长率。

6.2　损伤起始

为了在材料响应过程中引入损伤起始,可使用一个具有时间历程的标量函数 μ 对力密度矢量进行修正(Silling 和 Bobaru,2005)。

$$\boldsymbol{t}_{(k)(j)} = 2\delta\left[ad\,\frac{\Lambda_{(k)(j)}}{|\boldsymbol{x}_{(j)} - \boldsymbol{x}_{(k)}|}\theta_{(k)} + b\mu[\boldsymbol{x}_{(j)} - \boldsymbol{x}_{(k)},\ t]s_{(k)(j)}\right]\frac{\boldsymbol{y}_{(j)} - \boldsymbol{y}_{(k)}}{|\boldsymbol{y}_{(j)} - \boldsymbol{y}_{(k)}|} \tag{6.20}$$

式中体积应变项 θ 为

$$\theta_{(k)} = d\delta\sum_{l=1}^{N}\Lambda_{(k)(l)}\mu[\boldsymbol{x}_{(l)} - \boldsymbol{x}_{(k)},\ t]s_{(k)(l)}V_{(l)} \tag{6.21}$$

式中标量函数 μ 可写为

$$\mu[\boldsymbol{x}_{(j)} - \boldsymbol{x}_{(k)},\ t] = \begin{cases}1,\ s_{(k)(j)}[\boldsymbol{x}_{(j)} - \boldsymbol{x}_{(k)},\ t'] < s_c\ \text{且}\ t' > 0\\ 0,\ \text{其他}\end{cases} \tag{6.22}$$

在近场动力学求解过程中,会计算出每个质点的位移以及每对质点之间的伸长率 $s_{(k)(j)}$。当某对质点之间的伸长率超过临界伸长率时,损伤出现,此时应将时间历程的标量函数 μ 的值设置为 0,它所对应的相互作用力密度矢量也随之消失。

6.3 局部损伤

近场动力学中质点的局部损伤(local damage)定义为该质点族中消除的相互作用的数量与初始的相互作用总数的加权比例。局部损伤的计量表达式可写为(Siling 和 Askari, 2005)

$$\varphi(\boldsymbol{x}, t) = 1 - \frac{\int_H \mu(\boldsymbol{x}' - \boldsymbol{x}, t)\mathrm{d}V'}{\int_H \mathrm{d}V'} \tag{6.23}$$

式(6.23)中局部损伤的度量范围从 0 变化到 1,当损伤值 $\varphi = 1$ 时,所有初始时与某一质点相关的相互作用都终止,而损伤值 $\varphi = 0$ 则表示所有相互作用都保存完好。质点处的局部损伤可用于表征物体内可能形成的裂纹形式。例如,如图 6.3(a)所示,质点在开始时与所有其作用邻域内的质点具有相互作用,此时它的局部损伤值 $\varphi = 0$。但是当裂纹形成后[见图 6.3(b)],裂纹面切断了该质点作用邻域内一半的相互作用,从而使得该质点处的局部损伤值变为约 0.5。

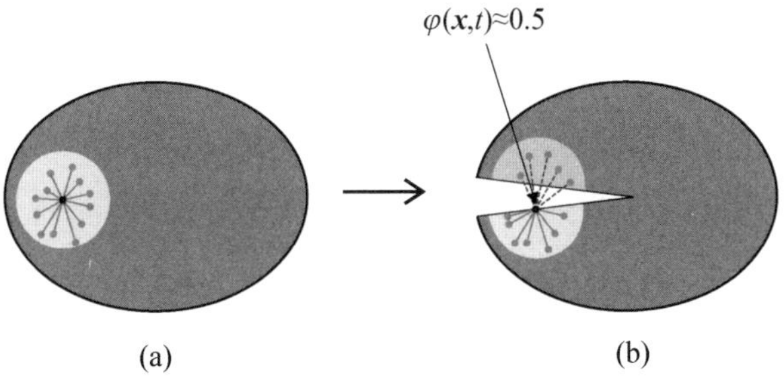

图 6.3 裂纹形成对质点间相互作用的影响

(a) 所有相互作用均保持完好(无损伤)
(b) 一半的相互作用截断后形成裂纹

6.4 失效载荷与裂纹扩展路径预测

使用上述临界伸长率方法可预测线弹性脆性材料的失效与破坏,并将近场动力学方法的模拟结果与 Ayatollahi 和 Aliha(2009)的测试结果进行对比分析,以证明临界伸长率方法的有效性。测试的是一块正方形板材施加对角线方向的拉伸载荷(见图 6.4),从而得到 I 型、II 型以及混合型裂纹的扩展过程。测试得到了每个试件的失效载荷、裂纹扩展路径以及材料的断裂韧性值 K_{Ic}。正方形板的边长 $2W = 0.15$ m,厚度 $h = 0.005$ m。初始裂纹长度 $2a = 0.045$ m,裂纹与对角线方向的初始夹角为 α。材料的弹性模量 $E = 2\,940$ MPa,泊松比 $\nu = 0.38$,断裂韧性 $K_{Ic} = 1.33$ MPa · $m^{\frac{1}{2}}$。根据上述计算公式可得到对应的临界伸长率 $s_c = 0.089$。他们测试了 5 种不同裂纹方向的试件的失效载荷,裂纹方向分别为 $\alpha = 0°$(I 型)、15°、30°、45°和 62.5°(II 型)。裂纹中心与计算模型的笛卡尔坐标原点一致。

在图 6.4 中的圆形区域内的质点上施加匀速的位移载荷,两端载荷方向相反,加载速度为10^{-9} m/s。为了在正方形板的中心处植入初始裂纹,在预处理过程中将穿过初始裂纹面的所有相互作用除去。在计算过程中对穿过虚线处截面的作用力进行监测。

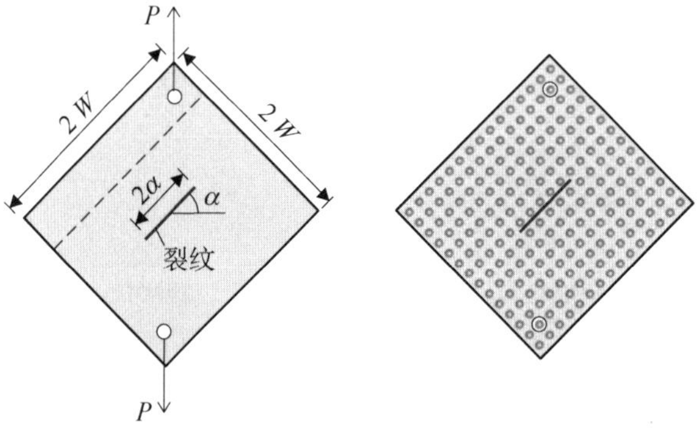

图 6.4 正方形试验件的近场动力学模型

图 6.5 的结果显示了近场动力学模拟的裂纹扩展路径,对于所有的初始裂纹倾角,都与实验结果吻合良好。并且计算所得的裂纹扩展的起始方向与测试结果也吻合良好(见图 6.6)。最后,比较计算和实验得到的失效载荷,所有的预测值均在试验值的±15%范围之内(见图 6.7)。模拟的结果显示对于纯 I 型和 II 型的情况下,近场动力学预测值与试验值贴合得很好,而在混合模式下(mixed mode)的失效载荷高于实验值。出现这一现象的原因是不能保证试样上的预制裂纹的尖端足够尖锐,裂纹倾角与裂尖形状耦合对裂尖方向产生偏移影响,并最终导致结果的偏差。尽管存在这一偏差,但是近场动力学方法的预测值与实验结果总体上吻合良好,证明了临界伸长率方法对于预测脆性材料断裂的有效性。

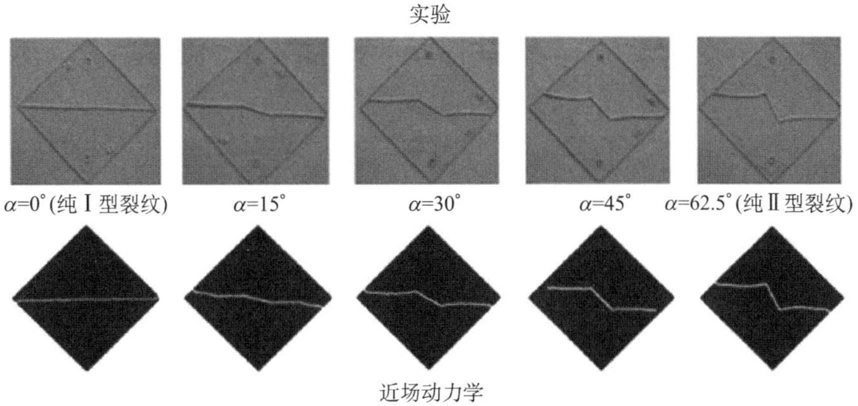

图 6.5　近场动力学预测的裂纹扩展路径与实验结果的比较

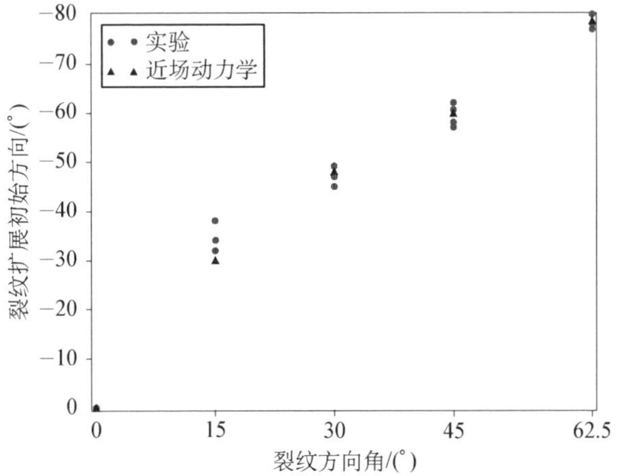

图 6.6　不同裂纹角度下近场动力学预测的裂纹扩展初始方向与实验结果的比较

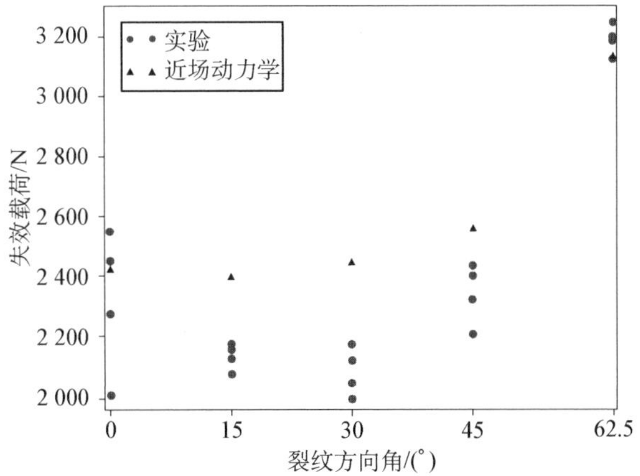

图 6.7　不同裂纹角度下近场动力学预测的失效载荷与实验结果的比较

参考文献

Ayatollahi MR, Aliha MRM (2009) Analysis of a new specimen for mixed mode fracture tests on brittle materials. Eng Fract Mech 76: 1563 - 1573.

Foster JT, Silling SA, Chen W (2011) An energy based failure criterion for use with peridynamic states. Int J Multiscale Comput Eng 9: 675 - 688.

Silling SA, Askari E (2005) A meshfree method based on the peridynamic model of solid mechanics. Comput Struct 83: 1526 - 1535.

Silling SA, Bobaru F (2005) Peridynamic modeling of membranes and fibers. Int J Non-Linear Mech 40:395 - 409.

7 数值方法

近场动力学(PD)运动方程是微分-积分方程,通常无法得到解析解,因此它的解需要通过空间和时间的数值积分技术获得。空间积分可以采用简便的无网格配点法进行计算,需要把域分割成有限数量的子域,这些子域具有一定的体积和积分或配置(物质)点(见 7.1 节)。对于一个特定的质点,其空间数值积分需要对该质点近场邻域中所有质点的体积求和。然而邻域中每个质点的体积未必完全嵌在它的近场邻域中,换句话说,位于近场范围附近表面的质点可能会有不完整的体积包含在近场范围内。因此,如果将邻域中每个质点的全部体积都包含在数值积分中,则对于整个邻域的积分可能是不正确的。因此,需要引入体积修正系数来修正多余的体积。7.2 节阐述了所需要进行的体积修正过程方法。

对时间的数值积分可以通过向后和向前差分的显式积分算法得到,也可以使用计算方法,如 Adams-Bashforth 方法、Adams-Moulton 方法和 Runge-Kutta 方法。显式积分方法需要根据时间增量步的数值稳定性准则进行调整,保证收敛性。7.3 节和 7.4 节分别给出了详细的时间积分方法和稳定性准则。

PD 运动方程包含了惯性项,故对于静态和准静态问题不直接适用。因此,需要采用特殊的处理方法使系统在短时间内收敛到静态条件。有多种计算方法可实现这一目的,本书 7.5 节详细阐述了一种自适应的动力松弛方法(ADR)(Kilic 和 Madenci, 2010)。

使用数值方法求解时还要考虑结果的收敛性,以及采用最优的参数值在适当的运算时间内得到足够精度的解。7.6 节描述了 PD 参数的确定方法。

如 4.2 节所述,靠近自由表面的质点的相互作用被截断,会引起这些质点刚度降低。也就是说,这些质点没有表现出力学特性,需要对其进行修正。可以通过引入表面修正因子,并直接在运动方程中运用来进行修正,见 7.7 节。

如 2.7 节所述，PD 运动方程的求解需要初始位移、初始速度以及边界条件。7.8 节给出了初始条件和边界条件的数值实施方法。当需要时，可以在模型中引入预置裂纹，详见 7.9 节。此外，在一些极端载荷条件下，如高速边界条件、大变形边界条件、冲击问题等，它们会引起难以预见的破坏模式，尤其是在边界附近。这样的问题可以通过设置“不失效区”解决，具体方法在 7.9 节进行了说明。裂纹扩展的局部破坏方法见 7.10 节。

还介绍了由裂纹扩展引起的局部损伤表征方法，每个质点都有其特有的由近场范围决定的族成员。7.11 节说明了对于包含大量质点的计算域，重要的是使用高效的方法，搜寻和建立族成员并存储其信息。利用并行计算是实现高效计算的关键方法，7.12 节对此进行了简单的讨论。

PD 运动方程求解过程包含以下步骤：

(1) 指定输入参数并初始化矩阵。

(2) 确定时域积分的稳定时间步长。如果分析采用自适应动力松弛技术，则时间步长等于 1。

(3) 生成质点。

(4) 确定每个质点在其近场范围内的其他质点，并进行存储。

(5) 如需预置裂纹，则去除通过裂纹表面的 PD 相互作用。

(6) 计算每个质点的表面修正因子。

(7) 施加初始条件。

(8) 如果分析涉及自适应动力松弛技术，则构建稳定的质量矩阵。

(9) 开始时域积分。

(10) 施加边界条件。

(11) 计算施加在每个物质(积分)点上的 PD 相互作用力的总和。

(12) 如果伸长率超过临界伸长率，则终止其 PD 相互作用。

(13) 如果分析涉及自适应动力松弛技术，则计算自适应动力松弛技术参数。

(14) 进行时域积分，得到位移和速度值。

7.1　空间离散

采用配点法求解式(2.22)，把物体区域离散成子域，如图 7.1 所示。一维几何体可离散为线子域，二维几何体可离散为三角形和四边形子域，三维几何体可离散为六面体、四面体、楔形子域，如图 7.2 所示。

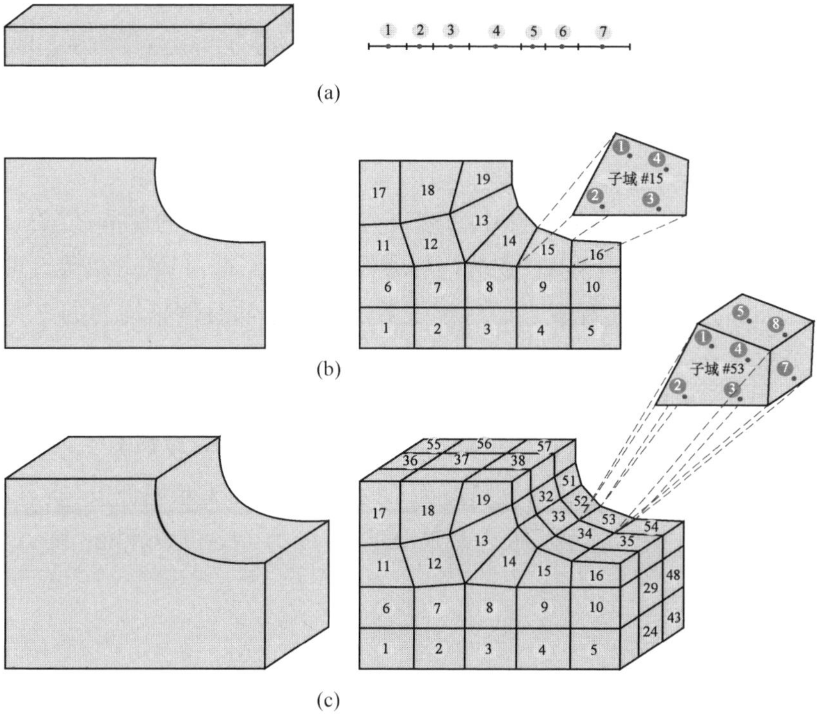

图 7.1 物体的空间离散

(a) 一维 (b) 二维 (c) 三维

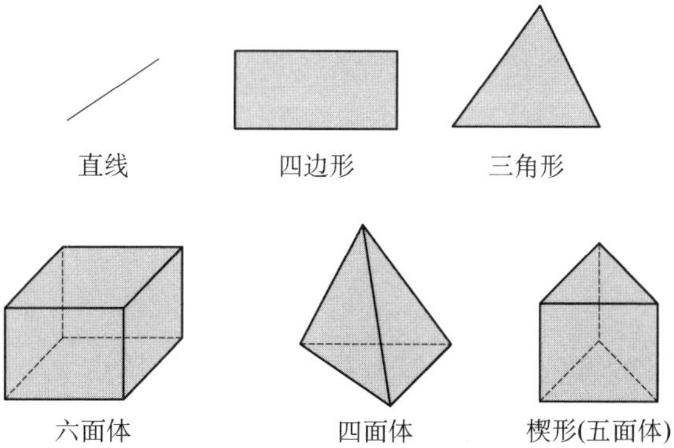

图 7.2 各种一维、二维、三维子域的形状

离散完成后,配置点置于子域中,如图 7.1 所示。按照这种无网格离散方法,式(2.22)中的体积分可近似地表达为

$$\rho[\boldsymbol{x}_{(k)}]\ddot{\boldsymbol{u}}[\boldsymbol{x}_{(k)},t]=\sum_{e=1}^{N}\sum_{j=1}^{N_e}w_{(j)}\{\boldsymbol{t}[\boldsymbol{u}(\boldsymbol{x}_{(j)},t)-\boldsymbol{u}(\boldsymbol{x}_{(k)},t),\boldsymbol{x}_{(j)}-\boldsymbol{x}_{(k)}]-\boldsymbol{t}[\boldsymbol{u}(\boldsymbol{x}_{(k)},t)-\boldsymbol{u}(\boldsymbol{x}_{(j)},t),\boldsymbol{x}_{(k)}-\boldsymbol{x}_{(j)}]\}V_{(j)}+\boldsymbol{b}[\boldsymbol{x}_{(j)},t] \tag{7.1}$$

式中：N 为近场域中的子域数量；N_e 为第 e 个子域中配置点的数量；位矢 $\boldsymbol{x}_{(k)}$ 和 $\boldsymbol{x}_{(j)}$ 分别代表第 k 和 j 个配置（积分）点；参数 $w_{(j)}$ 为点 $\boldsymbol{x}_{(j)}$ 的积分权重。可以按 Kilic（2008）的方法确定配置点。对于配置点位于中心且网格均匀的立方体子域，积分权重 $w_{(j)}$ 为 1。$V_{(j)}$ 为第 j 个立方体子域的体积。

例如，在一维域中，将其离散成 M 个立方体子域，质点由高斯积分（配置）点表示，如图 7.3 所示。配置点位于每个立方体子域的中心，权重为 1。注意对于这个特例，式（7.1）的截断误差数量级为 $O(\Delta^2)$，式中 Δ 表示积分点（质点）之间的距离。如果结构不连续，那么截断误差量级为 $O(\Delta)$（Silling 和 Askari，2005）。

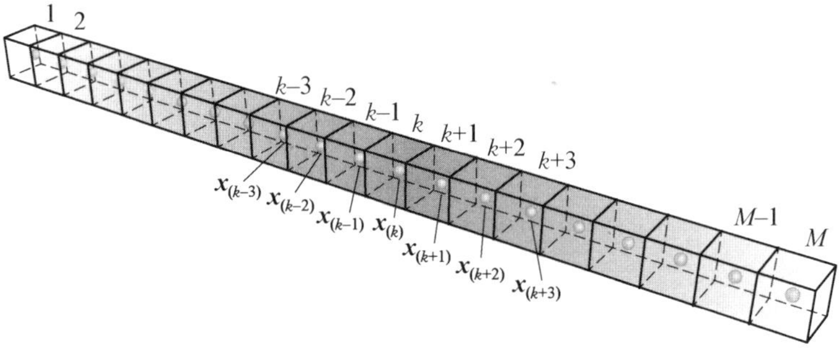

图 7.3 一维域的离散及其质点

7.2 体积修正

质点 $\boldsymbol{x}_{(k)}$ 邻域的数值积分近似为在其域内每个质点 $\boldsymbol{x}_{(j)}$ 的完整体积。如图 7.4所示，质点均匀划分，间隔为 Δ，形成立方体子域[$w_{(j)}=1$]，且在近场范围 $\delta=3\Delta$ 的情况下，数值积分近似为 $\xi_{(k)(j)}=|\boldsymbol{x}_{(j)}-\boldsymbol{x}_{(k)}|<\delta$ 范围内质点体积的求和运算。在 EMU 程序中（Silling 2004），对其做了改进，在 $\xi_{(k)(j)}=|\boldsymbol{x}_{(j)}-\boldsymbol{x}_{(k)}|<(\delta-r)$ 范围内考虑质点的完整体积（式中 $r=\Delta/2$，为到近场范围表面的距离），对于在 $(\delta-r)<\xi_{(k)(j)}<\delta$ 范围内的质点，引入体积修正系数 $v_{c(j)}=[\delta+r-\xi_{(k)(j)}]/2r$，$v_{c(j)}$ 根据邻域内成员质点到邻域边界的距离而在 1 和

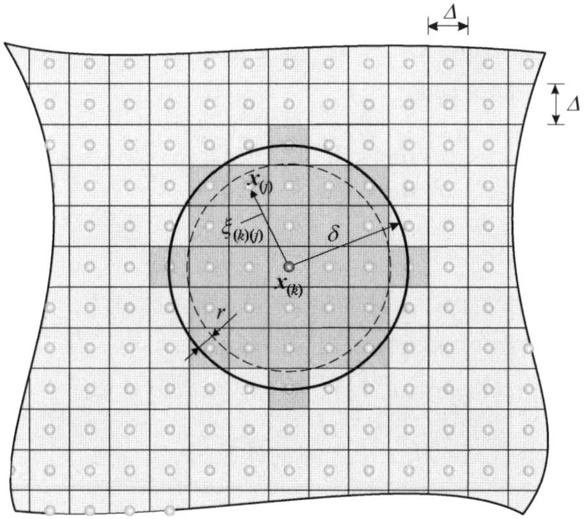

图 7.4　近场范围内配置点的体积修正

$\frac{1}{2}$之间线性变化。而在此范围之外的质点,体积修正系数 $v_{c(j)}=1$。

因此,对于质点 $\boldsymbol{x}_{(k)}$ 的离散运动方程式(7.1),引入体积修正因子后改写为

$$\rho[\boldsymbol{x}_{(k)}]\ddot{\boldsymbol{u}}[\boldsymbol{x}_{(k)},t]=\sum_{e=1}^{N}\Big\{\boldsymbol{t}[\boldsymbol{u}(\boldsymbol{x}_{(j)},t)-\boldsymbol{u}(\boldsymbol{x}_{(k)},t),\boldsymbol{x}_{(j)}-\boldsymbol{x}_{(k)}]-\boldsymbol{t}[\boldsymbol{u}(\boldsymbol{x}_{(k)},t)-\boldsymbol{u}(\boldsymbol{x}_{(j)},t),\boldsymbol{x}_{(k)}-\boldsymbol{x}_{(j)}]\Big\}[v_{c(j)}V_{(j)}]+\boldsymbol{b}[\boldsymbol{x}_{(j)},t] \tag{7.2}$$

7.3　时域积分

可以通过使用显式向前和向后差分技术(Silling 2004)对 PD 运动方程进行时域积分。若式(7.2)在第 n 个 Δt 时间步(即 $t=n\Delta t$)的解表示为 $\boldsymbol{u}_{(k)}^{n}=\boldsymbol{u}_{(k)}(t=n\Delta t)$,则式(7.2)在这一时间步可改写成如下形式。

$$\rho_{(k)}\ddot{\boldsymbol{u}}_{(k)}^{n}=\sum_{j=1}^{N}[\boldsymbol{t}_{(k)(j)}^{n}-\boldsymbol{t}_{(j)(k)}^{n}][v_{c(j)}V_{(j)}]+\boldsymbol{b}_{(k)}^{n} \tag{7.3}$$

式中:

$$\boldsymbol{t}_{(k)(j)}^{n}=\boldsymbol{t}_{(k)(j)}^{n}[\boldsymbol{u}_{(j)}^{n}-\boldsymbol{u}_{(k)}^{n},\boldsymbol{x}_{(j)}-\boldsymbol{x}_{(k)}]$$

和

$$\boldsymbol{t}^{n}_{(j)(k)} = \boldsymbol{t}^{n}_{(j)(k)}[\boldsymbol{u}^{n}_{(k)} - \boldsymbol{u}^{n}_{(j)},\ \boldsymbol{x}_{(k)} - \boldsymbol{x}_{(j)}]$$

其中 $\boldsymbol{t}^{n}_{(k)(j)}$ 和 $\boldsymbol{t}^{n}_{(j)(k)}$ 表示位于 $\boldsymbol{x}_{(k)}$ 和 $\boldsymbol{x}_{(j)}$ 处质点之间的力密度矢量。利用式(4.4)和式(4.5),力密度矢量可写成

$$\boldsymbol{t}^{n}_{(k)(j)} = \frac{\boldsymbol{\xi}_{(k)(j)} + \boldsymbol{\eta}^{n}_{(k)(j)}}{|\boldsymbol{\xi}_{(k)(j)} + \boldsymbol{\eta}^{n}_{(k)(j)}|}\left[2ad\delta\frac{\Lambda^{n}_{(k)(j)}}{|\boldsymbol{\xi}_{(k)(j)}|}\theta^{n}_{(k)} + 2b\delta s^{n}_{(k)(j)}\right] \tag{7.4a}$$

和

$$\boldsymbol{t}^{n}_{(j)(k)} = \frac{\boldsymbol{\xi}_{(k)(j)} + \boldsymbol{\eta}^{n}_{(k)(j)}}{|\boldsymbol{\xi}_{(k)(j)} + \boldsymbol{\eta}^{n}_{(k)(j)}|}\left[2ad\delta\frac{\Lambda^{n}_{(k)(j)}}{|\boldsymbol{\xi}_{(k)(j)}|}\theta^{n}_{(j)} + ab\delta s^{n}_{(k)(j)}\right] \tag{7.4b}$$

式中:相对位置和相对位移矢量记作 $\boldsymbol{\xi}_{(k)(j)} = \boldsymbol{x}_{(j)} - \boldsymbol{x}_{(k)}$ 和 $\boldsymbol{\eta}^{n}_{(k)(j)} = \boldsymbol{u}^{n}_{(j)} - \boldsymbol{u}^{n}_{(k)}$。因此,在这一时间步,质点 $\boldsymbol{x}_{(k)}$ 和 $\boldsymbol{x}_{(j)}$ 之间的伸长率 $s^{n}_{(k)(j)}$ 为

$$s^{n}_{(k)(j)} = \frac{|\boldsymbol{\xi}_{(k)(j)} + \boldsymbol{\eta}^{n}_{(k)(j)}| - |\boldsymbol{\xi}_{(k)(j)}|}{|\boldsymbol{\xi}_{(k)(j)}|} \tag{7.5}$$

此外,质点 $\boldsymbol{x}_{(k)}$ 和 $\boldsymbol{x}_{(j)}$ 的体积应变按下式计算

$$\theta^{n}_{(k)} = d\delta\sum_{l=1}^{N} s^{n}_{(k)(l)}\Lambda^{n}_{(k)(l)}[v_{c(l)}V_{(l)}] \tag{7.6a}$$

和

$$\theta^{n}_{(j)} = d\delta\sum_{l=1}^{N} s^{n}_{(j)(l)}\Lambda^{n}_{(j)(l)}[v_{c(l)}V_{(l)}] \tag{7.6b}$$

如图 7.5 所示,质点 k 与其近场范围 $\delta = 3\Delta$ 中的其他质点相互作用,则其近场动力学方程为

$$\begin{aligned}\rho_{(k)}\ddot{\boldsymbol{u}}^{n}_{(k)} = {} & [\boldsymbol{t}^{n}_{(k)(k+1)} - \boldsymbol{t}^{n}_{(k+1)(k)}][v_{c(k+1)}V_{(k+1)}] + \\ & [\boldsymbol{t}^{n}_{(k)(k+2)} - \boldsymbol{t}^{n}_{(k+2)(k)}][v_{c(k+2)}V_{(k+2)}] + \\ & [\boldsymbol{t}^{n}_{(k)(k+3)} - \boldsymbol{t}^{n}_{(k+3)(k)}][v_{c(k+3)}V_{(k+3)}] + \\ & [\boldsymbol{t}^{n}_{(k)(k-1)} - \boldsymbol{t}^{n}_{(k-1)(k)}][v_{c(k-1)}V_{(k-1)}] + \\ & [\boldsymbol{t}^{n}_{(k)(k-2)} - \boldsymbol{t}^{n}_{(k-2)(k)}][v_{c(k-2)}V_{(k-2)}] + \\ & [\boldsymbol{t}^{n}_{(k)(k-3)} - \boldsymbol{t}^{n}_{(k-3)(k)}][v_{c(k-3)}V_{(k-3)}] + \boldsymbol{b}^{n}_{(k)}\end{aligned} \tag{7.7}$$

由式(7.3)确定质点在第 n 个时间步的加速度之后,下一时间步的速度和位移分别通过使用显式向前和向后两步的差分公式得到。第一步使用在第 n 时间步得到的加速度和速度确定在第 $(n+1)$ 时间步的速度,如下所示。

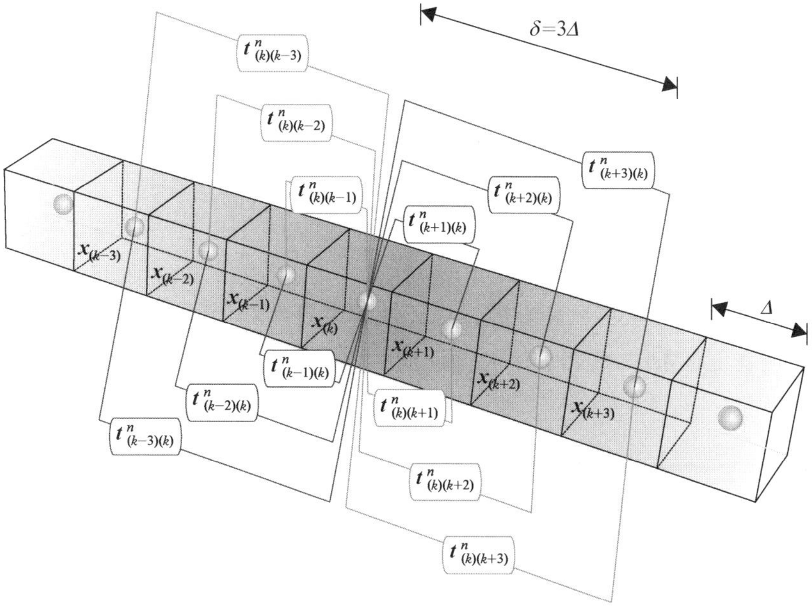

图 7.5 近场邻域内质点间的相互作用

$$\dot{\boldsymbol{u}}^{n+1}_{(k)} = \ddot{\boldsymbol{u}}^{n}_{(k)}\Delta t + \dot{\boldsymbol{u}}^{n}_{(k)} \tag{7.8}$$

第二步使用式(7.8)得到的第 $(n+1)$ 时间步的速度和第 n 时间步的位移确定第$(n+1)$ 时间步的位移,如下所示。

$$\boldsymbol{u}^{n+1}_{(k)} = \dot{\boldsymbol{u}}^{n+1}_{(k)}\Delta t + \boldsymbol{u}^{n}_{(k)} \tag{7.9}$$

对其他质点也采用同样的方法,例如,第 $(k+1)$ 个质点位移和速度通过下式获得

$$\boldsymbol{u}^{n+1}_{(k+1)} = \dot{\boldsymbol{u}}^{n+1}_{(k+1)}\Delta t + \boldsymbol{u}^{n}_{(k)} \tag{7.10a}$$

和

$$\dot{\boldsymbol{u}}^{n+1}_{(k+1)} = \ddot{\boldsymbol{u}}^{n}_{(k+1)}\Delta t + \dot{\boldsymbol{u}}^{n}_{(k)} \tag{7.10b}$$

由式(7.3)可知,通过对加速度积分计算得到位移的数值误差为 $O(\Delta t^2)$ 阶。因此,全局数值误差则为 $O(\Delta^2)+O(\Delta t^2)$,其中包括了空间(离散)积分误差。此外,如果结构不连续,则全局误差为 $O(\Delta)+O(\Delta t^2)$ (Silling 和 Askari, 2005)。

7.4 数值稳定性

尽管显式时间积分的计算方法比较简单、直接，但它的条件稳定。因此，为了获得收敛的计算结果，需要满足稳定性条件。基于 Silling 和 Askari(2005)的方法可以推导得到时间步大小 Δt 的稳定性条件。根据该方法，标准 von Neumann 稳定性分析可以通过假定如下位移变量进行。

$$u_{(k)}^{n+1} = \zeta^{n} \mathrm{e}^{(\kappa k \sqrt{-1})} \tag{7.11}$$

式中：κ 和 ζ 分别为正实数和复数。稳定性研究要求对于所有的 κ，$|\zeta| \leqslant 1$ 均成立。必须满足该条件，使得波不会随时间无界增长。式(7.3)应用显式中心差分方程，得到

$$\rho_{(k)}\left[\frac{u_{(k)}^{n+1} - 2u_{(k)}^{n} + u_{(k)}^{n-1}}{\Delta t^{2}}\right] = \sum_{j} \frac{2ad\,\delta\left[\theta_{(k)}^{n} + \theta_{(j)}^{n}\right] + 4b\delta\left[u_{(j)}^{n} - u_{(k)}^{n}\right]}{\left|\boldsymbol{\xi}_{(k)(j)}\right|} v_{\mathrm{c}(j)} V_{(j)} \tag{7.12}$$

式中：

$$\theta_{(k)}^{n} = d\delta \sum_{l} \frac{u_{(l)}^{n} - u_{(k)}^{n}}{\left|\boldsymbol{\xi}_{(l)(k)}\right|}\left[v_{\mathrm{c}(l)} V_{(l)}\right] \tag{7.13a}$$

和

$$\theta_{(j)}^{n} = d\delta \sum_{l} \frac{u_{(l)}^{n} - u_{(j)}^{n}}{\left|\boldsymbol{\xi}_{(l)(j)}\right|}\left[v_{\mathrm{c}(l)} V_{(l)}\right] \tag{7.13b}$$

将式(7.11)代入式(7.12)得到下式。

$$\begin{aligned} &\rho_{(k)}\left(\frac{\zeta^{n+1} - 2\zeta^{n} + \zeta^{n-1}}{\Delta t^{2}}\right)\mathrm{e}^{\kappa k \sqrt{-1}} \\ &= \sum_{j}\left\{2ad\,\delta \frac{\left[\theta_{(k)}^{n} + \theta_{(j)}^{n}\right]}{\left|\boldsymbol{\xi}_{(k)(j)}\right|} + 4b\delta \frac{\zeta^{n}\left[\mathrm{e}^{(\kappa j \sqrt{-1})} - \mathrm{e}^{(\kappa k \sqrt{-1})}\right]}{\left|\boldsymbol{\xi}_{(k)(j)}\right|}\right\}\left[v_{\mathrm{c}(j)} V_{(j)}\right] \end{aligned} \tag{7.14}$$

式中：

$$\theta_{(k)}^{n} = d\delta \sum_{l} \frac{\zeta^{n} \mathrm{e}^{(\kappa l \sqrt{-1})} - \zeta^{n} \mathrm{e}^{(\kappa k \sqrt{-1})}}{\left|\boldsymbol{\xi}_{(l)(k)}\right|}\left[v_{\mathrm{c}(l)} V_{(l)}\right] \tag{7.15a}$$

和

$$\theta_{(j)}^{n} = d\delta \sum_{l} \frac{\zeta^{n} \mathrm{e}^{(\kappa l \sqrt{-1})} - \zeta^{n} \mathrm{e}^{(\kappa j \sqrt{-1})}}{\left|\boldsymbol{\xi}_{(l)(j)}\right|}\left[v_{\mathrm{c}(l)} V_{(l)}\right] \tag{7.15b}$$

重新整理式(7.14)得到下式。

$$\rho_{(k)}\left(\frac{\zeta^2-2\zeta+1}{\Delta t^2}\right)=\sum_j\left\{2ad\delta\frac{[\bar{\theta}^n_{(k)}+\bar{\theta}^n_{(j)}]}{|\boldsymbol{\xi}_{(k)(j)}|}+4b\delta\frac{[\mathrm{e}^{(\kappa(j-k)\sqrt{-1})}-1]}{|\boldsymbol{\xi}_{(k)(j)}|}\right\}\zeta[v_{c(j)}V_{(j)}] \tag{7.16}$$

式中：

$$\bar{\theta}^n_{(k)}=d\delta\sum_l\frac{\{\mathrm{e}^{[\kappa(l-k)\sqrt{-1}]}-1\}}{|\boldsymbol{\xi}_{(l)(k)}|}[v_{c(l)}V_{(l)}] \tag{7.17a}$$

和

$$\bar{\theta}^n_{(j)}=d\delta\sum_l\frac{\{\mathrm{e}^{[\kappa(l-j)\sqrt{-1}]}-1\}}{|\boldsymbol{\xi}_{(l)(j)}|}[v_{c(l)}V_{(l)}] \tag{7.17b}$$

因为指数项能写成正弦和余弦函数，并且正弦函数是一个奇函数，所以式(7.16)可重新整理成

$$\rho_{(k)}\left(\frac{\zeta^2-2\zeta+1}{\Delta t^2}\right)=\sum_j\left\{2ad\delta\frac{[\bar{\theta}^n_{(k)}+\bar{\theta}^n_{(j)}]}{|\boldsymbol{\xi}_{(k)(j)}|}+4b\delta\frac{[\cos(\kappa(j-k))-1]}{|\boldsymbol{\xi}_{(k)(j)}|}\right\}\zeta[v_{c(j)}V_{(j)}] \tag{7.18}$$

式中：

$$\bar{\theta}^n_{(k)}=d\delta\sum_l\frac{\cos[\kappa(l-k)]-1}{|\boldsymbol{\xi}_{(l)(k)}|}[v_{c(l)}V_{(l)}] \tag{7.19a}$$

和

$$\bar{\theta}^n_{(j)}=d\delta\sum_l\frac{\cos[\kappa(l-j)]-1}{|\boldsymbol{\xi}_{(l)(j)}|}[v_{c(l)}V_{(l)}] \tag{7.19b}$$

定义

$$M_\kappa=-\frac{1}{2}\sum_j\left\{2ad\delta\frac{[\bar{\theta}^n_{(k)}+\bar{\theta}^n_{(j)}]}{|\boldsymbol{\xi}_{(k)(j)}|}+4b\delta\frac{[\cos(\kappa(j-k))-1]}{|\boldsymbol{\xi}_{(k)(j)}|}\right\}[v_{c(j)}V_{(j)}] \tag{7.20}$$

则式(7.18)可改写为如下形式。

$$\zeta^2-2\left[1-\frac{M_\kappa\Delta t^2}{\rho_{(k)}}\right]\zeta+1=0 \tag{7.21}$$

求解二次方程得到

$$\zeta = 1 - \frac{M_\kappa \Delta t^2}{\rho_{(k)}} \pm \sqrt{\left[1 - \frac{M_\kappa \Delta t^2}{\rho_{(k)}}\right]^2 - 1} \tag{7.22}$$

对于所有 κ 值,若需满足条件 $|\zeta| \leqslant 1$, 则有

$$\Delta t < \sqrt{2\rho_{(k)}/M_\kappa} \tag{7.23}$$

为了使该条件对所有 κ 值有效,这意味着

$$M_\kappa \leqslant \sum_j \left\{ 2ad\delta \frac{\left[d\delta \sum_l \left(\frac{1}{\boldsymbol{\xi}_{(l)(k)}} + \frac{1}{\boldsymbol{\xi}_{(l)(j)}}\right) V_{(l)}\right]}{|\boldsymbol{\xi}_{(k)(j)}|} + \frac{4b\delta}{|\boldsymbol{\xi}_{(k)(j)}|} \right\} [v_{c(j)} V_{(j)}] \tag{7.24}$$

利用式(7.23)和式(7.24)可得对时间步大小的稳定性准则表示为

$$\Delta t < \sqrt{\frac{2\rho_{(k)}}{\sum_j \left\{ 2ad\delta \frac{\left[d\delta \sum_l \left(\frac{1}{\boldsymbol{\xi}_{(l)(k)}} + \frac{1}{\boldsymbol{\xi}_{(l)(j)}}\right) V_{(l)}\right]}{|\boldsymbol{\xi}_{(k)(j)}|} + \frac{4b\delta}{|\boldsymbol{\xi}_{(k)(j)}|} \right\} [v_{c(j)} V_{(j)}]}} \tag{7.25}$$

推荐使用小于1的安全系数,因为它能使某些类型的结构非线性分析更稳定。由于PD材料参数取决于近场范围,因此稳定时间步大小取决于近场范围的大小而不是网格尺寸(Silling 和 Askari, 2005)。

7.5 自适应动力松弛法

尽管近场动力学理论的运动方程是动力学形式,但它仍然可以用动力松弛法来求解准静态和静态问题。如 Kilic 和 Madenci(2010)所述,实际上动力松弛法中静态解是瞬时响应解中的稳态部分。通过对系统引入人工阻尼,解会很快趋于稳态。但并不是总能找到最有效的阻尼系数,因此需要采用 Underwood (1983)提出的自适应动力松弛方法(adaptive dynamic relaxation, ADR)在每一步中确定阻尼系数。

根据 ADR 方法,系统中所有质点的 PD 运动方程通过引入虚拟惯性和阻尼项,写成一系列常微分方程

$$\boldsymbol{D}\ddot{\boldsymbol{U}}(\boldsymbol{X},\ t)+c\boldsymbol{D}\dot{\boldsymbol{U}}(\boldsymbol{X},\ t)=\boldsymbol{F}(\boldsymbol{U},\ \boldsymbol{U}',\ \boldsymbol{X},\ \boldsymbol{X}') \tag{7.26}$$

式中:$\boldsymbol{D}$ 为虚拟对角密度矩阵;c 为阻尼系数,它们分别通过 Greschgorin 定理(Underwood 1983)和 Rayleigh 商得到。矢量 $\boldsymbol{X}$ 和 $\boldsymbol{U}$ 分别包含了配置点(质点)的初始位置和初始位移,并可表示为

$$\boldsymbol{X}^{\mathrm{T}}=\{\boldsymbol{x}_{(1)},\ \boldsymbol{x}_{(2)},\ \cdots,\ \boldsymbol{x}_{(M)}\} \tag{7.27a}$$

和

$$\boldsymbol{U}^{\mathrm{T}}=\{\boldsymbol{u}[\boldsymbol{x}_{(1)},\ t],\ \boldsymbol{u}[\boldsymbol{x}_{(2)},\ t],\ \cdots,\ \boldsymbol{u}[\boldsymbol{x}_{(M)},\ t]\} \tag{7.27b}$$

式中:M 为结构中质点的总数。最终矢量 $\boldsymbol{F}$ 由 PD 相互作用力和体力组成,其第 i 个分量可以表示为

$$\boldsymbol{F}_{(i)}=\sum_{j=1}^{N}[\boldsymbol{t}_{(i)(j)}-\boldsymbol{t}_{(j)(i)}][v_{cj}V_{(j)}]+\boldsymbol{b}_{(i)} \tag{7.28}$$

使用中心差分的显式积分方法,可以得到下一时间步的位移和速度为

$$\dot{\boldsymbol{U}}^{n+1/2}=\frac{(2-c^{n}\Delta t)\dot{\boldsymbol{U}}^{n-1/2}+2\Delta t\boldsymbol{D}^{-1}\boldsymbol{F}^{n}}{(2+c^{n}\Delta t)} \tag{7.29a}$$

和

$$\boldsymbol{U}^{n+1}=\boldsymbol{U}^{n}+\Delta t\dot{\boldsymbol{U}}^{n+1/2} \tag{7.29b}$$

式中:n 为第 n 次迭代。由于 $t^{-1/2}$ 时刻的位移场未知,因此式(7.29a)不能在迭代程序开始时使用,但仍然可以假定 $\boldsymbol{U}^{0}\neq 0$ 和 $\dot{\boldsymbol{U}}=0$。因此积分可以开始于

$$\dot{\boldsymbol{U}}^{1/2}=\frac{\Delta t\boldsymbol{D}^{-1}\boldsymbol{F}^{0}}{2} \tag{7.30}$$

该算法中唯一的物理量是力矢量 $\boldsymbol{F}$。密度矩阵 $\boldsymbol{D}$、阻尼系数 c 和时间步长 Δt 不需要是物理量。因此,可以选择合适的值以实现快速收敛。

在动力松弛法中,常用的时间步大小是 1。可以根据 Greschgorin 定理选择密度矩阵 $\boldsymbol{D}$ 的对角元素,并表示为

$$\lambda_{ii}\geqslant\frac{1}{4}\Delta t^{2}\sum_{j}|K_{ij}| \tag{7.31}$$

式中:K_{ij} 为所研究系统的刚度矩阵。不等号保证了中心差分显式积分的稳定性。Underwood(1983)给出了稳定性条件的推导,虽然该方法获得了接近最优的值,但

如 Lovie 和 Metzger(1999)在有限元法中所述,这些值依赖于全局刚度矩阵的矩阵元素的绝对值,故与坐标系统有关。因此,Sauve 和 Metzger(1997)建议采用另一种方法,选择基于最小元素维数的值,以使坐标系不变。与 Greschgorin 的定理相比,这种方法能避免过量的运算。因此,当前 PD 方程的求解也采用坐标系不变的密度矩阵。刚度矩阵的构造需要确定 PD 相互作用力对相对位移 $\boldsymbol{\eta}$ 的倒数。因为式(7.3)给出的 PD 相互作用力是 $\boldsymbol{\eta}$ 的非线性函数,所以它的倒数不是总能确定的。尽管如此,刚度矩阵的元素能用一个小位移假设计算得到,如

$$\sum_{j}|K_{ij}|=\sum_{j=1}^{N}\frac{\partial[\boldsymbol{t}_{(i)(j)}-\boldsymbol{t}_{(j)(i)}]}{\partial[|\boldsymbol{u}_{(j)}-\boldsymbol{u}_{(i)}|]}\cdot\boldsymbol{e}$$
$$=\sum_{j=1}^{N}\frac{|\boldsymbol{\xi}_{(i)(j)}\cdot\boldsymbol{e}|}{|\boldsymbol{\xi}_{(i)(j)}|}\frac{4\delta}{|\boldsymbol{\xi}_{(i)(j)}|}\left\{\frac{1}{2}\frac{ad^2\delta}{|\boldsymbol{\xi}_{(i)(j)}|}[v_{c(i)}V_{(i)}+v_{c(j)}V_{(j)}]+b\right\} \tag{7.32}$$

式中:$\boldsymbol{e}$ 为沿非对角方向的单位矢量。通过式(7.32)给出的求和运算可以确定刚度矩阵的元素,并且坐标系是不变的。

如 Underwood(1983)所述,可以利用系统的最低频率来确定阻尼系数。通过使用 Rayleigh 商得到最低频率,如下所示。

$$\omega=\sqrt{\frac{\boldsymbol{U}^{\mathrm{T}}\boldsymbol{K}\boldsymbol{U}}{\boldsymbol{U}^{\mathrm{T}}\boldsymbol{D}\boldsymbol{U}}} \tag{7.33}$$

然而式(7.31)给出的密度矩阵元素可能有较大的数值,造成式(7.33)的分母数值难以计算。为了克服这个困难,将第 n 次迭代时的式(7.26)写成另一种形式

$$\ddot{\boldsymbol{U}}^{n}(\boldsymbol{X},\ t^{n})+c^{n}\dot{\boldsymbol{U}}^{n}(\boldsymbol{X},\ t^{n})=\boldsymbol{D}^{-1}\boldsymbol{F}^{n}(\boldsymbol{U}^{n},\ \boldsymbol{U}'^{n},\ \boldsymbol{X},\ \boldsymbol{X}') \tag{7.34}$$

式(7.34)中的阻尼系数利用式(7.33)可表示为

$$c^{n}=2\sqrt{[(\boldsymbol{U}^{n})^{\mathrm{T}1}\boldsymbol{K}^{n}\boldsymbol{U}^{n}]/[(\boldsymbol{U}^{n})^{\mathrm{T}}\boldsymbol{U}^{n}]} \tag{7.35}$$

式中:${}^{1}\boldsymbol{K}^{n}$ 为对角的局部刚度矩阵,表达式如下

$${}^{1}K_{ii}^{n}=-(F_{i}^{n}/\lambda_{ii}-F_{i}^{n-1}/\lambda_{ii})/(\Delta t\,\dot{u}_{i}^{n-1/2}) \tag{7.36}$$

7.6 数值收敛

质点间隔(网格大小)Δ 与近场范围 δ 有关,会影响计算过程。为了用较少计算时间得到较高的精度,确定这些参数的最优值十分重要。

Silling 和 Askari(2005)介绍了根据特征长度尺寸选择近场范围大小的方法。如果尺寸为纳米级,那么近场范围代表原子或分子之间物理作用的最大距离。因此为得到精确分析结果,规定它的具体值非常重要。对于宏观分析,近场范围没有对应的物理量,可以根据需要选择它的大小。为了确定近场域的最优值,考虑长度为 L 的一维长杆,在初始应变 $\partial u_x/\partial x = 0.001H(\Delta t - t)$ 作用下的基准研究。使用一组非常精细的网格进行空间积分,使得由网格尺寸产生的数值误差最小化。研究了 6 个不同大小的近场范围,分别为 $\delta = (1, 3, 5, 10, 25, 50)\Delta$。对于每一种情况,都对靠近杆中心的配置点位移随时间的变化进行了监测,并与 Rao(2004) 给出的解析解进行了比较。如图 7.6(a)～图 7.6(f)所示,当近场范围大小为 $\delta = \Delta$ 和 3Δ 时精度最高。当近场范围增大时,解析解与数值解之间的差异会随着波频散过大而变大(Silling 和 Askari, 2005)。

此外,当近场范围尺寸增加时,计算时间大幅增加。建议选择近场范围大小为 $\delta = 3\Delta$,因为 $\delta = \Delta$ 可能导致裂纹扩展的网络依赖性,且不能捕捉到裂纹分叉行为,图 7.7 所示为承受速度边界条件为 $V_0 = 50$ m/s 的中心裂纹方板。近场范围 $\delta = 3\Delta$ 的模型能捕捉到由于高速边界条件引起的预期的裂纹分叉行为,而近场范围大小为 $\delta = \Delta$ 的模型只能捕捉到自相似的裂纹扩展。

如 7.1 节提到的,离散误差量级为 $O(\Delta^2)$。因此采用足够数量的网格点非常重要,不仅可以减少数值误差,而且可以达到期望的数值效率。通过研究一个杆的振动和四种不同网格尺寸 ($\Delta = L/10$、$L/100$、$L/1\,000$ 和 $L/10\,000$), 如 7.8(a)～图 7.8(d)所示,可以观察网格尺寸对计算精度的影响。近场范围设为 $\delta = 3\Delta$。当网格尺寸 $\Delta = L/1\,000$ 时,可获得足够精度。粗网格 $\Delta = L/10$ 的计算误差会随着时间增加。

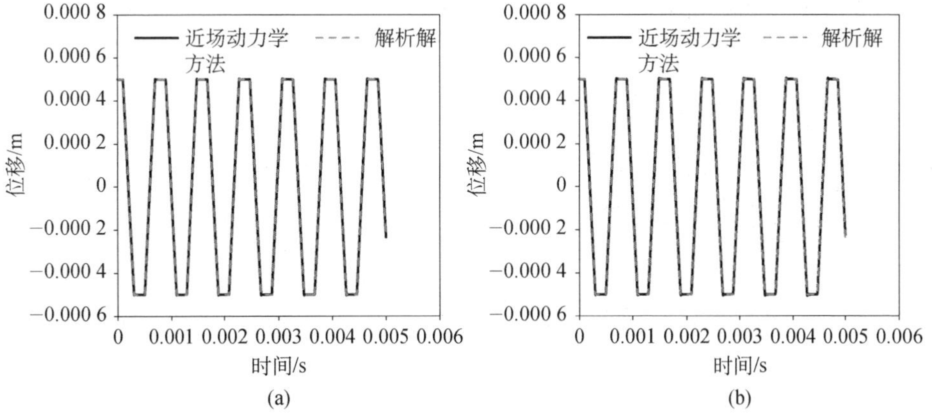

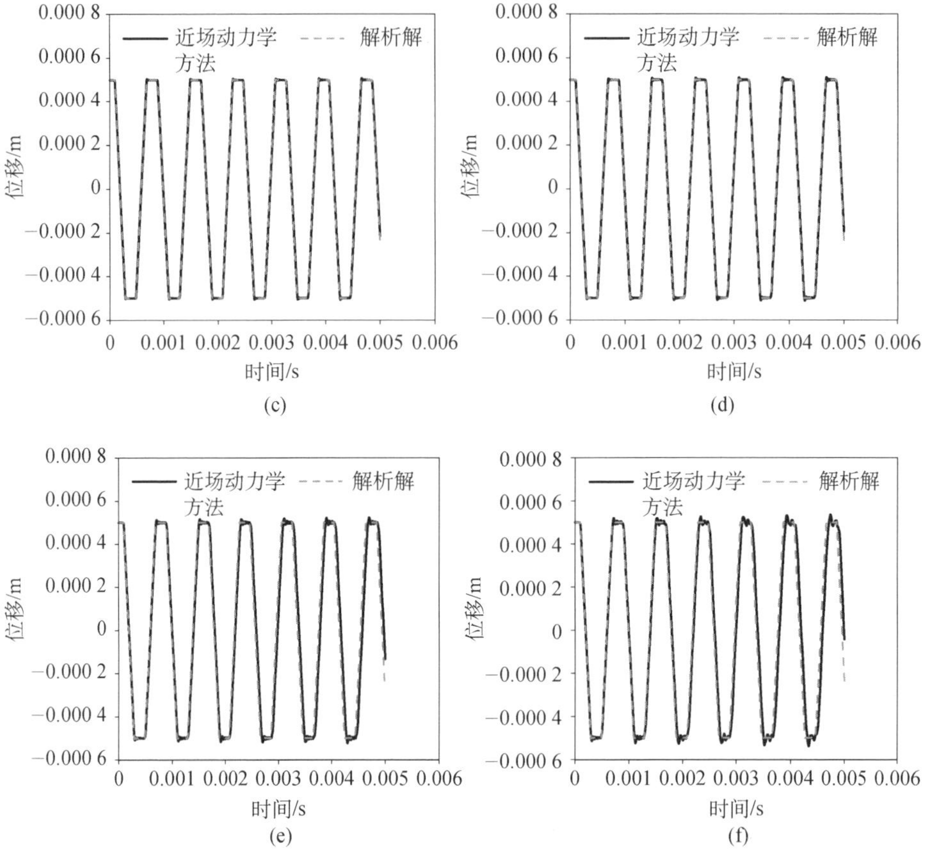

图 7.6　当近场范围的尺寸不同时杆中心位移随时间的变化

(a) $\delta = \Delta$　(b) $\delta = 3\Delta$　(c) $\delta = 5\Delta$　(d) $\delta = 10\Delta$　(e) $\delta = 25\Delta$　(f) $\delta = 50\Delta$

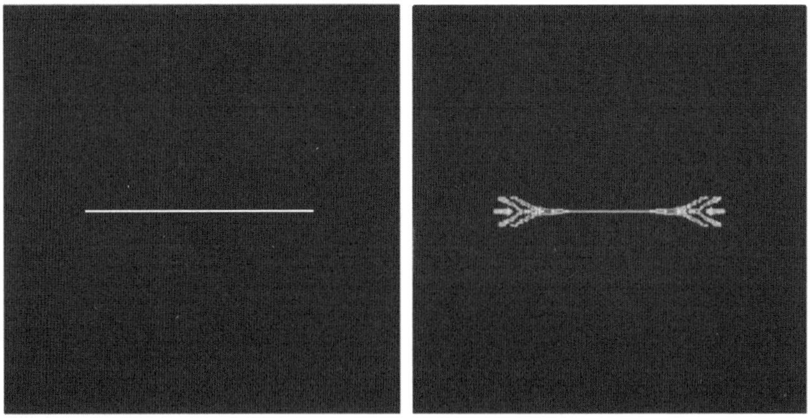

(a)　(b)

图 7.7　近场范围为(a) $\boldsymbol{\delta} = \boldsymbol{\Delta}$ 和(b) $\boldsymbol{\delta} = 3\boldsymbol{\Delta}$ 时中心裂纹方板承受速度 $\boldsymbol{V_0} =$ **50 m/s** 边界条件的损伤分布

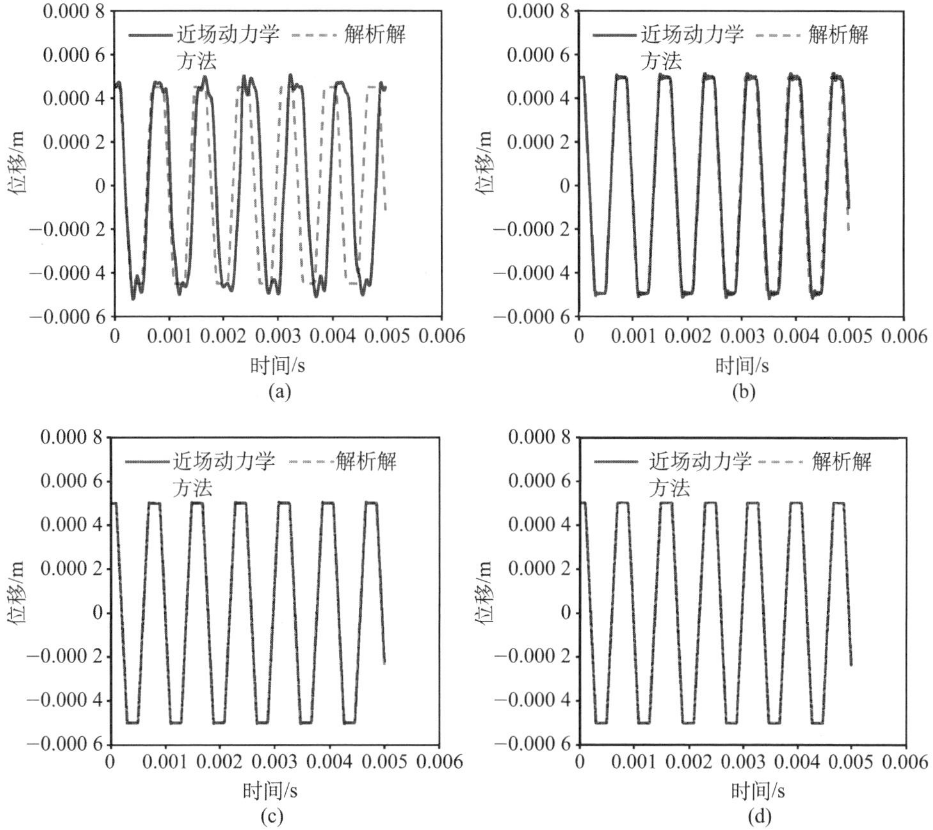

图 7.8　不同网格尺寸的杆中心位移随时间的变化

(a) $\Delta = L/10$　(b) $\Delta = L/100$　(c) $\Delta = L/1\,000$　(d) $\Delta = L/10\,000$

7.7　表面效应

由于自由表面的存在，质点缺少相互作用可能会引起误差，尤其是对于靠近表面的质点，因此引入表面修正因子很大程度上可以克服这个问题。在第 4 章给出了表面修正因子的详细信息和计算过程。对运动方程(7.3)稍做修改，便可直接引入表面修正的影响。

$$\rho_{(k)}\ddot{\boldsymbol{u}}_{(k)}^{n} = \sum_{j=1}^{N}[\bar{\boldsymbol{t}}_{(k)(j)}^{n} - \bar{\boldsymbol{t}}_{(j)(k)}^{n}][v_{c(j)}V_{(j)}] + \boldsymbol{b}_{(k)}^{n} \tag{7.37}$$

式中：修正后的 PD 相互作用力可表示为

$$\bar{\boldsymbol{t}}^{n}_{(k)(j)}=\frac{\boldsymbol{\xi}_{(k)(j)}+\boldsymbol{\eta}^{n}_{(k)(j)}}{|\boldsymbol{\xi}_{(k)(j)}+\boldsymbol{\eta}^{n}_{(k)(j)}|}\times\left[2ad\delta G_{(d)(k)(j)}\frac{\Lambda^{n}_{(k)(j)}}{|\boldsymbol{\xi}_{(k)(j)}|}\bar{\theta}^{n}_{(k)}+2b\delta G_{(b)(k)(j)}s_{(k)(j)}\right] \tag{7.38a}$$

和

$$\bar{\boldsymbol{t}}^{n}_{(j)(k)}=\frac{\boldsymbol{\xi}_{(k)(j)}+\boldsymbol{\eta}^{n}_{(k)(j)}}{|\boldsymbol{\xi}_{(k)(j)}+\boldsymbol{\eta}^{n}_{(k)(j)}|}\times\left[2ad\delta G_{(d)(k)(j)}\frac{\Lambda^{n}_{(k)(j)}}{|\boldsymbol{\xi}_{(k)(j)}|}\bar{\theta}^{n}_{(j)}+2b\delta G_{(b)(k)(j)}s_{(k)(j)}\right] \tag{7.38b}$$

类似地，式(7.38a)和式(7.38b)的修正后的体积应变为

$$\bar{\theta}^{n}_{(k)}=d\delta\sum_{l=1}^{N}G_{(d)(k)(l)}s^{n}_{(k)(l)}\Lambda^{n}_{(k)(l)}[v_{c(l)}V_{(l)}] \tag{7.39a}$$

和

$$\bar{\theta}^{n}_{(j)}=d\delta\sum_{l=1}^{N}G_{(d)(j)(l)}s^{n}_{(j)(l)}\Lambda^{n}_{(j)(l)}[v_{c(l)}V_{(l)}] \tag{7.39b}$$

在时域积分过程中始终需要用到表面修正因子。因此，在时域积分开始之前就要通过计算确定表面修正因子。由于表面修正因子的确定需要在实际结构上进行试加载，因此在开始时域积分之前，首先要初始化配置点（质点）的位移和速度值。

7.8 初始条件和边界条件的施加

通过PD运动方程可以得到配置点的加速度；配置点的位移和速度能通过对加速度积分得到，但需要这些量的初值。因此，所有配置点需要给出初始位移和初始速度条件。第2章中详细给出了确定初始条件的多种方法。初始条件可以通过式(2.23a)和式(2.23b)确定所有质点的初位移和初速度，或通过式(2.25a)和式(2.25b)给出位移和速度的梯度。

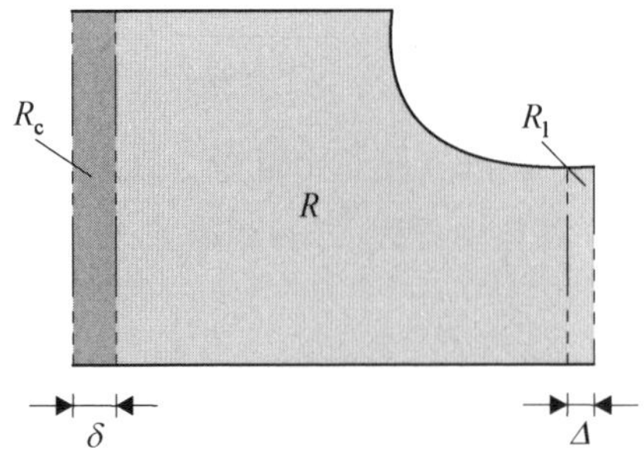

图7.9 位移和速度约束及外载荷的边界区域

如第2章所述，近场动力学理论中施加位移和速度约束的方法与经典连续力学相比有很大不同。如图7.9所示，约束条件可以施加在虚拟边界区域R_c的质点

上,虚拟边界区域的宽度尺寸与近场范围 δ 相等。可以使用式(2.26)和式(2.28)分别施加位移和速度约束。此外,外载作为体力施加在宽度为 Δ 的材料层 R_l 上,如图 7.9 所示。施加在区域内配置点上的体力幅值可以通过式(2.34a)、式(2.34b)得到,其取值根据载荷性质调整,即分布压力载荷或集中力载荷。

7.9 预置裂纹和不失效区

在很多实际应用中,裂纹一开始就存在或者分布在结构的多个部位。使用 PD 方法很容易构建这些初始裂纹。如图 7.10 所示,穿过裂纹表面的所有质点间相互作用力被永久截断,被截断的相互作用力的完整集合构成了裂纹表面。如果结构中有多条裂纹存在,则对每个裂纹表面都进行同样的处理。

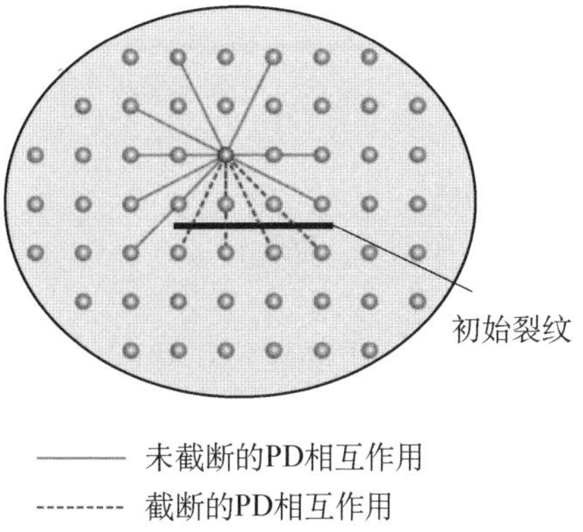

图 7.10 截断穿越裂纹表面的 PD 作用力

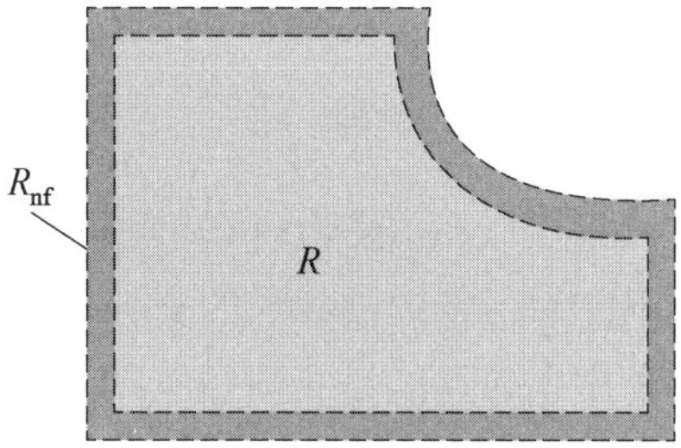

图 7.11 不失效区

对于某些极端载荷条件,在靠近外部边界的配置点之间可能会发生意外的失效。此时可以选择适当宽度的区域作为不失效区 R_{nf},如图 7.11 所示。这个区域内的配置点间的相互作用不允许失效。选择不失效区的厚度时,应使其不会对结构的整体断裂行为产生不利影响。

7.10 裂纹扩展的局部损伤

局部损伤的度量取决于近场域和质点间距之间的关系。为了提高计算效率,近场范围通常定义为质点间距 Δ 的三倍,即 $\delta = 3\Delta$。

如图 7.12(a)所示,质点 $\boldsymbol{x}_{(j-)}$ 和在代表裂纹表面的虚线以上的其他质点 $\boldsymbol{x}_{(k+)}$ 间互相作用力的消除,导致在质点 $\boldsymbol{x}_{(j-)}$ 处产生 $\phi \approx 0.38$ 的局部损伤。虽然不可计算,但当近场范围接近无穷大时,质点 $\boldsymbol{x}_{(j-)}$ 的局部损伤接近一半($\phi =$

0.5)。如果质点 $\boldsymbol{x}_{(j-)}$ 刚好位于代表裂纹表面的虚线的前面,如图 7.12(b)所示,则它与在虚线以上直接与 $\boldsymbol{x}_{(j-)}$ 对齐的质点 $\boldsymbol{x}_{(k+)}$ 的相互作用仍保持完好。此时计算得到的 $\boldsymbol{x}_{(j-)}$ 的局部损伤 $\varphi\approx 0.14$。如果质点 $\boldsymbol{x}_{(j-)}$ 刚好位于代表裂纹表面的虚线后面,如图 7.12(c)所示,则它与在虚线上方且直接与 $\boldsymbol{x}_{(j-)}$ 对齐的质点 $\boldsymbol{x}_{(k+)}$ 的相互作用不再存在。此时计算得到的 $\boldsymbol{x}_{(j-)}$ 的局部损伤 $\varphi\approx 0.24$。

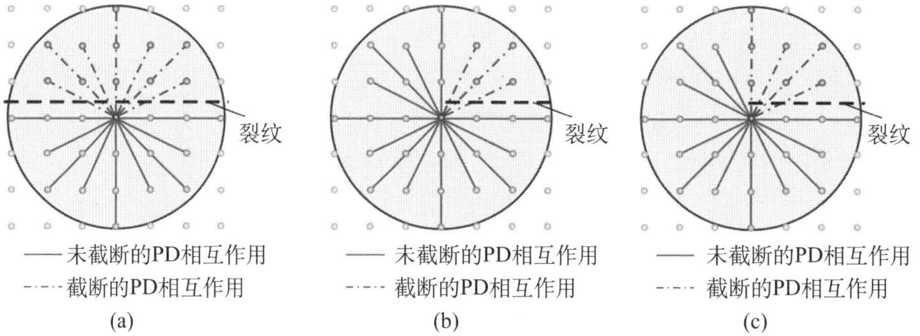

图 7.12 质点的局部损伤

(a) 在裂纹平面上 (b) 在裂纹尖端前 (c) 在裂纹尖端后

根据局部损伤值,可以建立由 PD 方法得到的裂纹扩展路径。然而,局部损伤不能对特定的被截断的交互作用提供任何信息。因此在确定裂纹路径时,还应考虑相邻点的局部损伤值。

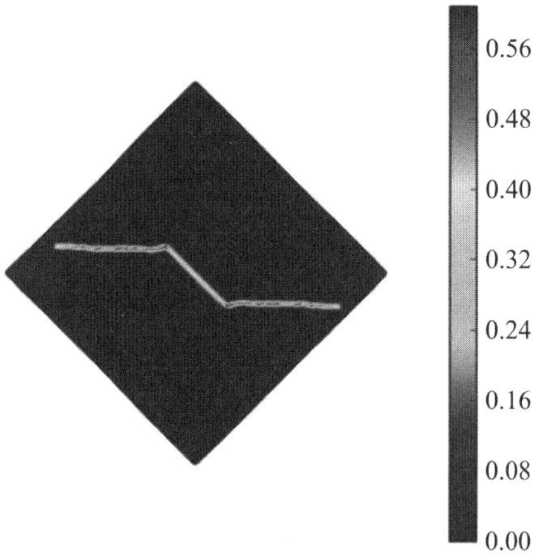

图 7.13 在 PD 模型中预测裂纹路径的局部损伤方法

离裂纹表面越远的质点的局部损伤程度越小。例如,计算离虚线(裂纹表面)距离 0.5Δ、1.5Δ、2.5Δ 的质点 $\boldsymbol{x}_{(j-)}$ 的局部损伤值分别为 $\varphi\approx 0.38$、$\varphi\approx 0.16$ 和 $\varphi\approx 0.02$。裂纹表面只对距离其 2Δ 内的质点产生明显的局部损伤值。因此,局部损伤值可被用于确定裂纹路径和尖端,误差小于 2Δ。图 7.13 展示了近场动力学模型中带裂纹板的局部损伤,裂纹的路径和尖端都清晰可见。

7.11 质点的空间划分

在 PD 理论中，某一质点处的相互作用数量受限于作用区域（称为近场范围）的大小。引入近场范围使计算变得容易实行，否则对于有 N 个质点的物体，每一时间步都需要考虑的相互作用的数量就是 N^2。如果有大量的质点，则会非常耗时。根据连续性假设，质点在变形过程中其相邻的质点保持相同，因此在计算过程中，对每个质点只需要确定一次近场范围中的族成员。

在确定族成员的同时，可以将计算域分割成大小相同的子域，这对于提高计算效率非常有利，如图 7.14 所示。子域的尺寸必须比近场范围的尺寸大。搜索族成员时，只需要在相邻的子域的配置点中进行，如 7.14(b)所示。

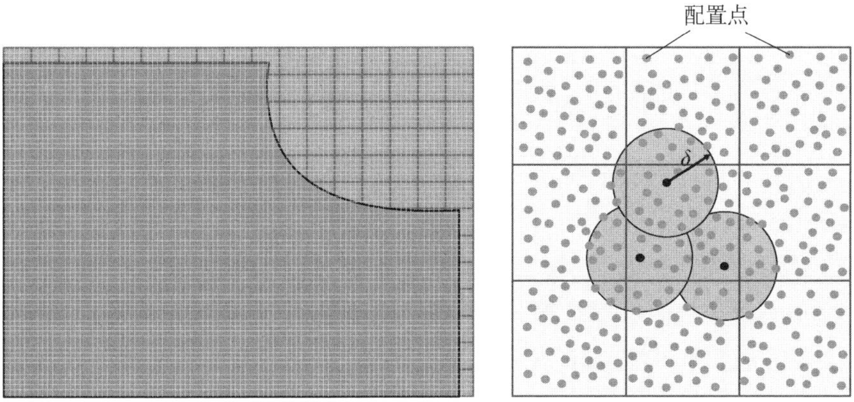

(a) (b)

图 7.14 均匀网格和配置点的相互作用

此外，遵循一个有效的配置点的族成员的存储程序，可以克服存储空间有限的问题。为此可以采用两个不同的数组：第一个数组（见图 7.15 中的数组＃1）将所有质点的族成员按顺序存储为一列；第二个数组（见图 7.15 中的数组＃2）用作第一个数组的指针，以便从第一个数组中提取特定质点的族成员。数组＃2 中的每个元素都对应于数组＃1 中一个特定质点的第一个族成员质点的位置。例如，如图 7.15 所示，数组＃2 的第二个元素（4）与质点＃2 相

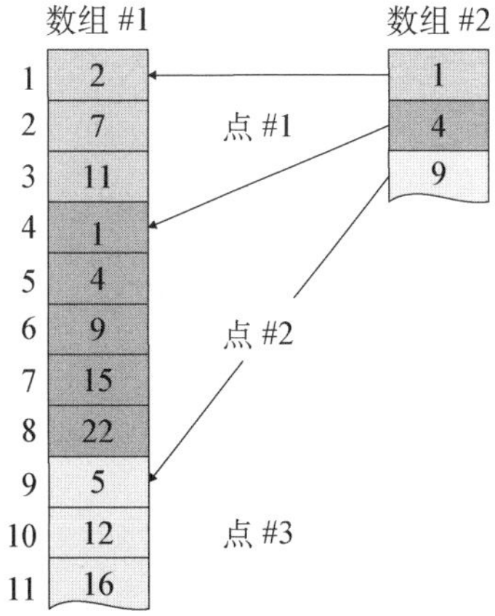

图 7.15 存储族成员信息的数组

关联，表示数组＃1中的第4个元素是质点＃2族成员中的第一个质点的编号。

7.12 并行计算的利用和负载平衡

PD计算模型的无网格架构非常适合进行并行计算。因此，根据使用的处理器数量，并行计算可以显著提高计算效率。目前，有多种设备支持并行计算，如中央处理单元(CPU)和图形处理单元(GPU)。并行编程的关键是载荷的平均分配，从而充分发挥并行计算的最大优势。通过向每个处理器分配大约相同数量的配置点，可以获得有效的载荷平衡。否则在一个时间步结束时，一个处理器比其他处理器提早结束工作，那么它必须等待其他处理器结束工作才能开始下一时间步。此外，需要将分配给不同处理器的配置点间的PD相互作用数量保持在最低水平，为了避免不同处理器之间争用计算资源，这些相互作用是由一个单独的处理器执行的。当多个处理器试图访问相同的共享内存时，会发生争用情况。

计算域可以分割成子域，每个子域通过二元空间分解分配给一个特定的处理器，如图7.16所示(Berger 和 Bokhari，1987)。这种方法能控制在不同区域配置点的集中程度变化。分解过程有多个步骤，每个步骤中每个子域被分成两个新的长方形子域。可以根据分配给每个子域的配置点数量估算计算量。例如，如果有 p 个处理器可用，其中 p 不必为偶数，则域分解成两部分，各自有 s_1 和 s_2 个配置点，尽量使 s_1 和 s_2 的比值等于或接近 $(p/2)/(p-p/2)$。为了减少子域间相互作用的数量，分割方向选择域的最长边。于是 $p/2$ 个处理器分配给有 s_1 个配置点的子域，$(p-p/2)$ 个处理器分配给有 s_2 个配置点的子域。当可分配的处理器数量大于1时，每个子域再次分解成下级子域。如图7.17和图7.18所示，子域分别分配给了这四个处理器，图7.17和图7.18分别使用四个处理器和分配给这四个处理器的子域，展示了两步二元分解的树结构。

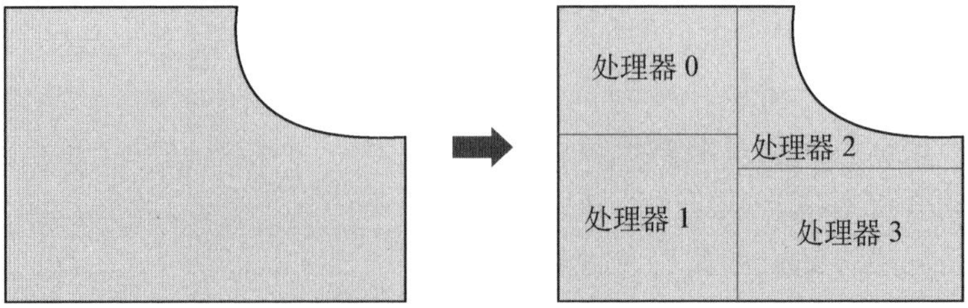

图 7.16 处理器分配

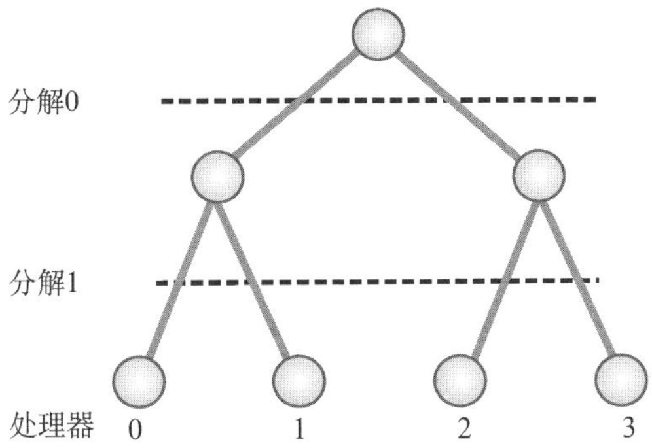

图 7.17 构建分解的树状结构

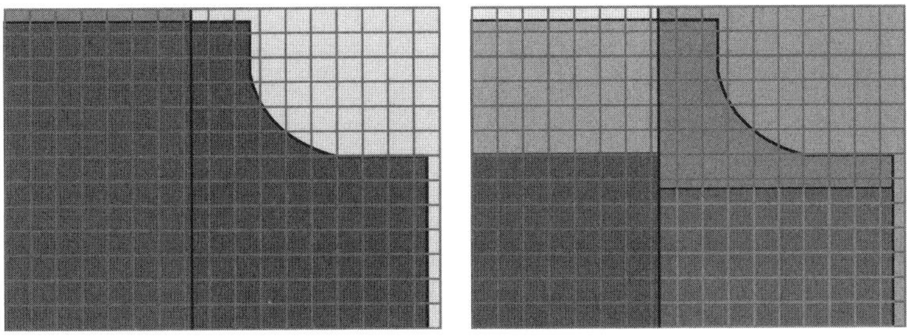

图 7.18 二元空间分解

参考文献

Berger MJ, Bokhari SH (1987) A partition strategy for nonuniform problems on multiprocessors. IEEE Trans Comp C-36: 570-580.

Kilic B (2008) Peridynamic theory for progressive failure prediction in homogeneous and heterogeneous materials. Dissertation, University Arizona.

Kilic B, Madenci E (2010) An adaptive dynamic relaxation method for quasi-static simulations using the peridynamic theory. Theor Appl Fract Mech 53: 194-201.

Lovie TG, Metzger DR (1999) Lumped mass tensor formulation for dynamic relaxation. In: Hulbert GM (ed) Computer technology, ASME PVP vol 385, Boston, pp 255-260.

Rao SS (2004) Mechanical vibrations, 4th edn. Pearson Prentice Hall, Upper Saddle River.

Sauve RG, Metzger DR (1997) Advances in dynamic relaxation techniques for nonlinear finite element analysis. J Pres Ves Tech 117: 170-176.

Silling SA (2004) EMU user's manual, Code Ver. 2. 6d. Sandia National Laboratories, Albuquerque.

Silling SA, Askari E (2005) A meshfree method based on the peridynamic model of solid mechanics. Comput Struct 83: 1526 - 1535.
Underwood P (1983) Dynamic relaxation. Comput Meth Trans Anal 1: 245 - 265.

8 基 准 算 例

本章提供了许多基准问题的近场动力学解，并与经典连续介质力学的解，比如解析解或有限元解，进行了比较。本章近场动力学解的构造过程不考虑失效和损伤。这些基准问题主要涉及具有简单几何形状、承受简单准静态或动态载荷的结构。

首先，模拟了一个具有初始伸长变形的一维杆在一段时间后被释放的问题，然后考虑同一杆件在准静态外力下的拉伸变形。其次，考虑了一个二维各向同性和一个特殊正交各向异性平板在单轴拉伸或均匀温度变化下的力学响应。最后，研究了三维问题的建模，包括物体在拉伸、弯曲或者压缩载荷下，以及带有球形空腔的物体在径向拉伸截荷下的变形。通过开发专门的 FORTRAN 程序得到了这些问题的近场动力学解，程序可以在 http://extras. springer. com 网站上获得。

8.1 杆的轴向振动

一根杆受到短时间的初始拉伸载荷，然后卸载。如图 8.1 所示，杆结构的左端固支。通过给定的几何参数、材料属性、边界条件和初始条件以及近场动力学离散模型和时间积分参数，即可求解。

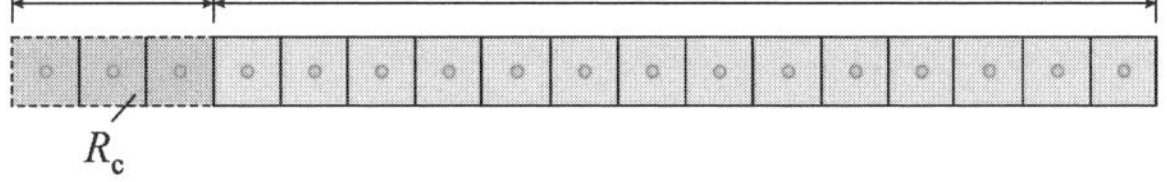

图 8.1 杆结构承受初始应变及其离散模型

1）几何参数

（1）杆的长度 $L = 1$ m。

(2) 横截面积 $A = h \times h = 1 \times 10^{-6}\ \mathrm{m}^2$。

2) 材料属性

(1) 杨氏模量 $E = 200\ \mathrm{GPa}$。

(2) 泊松比 $\nu = 0.25$。

(3) 密度 $\rho = 7\,850\ \mathrm{kg/m^3}$。

3) 边界条件

$u_x(x = 0) = 0$。

4) 初始条件

(1) 初始位移梯度 $\dfrac{\partial u_x}{\partial x} = \varepsilon H(\Delta t - t)$,其中 $\varepsilon = 0.001$。

(2) 初始速度 $\dot{u}_x(x, t) = 0$。

5) PD 离散模型和时间积分参数

(1) x 方向的总质点数为 $1\,000 + 3$。

(2) y 方向的总质点数为 1。

(3) z 方向的总质点数为 1。

(4) 质点间距 $\Delta = 0.001\ \mathrm{m}$。

(5) 单个质点的体积 $\Delta V = 1 \times 10^{-9}\ \mathrm{m}^3$。

(6) 虚拟边界区域体积 $\Delta V_\delta = 3 \times 1 \times 1 \times \Delta V = 3 \times 10^{-9}\ \mathrm{m}^3$。

(7) 邻域范围 $\delta = 3.015\Delta$。

(8) 自适应动力松弛法:不使用。

(9) 时间步长 $\Delta t = 1.945\,98 \times 10^{-7}\ \mathrm{s}$。

(10) 总时间步数为 26 000。

6) 数值解结果

Rao 在文献(2004)中给出的这个问题的解析解可以写为

$$u_x(x, t) = \frac{8\varepsilon L}{\pi^2} \sum_{n=0}^{\infty} \frac{(-1)^n}{(2n+1)^2} \sin\left[\frac{(2n+1)\pi x}{2}\right] \cos\left[\sqrt{\frac{E}{\rho}}\,\frac{(2n+1)\pi}{2} t\right] \tag{8.1}$$

在图 8.2 中,对比了位于 $x = 0.499\,5\ \mathrm{m}$ 处的质点分别使用 PD 方法和解析法得到的时间-位移曲线,可以看出 PD 方法有效地模拟了杆的轴向振动。

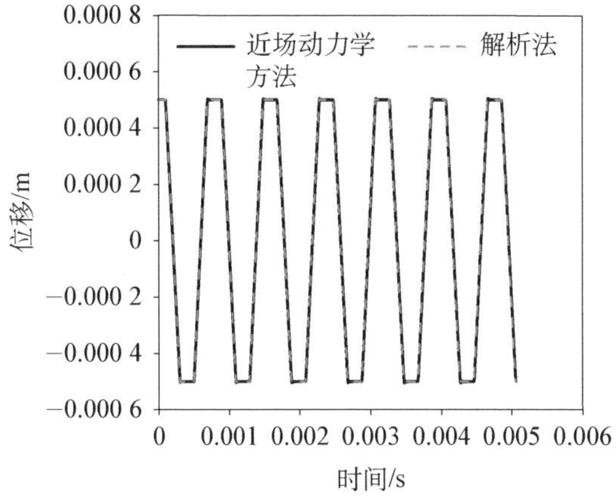

图 8.2 位于 $x = 0.4995$ m 处的质点的时间位移曲线

8.2 受拉伸的杆

现在让上一节提到的杆在初始时处于自由状态，但是在杆的自由端受到 $F = 200$ N 的准静态拉伸载荷（见图 8.3）。除了加载载荷和时间积分格式不同，其余近场动力学离散参数仍和上节保持一致。外载荷以体力密度的形式施加在边界区域上。相关参数如下所示。

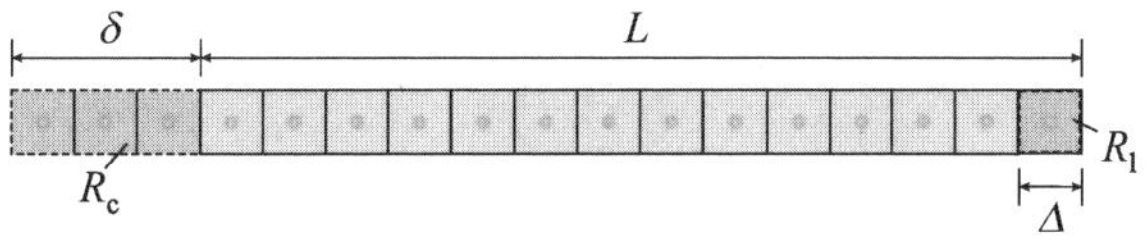

图 8.3 受拉伸杆的几何尺寸和离散模型

(1) 边界层体积 $\Delta V_{\Delta} = 1 \times 1 \times 1 \times \Delta V = 1 \times 10^{-9}$ m^3。

(2) 施加的体力密度 $b_x = F/\Delta V_{\Delta} = 2 \times 10^{11}$ N/m^3。

(3) 自适应动力松弛法：使用。

(4) 时间步长 $\Delta t = 1.0$ s。

(5) 总时间步数为 10 000。

数值解结果：从图 8.4 中可以看出，在迭代 5 000 步后，杆中心处质点的位移收敛到一个稳定值。因此，将迭代 10 000 步后的质点的轴向位移与简单的解析解（见下式）进行对比。

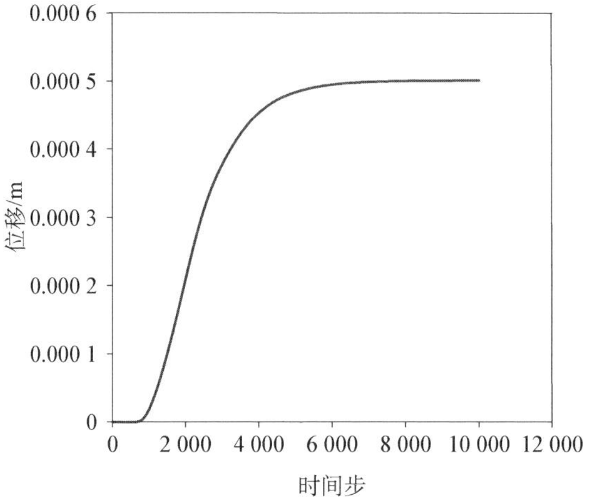

图 8.4 杆中心点的位移随时间变化曲线

$$u_x = \frac{F}{AE}x = 0.001x \tag{8.2}$$

可从图 8.5 中观察到，PD 解与解析解基本一致。

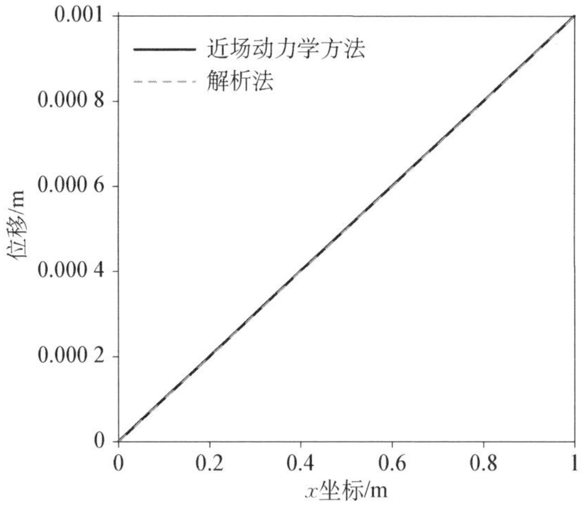

图 8.5 在时间步为 10 000 步时杆轴向位移的近场动力学解和解析解对比

8.3 受单轴拉伸或温度均匀变化的各向同性平板

如图 8.6 所示，一个矩形的各向同性平板受到单轴均匀拉伸或温度均匀变化。板不受任何位移约束，施加的拉伸载荷以边界层体力密度的形式引入。通过既定的几何参数、材料属性、施加的载荷以及 PD 离散参数,可以计算出近场动力学数值解。相关参数与数值解如下所示。

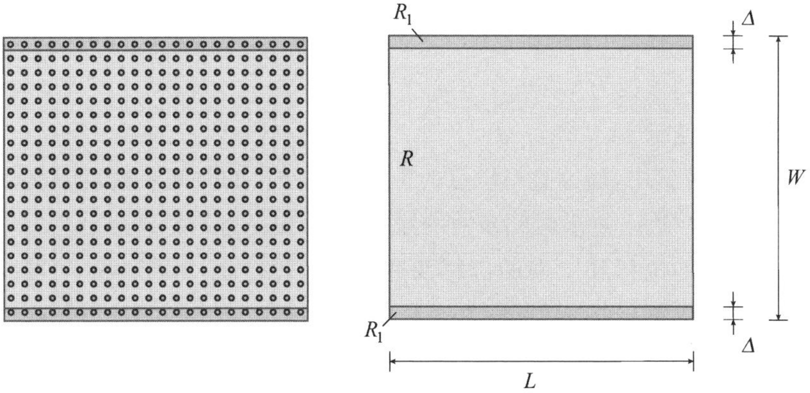

图 8.6　受单轴拉伸或温度均匀变化的平板的几何尺寸和离散模型

1）几何参数

（1）板的长度 $L=1$ m。

（2）板的宽度 $W=0.5$ m。

（3）板的厚度 $h=0.01$ m。

2）材料属性

（1）杨氏模量 $E=200$ GPa。

（2）泊松比 $\nu=1/3$。

（3）密度 $\rho=7\,850$ kg/m^3。

（4）热膨胀系数 $\alpha=23\times10^{-6}$/℃。

3）施加的载荷

（1）单轴拉伸载荷 $p_0=200$ MPa。

（2）均匀温度变化量 $\Delta T=50$℃。

4）PD 离散参数

（1）x 方向质点总数为 100。

（2）y 方向质点总数为 50。

（3）z 方向质点总数为 1。

（4）质点间距 $\Delta=0.01$ m。

（5）单个质点体积 $\Delta V=1\times10^{-6}$ m^3。

（6）边界层体积 $\Delta V_\Delta=1\times50\times1\times\Delta V=50\times10^{-6}$ m^3。

(7) 施加的体力密度 $b_x = (p_0Wh)/\Delta V_\Delta = 2\times 10^{10}\ \mathrm{N/m^3}$。

(8) 邻域半径 $\delta = 3.015\Delta$。

(9) 自适应动力松弛法：使用。

(10) 时间步长 $\Delta t = 1.0\ \mathrm{s}$。

(11) 总时间步数为 4 000。

5) 数值解结果

在上一个算例中，通过监测质点的位移确保迭代的时间步数足够使数值解收敛。如图 8.7 所示，随着时间步数的增加，位于 $x = 0.255\ \mathrm{m}$，$y = 0.125\ \mathrm{m}$ 处的质点在 x 向的位移和 y 向的位移快速收敛到稳定值。因此，总时间步数为 4 000即可确保得到一个收敛的解。

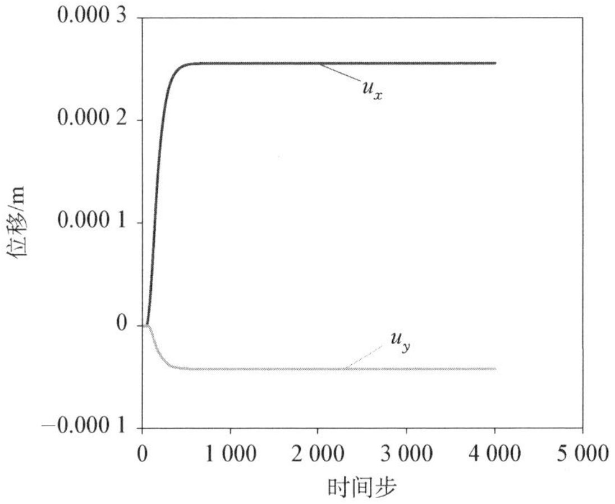

图 8.7　$x = 0.255$ m，$y = 0.125$ m 处质点位移分量 u_x 和 u_y 的收敛性

如图 8.8 所示，通过对比 $u_x(x,\ y = 0)$ 和 $u_y(x = 0,\ y)$ 处的 PD 解和式(8.3a)、式(8.3b)给出的解析解，可以看出 PD 解和解析解可以很好地吻合。

$$u_x(x,\ y = 0) = \frac{p_0}{E}x \tag{8.3a}$$

和

$$u_y(x = 0,\ y) = -\nu\frac{p_0}{E}y \tag{8.3b}$$

在只考虑均匀温度变化 $\Delta T = 50℃$ 的情形下，将 $u_x(x,\ y = 0)$ 和 $u_y(x = 0,\ y)$ 的 PD 解与解析解进行对比。

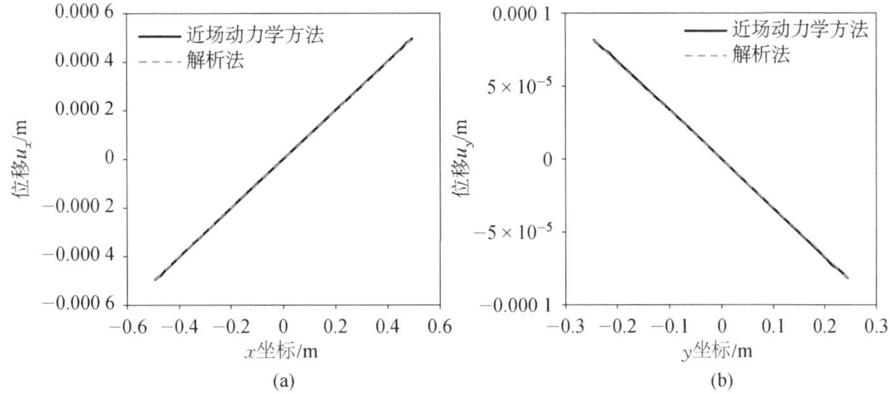

图 8.8 在单轴拉伸载荷下,平板中心线上的位移

(a) $u_x(x, y=0)$ (b) $u_y(x=0, y)$

$$u_x(x, y=0)=\alpha(\Delta T)x \tag{8.4a}$$

和

$$u_y(x=0, y)=\alpha(\Delta T)y \tag{8.4b}$$

如图 8.9 所示,PD 解和解析解也十分一致。

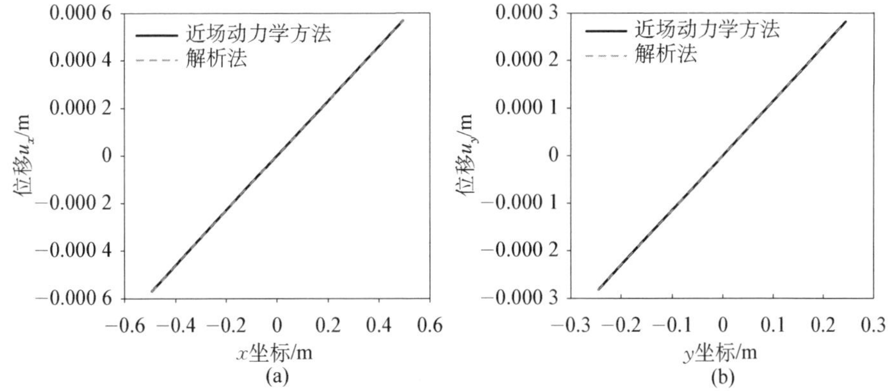

图 8.9 温度均匀变化后,平板中心线上的位移

(a) $u_x(x, y=0)$ (b) $u_y(x=0, y)$

8.4 受单轴拉伸或温度均匀变化的单层板

这个算例与前一个算例除了材料属性存在差异,其他条件都是相似的。计算模型是一块性能与材料方向有关的纤维增强复合材料单层板。纤维方向与拉伸载荷方向一致。如图 8.10 所示,一个矩形单层板受到单轴均匀拉伸或温度均匀变化。单层板不受任何位移约束。施加的拉力在边界层区域以体力密度的形式引入。通过既定的几何参数、材料属性、施加的载荷以及近场离散参数,可以计算出近场动力学数值解。相关参数与数值解如下所示。

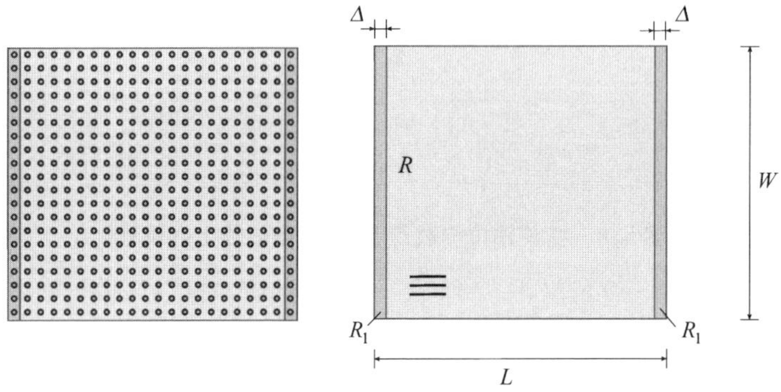

图8.10 受单轴拉伸或温度均匀变化的单层板的几何尺寸及其离散模型

1）几何参数

（1）板的长度 $L = 152.4\ \mathrm{mm}$。

（2）板的宽度 $W = 76.2\ \mathrm{mm}$。

（3）板的厚度 $h = 0.165\,1\ \mathrm{mm}$。

2）材料属性

（1）纤维方向弹性模量 $E_{11} = 159.96\ \mathrm{GPa}$。

（2）横向弹性模量 $E_{22} = 8.96\ \mathrm{GPa}$。

（3）面内泊松比：$\nu_{12} = 1/3$。

（4）面内剪切模量 $G_{12} = 3.005\,4\ \mathrm{GPa}$。

（5）密度 $\rho = 8\,000\ \mathrm{kg/m^3}$。

（6）纤维方向热膨胀系数 $\alpha_1 = -1.52 \times 10^{-6}/℃$。

（7）横向热膨胀系数 $\alpha_2 = 34.3 \times 10^{-6}/℃$。

3）施加的载荷

（1）单轴拉伸载荷 $p_0 = 159.96\ \mathrm{MPa}$。

（2）均匀的温度变化 $\Delta T = 50℃$。

4）近场离散参数

（1）x 方向质点总数为 240。

（2）y 方向质点总数为 120。

(3) z 方向质点总数为 1。

(4) 质点间距 $\Delta = 0.635$ mm。

(5) 质点体积 $\Delta V = 66.5724475 \times 10^{-12}$ m^3。

(6) 边界层体积 $\Delta V_{\Delta} = 1 \times 120 \times 1 \times \Delta V = 7.989 \times 10^{-9}$ m^3。

(7) 施加的体力密度 $b_x = (p_0 Wh)/\Delta V_{\Delta} = 25.19 \times 10^{10}$ N/m^3。

(8) 邻域半径 $\delta = 3.015\Delta$。

(9) 自适应动力松弛法：使用。

(10) 时间步长 $\Delta t = 1.0$ s。

(11) 总时间步数为 4 000。

5) 数值解结果

如图 8.11 所示，基于收敛性的研究，4 000 个时间步足够使 PD 解达到一个稳定的状态。在单轴拉伸载荷作用下，将单层板中心的 x 方向和 y 方向的位移分量的 PD 解与解析解进行对比。

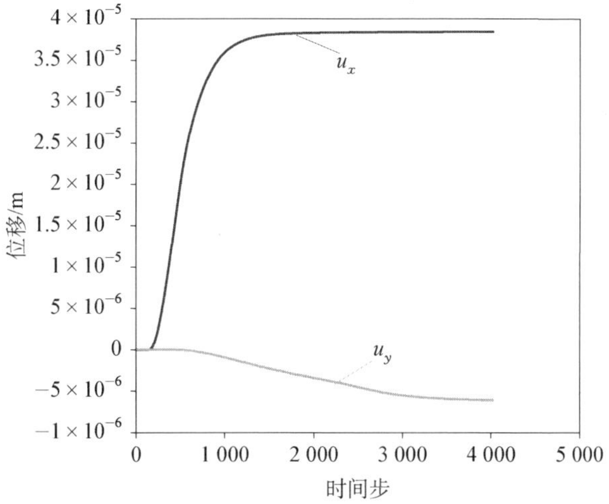

图 8.11 位于 $x = 38.4175$ mm、$y = 18.7325$ mm 处的质点位移分量 u_x 和 u_y 的收敛性

$$u_x(x,\ y=0) = \frac{p_0}{E_{11}} x \tag{8.5a}$$

和

$$u_y(x=0,\ y) = -\nu_{12} \frac{p_0}{E_{11}} y \tag{8.5b}$$

在图 8.12 中可以看到 PD 解和解析解的结果是高度吻合的。在卸除拉伸载荷后，使单层板承受一个均匀的温度变化 $\Delta T = 50℃$。将 $u_x(x, y=0)$ 和 $u_y(x=0, y)$ 的 PD 解与解析解进行对比。

$$u_x(x, y=0) = \alpha_1(\Delta T)x \tag{8.6a}$$

和

$$u_y(x=0, y) = \alpha_2(\Delta T)y \tag{8.6b}$$

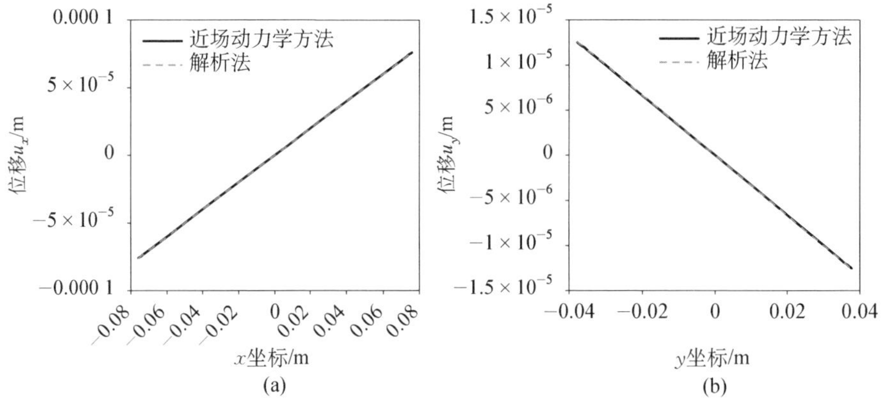

图 8.12　受轴向均匀拉伸载荷时单层板中心线上的位移

(a) $u_x(x, y=0)$　(b) $u_y(x=0, y)$

在图 8.13 中可以看到 PD 解和解析解的结果是高度吻合的。

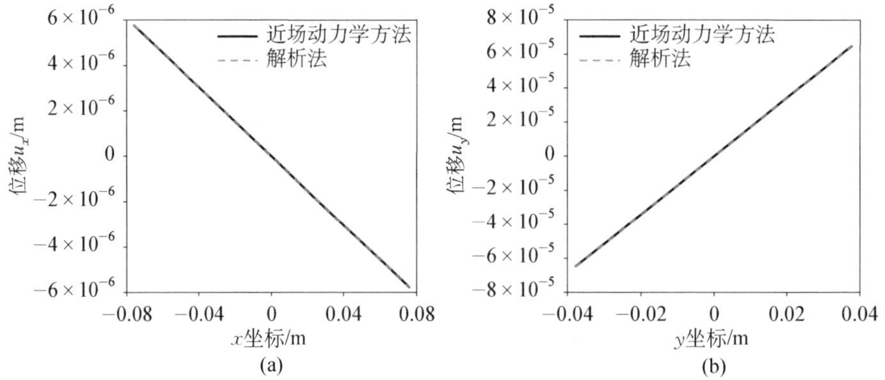

图 8.13　温度均匀变化时单层板中心线上的位移变化

(a) $u_x(x, y=0)$　(b) $u_y(x=0, y)$

8.5 受拉伸载荷的长方体

一个三维长方体在自由端受到拉伸载荷。如图 8.14 所示，长方体的另一端被完全固定住。通过既定的几何参数、材料属性、边界条件、施加的载荷以及近场离散参数，可以计算出近场动力学数值解。相关参数和数值解如下所示。

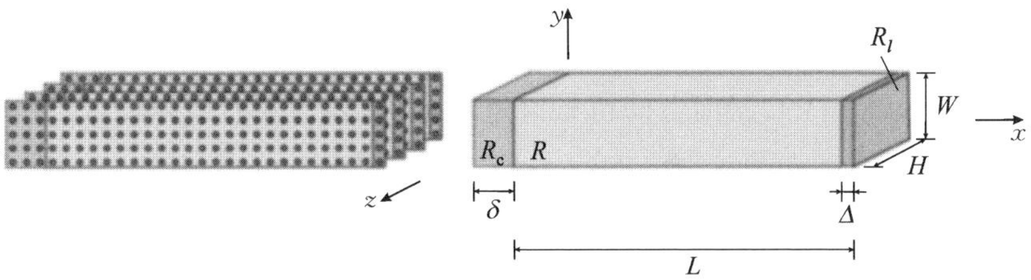

图 8.14 受拉伸载荷的长方体的几何尺寸及其离散模型

1）几何参数

（1）长方体的长度 $L = 1.0$ m。

（2）长方体的宽度 $W = 0.1$ m。

（3）长方体的厚度 $h = 0.1$ m。

2）材料属性

（1）杨氏模量 $E = 200$ GPa。

（2）泊松比 $\nu = 0.25$。

（3）密度 $\rho = 7\,850$ kg/m^3。

3）边界条件

左端侧边界条件：$u_x = u_y = u_z = 0$。

4）施加的载荷

单向拉伸载荷 $p_0 = 200$ MPa。

5）近场离散参数

（1）x 方向质点总数为 $100 + 3$。

（2）y 方向质点总数为 10。

（3）z 方向质点总数为 10。

（4）质点间距 $\Delta = 0.01$ m。

（5）单个质点的体积 $\Delta V = 1 \times 10^{-6}$ m^3。

(6) 边界层体积 $\Delta V_{\Delta} = 1 \times 10 \times 10 \times \Delta V = 1 \times 10^{-4}\ \text{m}^3$。

(7) 施加的体力密度 $b_x = (p_0 W h)/\Delta V_{\Delta} = 2 \times 10^{10}\ \text{N/m}^3$。

(8) 邻域半径 $\delta = 3.015\Delta$。

(9) 自适应动力松弛法：使用。

(10) 时间步长 $\Delta t = 1.0\ \text{s}$。

(11) 总时间步数为 4 000。

6) 数值解结果

基于图 8.15 中所示的收敛性研究，总时间步数 1 000 已经可使解达到收敛状态。通过与物体中心轴向上的位移分量的解析解进行对比，以验证近场动力学数值解的有效性，如图 8.16 所示。

$$u_x(x,\ y=0,\ z=0) = \frac{p_0}{E} x \tag{8.7a}$$

$$u_y(x=0,\ y,\ z=0) = -\nu \frac{p_0}{E} y \tag{8.7b}$$

$$u_z(x=0,\ y=0,\ z) = -\nu \frac{p_0}{E} z \tag{8.7c}$$

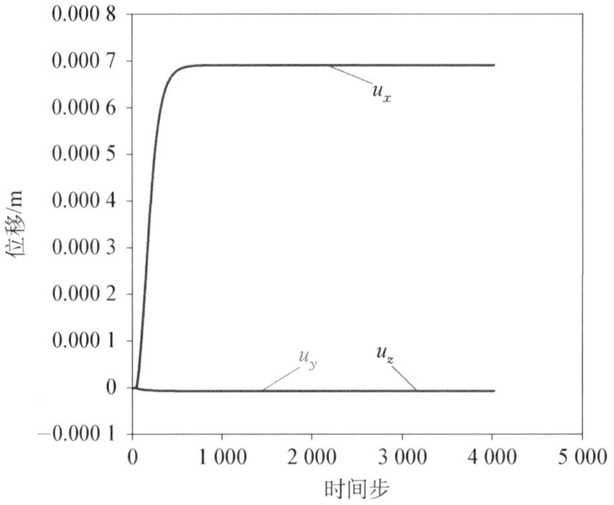

图 8.15　位于 $x = 0.695$ m, $y = 0.025$ m, $z = 0.025$ m 处的质点位移分量 u_x、u_y 和 u_z 的收敛性

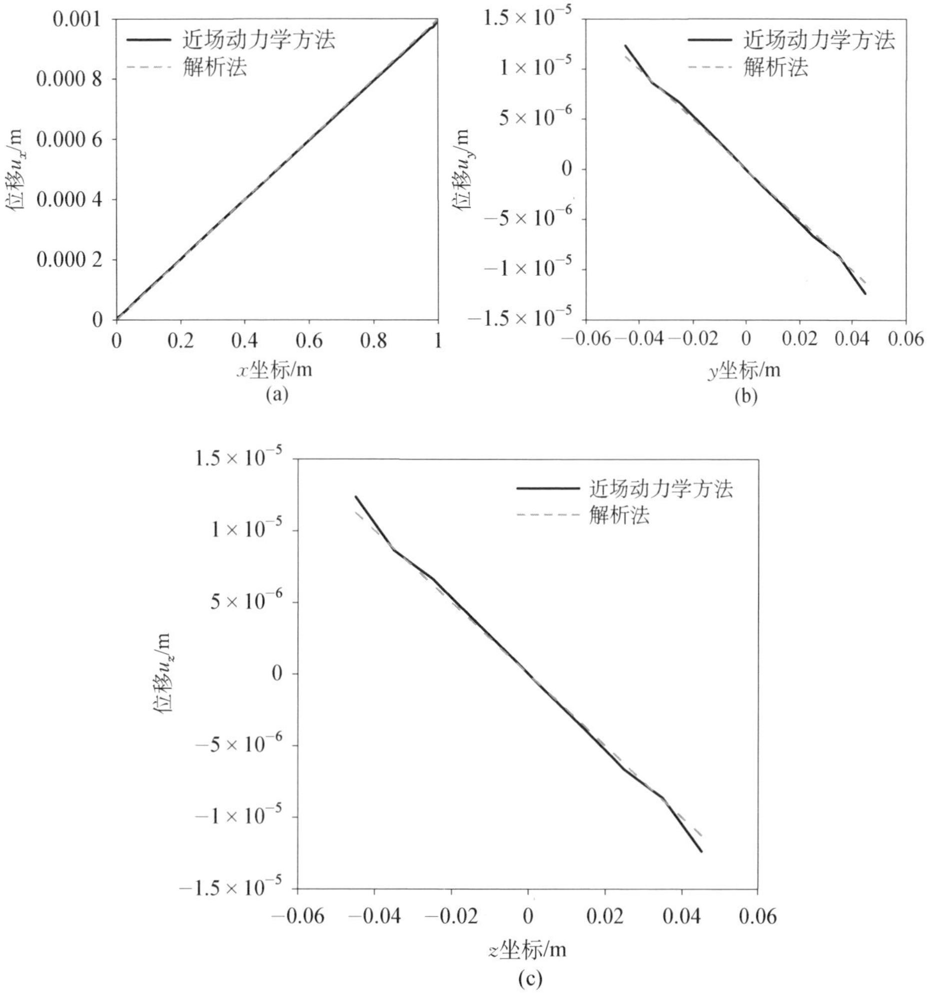

图 8.16 受均匀拉伸载荷时物体中心线上的位移

(a) $u_x(x,\ y=0,\ z=0)$ (b) $u_y(x=0,\ y,\ z=0)$ (c) $u_z(x=0,\ y=0,\ z)$

虽然这个算例的求解过程使用了较粗的离散模型，但是从图 8.16 中可以看出得到的数值解与解析解依然高度吻合。

8.6 受横向载荷的长方体

如图 8.17 所示，上一个算例中描述的长方体在自由端受到 $F=5\,000$ N 的横向载荷。除了体力密度更改为 $b_y=F/\Delta V_\Delta=5\times10^7$ N/m^3，其他近场离散参数与上一算例相同。

数值解结果：基于图 8.18 中所示的收敛性研究，总时间步数 8 000 已经可以充分使解达到稳定状态。通过与有限元法计算出的长方体中心轴（x 轴）方向上点的竖直方向位移分量（u_y）进行对比，以验证 PD 数值解的有效性。如图 8.19 所示，数值解和式(8.8)的解析解高度吻合。

$$u_y(x=0,\ y,\ z=0)=\frac{F}{6EI}(3L-x)x^2 \tag{8.8}$$

式中：I 为惯性矩。

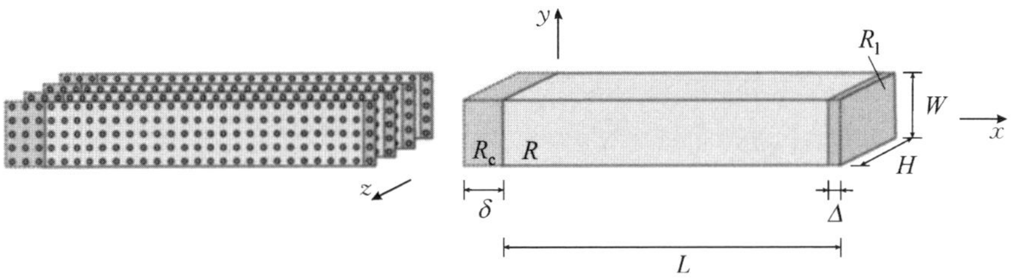

图 8.17 受横向力的长方体的几何尺寸及其离散模型

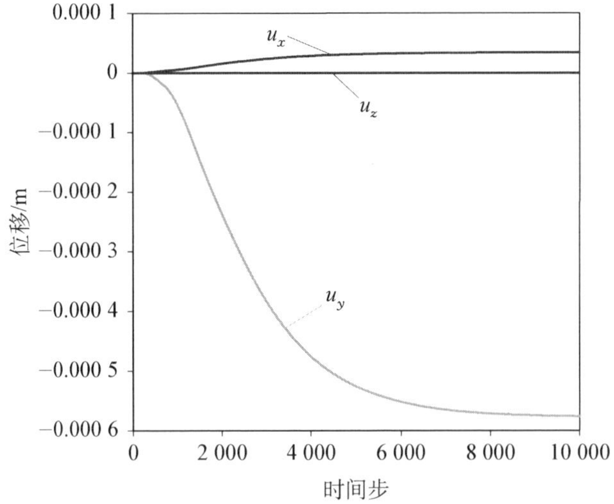

图 8.18 $x=0.695$ m，$y=0.025$ m，$z=0.025$ m 处的质点位移分量 u_x、u_y 和 u_z 的收敛性

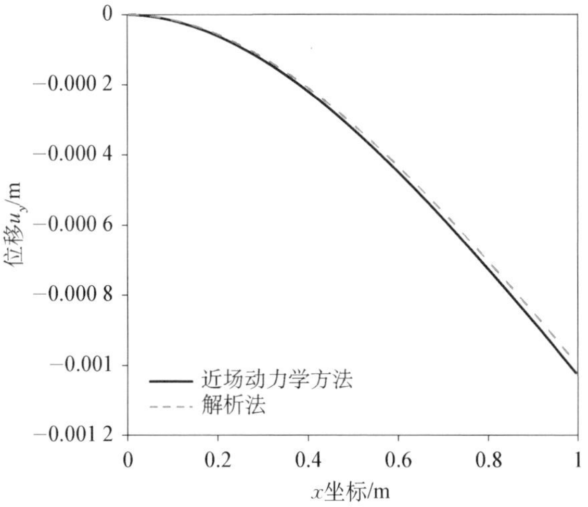

图 8.19 受横向力时长方体中心线上的位移变化 $u_y(x=0,\ y,\ z=0)$

8.7 受压缩载荷的长方体

通过在一个三维长方体的端部给予特定的位移条件来施加压缩载荷。如图 8.20 所示，在长方体上表面中心处引入一个小凹槽作为初始缺陷，以引起面外的位移。通过既定的几何参数、材料属性、边界条件以及近场离散参数，可以计算出近场动力学数值解。相关参数和数值解如下所示。

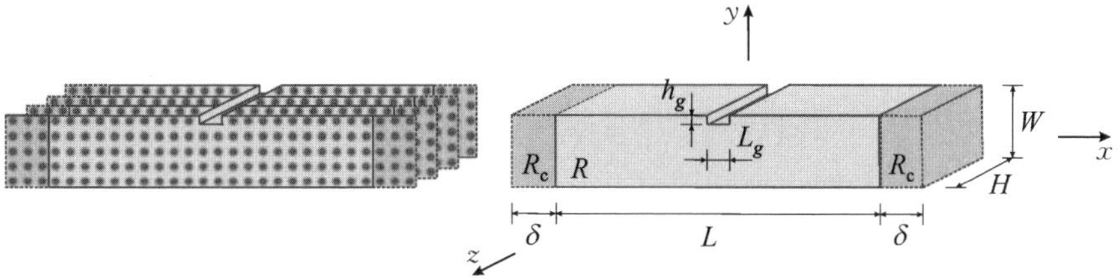

图 8.20 受压缩柱状长方体的几何尺寸及其离散模型

1）几何参数

（1）长方体的长度 $L = 254$ mm。

（2）长方体的宽度 $W = 10.16$ mm。

（3）长方体的厚度 $h = 10.16$ mm。

（4）凹槽长度 $L_g = 2.54$ mm。

(5) 凹槽深度：$h_g = 1.27$ mm。

2) 材料属性

(1) 杨氏模量 $E = 6.89 \times 10^4$ MPa。

(2) 泊松比 $\nu = 0.25$。

(3) 密度 $\rho = 2.77 \times 10^3$ kg/m^3。

3) 边界条件

(1) 左端边界条件 $u_x = 1.27$ mm，$u_y = u_z = 0$。

(2) 右端边界条件 $u_x = -1.27$ mm，$u_y = u_z = 0$。

4) 近场离散参数

(1) x 方向质点总数为 $200 + 3 + 3$。

(2) y 方向质点总数为 8。

(3) z 方向质点总数为 8。

(4) 质点间距 $\Delta = 1.27$ mm。

(5) 质点体积 $\Delta V = 2.05$ mm^3。

(6) 边界层体积 $\Delta V_\delta = 3 \times 8 \times 8 \times \Delta V = 393.6$ mm^3。

(7) 邻域范围为 $\delta = 3.015\Delta$。

(8) 自适应动力松弛法：使用。

(9) 时间步长 $\Delta t = 1.0$ s。

(10) 总时间步数为 20 000。

5) 数值解结果

与之前的其他算例一样，如图 8.21 所示，通过收敛性研究可以得出 15 000 个时间步可以使解在发生屈曲后达到稳定状态。通过图 8.22 可以看出，近场动力学预测的矩形柱的屈曲载荷 $P = 7\,650$ N。在远离加载端处，将垂直于加载方向的一个虚拟平面上的力求和即可计算出 PD 屈曲载荷。解析解 $P = 8\,422$ N 通过下式计算。

$$P = \frac{4\pi^2 EI}{L^2} \tag{8.9}$$

式中：I 为惯性矩。尽管近场离散度较为粗略，但得到的解仍然精确。此外，将 PD 计算得到的沿着中心 x 轴向上的点的轴向和横向位移与有限元结果进行对比。通过图 8.23 可以看出，两种方法计算的结果一致。图 8.24 给出了矩形柱横向位移云图和变形后的构型。

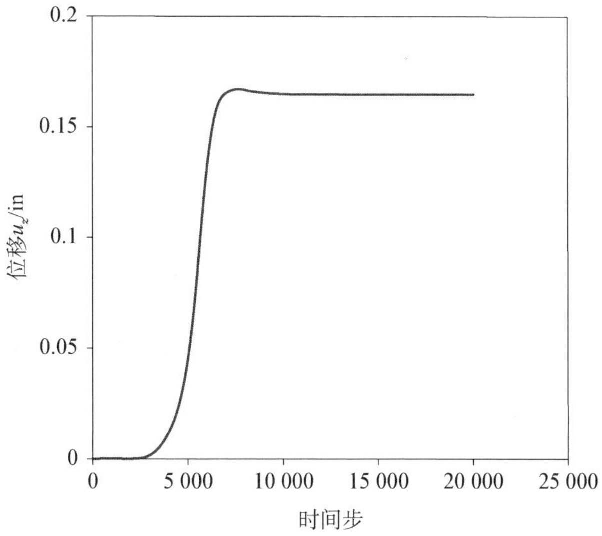

图 8.21 位于 $x = 2.975$ in①，$y = 0.125$ in，$z = 0.125$ in 处的横向位移 u_z 的收敛性

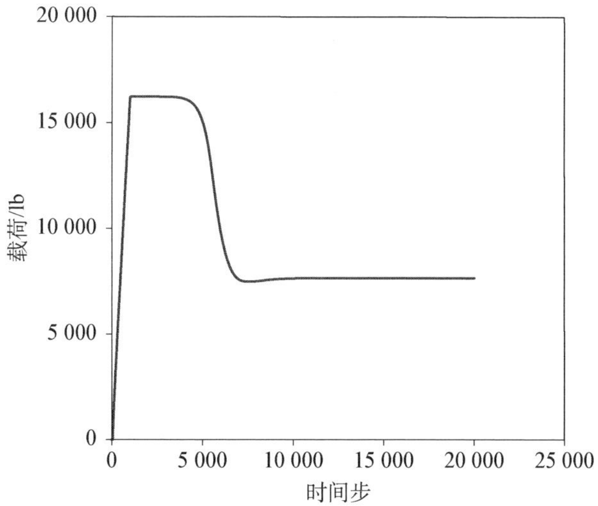

图 8.22 柱体横截面上所受力的收敛性

① in:英寸,长度单位,1 in=25.4 mm。

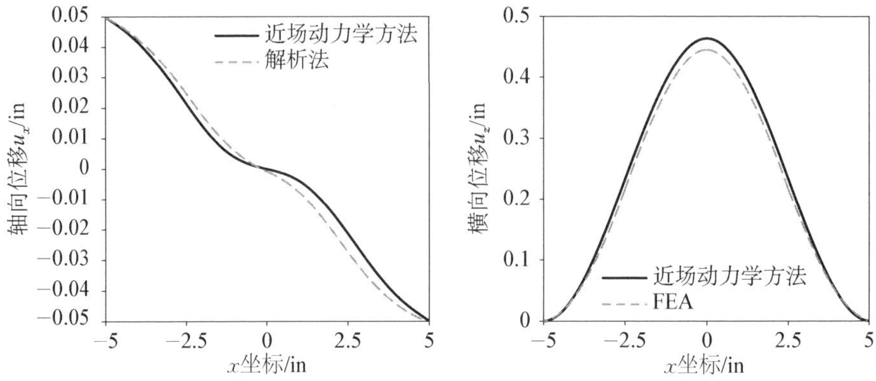

图 8.23 矩形柱中心轴(x 轴)上的位移变化

(a) 轴向位移 u_x (b) 横向位移 u_z

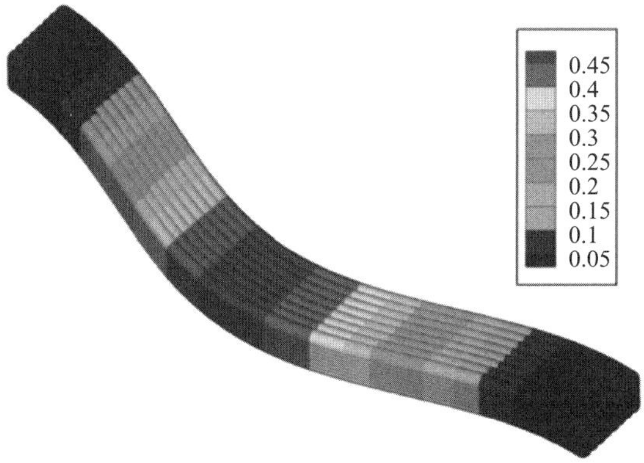

图 8.24 矩形柱的横向位移云图及变形后的构型

8.8 内部具有球形空心的长方体受径向内压

本章的最后一个算例为一个内部具有球形空心的长方体受径向内压，如图 8.25 所示。通过既定的几何参数、材料属性、边界条件以及近场离散参数，可以计算出近场动力学数值解。

1) 几何参数

(1) 块体的长度 $L = 1$ m。

(2) 块体的宽度 $W = 1$ m。

(3) 块体的厚度 $h = 1$ m。

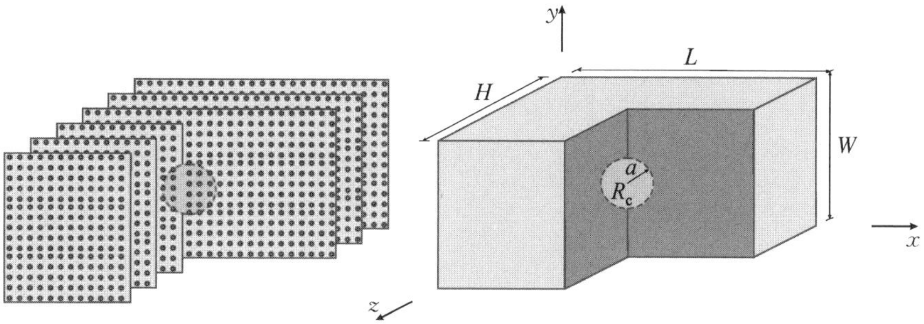

图 8.25 带球形空心的长方体受径向内压的几何尺寸及其离散模型

(4) 空心球体半径 $a = 0.15$ m。

2) 材料属性

(1) 杨氏模量 $E = 200$ GPa。

(2) 泊松比 $\nu = 0.25$。

(3) 密度 $\rho = 7\,850$ kg/m^3。

3) 边界条件

空心球体表面径向位移 $u_r = u^* = 0.001$ m。

4) 近场离散参数

(1) x 方向质点总数为 81。

(2) y 方向质点总数为 81。

(3) z 方向质点总数为 81。

(4) 质点间距 $\Delta = 0.012\,5$ m。

(5) 单个质点的体积 $\Delta V = 1.953\,125 \times 10^{-6}$ m^3。

(6) 边界层体积 $\Delta V_\delta = 4/3\pi a^3 = 1.413\,7 \times 10^{-2}$ m^3。

(7) 邻域半径 $\delta = 3.015\Delta$。

(8) 自适应动力松弛法：使用。

(9) 时间增量步长 $\Delta t = 1.0$ s。

(10) 总时间步数为 1 000。

5) 数值解结果

从图 8.26 和图 8.27 中可以看出，在 1 000 个时间步后，PD 计算的解和下式给出的解析解很好地吻合。

$$u_r = \frac{a^2}{r^2} u^* \tag{8.10}$$

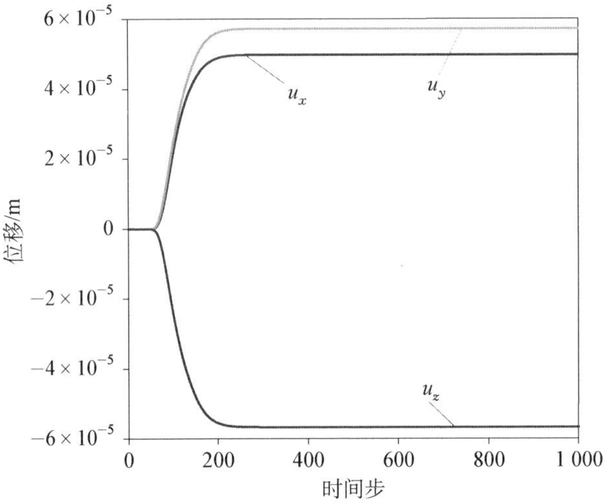

图 8.26 位于 $x=0.475$ m，$y=0.375$ m，$z=0.275$ m 处的质点位移分量 u_x、u_y 和 u_z 的收敛性

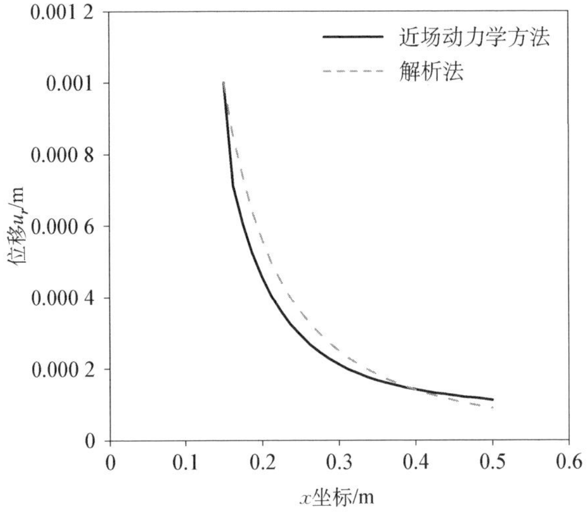

图 8.27 位于 x 轴上的质点径向位移曲线

参 考 文 献

Rao SS (2004) Mechanical vibrations, 4th edn. Pearson Prentice Hall, Upper Saddle River.

9 非冲击问题

第 8 章描述了在无损伤预测的情况下若干基准问题的近场动力学解法，并与经典理论进行了比较。本章给出了多种考虑损伤起始和扩展问题的近场动力学解法，并在可行与恰当的情况下，将近场动力学（PD）的预测与有限元分析（FEA）的结果进行了对比。

首先，对含孔的各向同性材料平板的水平边界进行缓慢拉伸。当不考虑损伤时，该问题的求解方法很简单；然而从考虑损伤分析的角度来看，则是一个具有挑战性的问题。基于线弹性断裂力学（LEFM）的概念，当结构中没有预置裂纹时，传统的有限元法无法解决裂纹萌生和扩展问题。而近场动力学展示了在解决裂纹萌生和扩展方面问题的能力。其次，对含预置裂纹的各向同性平板的水平边界施加较快的载荷。近场动力学的解法反映了加载速率（拉伸）对动态裂纹增长演化的影响。再次，为了考虑热载荷的影响，本章研究了热膨胀系数不同的双材料条带承受均匀温度变化的作用。最后，研究了各向同性板承受温度梯度，而不是温度均匀变化的例子。通过开发专用的 Fortran 程序，得到这些问题的近场动力学解，所编制的程序可在网站 http://extras.springer.com 上找到。

9.1 含圆孔平板受准静态拉伸载荷

如图 9.1 所示，含圆孔的各向同性平板的水平边缘受到缓慢拉伸载荷，它属于准静态加载情况的模型，没有任何形式的初始裂纹。在给定几何参数、材料属性、边界条件以及近场动力学离散参数的情况下求解。相关参数与数值解如下所示。

1）几何参数

（1）板长 $L = 50$ mm。

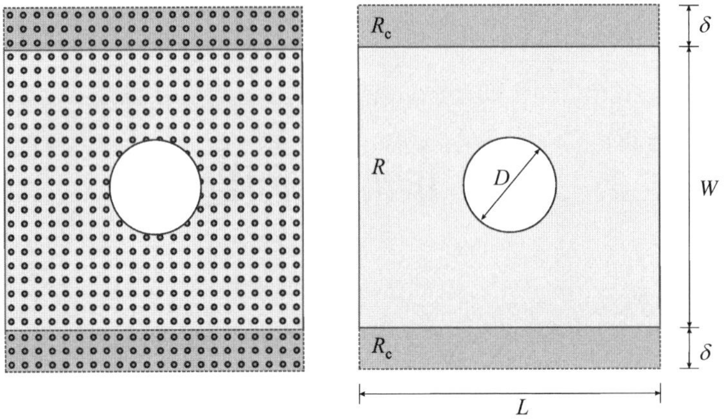

图 9.1 受缓慢拉伸载荷的带圆孔平板的几何形状与离散形式

(2) 板宽 $W = 50$ mm。

(3) 板厚 $h = 0.5$ mm。

(4) 圆孔直径 $D = 10$ mm。

2) 材料属性

(1) 杨氏模量 $E = 192$ GPa。

(2) 泊松比 $\nu = 1/3$。

(3) 质量密度 $\rho = 8\,000$ kg/m^3。

3) 边界条件

$$\dot{u}_y(x, \pm L/2, t) = \pm 2.754\,1 \times 10^{-7} \text{ m/s}。$$

4) 近场动力学离散参数

(1) x 方向质点总数为 100。

(2) y 方向质点总数为 $100 + 3 + 3$。

(3) z 方向质点总数为 1。

(4) 质点间距 $\Delta = 0.000\,5$ m。

(5) 单个质点体积 $\Delta V = 1.25 \times 10^{-10}$ m^3。

(6) 虚拟边界层体积 $\Delta V_\delta = 3 \times 100 \times 1 \times \Delta V = 3.75 \times 10^{-8}$ m^3。

(7) 邻域范围 $\delta = 3.015\Delta$。

(8) 临界伸长率(不考虑损伤) $s_c = 1$。

(9) 临界伸长率(考虑损伤) $s_c = 0.02$。

(10) 自适应动力松弛法：使用。

(11) 时间步长 $\Delta t = 1.0$ s。

(12) 总时间步数为 1 000。

5) 数值解结果

在没有损伤的情况下，将 PD 方法得到的位移场与有限元预测的结果进行对比。沿着中心 x 轴的水平位移和沿着中心 y 轴的垂直位移的变化如图 9.2 所示。可见 PD 的预测结果和商业软件 ANSYS 有限元的结果非常吻合。这表明选取的 PD 参数值，诸如网格大小、邻域范围以及边界区域的体积等能够得到准确的结果。在确定 PD 参数后，设定临界伸长率 $s_c=0.02$，质点之间允许发生损伤，并可在不同的时间步中检查损伤扩展的情况。虽然平板中没有预置裂纹，但是在应力集中部位仍然发生了裂纹形式的损伤起始。这反映出 PD 理论的一个特有特征，现有的其他技术需要预置裂纹，而 PD 理论不需要。如图 9.3(a)所示，在第 650 个时间步结束时，损伤在应力集中部位萌生。在第 700 个时间增量步结束时[见图 9.3(b)]，某些质点的局部损伤值 φ 超过 0.38，产生了自相似的裂纹扩展。由于边界上的加载速度非常缓慢，是典型的准静态加载，因此裂纹持续向外侧的垂直边界扩展，如图 9.3(c)、图 9.3(d)所示。

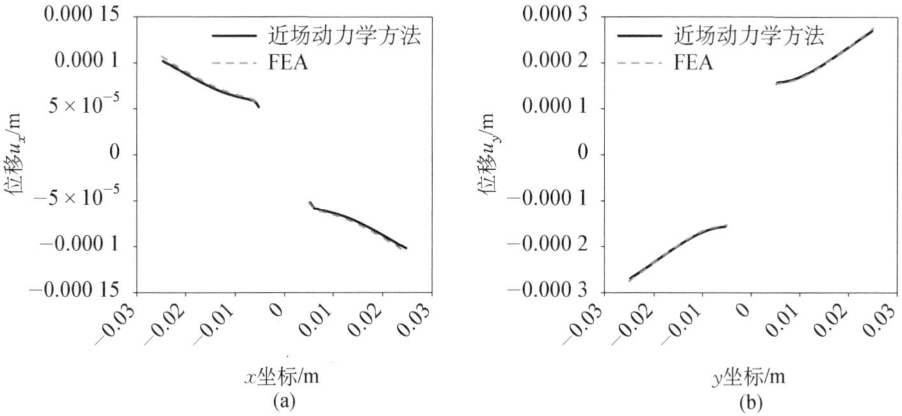

图 9.2 不考虑损伤时，在第 1 000 时间增量步结束时，沿着中心轴位移的对比

(a) 水平位移 (b) 垂直位移

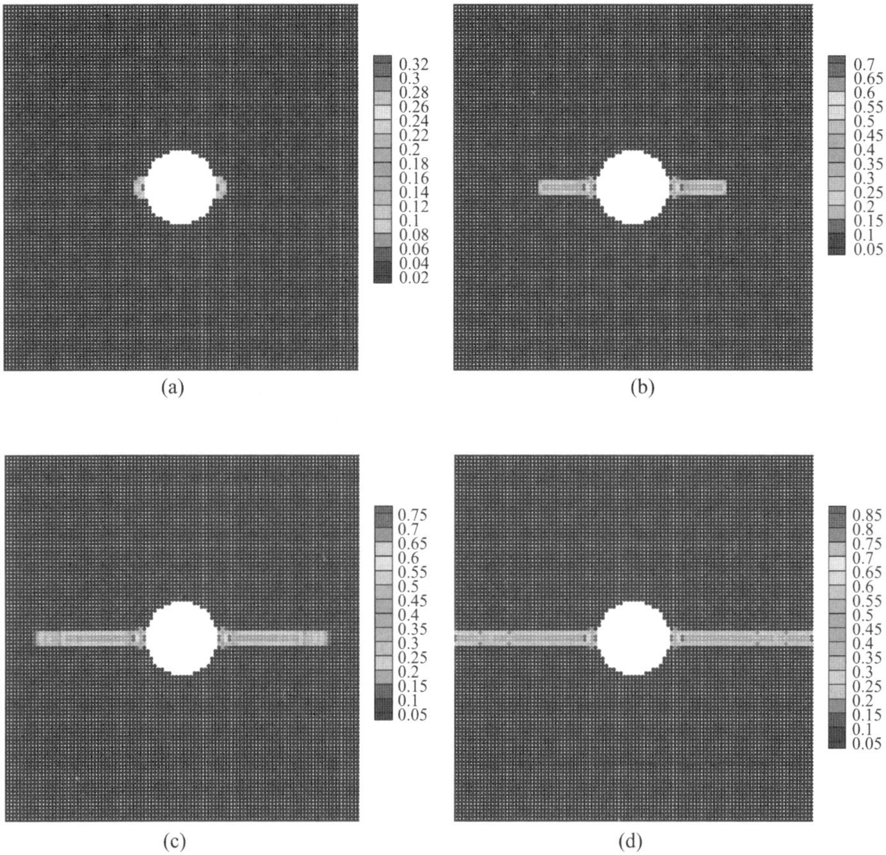

图 9.3　含圆孔板的损伤

(a) 第 650 个增量步　(b) 第 700 个增量步　(c) 第 800 个增量步　(d) 第 1 000 个增量步

9.2　含裂纹平板边界施加快速载荷

如图 9.4 所示，平板中心为裂纹而不是圆孔。同时，平板的水平边缘受到快速拉伸载荷，观察载荷速率对动态裂纹扩展的影响。除了板厚不同外，平板的材料性能和几何参数与上节中的平板相同。几何参数、边界条件、近场动力学离散参数以及数值解如下所示。

1）几何参数

（1）板厚 $h = 0.000\,1$ m。

（2）初始裂纹长度 $2a = 0.01$ m。

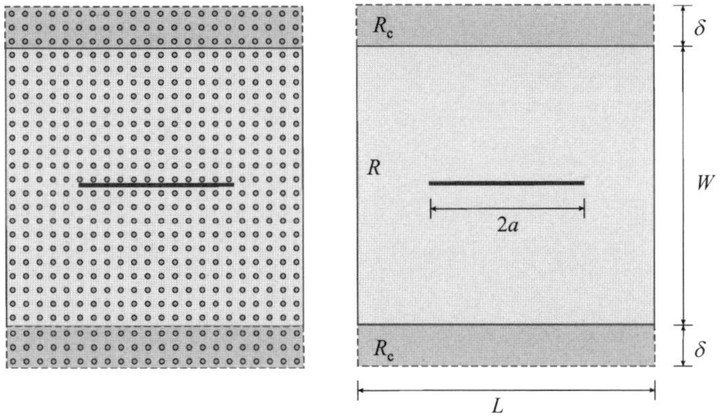

图 9.4　受速度边界条件的含裂纹平板的几何形状及离散形式

2) 边界条件

(1) 算例 1: $\dot{u}_y(x, \pm L/2, t) = \pm 20.0$ m/s。

(2) 算例 2: $\dot{u}_y(x, \pm L/2, t) = \pm 50.0$ m/s。

3) 近场动力学离散参数

(1) x 方向质点总数为 500。

(2) y 方向质点总数为 $500 + 3 + 3$。

(3) z 方向质点总数为 1。

(4) 质点间距 $\Delta = 0.000\,1$ m。

(5) 单个质点体积 $\Delta V = 1 \times 10^{-12}$ m^3。

(6) 虚拟边界层体积 $\Delta V_\delta = 3 \times 100 \times 1 \times \Delta V = 3 \times 10^{-10}$ m^3。

(7) 邻域范围 $\delta = 3.015\Delta$。

(8) 自适应动力松弛法: 不使用。

(9) 时间步长 $\Delta t = 1.336\,7 \times 10^{-8}$ s。

(10) 总时间步数为 1 250。

(11) 临界伸长率(不考虑损伤) $s_c = 1$。

(12) 临界伸长率(考虑损伤) $s_c = 0.044\,72$。

4) 数值解结果

在不允许损伤的情况下(即质点之间的相互作用始终存在),计算得到了如图 9.5 所示的裂纹张开位移。与经典连续介质力学中的椭圆形裂纹张开位移不同,PD 分析预测得到了裂纹尖端附近的尖锐的裂纹张开位移。正如 Silling

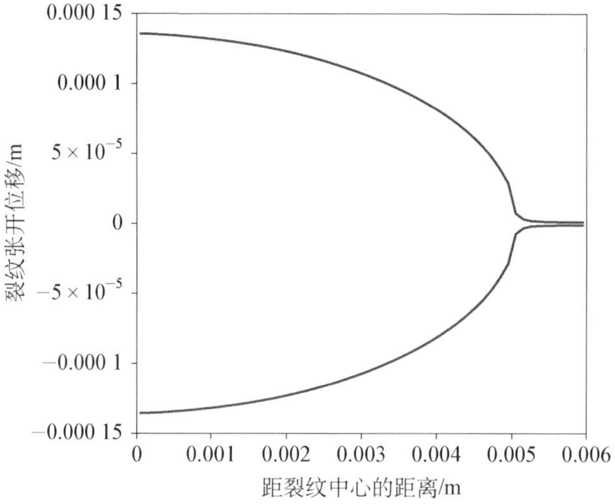

图 9.5　不允许损伤的情况下,第 1 250 步结束后,裂纹尖端的张开位移

(2000)所述,椭圆形裂纹张开位移在数学上要求裂纹尖端处存在无限大应力(实际上不可能实现)。PD 理论成功地得到了更具物理意义的裂纹张开形状。当允许损伤发生且取临界伸长率 $s_c = 0.044\,72$ 时,在第 1 250 时间步结束后,在计算模型中可观察到自相似的裂纹扩展,如图 9.6(a)所示。该裂纹为典型的 I 型裂纹。裂纹尖端或裂纹扩展的位置根据任意质点沿 x 轴的局部损伤值 φ 超过 0.38 来确定。裂纹扩展随时间的增长如图 9.6(b)所示,得到裂纹扩展速度约为

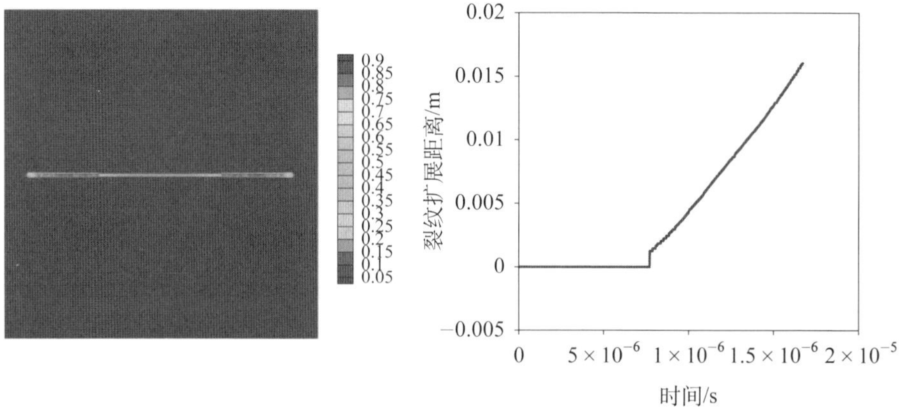

(a)　　(b)

图 9.6　自相似裂纹扩展过程

(a) 施加边界速度 $V_0(t) = 20$ m/s,在第 1 250 步结束后,得到自相似的裂纹扩展损伤模式
(b) 裂纹长度随时间变化

1 650 m/s。此裂纹扩展速度小于Ⅰ型裂纹扩展速度的上限——瑞利波速度，即 2 800 m/s(Silling 和 Askari，2005)。如果施加的边界速度 $V_0(t)$ 从 20 m/s 增加到 50 m/s，则裂纹扩展形式从自相似型转变为分叉型，如图 9.7 所示。值得注意的是，所得的图 9.6(a)和图 9.7 的两个 PD 分析结果唯一不同的参数是施加的边界速度条件，其他参数均相同。PD 理论在未使用任何触发裂纹分叉的外部准则条件的情况下，都能得到非常复杂的裂纹分支现象。

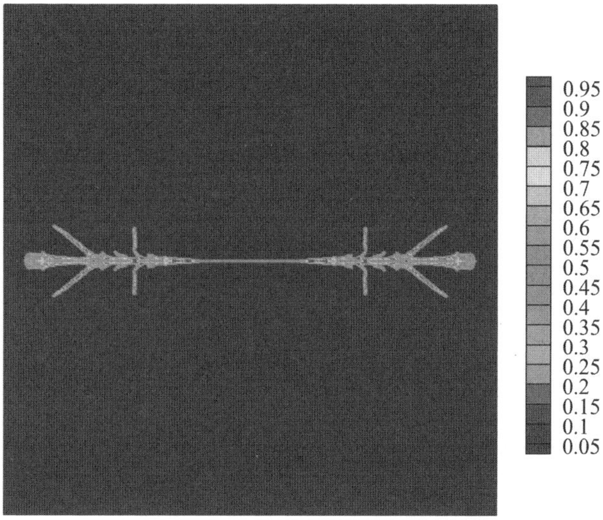

图 9.7　施加边界速度 $V_0(t)$ = 50 m/s，第 1 000 步结束时的裂纹分叉的损伤模式

9.3　双材料板受到均匀温度变化

双材料板受到均匀温度变化的作用，如图 9.8 所示。上部区域和下部区域具有相同的长度和厚度，但宽度和热膨胀系数不同。虽然该双材料板不受约束，且受到同样的温度变化作用，但材料热膨胀系数的不同将导致弯曲变形。界面处材料与上部板材料相同，且不允许发生损伤。算例中的几何参数、材料属性、作用载荷、近场动力学离散参数和数值解如下所示。

1) 几何参数

(1) 板长 L = 30 mm。

(2) 板厚 h = 0.1 mm。

(3) 下部宽度 W_b = 1 mm。

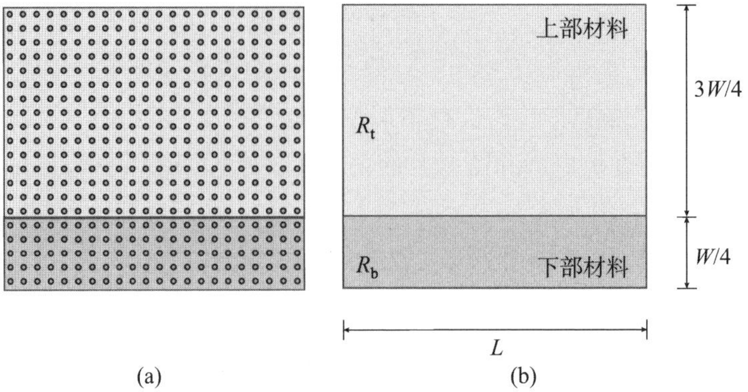

图 9.8　受均匀温度变化作用的双材料板的几何形状与离散

(4) 上部宽度 $W_t = 3$ mm。

2) 材料属性

(1) 下部板的杨氏模量 $E_b = 128.0$ GPa。

(2) 下部板的泊松比 $\nu_b = 1/3$。

(3) 下部板的热膨胀系数 $\alpha_b = 16.6 \times 10^{-6}/℃$。

(4) 上部板的杨氏模量 $E_t = 5.1$ GPa。

(5) 上部板的泊松比 $\nu_t = 1/3$。

(6) 上部板的热膨胀系数 $\alpha_t = 50 \times 10^{-6}/℃$。

3) 作用载荷

均匀温度变化 $\Delta T = 50℃$。

4) 近场动力学离散参数

(1) x 方向质点总数为 300。

(2) z 方向质点总数为 1。

(3) 下部板 y 方向质点总数为 10。

(4) 上部板 y 方向质点总数为 30。

(5) 质点间距 $\Delta = 0.1$ mm。

(6) 邻域范围 $\delta = 3.015\Delta$。

(7) 自适应动力松弛：使用。

(8) 时间步长 $\Delta t = 1.0$ s。

(9) 总时间步数为 20 000。

5) 数值解结果

将界面处的位移分量 u_x 和 u_y 的 PD 预测结果与 FEA 分析结果进行比较。

如图 9.9 所示，两者的结果非常吻合。因热膨胀系数不同，所以双材料板发生了预期的弯曲变形，如图 9.9(b)所示。

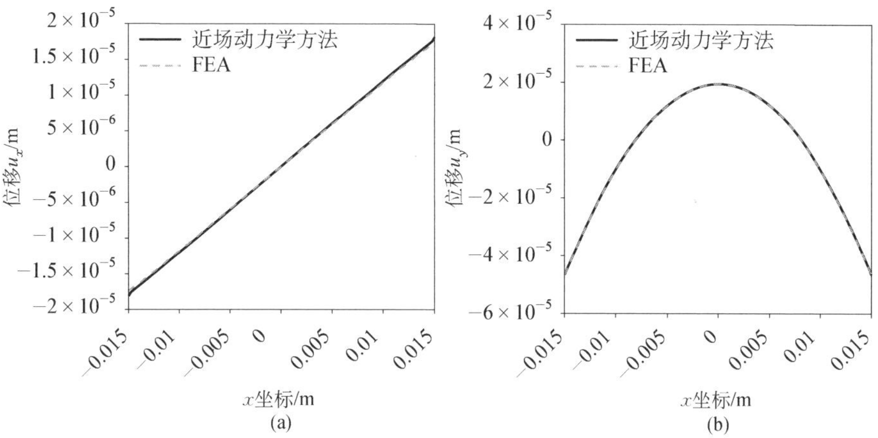

图 9.9 沿双材料界面的位移分量的对比

(a) u_x (b) u_y

9.4 矩形板受温度梯度作用

各向同性材料板受到不均匀的温度变化，如图 9.10 所示。板四周不受约束，临界伸长率设定为 1，以避免损伤发生。算例中的几何参数、材料属性、作用载荷、近场动力学离散参数和数值解如下所示。

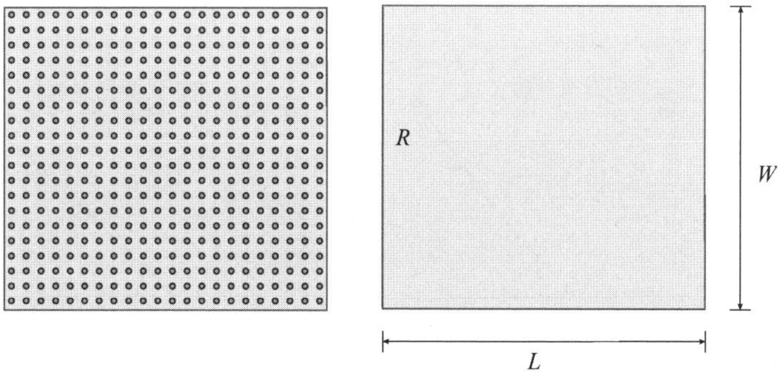

图 9.10 受温度梯度作用的矩形板的几何形状与离散

1) 几何参数

(1) 板长 $L = 254\ \text{mm}$。

(2) 板宽 $W = 101.6$ mm。

(3) 板厚 $h = 1.02$ mm。

2) 材料属性

(1) 杨氏模量 $E = 6.89 \times 10^4$ MPa。

(2) 泊松比 $\nu = 1/3$。

(3) 质量密度 $\rho = 2.77 \times 10^3$ kg/m^3。

(4) 热膨胀系数 $\alpha = 24 \times 10^{-6}$/℃。

3) 作用载荷

温度变化 $\Delta T = 5.0(x + 5.0)$。

4) 近场动力学离散参数

(1) x 方向质点总数为 250。

(2) y 方向质点总数为 100。

(3) z 方向质点总数为 1。

(4) 质点之间的距离为 1.02 mm。

(5) 邻域范围 $\delta = 3.015\Delta$。

(6) 自适应动力松弛：使用。

(7) 时间步长 $\Delta t = 1.0$ s。

(8) 总时间步数为 4 000。

5) 数值解结果

将 PD 的稳态解与 FEA 预测值进行比较。沿中心 x 轴的位移 u_x 和沿中心 y 轴的位移 u_y 的对比结果如图 9.11 所示，两者良好吻合。

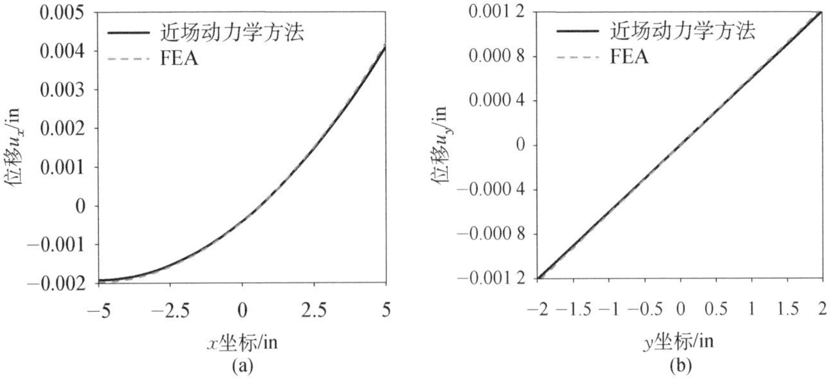

图 9.11　PD 稳态解与 FEA 预测值

(a) 沿中心 x 轴的位移 u_x　(b) 沿中心 y 轴的位移 u_y 的对比

参考文献

Silling SA (2000) Reformulation of elasticity theory for discontinuities and long-range forces. J Mech Phys Solids 48: 175 - 209.

Silling SA, Askari E (2005) A meshfree method based on the peridynamic model of solid mechanics. Comput Struct 83:1526 - 1535.

10 冲击问题

本章主要介绍了两个物体发生碰撞接触时的近场动力学建模方法。冲击物可以是刚体或者可变形体,被冲击物是可变形体。在分析过程中应当注意不要发生物体间相互贯穿的情形。刚性和可变形冲击物在冲击接触的处理方法上是不同的,Silling(2004)在 EMU 程序中使用了两种技术方案来处理接触问题。接下来的章节将讲解在模拟刚性或可变形冲击物的接触时,如何避免出现两个物体相互贯穿的问题。此外,本章还介绍了一些冲击问题的应用,如两个柔性杆的撞击、刚性圆柱撞击矩形板以及 Kalthoff 和 Winkler(1988)实验。通过开发专门的 Fortran 程序,可得到这些问题的近场动力学解,这些程序可在网站 http://extras. springer. com 上获得。

10.1 冲击模型

10.1.1 刚性冲击物

刚性冲击物在任何时刻都不可变形,并且以一定的速度进行刚体移动,如图 10.1(a)所示。被冲击物的变形则通过近场动力学运动方程控制。当两个物体发生接触时,可以从图 10.1(b)中看到两个物体间存在相互贯穿的情况。但物理上不存在这样的贯穿,因此穿透到冲击物中的质点将被挤压到冲击物外的新位置[如图 10.1(c)所示]。这些质点的新位置为距离冲击物表面最近的点。因此,这一重定位的过程会在冲击物和质点之间形成一个接触面。

质点 $x_{(k)}$ 在下一个时间步($t+\Delta t$)时被重定位到新的位置,此外它的速度可以通过下式计算。

$$\bar{\boldsymbol{v}}_{(k)}^{(t+\Delta t)} = \frac{\bar{\boldsymbol{u}}_{(k)}^{(t+\Delta t)} - \boldsymbol{u}_{(k)}^{t}}{\Delta t} \tag{10.1}$$

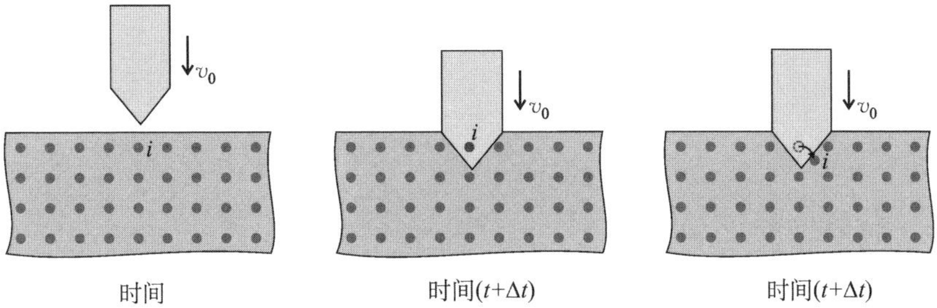

图 10.1　将侵入冲击物内部的质点进行重新定位以表示与冲击物的接触关系

式中：$\bar{\boldsymbol{u}}_{(k)}^{(t+\Delta t)}$ 为$(t+\Delta t)$时刻修正的位移向量；$\boldsymbol{u}_{(k)}^{t}$ 为 t 时刻的位移向量；Δt 为对应的时间增量。

在$(t+\Delta t)$时刻，质点 $x(k)$对冲击物的反作用力 $\boldsymbol{F}_{(k)}^{t}$ 可以由下式计算得到

$$\boldsymbol{F}_{(k)}^{(t+\Delta t)}=-1\times\rho_{(k)}\frac{\left[\bar{\boldsymbol{v}}_{(k)}^{(t+\Delta t)}-\boldsymbol{v}_{(k)}^{(t+\Delta t)}\right]}{\Delta t}V_{(k)} \tag{10.2}$$

式中：$\boldsymbol{v}_{(k)}^{t+\Delta t}$ 为质点 $x(k)$ 在$(t+\Delta t)$时刻，重新定位前的速度向量；$\rho_{(k)}$ 和 $V_{(k)}$ 分别为密度和体积。将冲击物内所有质点受到的反力进行求和，即可得到在$(t+\Delta t)$时刻冲击物所受到的反作用力 $\boldsymbol{F}_{(k)}^{(t+\Delta t)}$ 为

$$\boldsymbol{F}^{(t+\Delta t)}=\sum_{k=1}\boldsymbol{F}_{(k)}^{(t+\Delta t)}\lambda_{(k)}^{(t+\Delta t)} \tag{10.3}$$

式中：

$$\lambda_{(k)}^{(t+\Delta t)}=\begin{cases}1,\ \text{冲击体内部}\\0,\ \text{冲击体外部}\end{cases} \tag{10.4}$$

10.1.2　可变形冲击物

对于可变形冲击物的冲击问题，冲击物和被冲击物都由近场动力学运动方程控制。然而，当两个物体的距离减小到一个临界值r_{sh}时，应使物体间产生相互排斥，以确定两个物体之间的接触面，并防止两个或多个质点处在同一个空间位置。从连续介质力学的角度来看，质点重合是不可接受的。

Silling(2004)定义了两个质点间的短程排斥力，表达式如下。

$$\boldsymbol{f}_{sh}[\boldsymbol{y}_{(j)}-\boldsymbol{y}_{(k)}]=\frac{\boldsymbol{y}_{(j)}-\boldsymbol{y}_{(k)}}{|\boldsymbol{y}_{(j)}-\boldsymbol{y}_{(k)}|}\min\left\{0,\ c_{sh}\left[\frac{|\boldsymbol{y}_{(j)}-\boldsymbol{y}_{(k)}|}{2r_{sh}}-1\right]\right\} \tag{10.5}$$

式中：短程力常量c_{sh}和临界距离r_{sh}可按下式选取。

$$c_{sh}=5c \tag{10.6a}$$

和

$$r_{sh} = \frac{\Delta}{2} \tag{10.6b}$$

10.2 有效性验证

在不考虑损伤起始和扩展的情况下，近场动力学冲击模型的有效性可以通过与有限元法的 ANSYS 软件模拟结果进行对比来验证。而当考虑损伤时，PD 理论的预测结果可以与 Kalthoff-Winkler 实验结果进行对比。第一个算例与两个相同的柔性杆撞击相关，通过构建三维 PD 模型求解；第二个算例与刚性圆柱撞击矩形板相关，通过构建二维 PD 动力学模型求解；第三个算例使用三维 PD 模型模拟了 Kalthoff-Winkler 实验。

10.2.1 两个相同的可变形杆撞击

如图 10.2 所示，两个相同的可变形杆发生碰撞。在发生撞击前，两个杆的速度大小相等、方向相反，且都没有任何位移约束和外加载荷。模型中不允许出现损伤，以便对比近场动力学的解和 ANSYS 的 FEA 分析结果。按照以下设定的几何参数、材料属性、初始条件以及近场离散参数，计算得到近场动力学数值解。

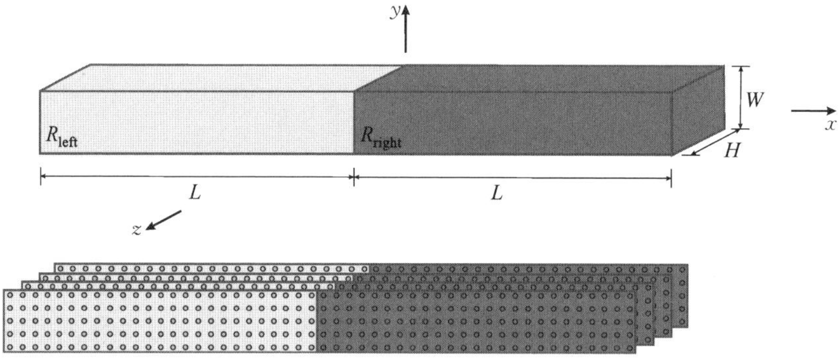

图 10.2 两个可变形杆撞击及其离散化

1）几何参数

(1) 杆的长度 $L = 0.05$ m。

(2) 杆的宽度 $W = 0.01$ m。

(3) 杆的厚度 $h = 0.01$ m。

2）材料属性

(1) 杨氏模量 $E = 75$ GPa。

(2) 泊松比 $\nu = 0.25$。

(3) 密度 $\rho = 2\,700\ \mathrm{kg/m^3}$。

3) 初始条件

两个杆的初始速度 $\dot{u}_x = \pm 10\ \mathrm{m/s}$。

4) 近场离散参数

(1) x 方向质点总数为 100。

(2) y 方向质点总数为 10。

(3) z 方向质点总数为 10。

(4) 质点间距 $\Delta = 0.001\ \mathrm{m}$。

(5) 质点体积 $\Delta V = 1 \times 10^{-9}\ \mathrm{m^3}$。

(6) 邻域范围 $\delta = 3.015\Delta$。

(7) 自适应动力松弛法：不使用。

(8) 时间步长 $\Delta t = 9.318\,4 \times 10^{-8}\ \mathrm{s}$。

(9) 总时间步数为 535。

5) 数值解结果

图 10.3 给出了杆中心轴的轴向位移。由于杆初始碰撞后产生的压缩波向自由端传播，导致杆的位移方向发生变化，向相反的方向运动。当压缩波传至杆的自由端时便转化为张力波，导致两杆分离。图中对比了 PD 解和有限元解，验证了 Silling 提出的可变形冲击物模型的有效性。从图 10.4 中可以看出 PD

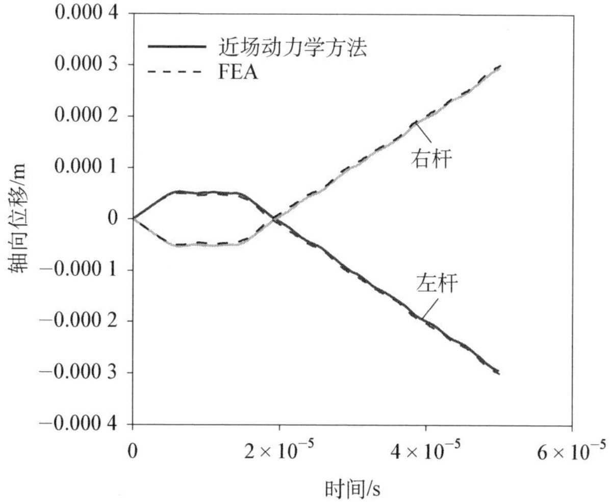

图 10.3　左右杆中心点处(±0.025, 0.0, 0.0)随时间变化的轴向位移的 PD 解和 FEA 解的对比

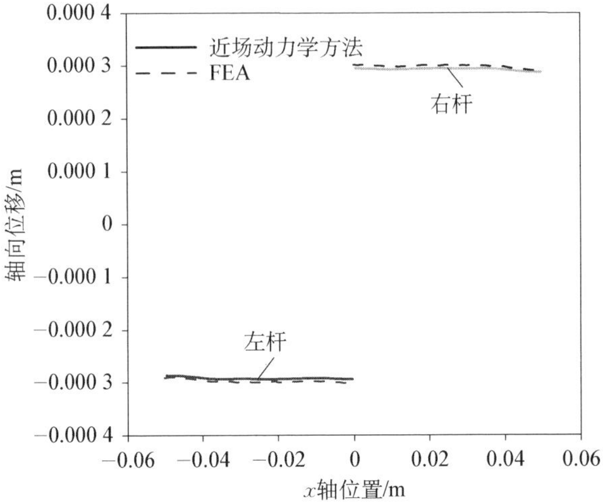

图 10.4 在 535 步时中心轴上点的轴向位移的 PD 解和 FEA 解的对比

理论和有限元法预测的沿着 x 轴的轴向位移非常接近。

10.2.2 矩形板受刚性圆盘冲击

图 10.5 所示为刚性圆盘撞击平板边缘的算例，该边缘没有位移约束，并且最初处于静止状态。在不允许失效发生的条件下，对比 PD 理论和 ANSYS 的

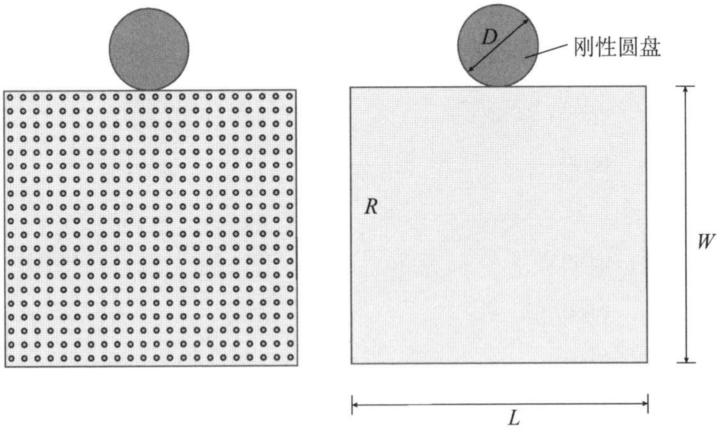

图 10.5 受刚性圆柱体冲击的矩形板模型及其 PD 离散模型

计算结果。在有限元模型中，赋予圆盘非常大的弹性模量来模拟刚性冲击物。为减少计算时间，两种方法都采用二维模型。设置以下几何参数、材料属性、冲击物属性以及近场离散参数，求得近场动力学数值解。

1）几何参数

（1）杆的长度 $L = 0.2$ m。

（2）杆的宽度 $W = 0.1$ m。

（3）杆的厚度 $h = 0.009$ m。

2）材料属性

（1）杨氏模量 $E = 191$ GPa。

（2）泊松比 $\nu = 1/3$。

（3）密度 $\rho = 8\,000$ kg/m^3。

3）冲击物属性

（1）冲击物直径 $D = 0.05$ m。

（2）冲击物厚度 $H = 0.009$ m。

（3）初始冲击速度 $v_0 = 32$ m/s。

（4）冲击物质量 $m = 1.57$ kg。

4）近场离散参数

（1）x 方向质点总数为 200。

（2）y 方向质点总数为 100。

（3）z 方向质点总数为 1。

（4）质点间距 $\Delta = 0.001$ m。

（5）质点体积 $\Delta V = 9 \times 10^{-9}$ m^3。

（6）邻域范围 $\delta = 3.015\Delta$。

（7）自适应动力松弛法：不使用。

（8）时间步长 $\Delta t = 1 \times 10^{-7}$ s。

（9）总时间步数为 2 000。

5）数值解结果

如图 10.6 所示，PD 理论和有限元法对于板中心点随时间变化的 y 方向位移的预测结果非常接近。图 10.7 给出了分析结束时，PD 理论和有限元法预测得到的平板中心处 x 和 y 轴上的位移，两者十分吻合，证明了 Silling 提出的在近场动力学框架下的刚性冲击物模型的有效性。

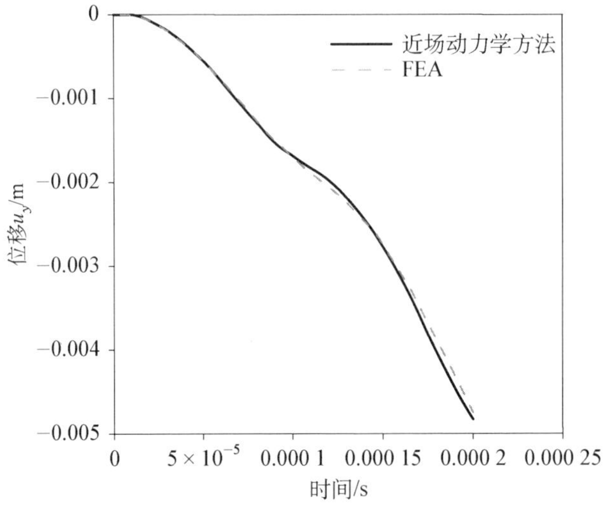

图 10.6 板中心处沿 y 轴方向位移的 PD 解和 FEA 解的对比

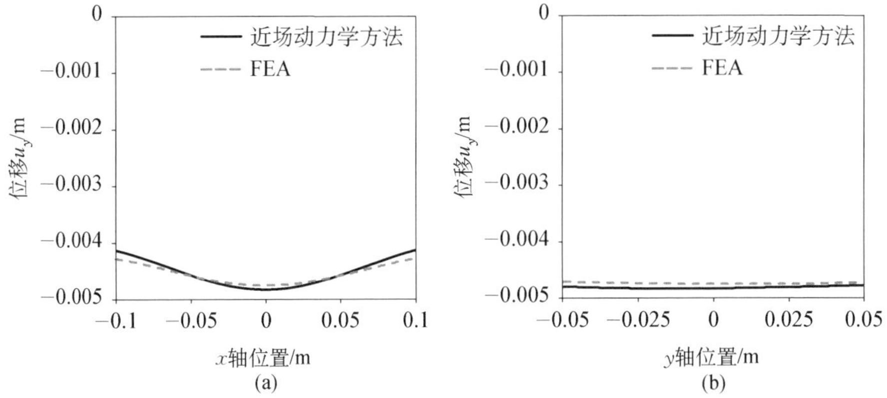

图 10.7 2 000 步时 y 方向位移的 PD 解和 FEA 解的对比

(a) 中心 x 轴上点 (b) 中心 y 轴上的点

10.2.3 Kalthoff-Winkler 实验

Kalthoff-Winkler 实验是动态断裂基准问题，它研究了一个圆柱体对具有两条裂缝的钢板进行冲击的问题，如图 10.8 所示。两条裂缝对称分布在中心轴的两侧。冲击物视为刚体。钢板不受位移约束，初始时处于静止状态。Silling 已对该基准问题建立了 PD 解，并且给出了详细的结果和讨论。近场动力学在求解过程中设定了以下几何参数、材料属性、冲击物属性以及近场离散参数。

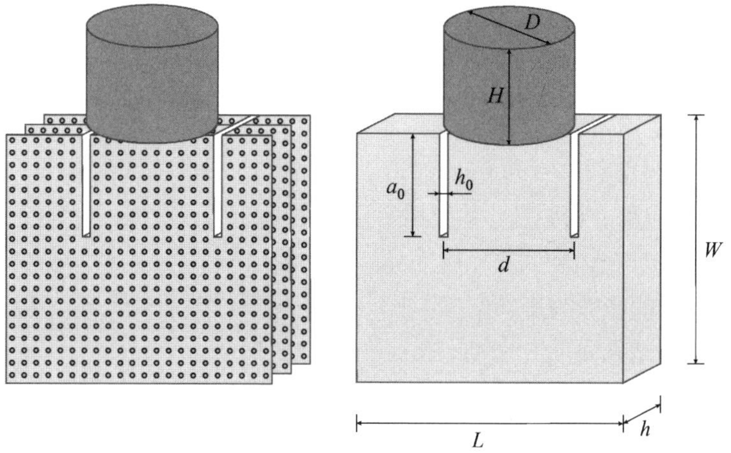

图 10.8 Kalthoff-Winkler 实验及其离散化模型

1）几何参数

（1）板的长度 $L = 0.2$ m。

（2）板的宽度 $W = 0.1$ m。

（3）板的厚度 $h = 0.009$ m。

（4）两条裂缝间距离 $d = 0.05$ m。

（5）裂缝长度 $a_0 = 0.05$ m。

（6）裂缝宽度 $h_0 = 0.0015$ m。

2）材料属性

（1）杨氏模量 $E = 191$ GPa。

（2）泊松比 $\nu = 0.25$。

（3）密度 $\rho = 8000$ kg/m^3。

3）冲击物属性

（1）冲击物直径 $D = 0.05$ m。

（2）冲击物厚度 $H = 0.05$ m。

（3）初始冲击速度 $v_0 = 32$ m/s。

（4）冲击物质量 $m = 1.57$ kg。

4）近场离散参数

（1）x 方向质点总数为 201。

（2）y 方向质点总数为 101。

(3) z 方向质点总数为 9。

(4) 质点间距 $\Delta = 0.001$ m。

(5) 质点体积 $\Delta V = 1 \times 10^{-9}$ m^3。

(6) 邻域范围 $\delta = 3.015\Delta$。

(7) 临界伸长率 $s_c = 0.01$。

(8) 自适应动力松弛法：不使用。

(9) 时间步长 $\Delta t = 8.7 \times 10^{-8}$ s。

(10) 总时间步数为 1 350。

5) 数值解结果

图 10.9 给出了计算得到的损伤模式(裂纹扩展)的云图。PD 方法预测的裂纹扩展方向与中轴线的夹角为 68°,与实验结果(Kalthoff 和 Winkler, 1988)十分吻合。

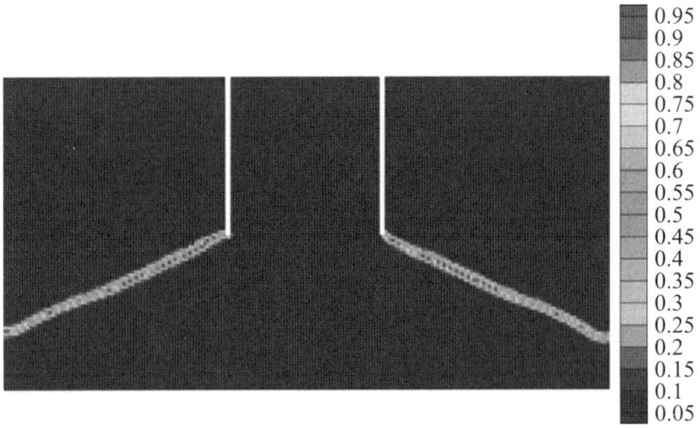

图 10.9 损伤云图(裂纹扩展路径)

参 考 文 献

Kalthoff JF, Winkler S (1988) Failure mode transition at high rates of shear loading. In: Chiem CY, Kunze H-D, Meyer LW (eds) Impact loading and dynamic behavior of materials, vol 1. DGM Informationsgesellschaft Verlag, Oberursel, pp 185 - 195.

Silling SA (2003) Dynamic fracture modeling with a meshfree peridynamic code. In: Bathe KJ (ed) Computational fluid and solid mechanics. Elsevier, Oxford, pp 641 - 644.

Silling SA (2004) EMU user's manual, Code Ver. 2.6d. Sandia National Laboratories, Albuquerque.

11 近场动力学理论和有限元方法的耦合

PD 理论在材料的响应中引入了材料的失效，它不需要借助外部准则，可以同时分析物体的变形和损伤起始、扩展。然而，与有限元方法相比，它的计算要求更高；而且有限元方法对于无损伤的建模问题十分有效。因此，如果在分析之前确定了潜在的失效区域，则可以将 PD 理论和有限元方法进行耦合，以便充分利用它们各自的优势。对于潜在失效区域，可以利用 PD 理论进行建模，其余区域利用有限元法。

Oterkus 等人(2012)和 Agwai 等人(2012)提出了一种简单的子模型耦合方法，即将 FEM 用于全局分析而将 PD 用于子模型来预测失效。子模型的主要假设是其结构细节不会对全局模型产生显著影响。子模型的边界应该远离局部特征，使得圣维南原理子模型在分析中仍然有效。从全局模型中获得的子模型边界上的解可作为子模型的位移边界条件。全局模型必须足够精细，以便能够准确计算子模型边界区域的位移。此外，边界条件的时间依赖性可影响子模型的计算结果，子模型的位移边界条件应考虑不同时间步的影响。

Macek 和 Silling(2007)提出了一种简单直接的耦合方式，即使用传统的桁架单元和对重叠区域采用嵌入单元技术来表示 PD 相互作用。Lall 等人(2010)也使用了这种方法研究电子器件的冲击和振动的可靠性。

Liu 和 Hong(2012)引入了 FEM 和 PD 区域之间的界面单元的概念。他们在界面单元中嵌入有限数量的 PD 质点，以便在 PD 和 FEM 区域之间传递参量。作用于这些嵌入质点的近场力被分配到界面单元的节点上，主要有两种分布方式。在第一种方式中，耦合力分布在界面单元的所有节点上；而在第二种方式中，耦合力只分布在 FEM 和 PD 区域之间的界面的节点上。嵌入的质点位移不由 PD 运动方程得到，而是通过界面单元的节点位移和形函数来确定。

Lubineau 等人(2012)还通过引入一种过渡(变形)策略来耦合局部和非局部理论。变形函数根据能量平衡的原则建立,并且过渡区域只影响本构参数。将局部和非局部理论的影响通过定义一个特殊的函数来实现,这个函数会在局部和非局部区域的边界上还原各自理论的公式。Seleson 等人(2013)提出了一种基于力的混合模型来耦合 PD 理论和经典弹性理论,该模型利用混合函数的积分所构成的非局部权重系数来建立。他们还将这种方法进一步推广,用于耦合近场动力学和任意阶数的高阶梯度模型。

此外,Kilic 和 Madenci(2010)提出了一种使用重叠区域的 FEM 和 PD 理论的直接耦合方法,如图 11.1(a)所示,其中 PD 和 FEM 方程同时求解。PD 区域采用质点离散,而有限元区域采用传统单元进行离散[见图 11.1(b)]。在重叠区域,PD 和 FE 方程均成立。此外,重叠区域的速度场和位移场利用有限元方程确定。然后,利用这些场量和 PD 理论计算体力密度。这些体力密度可作为重叠区域中有限单元的外力。

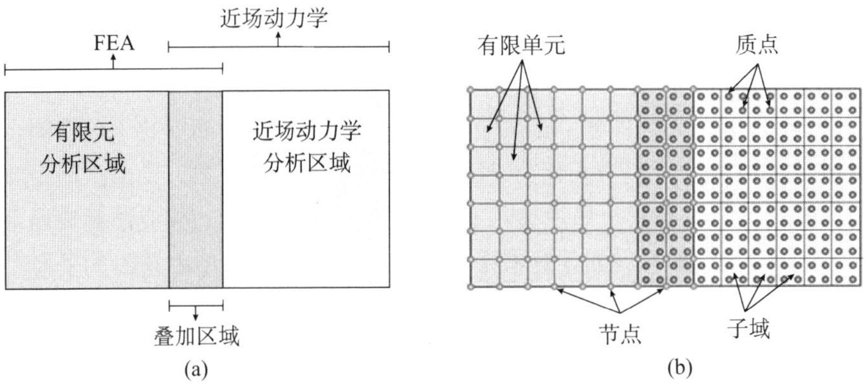

图 11.1　有限元法和近场动力学耦合方案

(a) 有限单元(FEA)和近场动力学区域　(b) 离散化方式

11.1　直接耦合

本书提出的 PD 理论与有限元法的直接耦合法可用于稳态或准静态问题的求解。然而 PD 运动方程式(7.1)包含了动态项在稳态和准静态问题中,该动态项需要消除。因此,可以使用第 7 章中描述的自适应动力松弛法求解。阻尼系数在每个时间步中自适应变化。动力松弛法的基本思想为:静态解是瞬态响应的稳态部分。

为实现直接耦合，离散的 PD 运动方程式(7.1)可以重写为

$$\begin{Bmatrix} \underline{\ddot{\boldsymbol{U}}}_p^n \\ \underline{\underline{\ddot{\boldsymbol{U}}}}_p^n \end{Bmatrix} + c^n \begin{Bmatrix} \underline{\dot{\boldsymbol{U}}}_p^n \\ \underline{\underline{\dot{\boldsymbol{U}}}}_p^n \end{Bmatrix} = \begin{bmatrix} \underline{\boldsymbol{D}}^{-1} & 0 \\ 0 & \underline{\underline{\boldsymbol{D}}}^{-1} \end{bmatrix} \begin{Bmatrix} \underline{\boldsymbol{F}}_p^n \\ \underline{\underline{\boldsymbol{F}}}_p^n \end{Bmatrix} \tag{11.1}$$

式中：$\boldsymbol{U}$ 为 PD 质点的位移向量；向量 $\boldsymbol{F}$ 为内力和外力的总和；下标 p 表示与 PD 区域有关的变量；单和双下划线分别表示位于重叠区域外和内的变量；参数 c^n 表示第 n 个时间步的阻尼系数。虚拟的对角密度矩阵 $\boldsymbol{D}$ 的系数可通过 Greschgorin 定理(Underwood 1983)确定，详见第 7 章。

为了实现 FEM 与 PD 理论的耦合，利用有限元方程的直接装配而不构造全局刚度矩阵，于是 FEM 方程可以表示为

$$\begin{Bmatrix} \underline{\ddot{\boldsymbol{U}}}_f^n \\ \underline{\underline{\ddot{\boldsymbol{U}}}}_f^n \end{Bmatrix} + c^n \begin{Bmatrix} \underline{\dot{\boldsymbol{U}}}_f^n \\ \underline{\underline{\dot{\boldsymbol{U}}}}_f^n \end{Bmatrix} = \begin{bmatrix} \underline{\boldsymbol{M}}^{-1} & 0 \\ 0 & \underline{\underline{\boldsymbol{M}}}^{-1} \end{bmatrix} \begin{Bmatrix} \underline{\boldsymbol{F}}_f^n \\ \underline{\underline{\boldsymbol{F}}}_f^n \end{Bmatrix} \tag{11.2}$$

式中：下标 f 表示与 FEM 区域有关的变量；$\boldsymbol{M}$ 为对角质量矩阵。质量矩阵可近似为

$$\boldsymbol{M} = \boldsymbol{I}\tilde{\boldsymbol{m}} \tag{11.3}$$

式中：$\boldsymbol{I}$ 为单位矩阵。质量矢量 $\tilde{\boldsymbol{m}}$ 可构造为

$$\tilde{\boldsymbol{m}} = \underset{e}{\boldsymbol{A}}\,\hat{\boldsymbol{m}}^{(e)} \tag{11.4}$$

式中：$\boldsymbol{A}$ 为装配运算符，并按照 Belytschko(1983)所提供的方法运算。矢量 $\hat{\boldsymbol{m}}^{(e)}$ 的分量可以写为

$$\hat{m}_i^{(e)} = \sum_{j=1}^{8} \left| k_{ij}^{(e)} \right| \tag{11.5}$$

式中：$k_{ij}^{(e)}$ 为单元刚度矩阵的分量，由 Zienkiewicz(1977)给出。

第 n 个时间步的力矢量 $\boldsymbol{F}^n$ 可表示为

$$\boldsymbol{F}^n = \boldsymbol{f}^{\text{ext}}(t^n) - \boldsymbol{f}^{\text{int}}(u^n) \tag{11.6}$$

式中：t 为时间；$\boldsymbol{f}^{\text{ext}}$ 为外力矢量。

根据 Belytschko(1983)的方法，将由单元变形产生的内力组装成一个全局内力数组。

$$\boldsymbol{f}^{\text{int}} = \underset{e}{\boldsymbol{A}}\boldsymbol{f}^{(e)} \tag{11.7}$$

式中：$\boldsymbol{f}^{(e)}$ 为单元力矢量。

单元力矢量可表示为

$$\boldsymbol{f}^{(e)}=\boldsymbol{k}^{(e)}\boldsymbol{u}^{(e)} \tag{11.8}$$

式中：$\boldsymbol{k}^{(e)}$ 为 Zienkiewicz(1977)描述的单元刚度矩阵；$\boldsymbol{u}^{(e)}$ 为第 e 个单元的节点位移向量。

矢量 $\boldsymbol{u}_p$ 表示位于第 e 个 单元内部的 PD 质点的位移。

$$\boldsymbol{u}_p=\sum_{i=1}^{8}N_i\boldsymbol{u}_i^{(e)} \tag{11.9}$$

式中：N_i 为 Zienkiewicz(1977)给出的形函数；矢量 $\boldsymbol{u}_i^{(e)}$ 为第 e 个单元上第 i 个节点的位移，是从有限元全局节点位移矢量 $\boldsymbol{U}_f$ 中提取出来的。矢量 $\boldsymbol{u}_p$ 确定后可以计算得到矢量$\underline{\underline{\boldsymbol{U}}}_p$。力密度矢量$\underline{\underline{\boldsymbol{F}}}_p^n$ 可以通过第 e 个单元（子域）中 PD 质点 $\boldsymbol{x}_p$ 相关的力密度矢量 $\boldsymbol{F}_p$ 计算得到，如式(7.1)所给出的那样。

$$\begin{aligned}\boldsymbol{F}_p=\boldsymbol{b}(\boldsymbol{x}_p,t)+\sum_{e=1}^{N}\sum_{j=1}^{N_e}w_{(j)}\{&\boldsymbol{t}[\boldsymbol{u}(\boldsymbol{x}_{(j)},t)-\boldsymbol{u}(\boldsymbol{x}_p,t),\boldsymbol{x}_{(j)}-\boldsymbol{x}_p,t]-\\&\boldsymbol{t}[\boldsymbol{u}(\boldsymbol{x}_p,t)-\boldsymbol{u}(\boldsymbol{x}_{(j)},t),\boldsymbol{x}_p-\boldsymbol{x}_{(j)},t]\}V_{(j)}\end{aligned} \tag{11.10}$$

式中：N 为邻域内的单元数目；N_e为第 e 个单元内的配置点数目；位矢量 $\boldsymbol{x}_{(j)}$ 代表了第 j 个配置点（积分点）的位置。

由于在准静态问题中，所有的质点都应满足平衡条件，即 $\boldsymbol{F}_p=0$，因此作用在质点 $\boldsymbol{x}_p$ 的体力可按下式计算。

$$\begin{aligned}\boldsymbol{b}(\boldsymbol{x}_p,t)=-\sum_{e=1}^{N}\sum_{j=1}^{N_e}w_{(j)}\{&\boldsymbol{t}[\boldsymbol{u}(\boldsymbol{x}_{(j)},t)-\boldsymbol{u}(\boldsymbol{x}_p,t),\boldsymbol{x}_{(j)}-\boldsymbol{x}_p,t]-\\&\boldsymbol{t}[\boldsymbol{u}(\boldsymbol{x}_p,t)-\boldsymbol{u}(\boldsymbol{x}_{(j)},t),\boldsymbol{x}_p-\boldsymbol{x}_{(j)},t]\}V_{(j)}\end{aligned} \tag{11.11}$$

质点 $\boldsymbol{x}_p$ 所在单元的总体力为

$$\boldsymbol{g}^{(e)}=\sum_{j=1}^{N_e}\boldsymbol{b}(\boldsymbol{x}_p,t) \tag{11.12}$$

此计算得到的单元的体力可以进一步转换到单元节点上

$$\boldsymbol{f}_I^{(e)}=\int_{V_e}\mathrm{d}V_eN_I\rho\boldsymbol{g}^{(e)} \tag{11.13}$$

式中：ρ 为第 e 个单元的质量密度；I 为第 e 个单元的第 I 个节点。因此，$\boldsymbol{f}_I^{(e)}$ 表示作用在第 I 个节点上的外力。只有 PD 质点的体力密度是已知的，而质点则作为式(11.13)中第 e 个单元的积分点。通过对式(11.13)得到的节点力进行叠加得到 $\underline{\underline{\boldsymbol{F}}}_f^n$。

最后，得到耦合系统的方程组为

$$\underset{\sim}{\ddot{\boldsymbol{U}}}^n + c^n \underset{\sim}{\dot{\boldsymbol{U}}}^n = \underset{\sim}{\boldsymbol{M}}^{-1} \underset{\sim}{\boldsymbol{F}}^n \tag{11.14}$$

式中：$\underset{\sim}{\dot{\boldsymbol{U}}}^n$ 和 $\underset{\sim}{\ddot{\boldsymbol{U}}}^n$ 分别为位移对时间的一阶和二阶导数，分别表示为

$$\underset{\sim}{\dot{\boldsymbol{U}}}^n = \left\{ \underline{\dot{\boldsymbol{U}}}_p^n \quad \underline{\dot{\boldsymbol{U}}}_f^n \quad \underline{\underline{\dot{\boldsymbol{U}}}}_f^n \right\}^{\mathrm{T}} \tag{11.15a}$$

$$\underset{\sim}{\ddot{\boldsymbol{U}}}^n = \left\{ \underline{\ddot{\boldsymbol{U}}}_p^n \quad \underline{\ddot{\boldsymbol{U}}}_f^n \quad \underline{\underline{\ddot{\boldsymbol{U}}}}_f^n \right\}^{\mathrm{T}} \tag{11.15b}$$

矩阵 $\underset{\sim}{\boldsymbol{M}}$ 可以写为

$$\underset{\sim}{\boldsymbol{M}} = \begin{bmatrix} \underline{\boldsymbol{D}} & 0 & 0 \\ 0 & \underline{\boldsymbol{M}} & 0 \\ 0 & 0 & \underline{\underline{\boldsymbol{M}}} \end{bmatrix} \tag{11.16}$$

矢量 $\underset{\sim}{\boldsymbol{F}}^n$ 表示为

$$\underset{\sim}{\boldsymbol{F}}^n = \left\{ \underline{\boldsymbol{F}}_p^n \quad \underline{\boldsymbol{F}}_f^n \quad \underline{\underline{\boldsymbol{F}}}_f^n \right\}^{\mathrm{T}} \tag{11.17}$$

根据 Underwood(1983)的建议，阻尼系数 c^n 可由下式得到。

$$c^n = 2\sqrt{\left[(\underset{\sim}{\boldsymbol{U}}^n)^{\mathrm{T}\,1}\boldsymbol{K}^n \underset{\sim}{\boldsymbol{U}}^n\right] / \left[(\underset{\sim}{\boldsymbol{U}}^n)^{\mathrm{T}} \underset{\sim}{\boldsymbol{U}}^n\right]} \tag{11.18}$$

式中：${}^1\boldsymbol{K}^n$ 为对角局部刚度矩阵，可表示为(Underwood 1983)

$${}^1K_{ii}^n = -\left(\underset{\sim}{F}_i^n / \underset{\sim}{m}_{ii} - \underset{\sim}{F}_i^{n-1} / \underset{\sim}{m}_{ii}\right) / \dot{U}_i^{n-\frac{1}{2}} \tag{11.19}$$

采用单位时间步长的中心差分显式积分进行计算

$$\underset{\sim}{\dot{\boldsymbol{U}}}^{n+\frac{1}{2}} = \frac{(2-c^n)\underset{\sim}{\dot{\boldsymbol{U}}}^{n-\frac{1}{2}} + 2\underset{\sim}{\boldsymbol{M}}^{-1}\underset{\sim}{\boldsymbol{F}}^n}{(2+c^n)} \tag{11.20a}$$

$$\underset{\sim}{\boldsymbol{U}}^{n+1} = \underset{\sim}{\boldsymbol{U}}^n + \underset{\sim}{\dot{\boldsymbol{U}}}^{n+\frac{1}{2}} \tag{11.20b}$$

但是，由于初始积分 $t^{-1/2}$ 时的速度场未知，因此式(11.20a)、式(11.20b)无法直接启动积分迭代，于是假设 $\underset{\sim}{\boldsymbol{U}}^0 \neq 0$ 和 $\underset{\sim}{\dot{\boldsymbol{U}}}^0 = 0$，可得到

$$\underset{\sim}{\dot{\boldsymbol{U}}}^{1/2} = \underset{\sim}{\boldsymbol{M}}^{-1} \underset{\sim}{\boldsymbol{F}}^{1/2} / 2 \tag{11.21}$$

综上，FEM 和 PD 耦合方法的计算步骤如下：

(1) 利用时间步 i 已知的位移场和速度场 ($i \leqslant n$)。

(2) 利用重叠区域内的节点位移计算重叠区域内配置点的位移。

(3) 计算重叠区域内配置点处的力密度。

(4) 将力密度以体力的形式作用到重叠区域的有限单元上。

(5) 进行积分得到第($n+1$)个时间步的位移和速度。

(6) 重复前面的步骤直到达到所需要的时间步数。

11.2　直接耦合法的有效性验证

本节给出了一根杆和一块带孔板受拉伸载荷作用的例子，来验证直接耦合法的有效性。杆中只有一个 PD 解和有限元解的重叠区域。板中孔边预测失效的区域用 PD 理论建模，远离孔边的区域用有限元进行建模，因而有两个重叠区域。

11.2.1　杆受拉伸载荷

各向同性杆两端受到拉伸载荷作用，分成两个区域分别采用有限元和 PD 理论建模，如图 11.2 所示。相关参数如下所示。

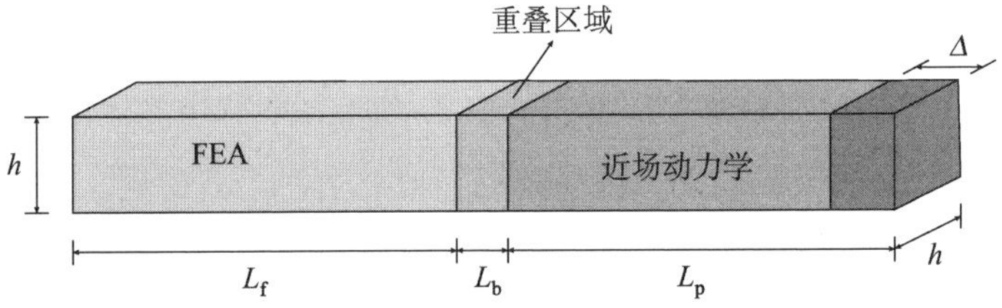

图 11.2　杆的尺寸

1) 几何参数

(1) 梁的长度 $L = 254$ mm (FEM 区域，$L_f = 127$ mm; PD 区域，$L_p = 127$ mm)。

(2) 横截面面积 $A = hh = 103.2$ mm^2。

2) 材料属性

(1) 杨氏模量 $E = 6.89 \times 10^4$ MPa。

(2) 泊松比 $\nu = 0.25$。

(3) 密度 $\rho = 2.77 \times 10^3$ kg/m^3。

3) 边界条件

无位移约束。

4）施加载荷

单轴拉力 $F = 7\ 119$ N。

5）近场动力学离散参数

（1）x 方向质点总数为 200。

（2）y 方向质点总数为 8。

（3）z 方向质点总数为 8。

（4）质点之间间距 $\Delta = 1.27$ mm。

（5）单个质点的体积 $\Delta V = 2.05\ \text{mm}^3$。

（6）边界层体积 $\Delta V_\Delta = 1 \times 8 \times 8 \times 125 \times 10^{-6}\,\text{in}^3 = 131.1\ \text{mm}^3$。

（7）施加体力密度 $b_x = F/\Delta V_\Delta = 5.54 \times 10^9\ \text{kg/m}^3$。

（8）重叠区域长度 $L_b = 3.175$ mm。

（9）邻域范围 $\delta = 3\Delta$。

（10）自适应动力松弛法：使用。

（11）时间增量步大小 $\Delta t = 1.0$ s。

除了耦合方法之外，还对杆建立了完全的 PD 模型或者完全的有限元模型。有限元模型采用了商用有限元程序 ANSYS 中的 SOLID45 实体单元。单轴拉力以表面拉力的形式作用于杆的末端面。耦合方法与 PD 方法和有限元法得到的位移结果比较如图 11.3 所示。完全 PD 方法模型和完全有限元模型之间的差异大约为 5%。耦合方法得到的水平位移云图如图 11.4 所示。

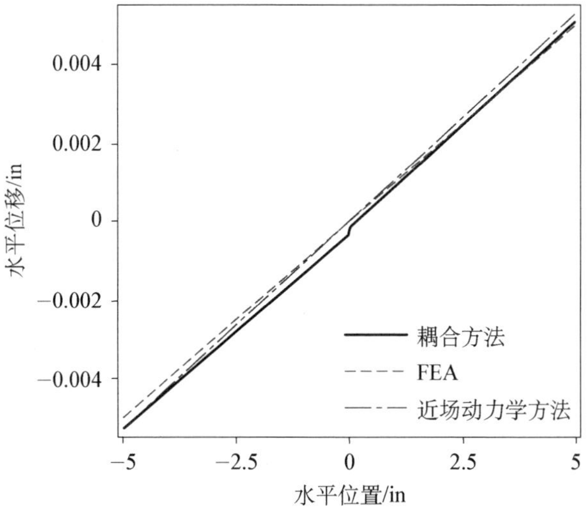

图 11.3　杆的水平方向位移比较

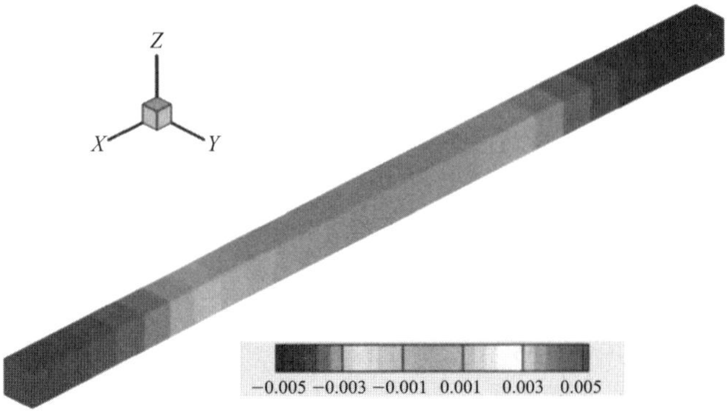

图 11.4 杆的水平位移云图

11.2.2 带孔板受拉伸载荷

各向同性带孔板两端受拉伸载荷，分成三个不同区域，进行有限元和 PD 理论的耦合建模，如图 11.5 所示。PD 和 FEM 区域的长度分别为 L_p和 L_f。

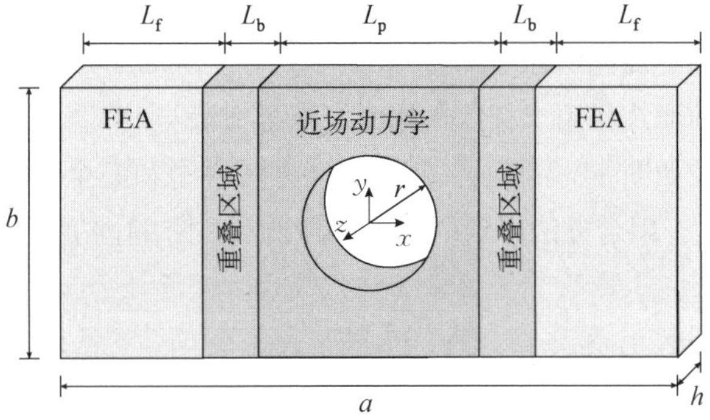

图 11.5 中心圆孔板的尺寸

1) 几何参数

(1) 板的长度 $a = 228.6$ mm ($L_f = 63.5$ mm，$L_p = 101.6$ mm)。

(2) 板的宽度 $b = 76.2$ mm。

(3) 板的厚度 $h = 5.08$ mm。

(4) 孔的半径 $r = 12.7$ mm。

2) 材料属性

(1) 杨氏模量 $E = 6.89 \times 10^4$ MPa。

(2) 泊松比 $\nu = 0.25$。

(3) 密度 $\rho = 2\,768\ \mathrm{kg/m^3}$。

3) 边界条件

无位移约束。

4) 施加载荷

单轴拉力 $F = 2.67 \times 10^5\ \mathrm{N}$。

5) 近场动力学离散参数

(1) x 方向质点总数为 180。

(2) y 方向质点总数为 60。

(3) z 方向质点总数为 4。

(4) 质点之间间距 $\Delta = 1.27\ \mathrm{mm}$。

(5) 单个质点的体积 $\Delta V = 2.05\ \mathrm{mm^3}$。

(6) 重叠区域长度 $L_b = 3.175\ \mathrm{mm}$。

(7) 边界层体积 $\Delta V_\Delta = 1 \times 4 \times 60 \times 125 \times 10^{-6}\,\mathrm{in^3} = 491.6\ \mathrm{mm^3}$。

(8) 施加体力密度 $b_x = F/\Delta V_\Delta = 5.54 \times 10^9\ \mathrm{kg/m^3}$。

(9) 邻域范围 $\delta = 3\Delta$。

(10) 自适应动力松弛法：使用。

(11) 时间增量步大小 $\Delta t = 1.0\ \mathrm{s}$。

图 11.6 给出了各个区域离散后的三维模型。比较 PD 理论和商用有限元

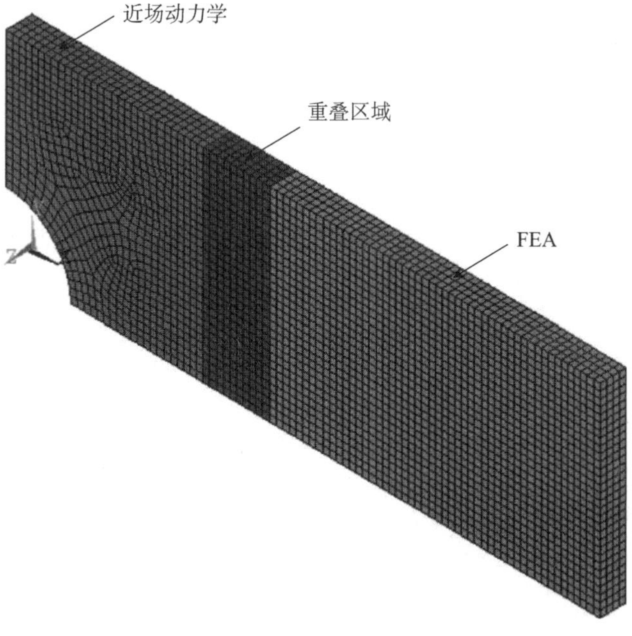

图 11.6　用于耦合分析的板的三维离散化模型

软件 ANSYS 得到的稳态位移,可以验证耦合方法的有效性。完全的 PD 模型和完全的 FEM 模型都采用了与图 11.6 中耦合模型相同的离散结构。有限元模型采用 ANSYS 的 SOLID45 实体单元构建。图 11.7 显示了板底边的水平方向位移。水平方向位移的比较表明耦合分析法、近场动力学方法和有限元方法结果非常吻合。

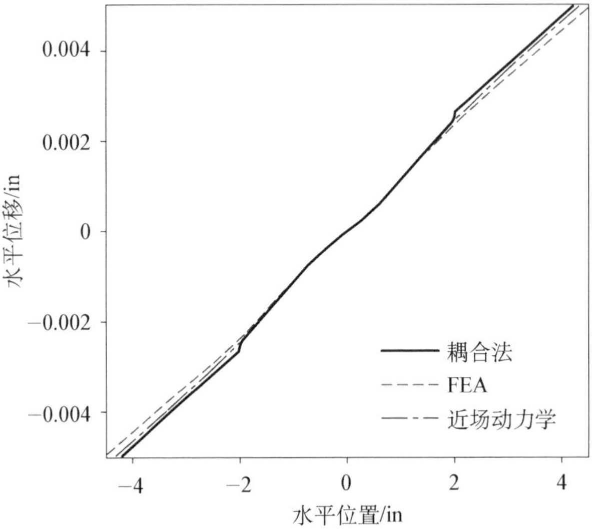

图 11.7 板底边的水平位移

参 考 文 献

Agwai A, Guven I, Madenci E (2012) Drop-shock failure prediction in electronic packages by using peridynamic theory. IEEE Trans Adv Packag 2(3): 439 - 447.

Belytschko T (1983) An overview of semidiscretization and time integration procedures. ComputMeth Trans Anal 1: 1 - 65.

Kilic B, Madenci E (2010) Coupling of peridynamic theory and finite element method. J Mech Mater Struct 5: 707 - 733.

Lall P, Shantaram S, Panchagade D (2010) Peridynamic-models using finite elements for shockand vibration reliability of leadfree electronics. In: Proceedings of the 12th intersociety conference, thermal and thermomechanical phenomena in electronic systems (ITHERM), Las Vegas. IEEE, Piscataway, p 859, 2 - 5 June 2010.

Liu W, Hong J (2012) A coupling approach of discretized peridynamics with finite element method. Comput Meth Appl Mech Eng 245 - 246: 163 - 175.

Lubineau G, Azdoud Y, Han F, Rey C, Askari A (2012) A morphing strategy to couple non-local to local continuum mechanics. J Mech Phys Solids 60: 1088 - 1102.

Macek RW, Silling SA (2007) Peridynamics via finite element analysis. Finite Elem Anal Des 43(15): 1169 - 1178.

Oterkus E, Madenci E, Weckner O, Silling S, Bogert P, Tessler A (2012) Combined finite element and peridynamic analyses for predicting failure in a stiffened composite curved panel with a central slot. Comp Struct 94: 839 - 850.

Seleson P, Beneddine S, Prudhomme S (2013) A force-based coupling scheme for peridynamics and classical elasticity. Comput Mater Sci. 66: 34 - 49.

Underwood P (1983) Dynamic relaxation. Comput Meth Trans Anal 1: 245 - 265.

Zienkiewicz OC (1977) The finite element method. McGraw-Hill, London.

12　近场动力学热扩散

近场动力学(PD)理论也可用于其他物理场的分析中,比如热扩散、中子扩散、空位扩散和电势分布等问题。在这些分析中,都使用了统一的PD计算框架和模型,这为使用PD方法处理完全耦合的多物理场问题奠定了基础。

12.1　基础理论

在热传导的过程中,热能通过声子、晶格振动和电子进行传输。通常而言,热量在金属中的传导主要通过电子的自由移动实现,而在绝缘体和半导体中声子则是热量传导的主要载体。热传导的过程本质上是非局部的,因为热载体携带着热量从一个质点运输到另一个质点。通常把热载体上多余的能量消失前所运动的平均距离称为平均自由程,当热载体的平均自由程变得与其特征长度相当时,其连续介质模型就需要考虑非局部作用的影响。

虽然传热和温度紧密相关,但是它们有本质上的区别。温度是一个标量,它只有大小;而传热是一个矢量,它既有大小也有方向。连续介质中不同点之间的温度差是所有热传导的驱动力,热流总是从温度高的质点流向温度低的质点。物理实验表明单位时间内通过单位截面的热量与温度梯度成正比,比例常数 k 代表材料的导热系数。这一现象称为热传导的傅里叶定律,表示为

$$\boldsymbol{q}=-k\,\nabla\Theta \tag{12.1}$$

式中:$\boldsymbol{q}$ 为热通量矢量;k 为导热系数;$\nabla\Theta$ 为温度梯度。负号确保热量往温度降低的方向流动。单位时间内通过单位法向量为 $\boldsymbol{n}$ 的边界表面 S 进入连续体的热量为

$$\dot{Q}=-\int_S \boldsymbol{q}\cdot\boldsymbol{n}\,\mathrm{d}S \tag{12.2}$$

式中:负号确保热量流入物体。如果热流量$\dot{Q}$(也称热流率)是正的,则表示物体获得热量;反之,则表示物体流失热量。这一基于傅里叶定律的、反映材料局部性本构关系的公式已经成功地应用于宏观尺度下的热传导问题。

12.2　非局部热扩散

在低温下,热扩散的非局部性变得尤为重要,因为在低温系统中,热载体的平均自由程往往更长。此外,有研究表明在温度梯度较大的热传导问题中也应该考虑非局部作用的影响。这是因为表征温度梯度的穿透深度变小,甚至可以降低到与热载体平均自由程相同的数量级。在这些情况下,有必要考虑连续介质模型中热量传输的非局部性。随着设备的小型化,在微观和纳米尺度模型中,较短的长度尺度也需要考虑非局部作用的影响(Tien 和 Chen, 1994)。

在过去的几十年中,研究人员提出了多种非局部的热传导理论。20 世纪 80 年代初,Luciani 等人(1983)通过引入热通量的非局部表达式,建立了一种非局部理论来更好地表征较大温度梯度下的电子热传输过程。与局部模型相比,非局部模型所得到的结果与统计模拟(Fokker-Planck 模拟)的结果吻合得更好。随后,Mahan 和 Claro(1988)提出了一个由玻尔兹曼方程确定的热流与温度梯度之间的非局部关系。20 世纪 90 年代,Sobolev (1994)提出了一个同时在空间和时间尺度上考虑非局部性的模型,该模型可用于能量或熵平衡的积分方程。Lebon 和 Grmela(1996)提出了一个弱非局部模型(弱非局部模型通常基于梯度公式),该模型基于非平衡态热力学,在原有状态变量的基础上引入了一个新变量用于表征模型的非局部性。然后,他们(Grmela 和 Lebon, 1998)又将非线性加入了该模型。近期,设备的小型化趋势不断推动着非局部热传导理论的发展,许多研究者在微观和纳米结构的热传输研究过程中提出了新的非局部模型。其中一个例子就是 Chen(2002)推导的基于玻尔兹曼方程的 Ballistic-diffusive 热传导方程,新方程中考虑了热传输的非局部性。另一个例子是 Alvarez 和 Jou (2007)提出的模型,通过在不可逆热力学方法中引入非局部(和记忆/滞后)效应来发展他们的模型。Tzou 和 Guo(2010)通过在傅里叶定律中引入非局部(和滞后)项来构建他们的模型。

我们感兴趣的是在出现不连续的情况下如何得到温度场。其中一类包含不连续的问题是涉及凝固和熔化等材料相变的传热过程(Özisik 1980),这类问题通常被称为斯蒂芬(Stefan)问题。目前有许多重要的技术问题涉及含有材料相变的热传导过程,例如空间飞行器再入大气层时外壳的烧蚀和金属铸造的过程。另一类具有不连续性的热传导问题是核工业中的再淹没问题。核反应堆中的再淹没过程是在意外干涸或失水时,将堆芯和热壳温度冷却到安全范围的应急处理方法。应急冷却通过将冷却水自下向上压入或从反应堆的顶部喷射入系统(Duffey 和 Porthous, 1973; Dorfman 2004),由于冷却水前端不断地推进,因此放热固体表面的热传导方式产生突变,会在固体介质中产生随冷却水前端移动的不连续界面。

用近场动力学方法求解热传导问题的优势在于它不仅引入了非局部性,而且还允许在出现不连续的地方求解温度场。近场动力学热传导是一个连续模型,不是离散模型,因此模型中没有显式地模拟声子和电子的运动。最近的一些研究尝试了在近场动力学框架内建立热传导方程,并取得了初步的成果。Gerstle 等人(2008)通过考虑一维物体中的热传导过程,建立了电子迁移问题的 PD 模型。此外,Bobaru 和 Duangpanya(2010,2012)建立了多维空间内的近场动力学热传导方程,并在计算模型中考虑了绝缘裂纹引起的非连续性。这两项研究工作均采用了键型 PD 方法。随后,Agwai(2011)推导了态型 PD 热传导方程,这部分研究工作会在本章的后续内容中提及。

12.3 态型 PD 热扩散

在近场动力学中,质点之间的相互作用是非局部的。对于热扩散过程,质点间的非局部相互作用是伴随热能交换产生的。因此,一个质点会与其邻域内的其他质点发生热量交换。在拉格朗日形式中,热传导控制方程可由欧拉-拉格朗日方程得到。欧拉-拉格朗日方程可写为关于拉格朗日函数 L 的形式(Moiseiwitsch 2004)

$$\frac{\mathrm{d}}{\mathrm{d}t}\left(\frac{\partial L}{\partial \dot{\Theta}}\right)-\frac{\partial L}{\partial \Theta}=0 \tag{12.3a}$$

且

$$L=\int_V \mathcal{L}\mathrm{d}V \tag{12.3b}$$

式中:Θ 为温度;L 为拉格朗日密度。PD 质点的拉格朗日密度 $\mathcal{L}$ 定义为

$$\mathcal{L}=Z+\rho\hat{s}\Theta \tag{12.4}$$

式中：Z 为热势，它是一个关于与质点 $\boldsymbol{x}$ 具有相互作用的所有质点温度的函数；ρ 为密度；$\hat{s}$为单位质量的热源大小，它反映热源密度和储存内能的大小。每个质点 $\boldsymbol{x}_{(i)}$ 都有一个热势，记为$Z_{(i)}$。微热势$z_{(i)(j)}$ 是质点 $\boldsymbol{x}_{(i)}$ 和 $\boldsymbol{x}_{(j)}$ 之间由于相互作用(热能交换)产生的热势。微热势与热能交换直接相关，它取决于质点之间的温差大小。更具体地说，微热势 $z_{(i)(j)}$ 取决于质点 $\boldsymbol{x}_{(i)}$ 和与其发生相互作用的所有质点之间的温差。微热势 $z_{(j)(i)} \neq z_{(i)(j)}$，因为$z_{(j)(i)}$ 取决于与质点 $\boldsymbol{x}_{(j)}$ 相互作用的质点的温度。微热势表示如下：

$$z_{(i)(j)} = z_{(i)(j)}[\Theta_{(1^i)} - \Theta_{(i)},\ \Theta_{(2^i)} - \Theta_{(i)},\ \cdots] \tag{12.5a}$$

$$z_{(j)(i)} = z_{(j)(i)}[\Theta_{(1^j)} - \Theta_{(j)},\ \Theta_{(2^j)} - \Theta_{(j)},\ \cdots] \tag{12.5b}$$

式中：$\Theta_{(i)}$ 为点 $\boldsymbol{x}_{(i)}$ 的温度；$\Theta_{(1^i)}$ 为与点 $\boldsymbol{x}_{(i)}$ 相互作用的第一个质点的温度；$\Theta_{(j)}$ 为点 $\boldsymbol{x}_{(j)}$ 的温度；$\Theta_{(1^j)}$ 为与点 $\boldsymbol{x}_{(j)}$ 相互作用的第一个质点的温度。

质点 $\boldsymbol{x}_{(i)}$ 的热势$Z_{(i)}$ 定义为

$$Z_{(i)} = \frac{1}{2}\sum_{j=1}^{\infty}\frac{1}{2}\left\{\begin{aligned}&z_{(i)(j)}[\Theta_{(1^i)} - \Theta_{(i)},\ \Theta_{(2^i)} - \Theta_{(i)},\ \cdots] + \\ &z_{(j)(i)}[\Theta_{(1^j)} - \Theta_{(j)},\ \Theta_{(2^j)} - \Theta_{(j)},\ \cdots]\end{aligned}\right\}V_{(j)} \tag{12.6}$$

式中：$V_{(j)}$ 为质点 $\boldsymbol{x}_{(j)}$ 的体积。这个方程表明质点 $\boldsymbol{x}_{(i)}$ 的热势是与该点相关的所有质点 $\boldsymbol{x}_{(j)}$ 的微热势的总和，微热势和热势都是关于温度的函数。对于质点 $\boldsymbol{x}_{(k)}$ 处的欧拉-拉格朗日方程，式(12.3a)变为

$$\frac{\mathrm{d}}{\mathrm{d}t}\left(\frac{\partial L}{\partial \dot{\Theta}_{(k)}}\right) - \frac{\partial L}{\partial \Theta_{(k)}} = 0 \tag{12.7a}$$

式中：

$$L = \sum_{i=1}^{\infty}\mathcal{L}_{(i)}V_{(i)} \tag{12.7b}$$

且

$$\mathcal{L}_{(i)} = Z_{(i)} + \rho\hat{s}_{(i)}\Theta_{(i)} \tag{12.7c}$$

因此，将式(12.6)代入式(12.7b)导出拉格朗日函数为

$$L = \sum_{i=1}^{\infty}\left\{\frac{1}{2}\sum_{j=1}^{\infty}\frac{1}{2}\begin{bmatrix}z_{(i)(j)}(\Theta_{(1^i)} - \Theta_{(i)},\ \Theta_{(2^i)} - \Theta_{(i)},\ \cdots) + \\ z_{(j)(i)}(\Theta_{(1^j)} - \Theta_{(j)},\ \Theta_{(2^j)} - \Theta_{(j)},\ \cdots)\end{bmatrix}V_{(j)} + \rho\hat{s}_{(i)}\Theta_{(i)}\right\}V_{(i)} \tag{12.8a}$$

上式可以通过只显示与质点 $\boldsymbol{x}_{(k)}$ 相关的项写成展开形式

$$L=\cdots\frac{1}{2}\sum_{j=1}^{\infty}\left\{\frac{1}{2}\begin{bmatrix}z_{(k)(j)}(\Theta_{(1^k)}-\Theta_{(k)},\Theta_{(2^k)}-\Theta_{(k)},\cdots)+\\ z_{(j)(k)}(\Theta_{(1^j)}-\Theta_{(j)},\Theta_{(2^j)}-\Theta_{(j)},\cdots)\end{bmatrix}V_{(j)}\right\}V_{(k)}\cdots+$$
$$\frac{1}{2}\sum_{i=1}^{\infty}\left\{\frac{1}{2}\begin{bmatrix}z_{(i)(k)}(\Theta_{(1^i)}-\Theta_{(i)},\Theta_{(2^i)}-\Theta_{(i)},\cdots)\\ +z_{(k)(i)}(\Theta_{(1^k)}-\Theta_{(k)},\Theta_{(2^k)}-\Theta_{(k)},\cdots)\end{bmatrix}V_{(k)}\right\}V_{(i)}\cdots+\rho\hat{s}_{(k)}\Theta_{(k)}V_{(k)}\cdots \tag{12.8b}$$

或

$$L=\cdots\sum_{j=1}^{\infty}\left\{\frac{1}{2}\begin{bmatrix}z_{(k)(j)}(\Theta_{(1^k)}-\Theta_{(k)},\Theta_{(2^k)}-\Theta_{(k)},\cdots)\\ +z_{(j)(k)}(\Theta_{(1^j)}-\Theta_{(j)},\Theta_{(2^j)}-\Theta_{(j)},\cdots)\end{bmatrix}V_{(j)}\right\}V_{(k)}\cdots+$$
$$\rho\hat{s}_{(k)}\Theta_{(k)}V_{(k)}\cdots \tag{12.8c}$$

将上式代入欧拉-拉格朗日方程,式(12.7a)变为

$$\left\{\begin{aligned}&\sum_{j=1}^{\infty}\frac{1}{2}\left[\sum_{i=1}^{\infty}\frac{\partial z_{(k)(i)}}{\partial(\Theta_{(j)}-\Theta_{(k)})}\frac{\partial(\Theta_{(j)}-\Theta_{(k)})}{\partial\Theta_{(k)}}V_{(i)}\right]+\\ &\sum_{j=1}^{\infty}\frac{1}{2}\left[\sum_{i=1}^{\infty}\frac{\partial z_{(i)(k)}}{\partial(\Theta_{(k)}-\Theta_{(j)})}\frac{\partial(\Theta_{(k)}-\Theta_{(j)})}{\partial\Theta_{(k)}}V_{(i)}\right]\end{aligned}\right\}V_{(k)}+\rho\hat{s}_{(k)}V_{(k)}=0 \tag{12.9a}$$

或

$$-\sum_{j=1}^{\infty}\frac{1}{2}\left[\sum_{i=1}^{\infty}\frac{\partial z_{(k)(i)}}{\partial(\Theta_{(j)}-\Theta_{(k)})}V_{(i)}\right]+\sum_{j=1}^{\infty}\frac{1}{2}\left[\sum_{i=1}^{\infty}\frac{\partial z_{(i)(k)}}{\partial(\Theta_{(k)}-\Theta_{(j)})}V_{(i)}\right]+\rho\hat{s}_{(k)}=0 \tag{12.9b}$$

式中：$\sum_{i=1}^{\infty}\frac{\partial z_{(k)(i)}}{\partial(\Theta_{(j)}-\Theta_{(k)})}V_{(i)}$ 和 $\sum_{i=1}^{\infty}\frac{\partial z_{(i)(k)}}{\partial(\Theta_{(k)}-\Theta_{(j)})}V_{(i)}$ 两项可分别视为从质点 $\boldsymbol{x}_{(j)}$ 到质点 $\boldsymbol{x}_{(k)}$ 的热流密度和从质点 $\boldsymbol{x}_{(k)}$ 到质点 $\boldsymbol{x}_{(j)}$ 的热流密度。基于这种解释，可以引入两个新的函数 $\mathcal{H}_{(k)(j)}$ 和 $\mathcal{H}_{(j)(k)}$，并将它们定义为

$$\begin{aligned}\mathcal{H}_{(k)(j)}&=\frac{1}{2}\frac{1}{V_{(j)}}\left\{\sum_{i=1}^{\infty}\frac{\partial z_{(k)(i)}}{\partial[\Theta_{(j)}-\Theta_{(k)}]}V_{(i)}\right\},\\ \mathcal{H}_{(j)(k)}&=\frac{1}{2}\frac{1}{V_{(j)}}\left\{\sum_{i=1}^{\infty}\frac{\partial z_{(i)(k)}}{\partial[\Theta_{(k)}-\Theta_{(j)}]}V_{(i)}\right\}\end{aligned} \tag{12.10}$$

使用这两个新函数可以把式(12.9b)改写为

$$\sum_{j=1}^{\infty}[-\mathcal{H}_{(k)(j)}+\mathcal{H}_{(j)(k)}]V_{(j)}+\rho\hat{s}_{(k)}=0 \tag{12.11}$$

这里引入PD状态的概念：PD状态可视为一个无限维的数组，这个数组包含了与某一点相关的所有相互作用的信息。与质点 $\boldsymbol{x}$ 的所有相互作用相关的热流密度组成的一个无限维数组称为热流(标量)状态 $\underline{h}(\boldsymbol{x},t)$，其中 t 是时间。质点 $\boldsymbol{x}_{(k)}$ 和 $\boldsymbol{x}_{(j)}$ 的热流状态可以表示为

$$\underline{h}[\boldsymbol{x}_{(k)},t]=\begin{Bmatrix}\vdots\\ \mathcal{H}_{(k)(j)}\\ \vdots\end{Bmatrix},\ \underline{h}[\boldsymbol{x}_{(j)},t]=\begin{Bmatrix}\vdots\\ \mathcal{H}_{(j)(k)}\\ \vdots\end{Bmatrix} \tag{12.12}$$

热流状态将每对相互作用的质点和热流密度关联起来，使得热流密度 $H_{(k)(j)}$ 和 $H_{(j)(k)}$ 的表达式可写为

$$\mathcal{H}_{(k)(j)}=\underline{h}[\boldsymbol{x}_{(k)},t]\langle\boldsymbol{x}_{(j)}-\boldsymbol{x}_{(k)}\rangle,\ \mathcal{H}_{(j)(k)}=\underline{h}[\boldsymbol{x}_{(j)},t]\langle\boldsymbol{x}_{(k)}-\boldsymbol{x}_{(j)}\rangle \tag{12.13}$$

式中：角括号内包含的是相互作用的质点对。微热势也可以写成状态的形式，称为微热势(标量)状态 $\underline{z}(\boldsymbol{x},t)$，表示为

$$z_{(k)(j)}=\underline{z}[\boldsymbol{x}_{(k)},t]\langle\boldsymbol{x}_{(j)}-\boldsymbol{x}_{(k)}\rangle,\ z_{(j)(k)}=\underline{z}[\boldsymbol{x}_{(j)},t]\langle\boldsymbol{x}_{(k)}-\boldsymbol{x}_{(j)}\rangle \tag{12.14}$$

应用状态表示法，式(12.11)可以重写为

$$\sum_{j=1}^{\infty}\{\underline{h}[\boldsymbol{x}_{(k)},t]\langle\boldsymbol{x}_{(j)}-\boldsymbol{x}_{(k)}\rangle-\underline{h}[\boldsymbol{x}_{(j)},t]\langle\boldsymbol{x}_{(k)}-\boldsymbol{x}_{(j)}\rangle\}V_{(j)}-\rho\hat{s}_{(k)}=0 \tag{12.15}$$

如果将质点邻域内的求和转换成积分

$$\sum_{j=1}^{\infty}(\cdot)V_{(j)}\rightarrow\int_{H}(\cdot)\mathrm{d}V_{x'} \tag{12.16}$$

那么式(12.15)可改写为

$$\int_{H}[\underline{h}(\boldsymbol{x},t)\langle\boldsymbol{x}'-\boldsymbol{x}\rangle-\underline{h}(\boldsymbol{x}',t)\langle\boldsymbol{x}-\boldsymbol{x}'\rangle]\mathrm{d}V_{x'}-\rho\hat{s}=0 \tag{12.17}$$

上式中，如果 $\boldsymbol{x}' \notin H$，则有$\underline{h}(\boldsymbol{x},\ t)\langle \boldsymbol{x}' - \boldsymbol{x} \rangle = 0$。积分域 H 为质点 $\boldsymbol{x}$ 的邻域，质点 $\boldsymbol{x}$ 与其族内（邻域内）的其他质点具有相互作用。

为方便起见，采用以下简记符号。

$$\underline{h}(\boldsymbol{x},\ t) = \underline{h},\ \underline{h}(\boldsymbol{x}',\ t) = \underline{h}' \tag{12.18}$$

此外，定义温度（标量）状态$\underline{\tau}$ 为

$$\underline{\tau}(\boldsymbol{x},\ t)\langle \boldsymbol{x}' - \boldsymbol{x} \rangle = \Theta(\boldsymbol{x}',\ t) - \Theta(\boldsymbol{x},\ t) \tag{12.19}$$

一个质点的温度状态包含所有与其相互作用的质点之间的温度差。由于微热势取决于与某一质点有相互作用的所有质点之间的温度差，因此它可以写成温度状态的函数

$$\underline{z} = \underline{z}(\underline{\tau}) \tag{12.20}$$

因此，热流状态也可以写成温度状态的函数

$$\underline{h} = \underline{h}(\underline{\tau}) \tag{12.21}$$

当热流的大小在短时间内发生变化时，应该在热传导方程中将热能存储的变化速率考虑进去（Bathe 1996）。这种单位质量的物体内能存储的速率$\dot{\varepsilon}_s$是一个负热源，由下式给出。

$$\dot{\varepsilon}_s = c_V \frac{\partial \Theta}{\partial t} \tag{12.22}$$

式中，c_V为比热容。

因此，式(12.15)中的热源项可以写为 $\hat{s} = \dot{\varepsilon}_s - s_b$，其中$s_b$ 是单位时间、单位质量的热源产生的热量。将式(12.22)代入式(12.15)中，推导出态型近场动力学热扩散方程的瞬态形式为

$$\rho c_V \dot{\Theta}(\boldsymbol{x},\ t) = \int_H [\underline{h}(\boldsymbol{x},\ t)\langle \boldsymbol{x}' - \boldsymbol{x} \rangle - \underline{h}(\boldsymbol{x}',\ t)\langle \boldsymbol{x} - \boldsymbol{x}' \rangle] \mathrm{d}V_{x'} + h_s(\boldsymbol{x},\ t) \tag{12.23}$$

式中：$h_s(\boldsymbol{x},\ t) = \rho s_b(\boldsymbol{x},\ t)$，为热源密度（单位时间、单位体积的热源产生的热量）。最终得到的式(12.23)是关于时间和空间的积分-微分方程，它包含对时间的微分和对空间区域的积分。它不包含任何关于温度的空间导数，因此，无论区域中是否存在不连续，PD 热方程在任意位置都是有效的。在施加边界条件和初始条件后，对时间和空间进行积分运算就可得到温度场的解。

12.4　热通量和近场动力学热流状态的关系

热流(标量)状态$\underline{h}$包含与一点相关的所有相互作用的热流密度,(近场动力学)热流密度 $\underline{h}(\boldsymbol{x},\ t)\langle\boldsymbol{x}'-\boldsymbol{x}\rangle$ 的量纲是热流量除以体积平方。式(12.23)中的积分项

$$\int_H[\underline{h}(\boldsymbol{x},\ t)\langle\boldsymbol{x}'-\boldsymbol{x}\rangle-\underline{h}(\boldsymbol{x}',\ t)\langle\boldsymbol{x}-\boldsymbol{x}'\rangle]\mathrm{d}V_{x'} \tag{12.24}$$

类似于热通量的散度 $\nabla\cdot\boldsymbol{q}$,它的量纲是热流量除以体积(单位时间、单位体积的热量)。因此,近场动力学热流状态可以与热通量 $\boldsymbol{q}$ 联系起来。

首先,将 PD 热传导方程[式(12.23)]乘以温度变化量 $\Delta\Theta$,并且在整个区域 V 内积分可得

$$\int_V\rho c_V\dot{\Theta}\Delta\Theta\mathrm{d}V=\int_V\int_H[\underline{h}(\boldsymbol{x},\ t)\langle\boldsymbol{x}'-\boldsymbol{x}\rangle-\underline{h}(\boldsymbol{x}',\ t)\langle\boldsymbol{x}-\boldsymbol{x}'\rangle]\Delta\Theta\mathrm{d}V'\mathrm{d}V+\int_V h_{\mathrm{s}}(\boldsymbol{x},\ t)\Delta\Theta\mathrm{d}V \tag{12.25}$$

式(12.25)右边的最后一项代表产生的热量,将其移动到公式左边。积分域可以由 H 变成 V,这是因为

$$\underline{h}(\boldsymbol{x},\ t)\langle\boldsymbol{x}'-\boldsymbol{x}\rangle=\underline{h}(\boldsymbol{x}',\ t)\langle\boldsymbol{x}-\boldsymbol{x}'\rangle=0,\quad \boldsymbol{x}'\notin H \tag{12.26}$$

整理后可得到以下形式的方程:

$$\begin{aligned}&\int_V[\rho c_V\dot{\Theta}-h_{\mathrm{s}}(\boldsymbol{x},\ t)]\Delta\Theta\mathrm{d}V\\=&\int_V\int_V[\underline{h}(\boldsymbol{x},\ t)\langle\boldsymbol{x}'-\boldsymbol{x}\rangle-\underline{h}(\boldsymbol{x}',\ t)\langle\boldsymbol{x}-\boldsymbol{x}'\rangle]\Delta\Theta\mathrm{d}V'\mathrm{d}V\end{aligned} \tag{12.27}$$

如果把式(12.27)中右侧第二个积分中的参数 $\boldsymbol{x}$ 和 $\boldsymbol{x}'$ 相互交换,则第二个积分变为

$$\int_V\int_V\underline{h}(\boldsymbol{x}',\ t)\langle\boldsymbol{x}-\boldsymbol{x}'\rangle\Delta\Theta\mathrm{d}V'\mathrm{d}V=\int_V\int_V\underline{h}(\boldsymbol{x},\ t)\langle\boldsymbol{x}'-\boldsymbol{x}\rangle\Delta\Theta'\mathrm{d}V\mathrm{d}V' \tag{12.28}$$

将式(12.28)代入式(12.27)中可得

$$\int_V[\rho c_V\dot{\Theta}-h_{\mathrm{s}}(\boldsymbol{x},\ t)]\Delta\Theta\mathrm{d}V=\int_V\int_V\underline{h}(\boldsymbol{x},\ t)\langle\boldsymbol{x}'-\boldsymbol{x}\rangle(\Delta\Theta-\Delta\Theta')\mathrm{d}V'\mathrm{d}V \tag{12.29}$$

将式(12.19)中的温度状态的变化量$\Delta \underline{\tau}$代入式(12.29)可得

$$\int_V [\rho c_V \dot{\Theta} - h_s(\boldsymbol{x}, t)] \Delta\Theta \mathrm{d}V = \int_V \Delta Z \mathrm{d}V \tag{12.30}$$

其中被积项 ΔZ 是质点 $\boldsymbol{x}$ 与其他质点相互作用所导致的 PD 热势变化。

$$\Delta Z = -\int_V [\underline{h}(\boldsymbol{x}, t)\langle \boldsymbol{x}' - \boldsymbol{x}\rangle][\Delta \underline{\tau}\langle \boldsymbol{x}' - \boldsymbol{x}\rangle] \mathrm{d}V' \tag{12.31}$$

只考虑邻域内的质点,式(12.31)可以重写为

$$\Delta Z = -\int_H [\underline{h}(\boldsymbol{x}, t)\langle \boldsymbol{x}' - \boldsymbol{x}\rangle][\Delta \underline{\tau}\langle \boldsymbol{x}' - \boldsymbol{x}\rangle] \mathrm{d}V' \tag{12.32}$$

经典热力学中热势变化量的表达式为

$$\Delta \hat{Z}(\bar{\boldsymbol{G}}) = \frac{1}{2}(\Delta \bar{\boldsymbol{G}} \cdot k \bar{\boldsymbol{G}} + \bar{\boldsymbol{G}} \cdot k \Delta \bar{\boldsymbol{G}}) = k \bar{\boldsymbol{G}} \cdot \Delta \bar{\boldsymbol{G}} \tag{12.33a}$$

式中 $\hat{Z}(\bar{\boldsymbol{G}})$ 为如下表示形式。

$$\hat{Z}(\bar{\boldsymbol{G}}) = \frac{1}{2} \bar{\boldsymbol{G}} \cdot k \bar{\boldsymbol{G}} \tag{12.33b}$$

式中:k 为导热系数;$\bar{\boldsymbol{G}} = \nabla\Theta$。将傅里叶定律 ($\boldsymbol{q} = -k\bar{\boldsymbol{G}}$) 代入式(12.33b),那么热势变化量可以改写为

$$\Delta \hat{Z}(\bar{\boldsymbol{G}}) = -\boldsymbol{q} \cdot \Delta \bar{\boldsymbol{G}} \tag{12.34}$$

通过应用附录中给出的标量状态缩减运算的定义,可以将温度梯度近似为

$$\Delta \bar{G} = \frac{1}{m} \Delta \underline{\tau} * \underline{\boldsymbol{X}} = \frac{1}{m} \int_H \underline{w}\langle \boldsymbol{x}' - \boldsymbol{x}\rangle \Delta \underline{\tau}\langle \boldsymbol{x}' - \boldsymbol{x}\rangle \otimes \underline{\boldsymbol{X}}\langle \boldsymbol{x}' - \boldsymbol{x}\rangle \mathrm{d}V' \tag{12.35}$$

式中:$\Delta \underline{\tau}$ 为一个标量状态,因此不需要并矢$\otimes$运算。上式缩减为

$$\Delta \bar{G} = \frac{1}{m} \int_H \underline{w}\langle \boldsymbol{x}' - \boldsymbol{x}\rangle \underline{\boldsymbol{X}}\langle \boldsymbol{x}' - \boldsymbol{x}\rangle \Delta \underline{\tau}\langle \boldsymbol{x}' - \boldsymbol{x}\rangle \mathrm{d}V' \tag{12.36}$$

式中:$\underline{w}$为一个标量状态,它代表影响函数;m 为一个标量加权体积(见附录)。

将上式代入式(12.34)可得如下公式。

$$\Delta \hat{Z} = -\frac{1}{m} \int_H \boldsymbol{q}^{\mathrm{T}} \underline{w}\langle \boldsymbol{x}' - \boldsymbol{x}\rangle \underline{\boldsymbol{X}}\langle \boldsymbol{x}' - \boldsymbol{x}\rangle \Delta \underline{\tau}\langle \boldsymbol{x}' - \boldsymbol{x}\rangle \mathrm{d}V' \tag{12.37}$$

假设 PD 热势变化量 ΔZ 与经典热势变化量 $\Delta \hat{Z}$ 相等,即 $\Delta Z = \Delta \hat{Z}$,那么对

比式(12.31)和式(12.37),便可得到 PD 热流状态和热通量之间的关系为

$$\underline{h}(\boldsymbol{x},\ t)\langle \boldsymbol{x}'-\boldsymbol{x}\rangle = \frac{1}{m}\boldsymbol{q}^{\mathrm{T}}\ \underline{w}\langle \boldsymbol{x}'-\boldsymbol{x}\rangle\ \underline{\boldsymbol{X}}\langle \boldsymbol{x}'-\boldsymbol{x}\rangle \tag{12.38}$$

12.5　初值和边界条件

PD 热方程不包含任何空间导数,因此在一般情况下,边界条件对于求解积分-微分方程是不必要的。温度场的边界条件可以在沿着边界的非零体积"虚拟材料层"中施加。

由于热通量没有直接出现在 PD 热扩散方程中,因此热通量在 PD 中的应用方式与经典热传导理论中的方式不同。它们之间的差异可以通过考虑一个区域 Ω 内的热平衡来阐明。如果这个区域 Ω 被虚拟地划分为两部分 Ω^- 和 Ω^+,如图 12.1 所示,则必然存在穿过区域 Ω^+ 和 Ω^- 的横截面 $\partial\Omega$ 的热流量 $\dot{Q}^+$ 和 $\dot{Q}^-$。

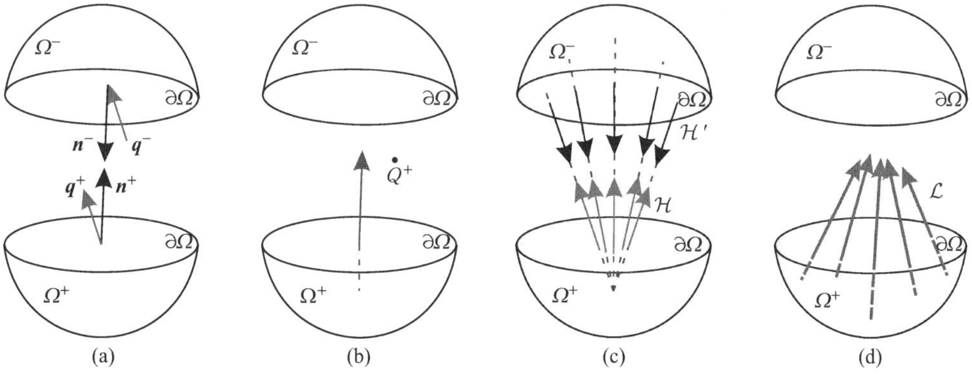

图 12.1　边界条件

(a) 穿过横截面的热通量　(b) 经典热传导理论中的热流量　(c) 区域 Ω^+ 中的质点与区域 Ω^- 中的质点间的热流密度　(d) 从区域 Ω^+ 流向区域 Ω^- 的热通量密度

根据经典的热传导理论,热流量 $\dot{Q}^+$ 和 $\dot{Q}^-$ 可以通过对热通量在区域 Ω^+ 和 Ω^- 的横截面 $\partial\Omega$ 上的垂直分量进行积分得到。

$$\dot{Q}^+ = -\int_{\partial\Omega} \boldsymbol{q}^+ \cdot \boldsymbol{n}^+\ \mathrm{d}S \tag{12.39a}$$

和

$$\dot{Q}^- = -\int_{\partial\Omega} \boldsymbol{q}^- \cdot \boldsymbol{n}^-\ \mathrm{d}S \tag{12.39b}$$

式中：$\boldsymbol{q}^{+}$ 和 $\boldsymbol{q}^{-}$ 为穿过表面的热通量；$\boldsymbol{n}^{+}$ 和 $\boldsymbol{n}^{-}$ 为区域 Ω^{+} 和 Ω^{-} 的单位法向量，如图 12.1(a)、(b)所示。

在 PD 理论中，区域 Ω^{+} 中的质点与区域 Ω^{-} 中的质点之间具有相互作用。因此，热流量 $\dot{Q}^{+}$ 可以通过计算 PD 热流密度在区域 Ω^{+} 内的体积分得到。

$$\dot{Q}^{+}=\int_{\Omega^{+}}\mathcal{L}(\boldsymbol{x})\mathrm{d}V \tag{12.40a}$$

式中：作用在 Ω^{+} 区域中的质点上的参量 $\mathcal{L}(\boldsymbol{x})$ 可表示为

$$\mathcal{L}(\boldsymbol{x})=\int_{\Omega^{-}}[\underline{h}(\boldsymbol{x},\,t)\langle\boldsymbol{x}'-\boldsymbol{x}\rangle-\underline{h}(\boldsymbol{x}',\,t)\langle\boldsymbol{x}-\boldsymbol{x}'\rangle]\mathrm{d}V \tag{12.40b}$$

如果区域 Ω^{-} 的体积为零，那么式(12.40b)中的积分值就等于零。由于热通量的体积积分为零，因此它不能直接作为边界条件在 PD 中应用。在 PD 中，热通量可以通过一种等效的方式施加，即在边界上的非零体积“真实材料层”中，以热源密度的形式加入求解过程。

12.5.1 初值条件

为了对时间积分，必须要给出区域 R 中每个质点的初始温度值，如图 12.2 所示，温度初值可记为

$$\Theta(\boldsymbol{x},\,t=0)=\Theta^{*}(\boldsymbol{x}) \tag{12.41}$$

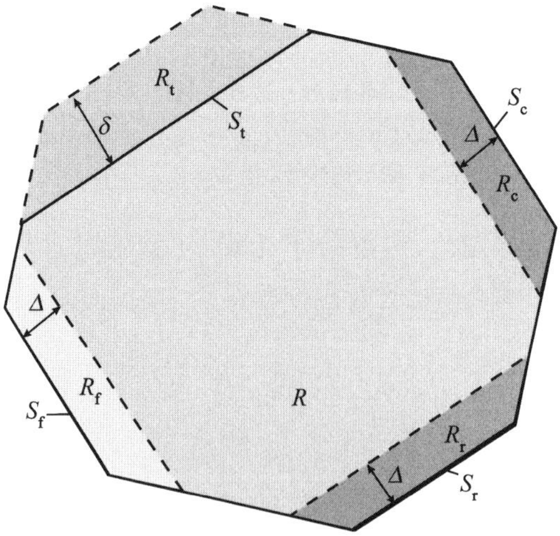

图 12.2 用于施加温度、热通量、热对流和热辐射边界条件的边界层

12.5.2　边界条件

温度、热通量、热对流和热辐射都可以作为边界条件在 PD 热传导分析中施加。如图 12.2 所示，真实的材料区域为 R，温度边界条件需要施加在一个虚拟区域R_t中，这个虚拟区域添加在真实材料表面的边界 S_t之外。数值实验的结果显示为了确保指定的边界温度能在真实材料区域中得到准确反映，虚拟边界层的深度必须等于邻域尺寸 δ。热通量、热对流和热辐射的边界条件需要分别施加在边界层区域 R_f、R_c和 R_r中，它们可以施加在真实材料区域 R 之内的边界上，深度为离散间距 Δ，如图 12.2 所示。

1）温度

如图 12.3(a)所示，指定的边界温度 $\Theta^*(\boldsymbol{x}^*, t)$ 可以施加在一个虚拟区域 R_t上，这个虚拟区域附着在真实材料表面 S_t之上

$$\Theta(\boldsymbol{y}, t+\Delta t) = 2\Theta^*(\boldsymbol{x}^*, t+\Delta t) - \Theta(\boldsymbol{z}, t) \quad \boldsymbol{x}^* \in S_t, \boldsymbol{y} \in R_t, \boldsymbol{z} \in R \tag{12.42}$$

式中：$\boldsymbol{z}$ 为R 中某质点的位置；$\boldsymbol{x}^*$ 为表面S_t 上某一点的位置。它们的相对位置可由它们之间的最短距离确定，$d = |\boldsymbol{x}^* - \boldsymbol{z}|$。$R_t$ 中质点的位置 $\boldsymbol{y}$ 是质点 $\boldsymbol{z}$ 的镜像，它可根据 $\boldsymbol{z}$ 和 $\boldsymbol{x}^*$ 两点的位置确定，即 $\boldsymbol{y} = \boldsymbol{z} + 2d\boldsymbol{n}$，其中单位向量 $\boldsymbol{n} = (\boldsymbol{x}^* - \boldsymbol{z})/|\boldsymbol{x}^* - \boldsymbol{z}|$。图 12.3(b)给出了施加恒定温度边界条件的方法。对于初始温度 $\Theta^*(\boldsymbol{x}^*, t) = 0$ 的情况，虚拟层内的温度分布与真实材料边界附近的温度分布呈反对称的形式，如图 12.3(c)所示。

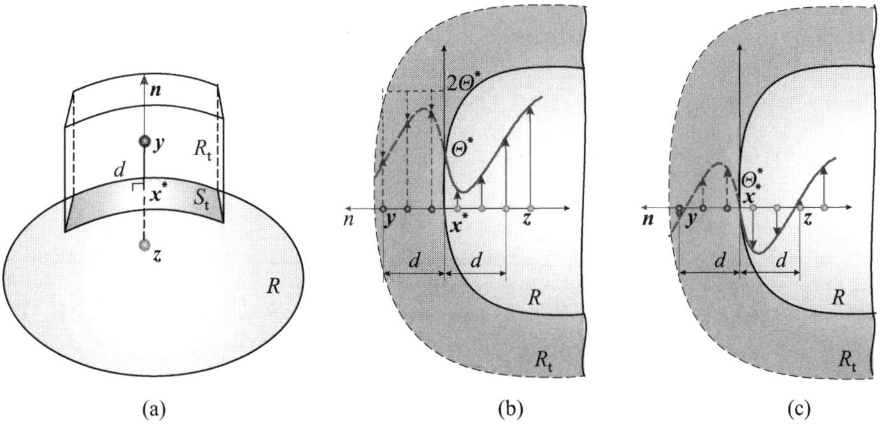

图 12.3　温度边界条件的施加方法

(a) 质点以及它在虚拟区域中的镜像　(b) 恒温边界条件的施加　(c) 零温边界条件的施加

2）热通量

对于这类边界条件，首先使用式(12.2)计算穿过边界表面的热流量，然后将热流量$\dot{Q}$转化成热源密度$\widetilde{Q}$，再将热源密度赋值到边界区域内相应的质点上。假设每个质点的横截面积是相同的，那么热通量与热源密度的转换可通过下式得到。

$$\widetilde{Q}=\frac{\dot{Q}}{V_{\mathrm{f}}}=\frac{-\int_{S_{\mathrm{f}}}\boldsymbol{q}\cdot\boldsymbol{n}\mathrm{d}S}{V_{\mathrm{f}}}=-\frac{\boldsymbol{q}\cdot\boldsymbol{n}S_{\mathrm{f}}}{S_{\mathrm{f}}\Delta}=-\frac{\boldsymbol{q}\cdot\boldsymbol{n}}{\Delta} \tag{12.43}$$

式中：$\widetilde{Q}$为热源密度；$\boldsymbol{q}$ 为热通量；S_{f}为施加热通量的表面；V_{f}为边界区域的体积。

假设边界面S_{f}上的热通量为 $\boldsymbol{q}^{*}(\boldsymbol{x},\ t)$（见图 12.2），那么在边界层$R_{\mathrm{f}}$上施加的热源密度为

$$h_{s}(\boldsymbol{x},\ t)=-\frac{1}{\Delta}\boldsymbol{q}^{*}(\boldsymbol{x},\ t)\cdot\boldsymbol{n},\quad \boldsymbol{x}\in R_{\mathrm{f}} \tag{12.44}$$

如果热通量 $\boldsymbol{q}^{*}(\boldsymbol{x},\ t)=0$，则式(12.43)中的热源密度$\widetilde{Q}$就会消失，因此施加热通量为零的边界条件可以视为施加了值为零的热源密度。另一种实现零热通量边界的方法是在虚拟区域中定义一个与真实材料边界附近的温度场对称（镜像）的温度场，如图 12.4 所示。

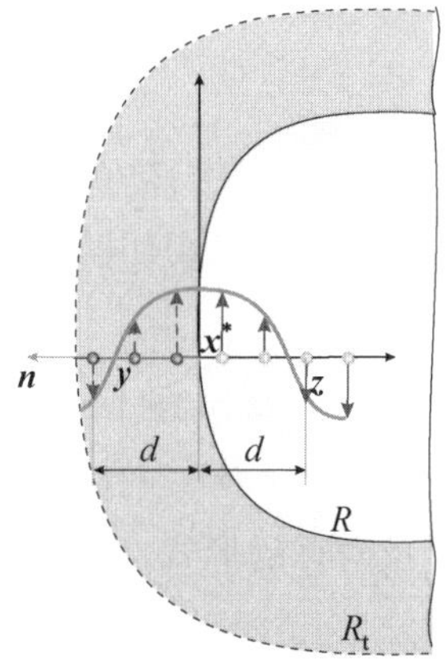

图 12.4　质点以及它在虚拟区域内的镜像，该镜像用于施加零热通量的边界条件

3）热对流

对流也是物体表面与周围介质之间的一种热传递形式。对流的边界条件为

$$\boldsymbol{q}(\boldsymbol{x},\ t)\cdot\boldsymbol{n}=h[\Theta(\boldsymbol{x},\ t)-\Theta_{\infty}],\quad \boldsymbol{x}\in S_{\mathrm{c}} \tag{12.45}$$

式中：Θ_{∞}为周围介质的温度；h 为对流换热系数；$\Theta(\boldsymbol{x},\ t)$ 为物体表面S_{c}的温度。与热通量边界条件相似，热对流也可以以热源密度的形式施加在边界层区域R_{c}中。

$$h_{s}(\boldsymbol{x},\ t)=\frac{1}{\Delta}h[\Theta_{\infty}-\Theta(\boldsymbol{x},\ t)],\ \boldsymbol{x}\in R_{\mathrm{c}} \tag{12.46}$$

4）热辐射

辐射也是物体表面和周围介质之间的一种热传递形式。辐射的边界条件可

以写为

$$\boldsymbol{q}(\boldsymbol{x},\ t)\cdot\boldsymbol{n}=\varepsilon\sigma[\Theta^4(\boldsymbol{x},\ t)-\Theta_{ss}^4],\ \boldsymbol{x}\in S_r \tag{12.47}$$

式中：Θ_{ss}为物体周围表面的温度；$\Theta(\boldsymbol{x},\ t)$ 为物体表面的温度；σ 为斯蒂芬-玻尔兹曼常数；ε 为边界表面的发射率（又称黑度）。与热对流边界条件的施加方法类似，热辐射也可以以热源密度的形式施加在边界层区域R_r中：

$$h_s(\boldsymbol{x},\ t)=\frac{1}{\Delta}\varepsilon\sigma[\Theta_{ss}^4-\Theta^4(\boldsymbol{x},\ t)],\quad \boldsymbol{x}\in R_r \tag{12.48}$$

12.6 键型 PD 热扩散

如果假设质点 $\boldsymbol{x}$ 和 $\boldsymbol{x}'$间的热流密度只是这两点温差的函数，则以下表达式成立。

$$\underline{h}(\boldsymbol{x},\ t)\langle\boldsymbol{x}'-\boldsymbol{x}\rangle=-\underline{h}(\boldsymbol{x}',\ t)\langle\boldsymbol{x}-\boldsymbol{x}'\rangle \tag{12.49}$$

在这种特定情况下，可以得到键型 PD 热扩散，其热流密度 $f_h(\boldsymbol{x}',\ \boldsymbol{x},\ t)$ 定义为

$$f_h(\boldsymbol{x}',\ \boldsymbol{x},\ t)=\underline{h}(\boldsymbol{x},\ t)\langle\boldsymbol{x}'-\boldsymbol{x}\rangle-\underline{h}(\boldsymbol{x}',\ t)\langle\boldsymbol{x}-\boldsymbol{x}'\rangle=2\,\underline{h}(\boldsymbol{x},\ t)\langle\boldsymbol{x}'-\boldsymbol{x}\rangle \tag{12.50}$$

因此键型 PD 热传导方程可以写为

$$\rho c_V\dot{\Theta}(\boldsymbol{x},\ t)=\int_H f_{\mathrm{h}}(\Theta',\ \Theta,\ \boldsymbol{x}',\ \boldsymbol{x},\ t)\mathrm{d}V_{x'}+\rho s_{\mathrm{b}}(\boldsymbol{x},\ t) \tag{12.51}$$

式中：f_{h}为热流密度函数，也称为热响应函数，它只由质点 $\boldsymbol{x}$ 和 $\boldsymbol{x}'$间的相互作用控制。在键型 PD 热扩散的情况下，不同质点对之间的相互作用是相互独立的，一对质点之间的热流大小与其他质点对之间的温差无关。邻域外（即 $|\boldsymbol{\xi}|=|\boldsymbol{x}'-\boldsymbol{x}|>\delta$）质点的热响应函数值为零。

12.7 热响应函数

质点对间的热流密度与微热势相关：

$$f_{\mathrm{h}}=\frac{\partial z}{\partial\tau} \tag{12.52}$$

微热势 z 表示一对相互作用点间的热势。在任意时刻 t，质点 $\boldsymbol{x}$ 和 $\boldsymbol{x}'$间的温差为

$$\tau(\boldsymbol{x}',\ \boldsymbol{x},\ t)=\Theta(\boldsymbol{x}',\ t)-\Theta(\boldsymbol{x},\ t) \tag{12.53}$$

质点 $\boldsymbol{x}$ 处的热势是与这点相关的所有微热势的总和，其定义为

$$Z(\boldsymbol{x},\ t) = \frac{1}{2}\int_H z(\boldsymbol{x}',\ \boldsymbol{x},\ t)\mathrm{d}V_{\boldsymbol{x}'} \tag{12.54}$$

质点对的热流密度函数f_h可表示为

$$f_\mathrm{h}(\boldsymbol{x}',\ \boldsymbol{x},\ t) = \kappa\frac{\tau(\boldsymbol{x}',\ \boldsymbol{x},\ t)}{|\boldsymbol{\xi}|} \tag{12.55}$$

式中：κ 为微导热系数。热响应函数f_h由微热势 z 对温度差 τ 求导所得，因此可以通过积分得到微热势的表达式为

$$z = \kappa\frac{\tau^2}{2|\boldsymbol{\xi}|} \tag{12.56}$$

PD 微导热系数 κ 是一个与经典热力学理论的导热系数 k 相关的参量，它的取值还与材料邻域尺寸 δ 有关。

12.8 近场动力学微导热系数

微导热系数可以通过将某质点的 PD 热势和经典热势进行等效的方法来确定，两种热势之间的等效需要基于相同的线性变化的温度场。微导热系数的表达式会根据热响应函数的形式而变化，式(12.55)所给的形式与 Bobaru 和 Duangpanya(2010, 2012)以及 Gerstle 等人(2008)提出的形式有所不同。在一般情况下，介质中的热传输是一个三维问题；然而，根据不同方向上传热率的相对大小，某些问题可以简化成二维或一维问题。

12.8.1 一维分析

对于一维分析，一个简单的线性温度场 $\Theta(x) = x$ 所导致的 PD 温差为

$$\tau = \Theta(x') - \Theta(x) = x' - x = \xi = |\boldsymbol{\xi}| \tag{12.57}$$

根据式(12.56)，可以得到 PD 微热势为

$$z = \kappa\frac{\xi^2}{2|\boldsymbol{\xi}|} \tag{12.58}$$

式中：$|\boldsymbol{\xi}| = |\boldsymbol{x}' - \boldsymbol{x}|$。将式(12.54)中的微热势 z 替换为式(12.58)的形式，并对其积分可得 PD 热势为

$$Z = \frac{1}{2}\int_H z(\xi)\mathrm{d}V_\xi = \frac{\kappa}{2}\int_0^\delta\left(\frac{\xi^2}{|\boldsymbol{\xi}|}\right)A\,\mathrm{d}\xi = \frac{\kappa\delta^2 A}{4} \tag{12.59}$$

式中：A 为质点 $\boldsymbol{x}'$ 体积的横截面积。由式(12.33b)可得对应的经典热势为

$$\hat{Z} = \frac{1}{2}k \tag{12.60}$$

令式(12.59)中的PD热势与式(12.60)中的经典热势相等,可以求解出一维分析中的PD微导热系数

$$\kappa = \frac{2k}{A\delta^2} \tag{12.61}$$

12.8.2 二维分析

对于二维分析,在线性温度场$\Theta(x, y) = (x+y)$中,PD质点之间的温差为

$$\tau = \Theta(x', y') - \Theta(x, y) = x' + y' \tag{12.62}$$

对于一个处于坐标原点$(x=0, y=0)$的质点$\boldsymbol{x}$,把它与邻近质点的温度差代入式(12.56)中,可得PD微热势为

$$z = \kappa \frac{(x' + y')^2}{2|\boldsymbol{\xi}|} \tag{12.63}$$

式中:$|\boldsymbol{\xi}| = \sqrt{x'^2 + y'^2}$。将式(12.63)中的微热势$z$代入式(12.54)中,并在其邻域内积分可以得到PD热势为

$$Z(\boldsymbol{x}, t) = \frac{1}{2}\int_0^{2\pi}\int_0^{\delta} \kappa \frac{[\xi\cos\theta + \xi\sin\theta]^2}{2|\boldsymbol{\xi}|} h\xi \mathrm{d}\xi \mathrm{d}\theta = \frac{\pi h\kappa\delta^3}{6} \tag{12.64}$$

式中:(ξ, θ)为极坐标,积分域是一个厚度为h、半径为δ的圆盘。由式(12.33b)可得到二维问题的经典热势为

$$\hat{Z} = k \tag{12.65}$$

令式(12.64)中的PD热势和式(12.65)中的经典热势相等,可以求出二维分析中的PD微导热系数

$$\kappa = \frac{6k}{\pi h\delta^3} \tag{12.66}$$

12.8.3 三维分析

对于三维分析,利用一个简单的线性温度场$\Theta(x, y) = (x+y+z)$可求得PD温差为

$$\tau = \Theta(x', y', z') - \Theta(x, y, z) = (x' + y' + z') \tag{12.67}$$

对于一个处于坐标原点$(x=0, y=0, z=0)$的质点$\boldsymbol{x}$,它与邻近质点的PD微热势可写为

$$z=\kappa\frac{(x'+y'+z')^2}{2|\boldsymbol{\xi}|} \tag{12.68}$$

式中：$|\boldsymbol{\xi}|=\sqrt{x'^2+y'^2+z'^2}$。将式(12.68)中的 z 代入式(12.54)中，并在其邻域内积分可以得到 PD 热势为

$$Z(\boldsymbol{x},\ t)=\frac{1}{2}\int_0^{\delta}\int_0^{2\pi}\int_0^{\pi}\kappa\frac{(\xi\cos\theta\ \sin\phi+\xi\sin\theta\ \sin\phi+\xi\cos\phi)^2}{2|\xi|}\sin\phi \mathrm{d}\phi \mathrm{d}\theta\xi^2\mathrm{d}\xi=\frac{\pi\kappa\delta^4}{4} \tag{12.69}$$

式中：$(\xi,\ \theta,\ \phi)$为球坐标，积分域是一个半径为 δ 的球体。由式(12.33b)可得对应的三维问题的经典热势为

$$\hat{Z}=\frac{3}{2}k \tag{12.70}$$

令式(12.69)中的 PD 热势和式(12.70)中的经典热势相等，可以求出三维分析中的 PD 微导热系数为

$$\kappa=\frac{6k}{\pi h\delta^3} \tag{12.71}$$

12.9 数值过程

PD 热扩散方程需要使用数值方法来解。将求解区域离散成众多子域，并且假定这些子域内的温度是恒定的。基于此假设，可以把这些子域视为独立的积分点，积分点的位置位于该子域的质心处，并且该积分点具有一定的体积和积分权重，$w_{(j)}=1$。对式(12.51)给出的控制方程中的积分项用数值方法进行积分。

$$\rho_{(i)}c_{v(i)}\dot{\Theta}_{(i)}^n=\sum_{j=1}^{N}f_{\mathrm{h}}\{\tau^n[\boldsymbol{x}_{(j)}-\boldsymbol{x}_{(i)}]\}V_{(j)}+h_{\mathrm{s}(i)}^n \tag{12.72}$$

式中：n 为当前时间步数；i 为某一质点；j 为 i 邻域内的其他质点。与质点 $\boldsymbol{x}_{(j)}$ 相关联的子域体积用 $V_{(j)}$ 表示。时间积分可利用向前差分（forward difference），也称作向前欧拉法（forward-Euler method）的计算格式进行求解，其迭代格式为

$$\Theta_{(i)}^{n+1}=\Theta_{(i)}^n+\frac{\Delta t}{\rho_{(i)}c_{V(i)}}\left\{\sum_{j=1}^{N}f_{\mathrm{h}}[\tau^n(\boldsymbol{x}_{(j)}-\boldsymbol{x}_{(i)})]V_{(j)}+h_{\mathrm{s}(i)}^n\right\} \tag{12.73}$$

式中：Δt 为时间步长。

12.9.1　离散方式和时间步长

以一个一维问题为例来说明数值计算的具体步骤。如图 12.5 所示，把一个一维的求解域离散成多个子域，每个子域有一个积分点，每个积分点代表一个质点。以其中一个质点 $\boldsymbol{x}_{(i)}$ 为例，它与其邻域内的所有质点 $\boldsymbol{x}_{(j)}$ 发生相互作用。如图 12.6 所示，质点 $\boldsymbol{x}_{(i)}$ 与其邻域内的 6 个质点具有相互作用，其余质点为 $\boldsymbol{x}_{(j)}$（$j = i-3,\ i-2,\ i-1,\ i+1,\ i+2,\ i+3$）。因此，邻域的半径 $\delta = 3\Delta$，其中子域的离散间距 $\Delta = |x_{(i+1)} - x_{(i)}|$。

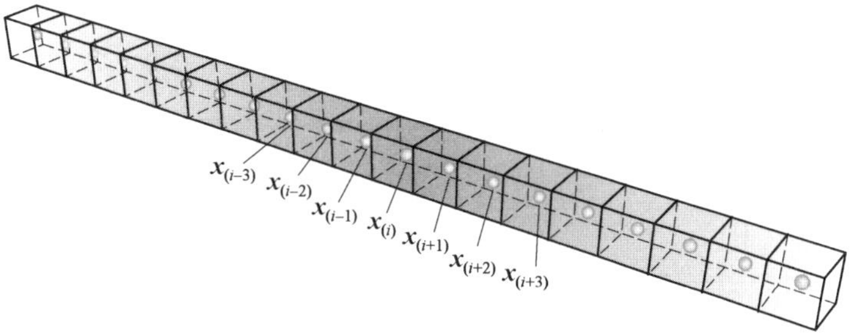

图 12.5　一维区域质点的离散模型

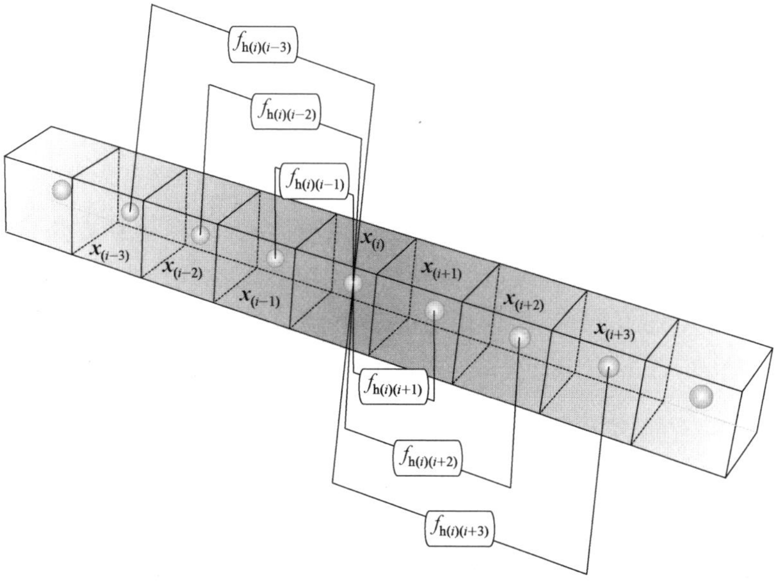

图 12.6　质点 $\boldsymbol{x}_{(i)}$ 与其邻域内其他质点的热相互作用

质点 $\boldsymbol{x}_{(i)}$ 处的 PD 热扩散方程的离散格式为

$$\rho_{(i)} c_{V(i)} \dot{\Theta}_{(i)}^{n} = \sum_{j=1}^{N} f_{\mathrm{h}(i)(j)}^{n} V_{(j)} + h_{\mathrm{s}(i)}^{n} \tag{12.74}$$

式中：$f_{\mathrm{h}(i)(j)}^{n}$ 为热响应函数，这个函数会计算在每个时间步时每对相互作用的大小。热响应函数的离散格式为

$$f_{\mathrm{h}(i)(j)}^{n} = \kappa \frac{\tau_{(i)(j)}^{n}}{|\boldsymbol{\xi}_{(i)(j)}|} \tag{12.75}$$

式中：参量 $\boldsymbol{\xi}_{(i)(j)}$ 为质点 $\boldsymbol{x}_{(i)}$ 和 $\boldsymbol{x}_{(j)}$ 的相对初始位置，它们之间的相对温度 $\tau_{(i)(j)}^{n} = \Theta_{(j)}^{n} - \Theta_{(i)}^{n}$。质点 $\boldsymbol{x}_{(i)}$ 与其邻域内质点间的热相互作用如图 12.6 所示。

离散格式的热扩散方程可以展开为

$$\begin{aligned}\rho_{(i)} c_{V(i)} \dot{\Theta}_{(i)}^{n} = {} & f_{\mathrm{h}(i)(i+1)}^{n} V_{(i+1)} + f_{\mathrm{h}(i)(i+2)}^{n} V_{(i+2)} + f_{\mathrm{h}(i)(i+3)}^{n} V_{(i+3)} + \\ & f_{\mathrm{h}(i)(i-1)}^{n} V_{(i-1)} + f_{\mathrm{h}(i)(i-2)}^{n} V_{(i-2)} + f_{\mathrm{h}(i)(i-3)}^{n} V_{(i-3)} + h_{\mathrm{s}(i)}^{n}\end{aligned} \tag{12.76}$$

使用向前差分的计算格式对时间步进行迭代。求得质点 $\boldsymbol{x}_{(i)}$ 处温度对于时间的导数 $\dot{\Theta}_{(i)}^{n}$，它的值由式(12.76)在当前时间步 n 下确定。根据向前差分的计算格式，下一时间步 $(n+1)$ 时的质点 $\boldsymbol{x}_{(i)}$ 处的温度可写为

$$\Theta_{(i)}^{n+1} = \Theta_{(i)}^{n} + \Delta t \dot{\Theta}_{(i)}^{n} \tag{12.77}$$

12.9.2 数值稳定性

PD 热扩散方程的时间积分通过向前差分方法计算，这种方法是条件稳定的。为了防止数值解的发散，需要给出一个稳定性条件来限制时间步长。与 Silling 和 Askari(2005)所使用的方法类似，在稳定性条件的推导中也采用了 von Neumann 稳定性分析方法。因此，每个时间步的温度场都可以假设为

$$\Theta_{(i)}^{n} = \zeta^{n} \mathrm{e}^{\Gamma i \sqrt{-1}} \tag{12.78}$$

式中：Γ 为波数，它是一个正实数；ζ 为一个复数。限制时间步长的稳定性条件要确保数值解不会随着时间步数的增加而无限增大（函数值有界）。为了使式(12.78)的函数值有界，则下式必须对任意波数 Γ 都成立：

$$|\zeta| \leqslant 1 \tag{12.79}$$

如果将式(12.75)代入式(12.74)，则 PD 热扩散方程的离散格式可写为

$$\rho_{(i)} c_{V(i)} \dot{\Theta}_{(i)}^{n} = \sum_{j=1}^{N} \frac{\kappa}{|\boldsymbol{\xi}_{(i)(j)}|} [\Theta_{(j)}^{n} - \Theta_{(i)}^{n}] V_{(j)} + h_{s(i)}^{n} \tag{12.80}$$

在不考虑热源的情况下，将式(12.78)代入式(12.80)可得

$$\frac{\rho_{(i)} c_{V(i)}}{\Delta t} (\zeta^{n+1} - \zeta^{n}) \mathrm{e}^{\Gamma i \sqrt{-1}} = \sum_{j=1}^{N} \frac{\kappa}{|\boldsymbol{\xi}_{(i)(j)}|} [\zeta^{n} \mathrm{e}^{\Gamma(j-i)\sqrt{-1}} - \zeta^{n}] \mathrm{e}^{\Gamma i \sqrt{-1}} V_{(j)} \tag{12.81}$$

将式(12.81)两边相同的项约去，得

$$\begin{aligned} \frac{\rho_{(i)} c_{V(i)}}{\Delta t} (\zeta - 1) &= \sum_{j=1}^{N} \frac{\kappa}{|\boldsymbol{\xi}_{(i)(j)}|} [\mathrm{e}^{\Gamma(j-i)\sqrt{-1}} - 1] V_{(j)} \\ &= \sum_{j=1}^{N} \frac{\kappa}{|\boldsymbol{\xi}_{(i)(j)}|} [\cos\Gamma(j-i) - 1] V_{(j)} \end{aligned} \tag{12.82}$$

这个公式可以重写为

$$\frac{\rho_{(i)} c_{V(i)}}{\Delta t} (\zeta - 1) = -M_{\Gamma} \tag{12.83}$$

式中：参量M_{Γ}定义为

$$M_{\Gamma} = \sum_{j=1}^{N} \frac{\kappa}{|\boldsymbol{\xi}_{(i)(j)}|} [1 - \cos\Gamma(j-i)] V_{(j)} \tag{12.84}$$

求解式(12.83)中的 ζ，得

$$\zeta = 1 - \frac{\Delta t}{\rho_{(i)} c_{V(i)}} M_{\Gamma} \tag{12.85}$$

再应用稳定性条件 $|\zeta| \leqslant 1$，得到以下约束：

$$0 \leqslant \frac{\Delta t}{\rho_{(i)} c_{V(i)}} M_{\Gamma} \leqslant 2 \tag{12.86}$$

那么，时间步长的限制为

$$\Delta t < \frac{2\rho_{(i)} c_{V(i)}}{M_{\Gamma}} \tag{12.87}$$

又因为稳定性条件 $|\zeta| \leqslant 1$ 应对任意波数 Γ 有效，则由式(12.84)可得到

$$M_{\Gamma} \leqslant \sum_{j=1}^{N} 2 \frac{\kappa}{|\boldsymbol{\xi}_{(i)(j)}|} V_{(j)} \tag{12.88}$$

然后，将式(12.88)代入式(12.87)中，得到数值稳定性条件为

$$\Delta t < \frac{\rho_{(i)} c_{V(i)}}{\sum_{j=1}^{N} \frac{\kappa}{|\boldsymbol{\xi}_{(i)(j)}|} V_{(j)}} \tag{12.89}$$

由于PD微导热系数κ是关于邻域尺寸δ的函数，故式(12.89)给出的稳定性条件也取决于δ。

12.10 表面效应

PD热响应函数f_{h}中的微导热系数κ通过计算质点的热势来确定，并且假设热势的积分域是一个完整的邻域，即这个质点的邻域是完全嵌入材料中的。因此，微导热系数的值取决于积分域的大小，当质点位于自由表面附近或者材料界面时(见图12.7)，必须对κ的值进行修正。由于自由表面的存在与否完全取决于所研究的问题，因此通过解析的方法来解决表面效应问题是不太可行的，而数值方法则可以实现对材料参数的修正。先对物体内每个质点进行数值积分求得PD热势，然后用相同的温度场求得经典热势，再将两者进行比较。

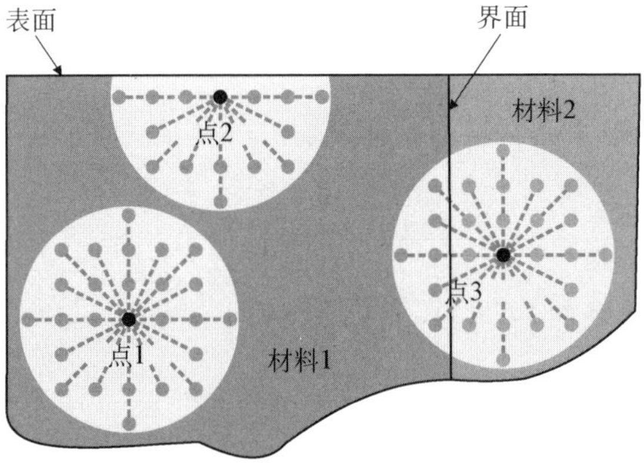

图12.7 自由表面和材料界面上的表面效应

所用到的简单温度分布可以是线性的，使用式(12.33b)可以求得一个邻域完全嵌入材料的质点的热势Z_{∞}。随后，在同一个线性温度分布下各质点的PD

热势可以通过积分运算得到

$$Z_{(i)} = \frac{1}{2}\int_H z(\xi)\mathrm{d}V_\xi = \frac{1}{2}\sum_{j=1}^{N} z_{(i)(j)}V_{(j)} \tag{12.90}$$

式中：质点 $\boldsymbol{x}_{(i)}$ 和 $\boldsymbol{x}_{(j)}$ 间的微热势$z_{(i)(j)}$ 为关于材料微导热系数的函数。

如图 12.8 所示，质点 $\boldsymbol{x}_{(i)}$ 可能与质点 $\boldsymbol{x}_{(j)}$ 和 $\boldsymbol{x}_{(m)}$ 相互作用。质点 $\boldsymbol{x}_{(i)}$ 和 $\boldsymbol{x}_{(j)}$ 由材料 1 构成，而质点 $\boldsymbol{x}_{(m)}$ 由材料 2 构成。因此，质点 $\boldsymbol{x}_{(i)}$ 和 $\boldsymbol{x}_{(j)}$ 间的微导热系数 $\kappa_{(i)(j)}$ 与质点 $\boldsymbol{x}_{(i)}$ 和 $\boldsymbol{x}_{(m)}$ 间的微导热系数$\kappa_{(i)(m)}$ 有所不同。由于质点 $\boldsymbol{x}_{(i)}$ 和 $\boldsymbol{x}_{(m)}$ 由两种不同的材料构成，因此它们之间的微导热系数$\kappa_{(i)(m)}$ 可以通过等效导热系数 $k_{(i)(m)}$来计算

$$k_{(i)(m)} = \frac{l_1 + l_2}{\dfrac{l_1}{k_1} + \dfrac{l_2}{k_2}} \tag{12.91}$$

式中：参数 l_1 为质点 $\boldsymbol{x}_{(i)}$ 和 $\boldsymbol{x}_{(m)}$ 之间的线段在材料 1 范围内的长度，这部分的导热系数为k_1；参数 l_2 为质点 $\boldsymbol{x}_{(i)}$ 和 $\boldsymbol{x}_{(m)}$ 之间的线段在材料 2 范围内的长度，这部分的导热系数为k_2。

得到质点 $\boldsymbol{x}_{(i)}$ 的 PD 热势和经典热势后，该质点的修正因子便可定义为

$$g_{(i)} = \frac{Z_\infty}{Z_{(i)}} \tag{12.92}$$

因此，对于质点 $\boldsymbol{x}_{(i)}$ 处含有表面修正因子的热扩散方程的离散格式为

$$\rho_{(i)} c_{V(i)} \dot{\Theta}^n_{(i)} = \sum_{j=1}^{N} g_{(i)(j)} f^n_{\mathrm{h}(i)(j)} V_{(j)} + \rho_{(i)} s^n_{\mathrm{b}(i)} \tag{12.93}$$

式中：$g_{(i)(j)} = [g_{(i)} + g_{(j)}]/2$。最后，质点 $\boldsymbol{x}_{(i)}$ 处含有表面和体积修正因子v_c的离散运动方程可重写为

$$\rho_{(i)} c_{V(i)} \dot{\Theta}^n_{(i)} = \sum_{j=1}^{N} g_{(i)(j)} f^n_{\mathrm{h}(i)(j)} [v_{c(j)} V_{(j)}] + \rho_{(i)} s^n_{\mathrm{b}(i)} \tag{12.94}$$

此外，由于微导热系数的变化，因此还需要对质点 $\boldsymbol{x}_{(i)}$ 和 $\boldsymbol{x}_{(j)}$ 与 $\boldsymbol{x}_{(i)}$ 和 $\boldsymbol{x}_{(m)}$ 之间的热响应函数进行修正

$$f^n_{\mathrm{h}(i)(m)} = \kappa_{(i)(m)} \frac{\tau^n_{(i)(m)}}{|\boldsymbol{\xi}_{(i)(m)}|},\quad f^n_{\mathrm{h}(i)(j)} = \kappa_{(i)(j)} \frac{\tau^n_{(i)(j)}}{|\boldsymbol{\xi}_{(i)(j)}|} \tag{12.95}$$

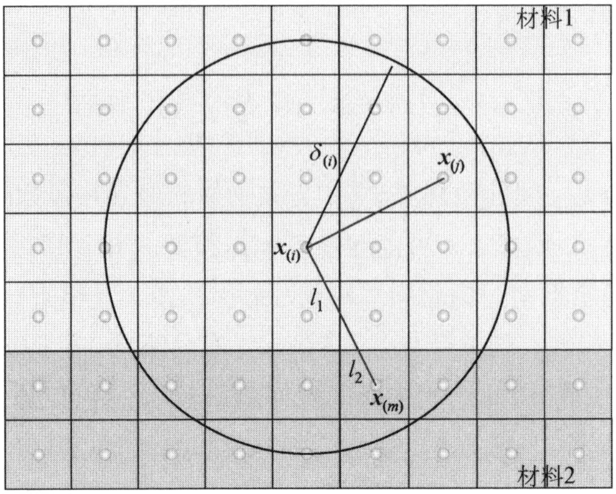

图 12.8 靠近材料界面的质点 $x_{(i)}$

12.11 数值验证

本节的数值验证采用了键型 PD 的方法，数值计算格式为前文中提到的算法。通过将近场动力学仿真的预测结果与经典解进行比较来验证近场动力学传热分析的有效性。

12.11.1 具有温度边界条件的厚板

计算模型为一块有限尺寸的厚板，其初始温度为零，在其表面施加一个随时间线性增长的温度边界条件。厚板的几何尺寸和离散方式如图 12.9 所示。相关参数如下所示。

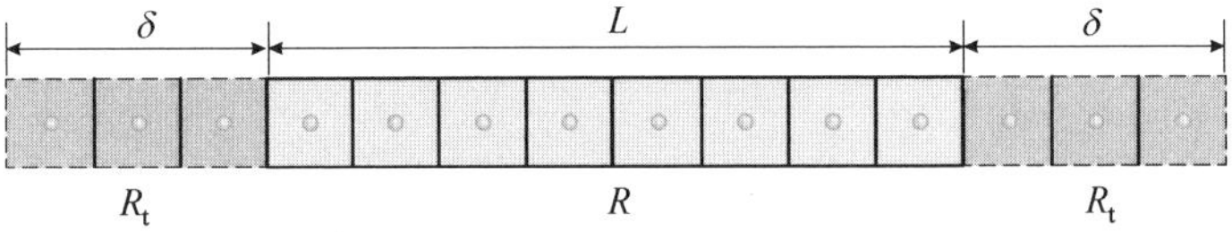

图 12.9 有限尺寸的厚板和温度虚拟边界层的离散模型

1）几何参数

平板厚度 $L = 0.01$ m。

2）材料属性

(1) 比热容 $c_V = 64$ J/(kg · K)。

(2) 导热系数 $k = 233$ W/(m · K)。

(3) 密度 $\rho = 260$ kg/m^3。

3）初始条件

$\Theta(x, 0) = 0$℃，$0 \leqslant x \leqslant L$。

4）边界条件

$\Theta(0, t) = 0$，$\Theta(L, t) = At$，其中 $A = 500$，$0 \leqslant t \leqslant \infty$。

5）近场动力学离散参数

（1）x 方向上的质点总数为 100。

（2）质点的间距 $\Delta = 0.0001$ m。

（3）单个质点的体积 $\Delta V = 1 \times 10^{-12}$ m^3。

（4）虚拟边界层的体积 $V_\delta = 3\Delta V = 3 \times 10^{-12}$ m^3。

（5）邻域半径 $\delta = 3.015\Delta$。

（6）时间步长 $\Delta t = 10^{-6}$ s。

该问题的经典解析解为(Jiji 2009)

$$\Theta(x, t) = A\frac{x}{L} + A\frac{\rho c_V 2L^2}{k\pi^3} \times \sum_{n=1}^{\infty} \frac{(-1)^n}{n^3} \sin\left(\frac{n\pi}{L}x\right)\left\{1 - \exp\left[-\frac{k}{\rho c_V}\left(\frac{n\pi}{L}\right)^2 t\right]\right\} \tag{12.96}$$

数值分析预测了 $t = 0.0125$ s、$t = 0.025$ s、$t = 0.0375$ s 和 $t = 0.05$ s 时的温度分布，图 12.10 显示了解析解和 PD 解的对比结果，它们的计算结果非常接近。在边界条件中厚板右侧表面的温度会随时间变化，在 PD 数值结果中也得到了这一预期的变化。

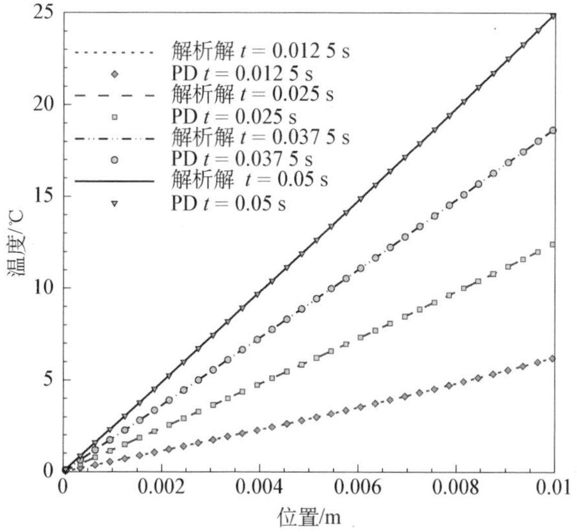

图 12.10　由 PD 解和经典解析解得到的温度分布

12.11.2 具有热对流边界条件的厚板

计算模型是一块厚度为 L 的平板，初始温度 $\Theta(x, 0) = F(x)$。当时间 $t > 0$ 时，其热量通过表面与周围环境之间的热对流耗散，环境温度$\Theta_\infty = 0$℃。在初始状态下，该厚板具有线性温度分布，两侧面受到对流传热。其几何尺寸和离散方式如图 12.11 所示。相关参数如下所示。

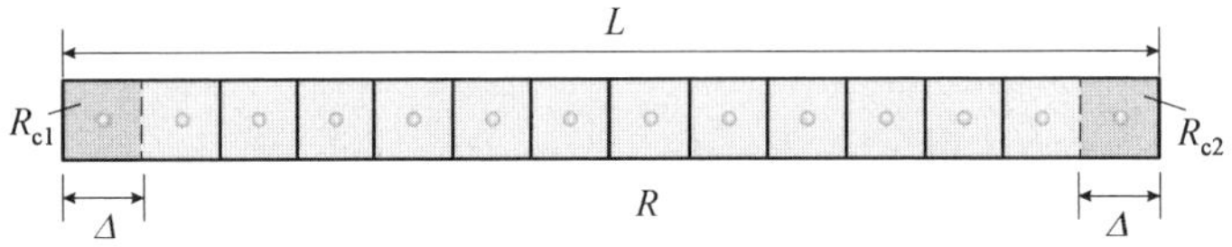

图 12.11 有限尺寸的厚板和热对流边界层的离散模型

1）几何参数

平板厚度 $L = 1$ m。

2）材料属性

(1) 比热容 $c_V = 64$ J/(kg·K)。

(2) 导热系数 $k = 233$ W/(m·K)。

(3) 密度 $\rho = 260$ kg/m^3。

3）初始条件

$\Theta(x, 0) = F(x)$，$0 \leqslant x \leqslant L$，其中 $F(x) = x$。

4）边界条件

(1) $-k\ \partial\Theta/\partial x = h_1(\Theta_\infty - \Theta)$，$t > 0$，在 $x = 0$ 处。

(2) $k\ \partial\Theta/\partial x = h_2(\Theta_\infty - \Theta)$，$t > 0$，在 $x = L$ 处。

其中 $h_1 = 10$ W/(m^2·K)，$h_2 = 20$ W/(m^2·K)，$\Theta_\infty = 0$℃。

5）近场动力学离散参数

(1) x 方向上的质点总数为 500。

(2) 质点的间距 $\Delta = 0.002$ m。

(3) 单个质点的体积 $\Delta V = 8 \times 10^{-9}$ m^3。

(4) 边界层的体积 $V_\Delta = 8 \times 10^{-9}$ m^3。

(5) 邻域半径 $\delta = 3.015\Delta$。

(6) 时间步长 $\Delta t = 10^{-6}$ s。

6）边界条件

(1) 在 $x = 0$ 处的热源密度为

$$h_{s1}(\boldsymbol{x},\ t)=h_1[\Theta_\infty-\Theta(\boldsymbol{x},\ t)]/\Delta,\ \boldsymbol{x}\in R_{c1}$$

(2) 在 $x=L$ 处的热源密度为

$$h_{s2}(\boldsymbol{x},\ t)=h_2[\Theta_\infty-\Theta(\boldsymbol{x},\ t)]/\Delta,\ \boldsymbol{x}\in R_{c2}$$

这个问题的经典解析解由 Özisik(1980)给出：

$$\Theta(x,\ t)=\sum_{m=1}^{\infty}\mathrm{e}^{-\frac{k}{\rho c_V}\beta_m^2 t}\ \frac{1}{N(\beta_m)}X(\beta_m,\ x)\int_0^L X(\beta_m,\ x')F(x')\mathrm{d}x' \tag{12.97}$$

式中：$X(\beta_m,\ x)$为特征函数；β_m为特征值；$N(\beta_m)$为正则积分。特征函数、特征值和正则积分表达式如下：

$$X(\beta_m,\ x)=\beta_m\cos(\beta_m x)+H_1\sin(\beta_m x) \tag{12.98a}$$

$$\tan(\beta_m L)=\frac{\beta_m(H_1+H_2)}{\beta_m^2-H_1H_2} \tag{12.98b}$$

$$N(\beta_m)=\frac{1}{2}\left[(\beta_m^2+H_1^2)\left(L+\frac{H_2}{\beta_m^2+H_2^2}\right)+H_1\right] \tag{12.98c}$$

式中：$H_1=h_1/k$，$H_2=h_2/k$。数值分析预测了 $t=0.5$ s、$t=2.5$ s、$t=5$ s和 $t=10$ s时的温度分布，图 12.12 展示了解析解和 PD 解的对比结果，它们的结果非常接近。

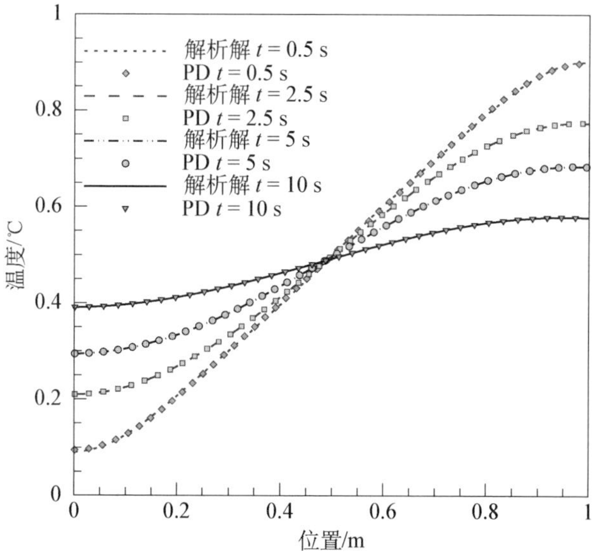

图 12.12　由 PD 解和经典解析解得到的温度分布

12.11.3 具有绝热边界的平板受热冲击载荷

如图 12.13 所示，计算模型是一块由均质材料构成的方板，该方板具有绝热边界并受到热冲击载荷的影响。Hosseini-Tehrani 和 Eslami(2000)使用边界元法(BEM)给出了该问题的解。相关参数如下所示。

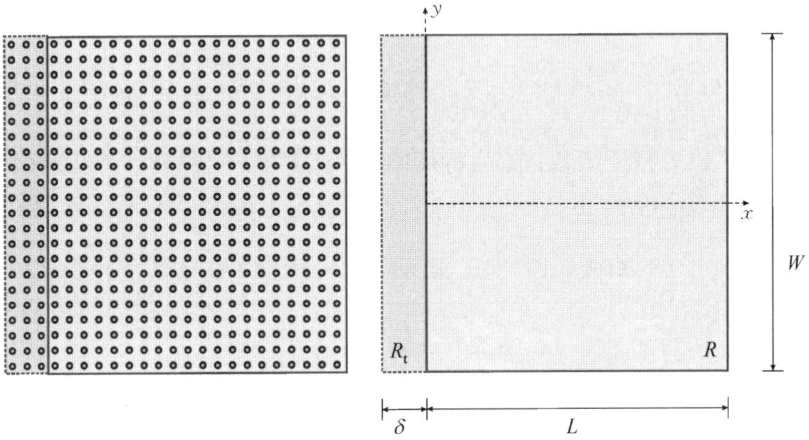

图 12.13 二维平板的近场动力学模型

1) 几何参数

(1) 长度 $L = 10$ m。

(2) 宽度 $W = 10$ m。

(3) 厚度 $H = 1$ m。

2) 材料属性

(1) 比热容 $c_V = 1$ J/(kg · K)。

(2) 导热系数 $k = 1$ W/(m · K)。

(3) 密度 $\rho = 1$ kg/m^3。

3) 初始条件

$\Theta(x, y, t = 0) = 0$℃。

4) 边界条件

(1) $\Theta_{,x}(x = 10, y) = 0, t > 0$。

(2) $\Theta_{,y}(x, y = \pm 5) = 0, t > 0$。

(3) $\Theta(x = 0, t) = 5t\,e^{-2t}, t > 0$。

5) 近场动力学离散参数

(1) x 方向上的质点总数为 500。

(2) y 方向上的质点总数为 500。

(3) 质点的间距 $\Delta = 0.02$ m。

(4) 单个质点的体积 $\Delta V = 4 \times 10^{-4}$ m^3。

(5) 虚拟边界层的体积 $V_\delta = 3 \times 500 \times \Delta V = 0.6$ m^3。

(6) 邻域半径 $\delta = 3.015\Delta$。

(7) 时间步长 $\Delta t = 5 \times 10^{-4}$ s。

数值分析预测了 $t = 3$ s 和 $t = 6$ s 时，$y = 0$ 处的温度分布，BEM 和 PD 预测结果相一致，如图 12.14 所示。

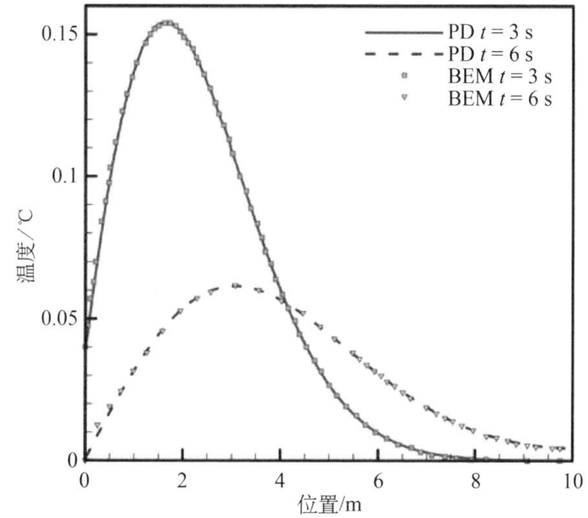

图 12.14　由 PD 和 BEM (Hosseini-Tehrani 和 Eslami 2000)方法得到的 $y = 0$ 处的温度分布

12.11.4　具有温度和绝热边界条件的长方体

在一个由各向同性材料构成的长方体的两端施加恒定温度的边界条件，长方体侧面是绝热的，如图 12.15 所示。相关参数如下所示。

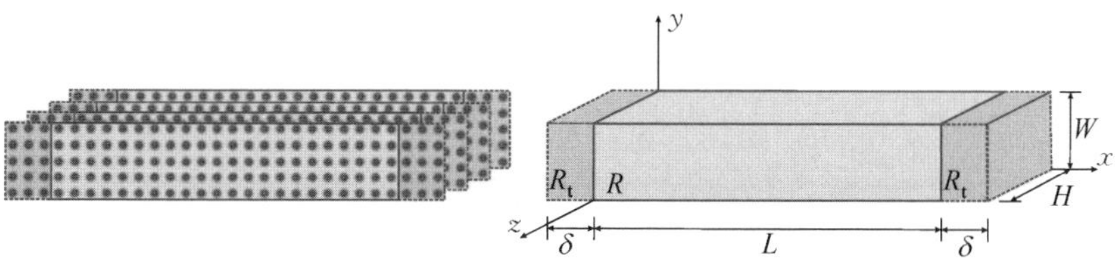

图 12.15　长方体的近场动力学模型

1) 几何参数

(1) 长度 $L = 0.01\ \mathrm{m}$。

(2) 宽度 $W = 0.001\ \mathrm{m}$。

(3) 厚度 $H = 0.001\ \mathrm{m}$。

2) 材料属性

(1) 比热容 $c_V = 64\ \mathrm{J/(kg \cdot K)}$。

(2) 导热系数 $k = 233\ \mathrm{W/(m \cdot K)}$。

(3) 密度 $\rho = 260\ \mathrm{kg/m^3}$。

3) 初始条件

$\Theta(x,\ y,\ z,\ 0) = 100℃$，$0 \leqslant x \leqslant L$，$0 \leqslant y \leqslant W$，$0 \leqslant z \leqslant H$。

4) 边界条件

(1) $\Theta(0,\ y,\ z,\ t) = 0℃$，$\Theta(L,\ y,\ z,\ t) = 300℃$，$t > 0$。

(2) $\Theta_{,y}(x,\ 0,\ z,\ t) = 0$，$\Theta_{,y}(x,\ W,\ z,\ t) = 0$，$t > 0$。

(3) $\Theta_{,z}(x,\ y,\ 0,\ t) = 0$，$\Theta_{,z}(x,\ y,\ H,\ t) = 0$，$t > 0$。

5) 近场动力学离散参数

(1) x 方向上的质点总数为 100。

(2) y 方向上的质点总数为 10。

(3) z 方向上的质点总数为 10。

(4) 质点的间距 $\Delta = 0.000\,1\ \mathrm{m}$。

(5) 单个质点的体积 $\Delta V = 1 \times 10^{-12}\ \mathrm{m^3}$。

(6) 虚拟边界层的体积 $V_\delta = 3 \times 10 \times 10 \times \Delta V = 3 \times 10^{-10}\ \mathrm{m^3}$。

(7) 邻域半径 $\delta = 3.015\Delta$。

(8) 时间步长 $\Delta t = 10^{-7}\ \mathrm{s}$。

由于长方体的侧面是绝热的，所以沿着长度方向的温度分布可以与该问题的一维解析解相比较。

$$\Theta(x,\ t) = \Theta(0,\ t) - \frac{\Theta(0,\ t) - \Theta(L,\ t)}{L}x - \frac{2}{L}\sum_{n=1,\ 3,\ 5,\ \cdots}^{\infty} \sin\left(\frac{n\pi}{L}x\right) \times \left\{\frac{L}{n\pi}[\Theta(0,\ t) - (-1)^n\Theta(L,\ t)] - \frac{100L}{n\pi}[(-1)^n - 1]\right\} \mathrm{e}^{-\frac{k}{\rho c_V}\left(\frac{n^2\pi^2}{L^2}\right)t} \tag{12.99}$$

数值分析预测了 $t = 5 \times 10^{-6}\ \mathrm{s}$、$t = 5 \times 10^{-5}\ \mathrm{s}$、$t = 5 \times 10^{-4}\ \mathrm{s}$ 和 $t = 5 \times 10^{-3}\ \mathrm{s}$ 时的温度分布。当长方体的温度达到稳态条件时，沿着长度方向的温度曲线

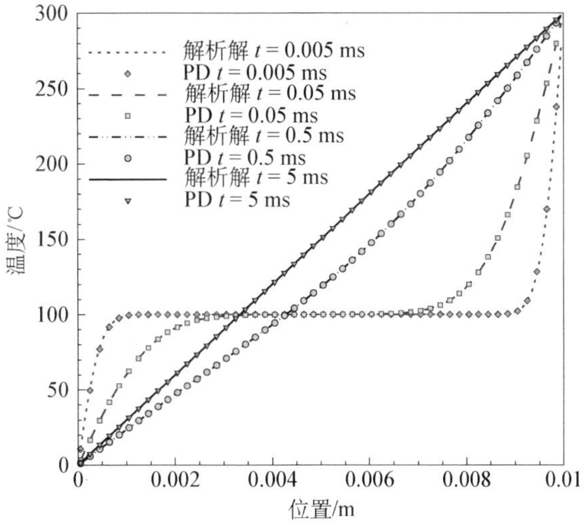

图 12.16　由 PD 解和经典解析解得到的温度分布

接近线性变化。如图 12.16 所示，PD 传热模型预测的热响应与解析解相一致。

12.11.5　具有绝热裂纹的异质材料

为了验证 PD 热传导模型对求解异质材料传热问题的有效性，构建了一个由两种材料组成的平板模型，模型中在两种材料的界面处引入了一条绝热的裂纹，如图 12.17 所示。将 ANSYS 有限元分析的结果与近场动力学预测结果进行了对比，图 12.18 显示的是两者对比的结果，可以观察到它们的结果非常接近。相关参数如下所示。

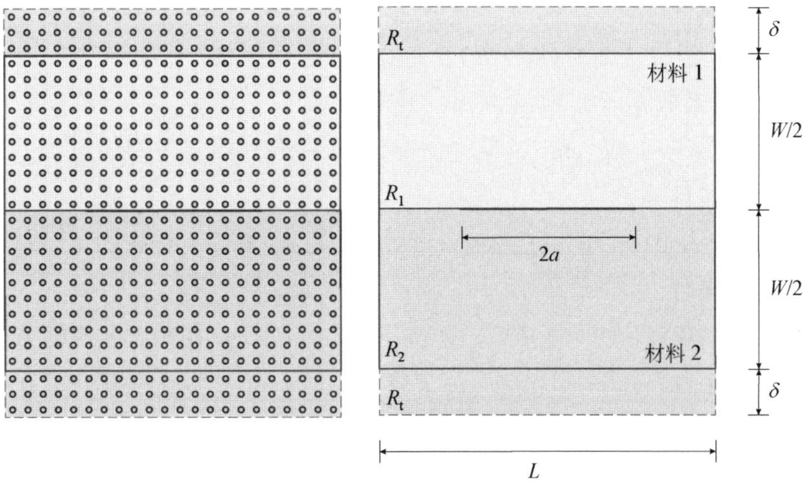

图 12.17　具有绝热裂纹的近场动力学平板模型

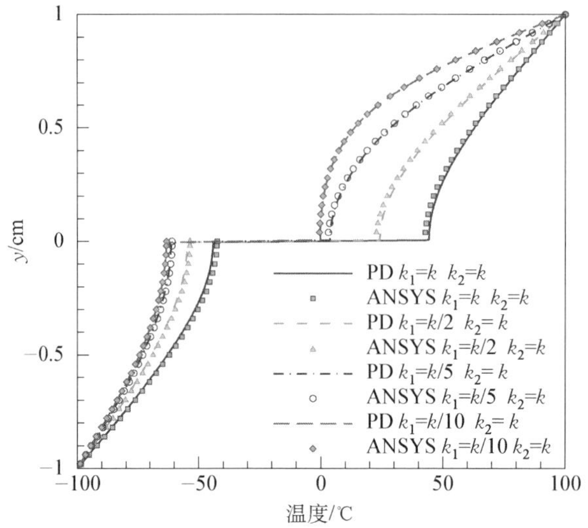

图 12.18 当 $t=0.5$ s 时，在 $x=0$ 处的沿 y 方向穿过异质材料界面的温度分布

（上半部的导热系数为k_1，下半部的导热系数为k_2）

1）几何参数

（1）长度 $L=2$ cm。

（2）宽度 $W=2$ cm。

（3）厚度 $H=0.01$ cm。

（4）裂纹长度 $2a=1.0$ cm。

2）材料属性

（1）比热容 $c_V=1$ J/(kg·K)。

（2）导热系数 $k=1.14$ W/(cm·K)。

（3）密度 $\rho=1$ kg/cm^3。

3）初始条件

$\Theta(x, y, z, 0)=0$，$-L/2\leqslant x\leqslant L/2$，$-W/2\leqslant y\leqslant W/2$。

4）边界条件

（1）$\Theta(x, W/2, t)=100$℃，$\Theta(x, -W/2, t)=-100$℃，$t>0$。

（2）$\Theta_{,x}(L/2, y, t)=0$，$\Theta_{,x}(-L/2, y, t)=0$，$t>0$。

5）近场动力学离散参数

（1）x 方向上的质点总数为 200。

(2) y 方向上的质点总数为 200。

(3) 质点的间距 $\Delta = 0.01$ cm。

(4) 单个质点的体积 $\Delta V = 1 \times 10^{-6}$ cm^3。

(5) 虚拟边界层的体积 $V_\delta = 3 \times 200 \times \Delta V = 6 \times 10^{-4}$ cm^3。

(6) 邻域半径 $\delta = 3.015\Delta$。

(7) 时间步长 $\Delta t = 10^{-4}$ s。

为了证明 PD 热传导分析也适用于三维问题，将上述问题中的平板模型在厚度方向上也进行离散，如图 12.19 所示。将三维的近场动力学预测结果和二维结果进行比较，由图 12.20 可以看出两个模型的结果吻合良好。相关参数如下所示。

1) 几何参数

(1) 长度 $L = 2$ cm。

(2) 宽度 $W = 2$ cm。

(3) 厚度 $H = 0.2$ cm。

(4) 裂纹长度 $2a = 1.0$ cm。

2) 材料属性

(1) 比热容 $c_V = 1$ J/(kg·K)。

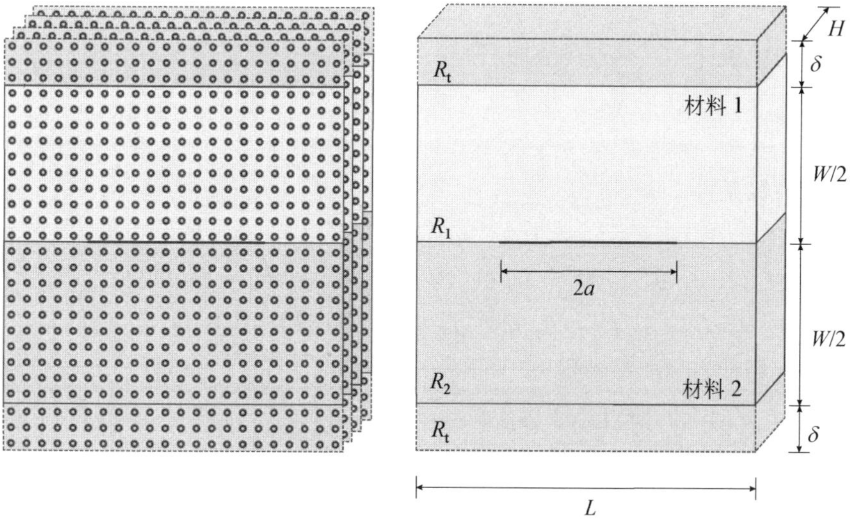

图 12.19 含裂纹的三维近场动力学平板模型

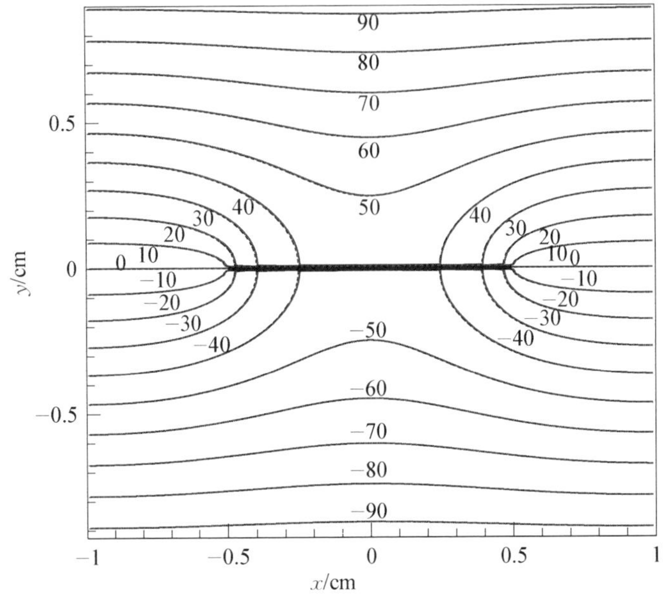

图 12.20　当 $t=0.5$ s 时，由二维和三维近场动力学热传导分析得到的温度场

（其中 $k_1=k_2=k$，实线代表二维结果，虚线代表三维结果）

（2）导热系数 $k=1.14$ W/(cm·K)。

（3）密度 $\rho=1$ kg/cm^3。

3）初始条件

$\Theta(x, y, z, 0)=0, -L/2\leqslant x\leqslant L/2, -W/2\leqslant y\leqslant W/2, -H\leqslant z\leqslant 0$。

4）边界条件

（1）$\Theta(x, W/2, z, t)=100℃$，$\Theta(x, -W/2, z, t)=-100℃$，$t>0$。

（2）$\Theta_{,x}(L/2, y, z, t)=0$，$\Theta_{,x}(-L/2, y, z, t)=0$，$t>0$。

（3）$\Theta_{,z}(x, y, 0, t)=0$，$\Theta_{,z}(x, y, -H, t)=0$，$t>0$。

5）近场动力学离散参数

（1）x 方向上的质点总数为 100。

（2）y 方向上的质点总数为 100。

（3）z 方向上的质点总数为 10。

（4）质点的间距 $\Delta=0.02$ cm。

（5）单个质点的体积 $\Delta V=8\times10^{-6}$ cm^3。

(6) 虚拟边界层的体积 $V_{\delta} = 3 \times 100 \times 10 \times \Delta V\ \text{cm}^3$。

(7) 邻域半径 $\delta = 3.015\Delta$。

(8) 时间步长 $\Delta t = 10^{-5}$ s。

12.11.6 具有两个绝热斜裂纹的厚板

为了进一步说明PD热传导分析对于处理三维问题的能力，又构建了一个具有两条绝热斜裂纹的厚板模型，并且在模型中施加了两种不同类型的边界条件。平板的几何外形是关于竖直方向对称的。第一种边界条件是在平板的上、下表面施加恒定温度，并保持其余表面绝热。第二种边界条件是在平板的上、下表面施加恒定温度，并使左、右表面发生对流传热，其余表面则保持绝热。图12.21(a)、(b)展示了这两种边界条件下平板的PD离散模型。相关参数如下所示。

1) 几何参数

(1) 长度 $L = 2$ cm。

(2) 宽度 $W = 2$ cm。

(3) 厚度 $H = 0.2$ cm。

(4) 裂纹长度 $2a = 0.6$ cm。

(5) 裂纹与水平方向的夹角 $\theta = 60°$ 和 $120°$。

(6) 裂纹中心间的距离 $2e = 0.66$ cm。

2) 材料属性

(1) 比热容 $c_V = 1$ J/(kg·K)。

(2) 导热系数 $k = 1.14$ W/(cm·K)。

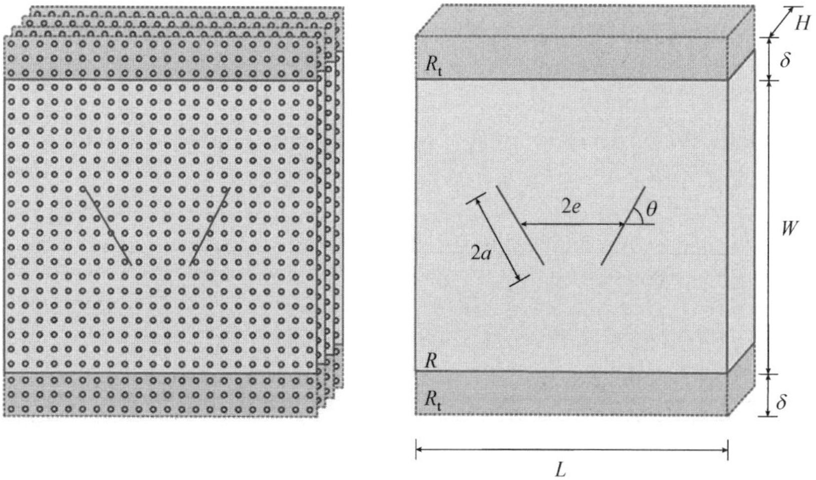

(a)

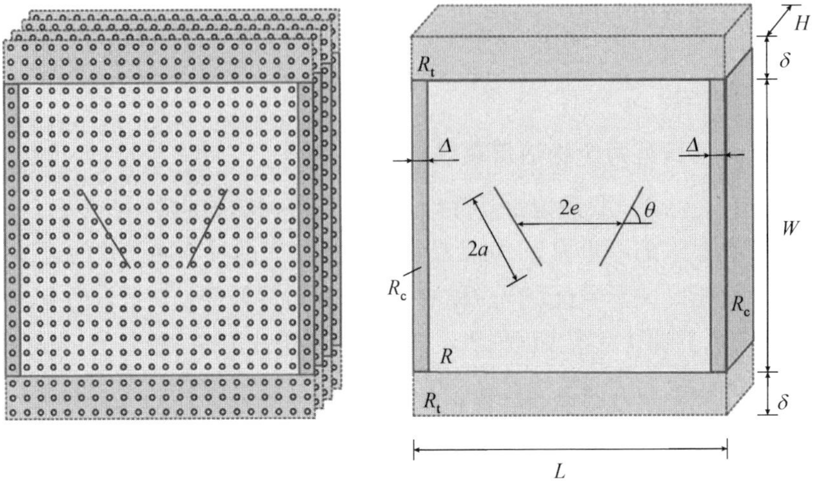

(b)

图 12.21　厚板的近场动力学模型

(a) Ⅰ型边界条件　(b) Ⅱ型边界条件

(3) 密度 $\rho = 1\ \mathrm{kg/cm^3}$。

3) 初始条件

$\Theta(x, y, z, 0) = 0$，$-L/2 \leqslant x \leqslant L/2$，$-W/2 \leqslant y \leqslant W/2$，$-H \leqslant z \leqslant 0$。

4) 边界条件Ⅰ

(1) $\Theta(x, W/2, z, t) = 100℃$，$\Theta(x, -W/2, z, t) = -100℃$，$t > 0$。

(2) $\Theta_{,x}(L/2, y, z, t) = 0$，$\Theta_{,x}(-L/2, y, z, t) = 0$，$t > 0$。

(3) $\Theta_{,z}(x, y, 0, t) = 0$，$\Theta_{,z}(x, y, -H, t) = 0$，$t > 0$。

5) 边界条件Ⅱ

(1) $\Theta(x, W/2, z, t) = 100℃$，$\Theta(x, -W/2, z, t) = -100℃$，$t > 0$。

(2) $-kT_{,x}(-L/2, y, z, t) = h(\Theta_\infty - \Theta)$，$t > 0$。

(3) $kT_{,x}(L/2, y, z, t) = h(\Theta_\infty - \Theta)$，$t > 0$。

(4) $h = 10\ \mathrm{W/(cm^2 \cdot K)}$，$\Theta_\infty = 0℃$。

(5) $\Theta_{,z}(x, y, 0, t) = 0$，$\Theta_{,z}(x, y, -H, t) = 0$，$t > 0$。

6) 近场动力学离散参数

(1) x 方向上的质点总数为 100。

(2) y 方向上的质点总数为 100。

（3）z 方向上的质点总数为 10。

（4）质点的间距 $\Delta = 0.02$ cm。

（5）单个质点的体积：$\Delta V = 8 \times 10^{-6}$ cm^3。

（6）边界层体积 $V_{\Delta} = 1 \times 100 \times 10 \times \Delta V = 8 \times 10^{-3}$ cm^3。

（7）虚拟边界层的体积 $V_{\delta} = 3 \times 100 \times 10 \times \Delta V = 24 \times 10^{-3}$ cm^3。

（8）邻域半径 $\delta = 3.015\Delta$。

（9）时间步长 $\Delta t = 10^{-5}$ s。

（10）在 $x = -L/2$ 和 $x = L/2$ 处的热源密度为

$$h_s(\boldsymbol{x},\ t) = \frac{1}{\Delta} h[\Theta_{\infty} - \Theta(\boldsymbol{x},\ t)],\ \boldsymbol{x} \in R_c$$

图 12.22 给出了在Ⅰ型边界条件下的近场动力学温度场分析结果，它们和经典解(Chang 和 Ma，2001；Chen 和 Chang，1994)的结果一致。对于第二种边界条件，近场动力学对于温度场的预测结果如图 12.23 所示，在这种情况下，不存在可以对比的经典解。

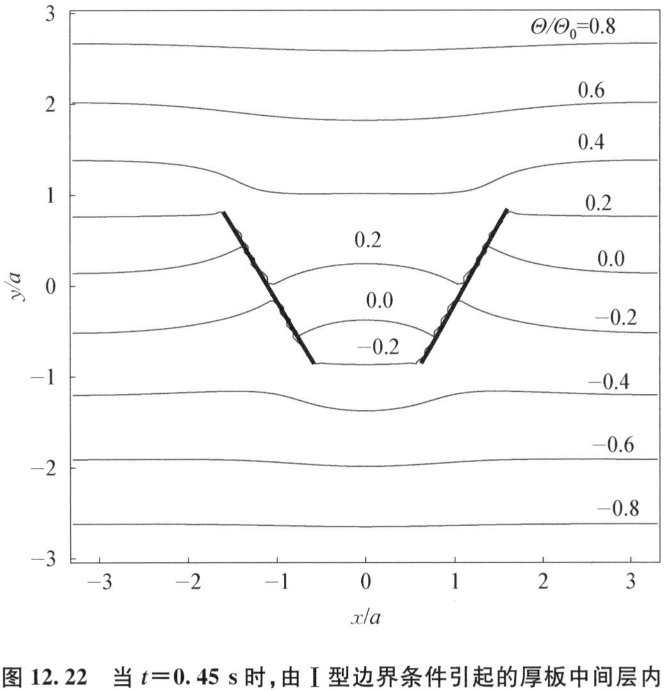

图 12.22　当 t=0.45 s 时，由Ⅰ型边界条件引起的厚板中间层内的温度分布，中间层的法向量沿着 z+方向(Θ_0 = 100℃)

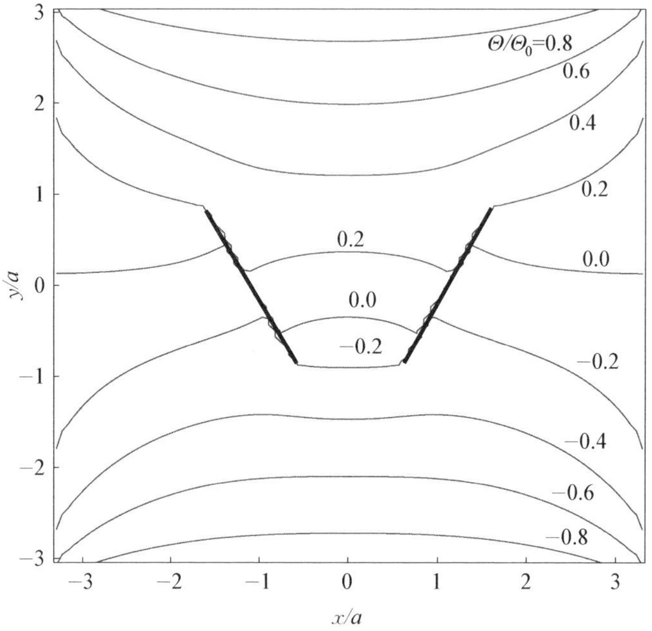

图 12.23 当 $t=0.45$ s 时，由Ⅱ型边界条件引起的厚板中间层内的温度分布，中间层的法向量沿着 $z+$ 方向($\Theta_0=100$℃)

参 考 文 献

Agwai A (2011) A peridynamic approach for coupled fields. Dissertation, University of Arizona.

Alvarez FX, Jou D (2007) Memory and nonlocal effects in heat transport: from diffusive to ballistic regimes. Appl Phys Lett 90: 083109.

Bathe K (1996) Finite element procedures. Prentice Hall, Englewood Cliffs.

Bobaru F, Duangpanya M (2010) The peridynamic formulation for transient heat conduction. Int J Heat Mass Transf 53: 4047 - 4059.

Bobaru F, Duangpanya M (2012) The peridynamic formulation for transient heat conduction in bodies with discontinuities. Int J Comp Phys 231: 2764 - 2785.

Chang CY, Ma CC (2001) Transient thermal conduction analysis of a rectangular plate with multiple insulated cracks by the alternating method. Int J Heat Mass Transf 44: 2423 -2437.

Chen G (2002) Ballistic-diffusive equations for transient heat conduction from nano to macroscales. Trans ASME J Heat Transf 124: 320 - 328.

Chen WH, Chang CL (1994) Heat conduction analysis of a plate with multiple insulated cracks by the finite element alternating method. Int J Solids Struct 3: 1343 - 1355.

Dorfman AS (2004) Transient heat transfer between a semi-infinite hot plate and a flowing cooling liquid film. Trans ASME J Heat Transf 126: 149 - 154.

Duffey RB, Porthous D (1973) Physics of rewetting in water reactor emergency core cooling. Nucl Eng Des 25: 379 - 394.

Gerstle W, Silling S, Read D, Tewary V, Lehoucq R (2008) Peridynamic simulation of electromigration. Comput Mater Continua 8: 75 - 92.

Grmela M, Lebon G (1998) Finite-speed propagation of heat: a nonlocal and nonlinear approach. Physica A 248: 428 - 441.

Hosseini-Tehrani P, Eslami MR (2000) BEM analysis of thermal and mechanical shock in a two-dimensional finite domain considering coupled thermoelasticity. Eng Anal Bound Elem 24: 249 - 257.

Jiji ML (2009) Heat conduction. Springer, Berlin/Heidelberg.

Lebon G, Grmela M (1996) Weakly nonlocal heat conduction in rigid solids. Phys Lett A 214: 184 - 188.

Luciani JF, Mora P, Virmont J (1983) Nonlocal heat-transport due to steep temperature-gradients. Phys Rev Lett 51: 1664 - 1667.

Mahan GD, Claro F (1988) Nonlocal theory of thermal-conductivity. Phys Rev B 38: 1963 -1969.

Moiseiwitsch BL (2004) Variational principles. Dover, Mineola.

Özisik MN (1980) Heat conduction, 2nd ed. Wiley, New York.

Silling SA, Askari E (2005) A meshfree method based on the peridynamic model of solid mechanics. Comput Struct 83: 1526 - 1535.

Sobolev SL (1994) Equations of transfer in nonlocal media. Int J Heat Mass Transf 37: 2175 - 2182.

Tien CL, Chen G (1994) Challenges in microscale conductive and radiative heat-transfer. Trans ASME J Heat Transf 116: 799 - 807.

Tzou DY, Guo Z (2010) Non local behavior in thermal lagging. Int J Therm Sci 49: 1133 -1137.

13 热-力完全耦合的近场动力学分析

本章介绍基于热力学的近场动力学热-力耦合方程的推导。利用能量守恒和自由能函数导出完全热-力耦合的广义近场动力学模型。随后对广义方程进行缩减,得到键型 PD 热-力耦合方程,并将其转换成无量纲形式。在对数值求解方法进行阐述之后,对一些热-力耦合问题进行了求解并与已知解进行了对比。

热-力耦合分析研究的是固体热状态对变形的影响,以及变形对热状态的影响。在许多分析中,忽略了变形场对热状态的影响,只考虑了温度场对变形的影响,这导致热-力耦合分析被解耦甚至不耦合。然而,对于某些瞬态问题,非耦合热力分析可能不能满足要求。变形对热状态的影响得到了实验验证,研究表明,绝热物体在拉伸应力作用下会发生温度下降(Chadwick 1960; Fung 1965)。当应力水平低于屈服应力时,弹性体在拉伸载荷下温度下降;而在高于屈服应力时,由于塑性的不可逆性,因此弹性体温度会升高 (Nowinski 1978)。

此外,结构荷载可能引起温度场不均匀。例如,当具有初始均匀温度场的梁发生弯曲时,梁的一部分处于拉伸状态,而另一部分则处于压缩状态。由于热-力耦合作用,处于拉伸状态的部分会冷却,压缩的部分会升温,形成热梯度并导致热扩散发生。热流是不可逆的,因此,弯曲梁的一部分机械能转换成热能耗散。这种现象称为热弹性阻尼,它在振动和波传播过程中起着关键作用。

在金属的断裂过程中,裂纹尖端前面的区域会产生塑性区,在塑性区中的材料发生局部屈曲,导致机械能作为热量消散,并且在裂纹尖端之前的局部区域中温度升高。实验观察到在聚合物的断裂过程中,热弹性冷却之后接着发生温度升高,是由于塑性区和断裂过程本身引起的,并形成新的表面(Rittel 1998)。因此,为了准确地模拟断裂,特别是裂纹尖端,需要考虑热的影响,并且进行热-力耦合分析。热和结构的相互作用对于高速冲击和穿透破坏问题尤为重要。(Brünig 等人,2011)。

直到 20 世纪 50 年代中期(Biot 1956)，才出现了从热力学角度推导出的经典热-力耦合方程。Biot 利用广义不可逆热力学理论，得到了变分形式的经典热-力耦合定律，用相应的欧拉方程表示耦合的动量和能量方程。

基于经典理论已经建立了完全耦合的热-力耦合方程。经典的热弹性方程由两部分方程构成，一部分是含有热弹性本构定律的运动变形方程，另一部分是考虑了由结构(或变形引起的)升温和冷却导致热能变化的热传导方程。对于各向同性材料，热弹性本构定律包括与温度梯度有关的热应力，而结构的加热和冷却则取决于热模量和体积应变率。根据结构理想化模型，热模量定义为

$$\beta_{cl} = (3\lambda + 2\mu)\alpha = \frac{E\alpha}{1-2\nu} \quad 三维情况 \tag{13.1a}$$

$$\beta_{cl} = (2\lambda + 2\mu)\alpha = \frac{E\alpha}{(1-\nu)} \quad 二维情况 \tag{13.1b}$$

$$\beta_{cl} = (2\mu)\alpha = E\alpha \quad 一维情况 \tag{13.1c}$$

式中：E 为弹性模量；α 为热膨胀系数；ν 为泊松比；参数 λ 和 μ 为拉梅常数。

通常，耦合强度通过无量纲的耦合系数表征，定义为

$$\epsilon = \frac{{\beta_{cl}}^2 \Theta_0}{\rho c_V(\lambda + 2\mu)} \tag{13.2}$$

式中：ρ 为密度；c_V 为比热容；Θ_0 为应力为零时的参考温度(Nowinski 1978)。金属的耦合系数比塑料低很多。例如，钢的耦合系数大概是 0.011，一些塑料的耦合系数则是 0.43。

13.1　局部理论

许多研究人员对热弹性固体中的平面波进行了分析研究(Chadiwick 和 Sneddon, 1958; Deresiewicz 1957)。基于一维的公式，他们证明了热和弹性波会发生散射和衰减，并研究了频率对相速度、衰减和阻尼的影响。随后，Chadwick(1962)将分析扩展到二维，并研究了热弹性波在薄板中的传播。Paria (1958)用拉普拉斯变换和汉克尔变换确定了二维半空间问题的温度和应力分布。Boley 和 Hetnarski(1968) 也用拉普拉斯变换来表征各种一维耦合热弹性问题中的传播不连续性。Boley 和 Tolins(1962)采用傅里叶变换确定具有瞬态边界的一维半无限杆的机械响应和热响应。变换方法的主要挑战在于找到解析的逆变换函数——在许多情况下很可能找不到，而必须使用数值方法求逆。还

有许多其他解析方法可用于求解热弹性耦合问题。Soler 和 Brull(1965)使用了摄动法;Lychev 等人(2010)通过拓展运动和热传导耦合方程产生的特征函数展开得到了闭式解。

在经典热弹性方程的数值解法中,有限元方法是最常用的方法之一。Nickell 和 Sackman(1968)以及 Ting 和 Chen(1982)开发了一种瞬时热弹性有限元模型,并将其与多种一维半无限问题的解析解进行了比较。Oden(1969)以及 Givoli 和 Rand(1995)开发了动态热弹性有限元模型。此外,Chen 和 Weng (1988,1989a, 1989b) 在拉普拉斯变换域中使用有限元公式对各种热弹性问题进行了建模,如轴对称无限长圆柱体和无限长板的瞬态响应。Hosseinih-Tehrani 和 Eslami(2000)将边界元法(BEM)与时间域中拉普拉斯变换方法结合,提出了有限域热和机械冲击的解决方案,利用拉普拉斯变换的数值反演方法,给出了短时(冲击载荷的早期阶段)的分析结果。

热-力耦合问题的数值解决方案可以分为两类——整体方案和交错方案。在整体方案中,不同变量的微分方程同时求解。而对于交错方案或者分块方案,不同变量分别求解。一般来说,交错方案比整体方案更受青睐,因为整体方案系统可能非常大,往往不可用于求解实际问题。此外,热-力耦合问题的力学部分和热学部分的时间尺度可能差异较大,因此需要采用不同时间步长的算法,而整体方案的特性使得这个要求难以实现。

热-力耦合的交错数值分析面临的主要问题之一是稳定性问题。在使用条件稳定的算法求解耦合的动量或能量方程时,往往需要取一个小的时间步长,而这对于某些问题的计算是无法满足要求的。即使采用一些绝对稳定的方法来求解运动方程和热传导方程,耦合问题的整体解也仍可能是条件稳定的。为了解决这个问题,研究人员已经做了大量的工作,并开发出了绝对稳定交错的算法。基于有限元方法的此类算法包括 Armero 和 Simo(1992)的绝热拆分方法以及各种隐式-隐式和隐式-显式方法(Farhat 等人,1991;Liu 和 Zhang 1983;Liu 和 Chang 1985)。

13.2　非局部理论

非局部热-力耦合分析的研究正在兴起。Huang(1999)提出了非局部全耦合热弹性非线性本构方程。Ardito 和 Comi(2009)构建了一种具有内部长度尺度的完全非局部热弹性模型,对非局部方程进行了解析求解,以确定微机电谐振器的能量耗散。分析结果与实验结果比较后表明,非局部模型能够捕捉到标准局部热弹性分析无法捕捉到的尺寸效应。Ardito 和 Comi(2009)的研究说明了非局部性在小尺度问题中的重要性。利用近场动力学热-力耦合模型,不仅可以解决非局部问题,如微机电问题,而且很容易对不连续问题进行建模,例如在不同温度或温度梯度的物体中裂纹的形成和扩展问题。因此,热-力耦合的近场动力学方法具有很强的优势,它不仅能够考虑非局部性,而且可以允许在有裂纹和其他不连续存在的情况下,求解耦合变形和温度场。Kilic 和 Madenci(2010)基于近场动力学方法开发了键型近场动力学非耦合的热-力分析方法。然而,目前还没有关于热力完全耦合的近场动力学的研究。

13.3 近场动力学热-力耦合方程

类似于经典热-力耦合方程的推导(Nowinski 1978),完全耦合的广义近场动力学热-力耦合方程也基于不可逆的热力学,即能量守恒和自由能密度函数。

13.3.1 具有结构耦合项的近场动力学热传导方程

Silling 和 Lehoucq(2010)基于机械能和热能的守恒,给出了基于近场动力学参量的热力学第一方程

$$\dot{\varepsilon}_s = \underline{\boldsymbol{T}} \cdot \dot{\underline{\boldsymbol{Y}}} + \bar{Q}_b + s_b \tag{13.3}$$

式中:$\dot{\varepsilon}_s$ 为内能密度的变化率;s_b 为单位时间单位质量的热源产生的热量。$\underline{\boldsymbol{T}} \cdot \dot{\underline{\boldsymbol{Y}}}$ 项表示吸收的能量密度,是力状态和变形状态的时间导数的点积。近场动力学中吸收的能量密度类似于经典连续力学中的应力功 $\boldsymbol{\sigma} \cdot \dot{\boldsymbol{F}}$,这里 $\boldsymbol{\sigma}$ 是 Piola 应力张量,$\boldsymbol{F}$ 是变形梯度张量。变量$\bar{Q}$是与其他质点的能量交换率,由下式给出

$$\bar{Q} = \int_H [\underline{h}(\boldsymbol{x}, t)\langle \boldsymbol{x}' - \boldsymbol{x} \rangle - \underline{h}(\boldsymbol{x}', t)\langle \boldsymbol{x} - \boldsymbol{x}' \rangle] \mathrm{d}V' \tag{13.4}$$

式中:$\underline{h}$ 为热流量的标量状态。$\bar{Q}$ 与$\bar{Q}_b$ 有关,$\bar{Q} = \rho \bar{Q}_b$。

自由能密度函数定义为(Silling 和 Lehoucq 2010)

$$\Psi = \varepsilon_s - \Theta\eta \tag{13.5}$$

式中:Θ 为绝对温度;η 为熵密度。式(13.5)对时间求导数得到

$$\dot{\Psi} = \dot{\varepsilon}_s - \dot{\Theta}\eta - \Theta\dot{\eta} \tag{13.6}$$

将式(13.6)中的$\dot{\varepsilon}$用式(13.3)的能量守恒方程替换可以得到如下表达式

$$\dot{\Psi} = \underline{T} \cdot \dot{\underline{Y}} + \bar{Q}_b + s_b - \dot{\Theta}\eta - \Theta\dot{\eta} \tag{13.7}$$

自由能密度和熵密度函数的相关性可以用变形状态、变形状态的时间导数和温度来定义,形式如下所示。

$$\Psi = \Psi(\underline{Y}, \dot{\underline{Y}}, \Theta) \tag{13.8a}$$

$$\eta = \eta(\underline{Y}, \dot{\underline{Y}}, \Theta) \tag{13.8b}$$

结合链式法则,自由能密度的时间导数可以表示为

$$\dot{\Psi} = \Psi_{,\underline{Y}} \cdot \dot{\underline{Y}} + \Psi_{,\dot{\underline{Y}}} \cdot \ddot{\underline{Y}} + \Psi_{,\Theta}\dot{\Theta} \tag{13.9}$$

式中:下标中逗号后面的变量表示微分。如果是状态变量,则其微分即为 Fréchet 导数,说明见附录。

将式(13.7)代入式(13.9)可以得到

$$(\Theta\dot{\eta} - \bar{Q}_b - s_b) + (\Psi_{,\Theta} + \eta)\dot{\Theta} + (\Psi_{,\underline{Y}} - \underline{T}) \cdot \dot{\underline{Y}} + \Psi_{,\dot{\underline{Y}}} \cdot \ddot{\underline{Y}} = 0 \tag{13.10}$$

采用 Nowinski(1978)的$\dot{\underline{Y}}$, $\ddot{\underline{Y}}$ 和$\dot{\Theta}$ 独立变化假设,式(13.10)导出

$$\Theta\dot{\eta} - \bar{Q}_b - s_b = 0 \tag{13.11a}$$

$$\eta = -\Psi_{,\Theta} \tag{13.11b}$$

$$\underline{T} = \Psi_{,\underline{Y}} \tag{13.11c}$$

$$\Psi_{,\dot{\underline{Y}}} = 0 \tag{13.11d}$$

Silling 和 Lehoucq(2010)利用自由能密度、热力学第一定律和 Clausius-Duhem 不等式,也得到了式(13.11b)和式(13.11d)。此外,他们还得到了力状态矢量的平衡部分$\underline{T}^e$和耗散部分$\underline{T}^d$的表达式,如下所示。

$$\underline{T}^e(\underline{Y}, \Theta) = \Psi_{,\underline{Y}}(\underline{Y}, \Theta) \tag{13.12a}$$

$$\underline{T}^d(\underline{Y}, \dot{\underline{Y}}, \Theta) \cdot \dot{\underline{Y}} \geqslant 0 \tag{13.12b}$$

利用式(13.11b)、式(13.11d)和式(13.8b)并结合链式法则,熵密度的时间导数可以重写为

$$\dot{\eta} = -\Psi_{,\Theta\underline{Y}} \cdot \dot{\underline{Y}} - \Psi_{,\Theta\Theta}\dot{\Theta} \tag{13.13}$$

将式(13.13)代入式(13.11a)并乘以 ρ 得到

$$\rho\Theta\Psi_{,\Theta\underline{Y}} \cdot \dot{\underline{Y}} + \rho\Theta\Psi_{,\Theta\Theta}\dot{\Theta} + \bar{Q} + \rho s_{\mathrm{b}} = 0 \tag{13.14}$$

基于经典理论(Nowinski 1978)，比热容 c_V 和经典自由能密度 $\bar{\Psi}$ 有如下关系。

$$\Theta\bar{\Psi}_{,\Theta\Theta} = -c_V \tag{13.15}$$

假设一点上的经典自由能密度等于近场动力学自由能密度 Ψ，则可导出

$$\Theta\Psi_{,\Theta\Theta} = -c_V \tag{13.16}$$

基于这一观察，近场动力学理论和经典理论中的比热容具有相似的含义。因此式(13.14)中的 $\Theta\Psi_{,\Theta\Theta}$ 项可用 $-c_V$ 代替。

基于经典理论(Fung 1965)，热模量 β_{ij} 与经典的自由能密度 $\bar{\Psi}$ 可以建立如下联系。

$$\beta_{clij} = \rho\frac{\partial^2\bar{\Psi}}{\partial e_{ij}\partial\Theta} \tag{13.17}$$

式中：e_{ij} 为应变张量。对于各向同性材料，$\beta_{clij} = \beta_{cl}\delta_{ij}$。

与经典理论的热模量类似，定义热模量状态矢量 $\underline{\boldsymbol{B}}$ 为

$$\underline{\boldsymbol{B}} = \rho\Psi_{,\Theta_{\underline{Y}}} \tag{13.18}$$

将式(13.4)、式(13.16)和式(13.18)代入式(13.14)，经过整理后得到

$$\begin{aligned}\rho c_V\dot{\Theta}(\boldsymbol{x}, t) = & \int_H [\underline{h}(\boldsymbol{x}, t)\langle\boldsymbol{x}' - \boldsymbol{x}\rangle - \underline{h}(\boldsymbol{x}', t)\langle\boldsymbol{x} - \boldsymbol{x}'\rangle]\mathrm{d}V' + \\ & \Theta(\boldsymbol{x}, t)\,\underline{\boldsymbol{B}}(\boldsymbol{x}, t) \cdot \dot{\underline{\boldsymbol{Y}}}(\boldsymbol{x}, t) + \rho s_{\mathrm{b}}(\boldsymbol{x}, t)\end{aligned} \tag{13.19}$$

运用矢量状态点乘的定义(见附录)可得出等式

$$\begin{aligned}\rho c_V\dot{\Theta}(\boldsymbol{x}, t) = & \int_H [\underline{h}(\boldsymbol{x}, t)\langle\boldsymbol{x}' - \boldsymbol{x}\rangle - \underline{h}(\boldsymbol{x}', t)\langle\boldsymbol{x} - \boldsymbol{x}'\rangle + \\ & \Theta(\boldsymbol{x}, t)\,\underline{\boldsymbol{B}}\langle\boldsymbol{x}' - \boldsymbol{x}\rangle \cdot \dot{\underline{\boldsymbol{Y}}}\langle\boldsymbol{x}' - \boldsymbol{x}\rangle]\mathrm{d}V' + \rho s_{\mathrm{b}}(\boldsymbol{x}, t)\end{aligned} \tag{13.20}$$

式中：$\underline{\boldsymbol{B}} \cdot \dot{\underline{\boldsymbol{Y}}}$ 表示变形对温度的影响。通过用伸长标量状态的时间导数 $\dot{\underline{e}}$ 和热模量标量状态 $\underline{\beta}$ 对 $\dot{\underline{\boldsymbol{Y}}}$ 和 $\underline{\boldsymbol{B}}$ 进行定义可以得到方程的最终形式为

$$\underline{\boldsymbol{B}}\langle \boldsymbol{x}'-\boldsymbol{x}\rangle = \underline{\beta}\langle \boldsymbol{x}'-\boldsymbol{x}\rangle \frac{\boldsymbol{y}'-\boldsymbol{y}}{|\boldsymbol{y}'-\boldsymbol{y}|} \tag{13.21a}$$

$$\dot{\underline{\boldsymbol{Y}}}\langle \boldsymbol{x}'-\boldsymbol{x}\rangle = \dot{\underline{e}}\langle \boldsymbol{x}'-\boldsymbol{x}\rangle \frac{\boldsymbol{y}'-\boldsymbol{y}}{|\boldsymbol{y}'-\boldsymbol{y}|} \tag{13.21b}$$

式中：伸长标量状态$\underline{e}$ 和热模量状态$\underline{\beta}$ 的定义为

$$\underline{e} = \underline{y} - \underline{x} \tag{13.21c}$$

$$\underline{\beta} = \rho \Psi_{,\underline{\Theta}} \tag{13.21d}$$

这里 $\underline{y} = |\underline{\boldsymbol{Y}}|$，$\underline{x} = |\underline{\boldsymbol{X}}|$。于是式(13.20)可以重新表示为

$$\begin{aligned}\rho c_V \dot{\Theta}(\boldsymbol{x}, t) = \int_H \{ [\underline{h}(\boldsymbol{x}, t)\langle \boldsymbol{x}'-\boldsymbol{x}\rangle - \underline{h}(\boldsymbol{x}', t)\langle \boldsymbol{x}-\boldsymbol{x}'\rangle] + \\ \Theta(\boldsymbol{x}, t)\, \underline{\boldsymbol{B}}\langle \boldsymbol{x}'-\boldsymbol{x}\rangle \cdot \dot{\underline{\boldsymbol{Y}}}\langle \boldsymbol{x}'-\boldsymbol{x}\rangle \} \mathrm{d}V' + \rho s_{\mathrm{b}}(\boldsymbol{x}, t)\end{aligned} \tag{13.22}$$

13.3.2 具有热耦合项的近场动力学运动方程

根据经典线性热力学理论(Nowinski 1978)，自由能密度可以势能函数的形式给出。

$$\bar{\Psi} = \bar{\Psi}(e_{ij}, T) = \frac{1}{2} c_{ijkl} e_{ij} e_{kl} - \beta_{clij} e_{ij} T - \frac{c_V}{2\Theta_0} T^2 \tag{13.23}$$

式中：c_{ijkl} 为材料的弹性模量，$T = \Theta - \Theta_0$；Θ_0 为参考温度。本文采用类似的方法，推导具有热耦合项的近场动力学变形方程。

Silling(2009)通过引入力矢量状态$\underline{\boldsymbol{T}}$ 推导了小变形的态型近场动力学线性化形式。

$$\underline{\boldsymbol{T}} = \underline{\boldsymbol{T}}(\underline{\boldsymbol{U}}) \tag{13.24}$$

式中：$\underline{\boldsymbol{U}}$ 为位移矢量状态。自由能密度函数用$\underline{\boldsymbol{U}}$ 表示为

$$\Psi(\underline{\boldsymbol{U}}) = \Psi(\underline{\boldsymbol{Y}}^0) + \underline{\boldsymbol{T}}^0 \cdot \underline{\boldsymbol{U}} + \frac{1}{2} \underline{\boldsymbol{U}} \cdot \underline{\boldsymbol{K}} \cdot \underline{\boldsymbol{U}} \tag{13.25}$$

式中：$\underline{\boldsymbol{Y}}^0$ 和$\underline{\boldsymbol{T}}^0$ 分别定义为平衡时的变形状态和力状态。Silling(2009)给出了双状态$\underline{\boldsymbol{K}}$，称为模量状态，有

$$\underline{\boldsymbol{K}} = \underline{\boldsymbol{T}}^0_{,\underline{\boldsymbol{Y}}} \tag{13.26}$$

对于线性热弹性材料响应，按照式(13.23)，自由能的表达形式可以修正为

包含 T 和$\underline{\boldsymbol{U}}$：

$$\Psi(\underline{\boldsymbol{U}},\ T)=\Psi(\underline{\boldsymbol{Y}}^0)+\underline{\boldsymbol{T}}^0\bullet\underline{\boldsymbol{U}}+\frac{1}{2}\underline{\boldsymbol{U}}\bullet\underline{\underline{\boldsymbol{K}}}\bullet\underline{\boldsymbol{U}}-\underline{\boldsymbol{B}}\bullet\underline{\boldsymbol{U}}T-\frac{c_V}{2\Theta_0}T^2 \tag{13.27}$$

将该方程代入式(13.11c)中得到力状态的显式形式为

$$\underline{\boldsymbol{T}}=\underline{\underline{\boldsymbol{K}}}\bullet\underline{\boldsymbol{U}}-\underline{\boldsymbol{B}}T \tag{13.28}$$

它表示了线性化的近场动力学热弹性材料的态型本构关系。将式(13.28)代入近场动力学运动方程[见式(2.22a)]得到结果如下。

$$\rho\ddot{\boldsymbol{u}}=\int_H\Big[(\underline{\underline{\boldsymbol{K}}}\bullet\underline{\boldsymbol{U}}-\underline{\boldsymbol{B}}T)(\boldsymbol{x},\ t)\langle\boldsymbol{x}'-\boldsymbol{x}\rangle-(\underline{\underline{\boldsymbol{K}}}\bullet\underline{\boldsymbol{U}}-\underline{\boldsymbol{B}}T)(\boldsymbol{x}',\ t)\langle\boldsymbol{x}-\boldsymbol{x}'\rangle\Big]\mathrm{d}V'+\boldsymbol{b}(\boldsymbol{x},\ t) \tag{13.29}$$

式中：$\underline{\boldsymbol{B}}\langle\boldsymbol{x}'-\boldsymbol{x}\rangle T$ 项代表了热状态对变形的影响。对于非线性弹性材料模型，自由能由热能和机械能组成，因此力状态可能具有以下形式。

$$\underline{\boldsymbol{T}}=\underline{\nabla}W-\underline{\boldsymbol{B}}T \tag{13.30}$$

式中：W 为变形的应变能密度；$\underline{\nabla}W$ 为它的 Fréchet 导数。力状态 $\underline{\boldsymbol{T}}_{\mathrm{s}}$ 中只包含结构变形的部分，可以定义为

$$\underline{\boldsymbol{T}}_{\mathrm{s}}=\underline{\nabla}W \tag{13.31}$$

将以上方程代入近场动力学运动方程中，则式(2.22a)可以重新表达为

$$\rho\ddot{\boldsymbol{u}}(\boldsymbol{x},\ t)=\int_H[(\underline{\boldsymbol{T}}_{\mathrm{s}}\langle\boldsymbol{x}'-\boldsymbol{x}\rangle-\underline{\boldsymbol{B}}\langle\boldsymbol{x}'-\boldsymbol{x}\rangle T)]-(\underline{\boldsymbol{T}}_{\mathrm{s}}'\langle\boldsymbol{x}-\boldsymbol{x}'\rangle-\underline{\boldsymbol{B}}'\langle\boldsymbol{x}-\boldsymbol{x}'\rangle T')]\mathrm{d}V'+\boldsymbol{b}(\boldsymbol{x},\ t) \tag{13.32}$$

式中：$\underline{\boldsymbol{T}}_{\mathrm{s}}=\underline{\boldsymbol{T}}_{\mathrm{s}}(\boldsymbol{x},\ t)$ 且$\underline{\boldsymbol{T}}_{\mathrm{s}}'=\underline{\boldsymbol{T}}_{\mathrm{s}}(\boldsymbol{x}',\ t)$。符号$\underline{\boldsymbol{B}}$ 和$\underline{\boldsymbol{T}}$ 也类似。

将式(4.8)代入式(2.22b)并结合式(4.11)和式(4.12)可以得到各向同性材料包含温度效应的键型近场动力学方程为

$$\rho\ddot{\boldsymbol{u}}(\boldsymbol{x},\ t)=\int_H\left[\left(\frac{c}{2}\frac{|\boldsymbol{y}'-\boldsymbol{y}|-|\boldsymbol{x}'-\boldsymbol{x}|}{|\boldsymbol{x}'-\boldsymbol{x}|}-\frac{c}{2}\alpha T\right)\frac{\boldsymbol{y}'-\boldsymbol{y}}{|\boldsymbol{y}'-\boldsymbol{y}|}-\left(\frac{c}{2}\frac{|\boldsymbol{y}-\boldsymbol{y}'|-|\boldsymbol{x}-\boldsymbol{x}'|}{|\boldsymbol{x}-\boldsymbol{x}'|}-\frac{c}{2}\alpha T'\right)\frac{\boldsymbol{y}-\boldsymbol{y}'}{|\boldsymbol{y}-\boldsymbol{y}'|}\right]\mathrm{d}V'+\boldsymbol{b}(\boldsymbol{x},\ t) \tag{13.33}$$

将该式与式(13.32)比较可以得到显式形式的方程

$$\underline{\boldsymbol{T}}_{\mathrm{s}}\langle \boldsymbol{x}' - \boldsymbol{x} \rangle = \frac{c}{2} \frac{|\boldsymbol{y}' - \boldsymbol{y}| - |\boldsymbol{x}' - \boldsymbol{x}|}{|\boldsymbol{x}' - \boldsymbol{x}|} \frac{(\boldsymbol{y}' - \boldsymbol{y})}{|\boldsymbol{y}' - \boldsymbol{y}|} \tag{13.34a}$$

和

$$\underline{\boldsymbol{B}}\langle \boldsymbol{x}' - \boldsymbol{x} \rangle = \frac{c}{2}\alpha \frac{\boldsymbol{y}' - \boldsymbol{y}}{|\boldsymbol{y}' - \boldsymbol{y}|} \tag{13.34b}$$

比较式(13.34b)和式(13.21)可以得到热模量标量状态$\underline{\beta}$的表达式为

$$\underline{\beta}\langle \boldsymbol{x}' - \boldsymbol{x} \rangle = \frac{c}{2}\alpha \tag{13.35}$$

13.3.3 键型近场动力学热-力耦合方程

广义的热传导方程[见式(12.51)]和各向同性材料的热力学传导方程[见式(13.22)]的区别就在于变形加热项和冷却项($\underline{\beta} \cdot \dot{\underline{e}}$)。鉴于这个差异,键型热传导方程[见式(12.51)]通过引入变形的加热和冷却项进行修正。因此,键型近场动力学热-力耦合方程可以写为

$$\rho c_V \dot{\Theta}(\boldsymbol{x}, t) = \int_H \left(f_{\mathrm{h}} - \Theta \frac{c}{2}\alpha \dot{e} \right) \mathrm{d}V' + \rho s_{\mathrm{b}}(\boldsymbol{x}, t) \tag{13.36}$$

式中:$\dot{e}$为质点之间伸长量的时间导数,定义如下。

$$e = |\boldsymbol{\eta} + \boldsymbol{\xi}| - |\boldsymbol{\xi}| \tag{13.37a}$$

它的时间导数为

$$\dot{e} = \frac{\boldsymbol{\eta} + \boldsymbol{\xi}}{|\boldsymbol{\eta} + \boldsymbol{\xi}|} \cdot \dot{\boldsymbol{\eta}} \tag{13.37b}$$

式中:$\dot{\boldsymbol{\eta}}$为相对位移矢量的时间导数。根据温度变化 $T = \Theta - \Theta_0$,将 Θ 写为 $T + \Theta_0$,$\dot{\Theta}$ 替换为$\dot{T}$,可以将式(13.36)写为

$$\rho c_V \dot{T}(\boldsymbol{x}, t) = \int_H \left[f_{\mathrm{h}} - (T + \Theta_0) \frac{c}{2}\alpha \dot{e} \right] \mathrm{d}V' + \rho s_{\mathrm{b}}(\boldsymbol{x}, t) \tag{13.38a}$$

或写为

$$\rho c_V \dot{T}(\boldsymbol{x}, t) = \int_H \left[f_{\mathrm{h}} - \Theta_0 \left(\frac{T}{\Theta_0} + 1 \right) \frac{c}{2}\alpha \dot{e} \right] \mathrm{d}V' + \rho s_{\mathrm{b}}(\boldsymbol{x}, t) \tag{13.38b}$$

根据 Nowinski(1978)的建议,如果温度的变化量 T 与参考温度 Θ_0 相比非常小,则式(13.38b)可以近似写为

$$\rho c_V \dot{T}(\boldsymbol{x},\ t)=\int_H\left(f_{\mathrm{h}}-\Theta_0\ \frac{c}{2}\alpha\,\dot{e}\right)\mathrm{d}V'+\rho s_{\mathrm{b}}(\boldsymbol{x},\ t) \tag{13.39}$$

用式(12.55)替换热响应(热流密度)函数可以得到它的最终形式为

$$\rho c_V \dot{T}(\boldsymbol{x},\ t)=\int_H\left(\kappa\frac{\tau}{|\boldsymbol{\xi}|}-\Theta_0\ \frac{c}{2}\alpha\,\dot{e}\right)\mathrm{d}V'+\rho s_{\mathrm{b}}(\boldsymbol{x},\ t) \tag{13.40}$$

由式(13.33),包含温度效应的键型近场动力学运动方程可写为

$$\rho\ddot{\boldsymbol{u}}(\boldsymbol{x},\ t)=\int_H\frac{\boldsymbol{\xi}+\boldsymbol{\eta}}{|\boldsymbol{\xi}+\boldsymbol{\eta}|}(cs-c\alpha T_{\mathrm{avg}})\mathrm{d}V'+\boldsymbol{b}(\boldsymbol{x},\ t) \tag{13.41}$$

式中:c 为近场动力学材料参数;初始相对位置矢量和相对位移矢量的定义分别为 $\boldsymbol{\xi}=\boldsymbol{x}'-\boldsymbol{x}$ 和 $\boldsymbol{\eta}=\boldsymbol{u}'-\boldsymbol{u}$;参数 s 表示质点 $\boldsymbol{x}'$ 和 $\boldsymbol{x}$ 之间的伸长率;T_{avg} 为质点 $\boldsymbol{x}'$ 和 $\boldsymbol{x}$ 之间的平均温度变化量。

$$T_{\mathrm{avg}}=\frac{T+T'}{2} \tag{13.42}$$

引入 β 作为键型近场动力学热模量,完全耦合的键型热力学方程最终形式为

$$\rho c_V \dot{T}(\boldsymbol{x},\ t)=\int_H\left(\kappa\frac{\tau}{|\boldsymbol{\xi}|}-\Theta_0\ \frac{\beta}{2}\ \dot{e}\right)\mathrm{d}V'+h_{\mathrm{s}}(\boldsymbol{x},\ t) \tag{13.43a}$$

式中:$h_{\mathrm{s}}=\rho s_{\mathrm{b}}$ 表示热源密度,以及

$$\rho\ddot{\boldsymbol{u}}(\boldsymbol{x},\ t)=\int_H\frac{\boldsymbol{\xi}+\boldsymbol{\eta}}{|\boldsymbol{\xi}+\boldsymbol{\eta}|}(cs-\beta T_{\mathrm{avg}})\mathrm{d}V'+\boldsymbol{b}(\boldsymbol{x},\ t) \tag{13.43b}$$

和

$$\beta=c\alpha \tag{13.43c}$$

第一个方程是热能量守恒方程(即热传导方程),包含了通过变形产生的加热和冷却,第二个方程是热弹性本构关系的线性动量守恒方程(即运动方程)。

13.4　热-力耦合方程的无量纲形式

将方程或方程组改写为无量纲形式时,需要消除变量和参数单位。在耦合

系统中，不同参数尺度可能不同，某些参数的影响可能不明显。无量纲形式的方程可以使不同参数的影响变得更加明显。通过无量纲化可以揭示系统的适当尺度、量的相对度量以及系统的特征性质，例如时间常数、长度尺度和共振频率。

13.4.1 特征长度和时间尺度

热传导特征长度/时间量即为扩散率，定义为

$$\gamma = \frac{k}{\rho c_V} = \frac{l^{*2}}{t^*} \tag{13.44}$$

式中：l^* 和 t^* 分别为特征长度和特征时间。对于运动方程，特征长度/时间则是弹性波速度。弹性波速度$\tilde{a}$的平方为

$$\tilde{a}^2 = \frac{(\lambda + 2\mu)}{\rho} = \frac{l^{*2}}{t^{*2}} \tag{13.45}$$

式中：λ 和 μ 为拉梅常数。综合式(13.44)和式(13.45)的特征长度/时间尺度，可以得到热-力耦合方程的特征长度和特征时间为

$$l^* = \frac{\gamma}{\tilde{a}} \text{ 和 } t^* = \frac{\gamma}{\tilde{a}^2} \tag{13.46}$$

特征长度和特征时间是热-力耦合方程中的典型无量纲化应用。

13.4.2 无量纲参数

采用 Nickell 和 Sackman(1968)的方法，使用式(13.44)和式(13.45)中的热扩散率和弹性波速度的平方对式(13.43a)进行无量纲化。无量纲变量用上划线表示。与长度相关的变量如 x、δ、A 和 V(体积)使用特征长度来进行无量纲化，定义为

$$x = \left(\frac{\gamma}{\tilde{a}}\right)\bar{x},\ \delta = \left(\frac{\gamma}{\tilde{a}}\right)\bar{\delta},\ A = \left(\frac{\gamma}{\tilde{a}}\right)^2\bar{A},\ V = \left(\frac{\gamma}{\tilde{a}}\right)^3\bar{V} \tag{13.47}$$

位移的无量纲化为

$$u = \left(\frac{\gamma}{\tilde{a}}\right)\frac{\beta_{cl}\Theta_0}{(\lambda + 2\mu)}\bar{u} \tag{13.48}$$

伸长率无量纲化为

$$s = \frac{\beta_{cl}\Theta_0}{(\lambda + 2\mu)}\bar{s} \tag{13.49}$$

时间按特征长度缩放为

$$t = \left(\frac{\gamma}{\tilde{a}^2}\right)\bar{t} \tag{13.50}$$

速度相关变量的无量纲化转换通过以下方式实现。

$$v = \frac{\beta_{cl}\Theta_0}{(\lambda + 2\mu)}\tilde{a}\ \bar{v}\ 和\ \dot{e} = \frac{\beta_{cl}\Theta_0}{(\lambda + 2\mu)}\tilde{a}\ \bar{e} \tag{13.51}$$

最后，温度和温差无量纲化转换为

$$T = \Theta_o\,\overline{T}\ 和\ \tau = \Theta_o\,\bar{\tau} \tag{13.52}$$

值得注意的是热模量、体积模量、拉梅常数、剪切模量、近场动力学参数和微导热系数取决于结构的理想化模型。它们在一维、二维和三维分析的定义总结为

一维分析

$$\lambda = 0,\ \mu = \frac{E}{2},\ \alpha = \frac{\beta_{cl}}{2\mu},\ c = \frac{2E}{A\delta^2},\ \kappa = \frac{2k}{A\delta^2} \tag{13.53a}$$

二维分析

$$\begin{gathered}\lambda = \frac{E\nu}{(1-\nu)(1+\nu)},\ \mu = \frac{E}{2(1+\nu)},\ \alpha = \frac{\beta_{cl}}{2\lambda + 2\mu},\\ c = \frac{9E}{\pi h\delta^3},\ \kappa = \frac{6k}{\pi h\delta^3}\end{gathered} \tag{13.53b}$$

三维分析

$$\begin{gathered}\lambda = \frac{Ev}{(1+\nu)(1-2\nu)},\ \mu = \frac{E}{2(1+\nu)},\ \alpha = \frac{\beta_{cl}}{2\lambda + 2\mu},\\ c = \frac{12E}{\pi\delta^4},\ \kappa = \frac{6k}{\pi\delta^4}\end{gathered} \tag{13.53c}$$

令式(13.1)和式(13.43c)中的热膨胀系数相等可以得到热模量为

$$\beta = \frac{\beta_{cl}}{3\lambda + 2\mu}c\quad 三维 \tag{13.54a}$$

$$\beta = \frac{\beta_{cl}}{2\lambda + 2\mu}c\quad 二维 \tag{13.54b}$$

$$\beta = \frac{\beta_{cl}}{2\mu}c\quad 一维 \tag{13.54c}$$

综合式(13.47)、式(13.48)、式(13.49)、式(13.50)、式(13.51)和式(13.52)以及式(13.53)中相应维度的公式，可推导出含有体力和热源的完全耦合的无量纲形式键型近场动力学热-力耦合方程

一维分析

$$\frac{\partial^2 \bar{\boldsymbol{u}}}{\partial \bar{t}^2} = \frac{2}{\bar{\delta}^2\,\bar{A}} \int_H \frac{\boldsymbol{\xi}+\boldsymbol{\eta}}{|\boldsymbol{\xi}+\boldsymbol{\eta}|}(\bar{s}-\bar{T}_{\text{avg}})\mathrm{d}\bar{V}_{\boldsymbol{x}'} + \bar{\boldsymbol{b}} \tag{13.55a}$$

$$\frac{\partial \bar{T}}{\partial \bar{t}} = \frac{2}{\bar{\delta}^2\,\bar{A}} \int_H \left(\frac{\bar{\tau}}{|\boldsymbol{\xi}|} - \epsilon\frac{\bar{\dot{e}}}{2}\right)\mathrm{d}\bar{V}_{\boldsymbol{x}'} + \bar{h}_{\mathrm{s}} \tag{13.55b}$$

二维分析

$$\frac{\partial^2 \bar{\boldsymbol{u}}}{\partial \bar{t}^2} = \frac{9(1-v)}{\pi\,\bar{\delta}^3\,\bar{h}} \int_H \frac{\boldsymbol{\xi}+\boldsymbol{\eta}}{|\boldsymbol{\xi}+\boldsymbol{\eta}|}[(1+v)\,\bar{s}-\bar{T}_{\text{avg}}]\mathrm{d}\bar{V}_{\boldsymbol{x}'} + \bar{\boldsymbol{b}} \tag{13.56a}$$

$$\frac{\partial \bar{T}}{\partial \bar{t}} = \frac{6}{\pi\,\bar{\delta}^3\,\bar{h}} \int_H \left[\frac{\bar{\tau}}{|\boldsymbol{\xi}|} - \frac{3}{4}(1-v)\epsilon\,\bar{\dot{e}}\right]\mathrm{d}\bar{V}_{\boldsymbol{x}'} + \bar{h}_{\mathrm{s}} \tag{13.56b}$$

三维分析

$$\frac{\partial^2 \bar{\boldsymbol{u}}}{\partial \bar{t}^2} = \frac{6}{\pi\,\bar{\delta}^4} \int_H \frac{\boldsymbol{\xi}+\boldsymbol{\eta}}{|\boldsymbol{\xi}+\boldsymbol{\eta}|}\left(\frac{1+v}{1-v}\bar{s}-\bar{T}_{\text{avg}}\right)\mathrm{d}\bar{V}_{\boldsymbol{x}'} + \bar{\boldsymbol{b}} \tag{13.57a}$$

$$\frac{\partial \bar{T}}{\partial \bar{t}} = \frac{6}{\pi\,\bar{\delta}^4} \int_H \left(\frac{\bar{\tau}}{|\boldsymbol{\xi}|} - \frac{1}{2}\epsilon\,\bar{\dot{e}}\right)\mathrm{d}\bar{V}_{\boldsymbol{x}'} + \bar{h}_{\mathrm{s}} \tag{13.57b}$$

式中无量纲化的耦合系数 ϵ，体力密度 $\bar{\boldsymbol{b}}$ 和热源密度 $\bar{h}_{\mathrm{s}}$ 定义为

$$\epsilon = \frac{\beta_{cl}^2\Theta_0}{\rho c_V(\lambda+2\mu)} \tag{13.58a}$$

$$\bar{\boldsymbol{b}} = \frac{\gamma(\lambda+2\mu)}{\rho\,\tilde{a}^3\beta_d\Theta_0}\boldsymbol{b} \tag{13.58b}$$

$$\bar{h}_{\mathrm{s}} = \frac{\gamma}{\rho c_V\,\tilde{a}^2\Theta_0}h_{\mathrm{s}} \tag{13.58c}$$

耦合系数 ϵ 度量了热和变形耦合的强度，它出现在包含变形引起的加热和冷却项相关的无量纲热-力耦合方程中。耦合系数在近场动力学方程中以无量纲形式出现，如 Nickell 和 Sackman(1968)所示，这与经典热力学类似。$\epsilon=0$ 表示无量纲热力学方程解耦。值得注意的是，即使 $\epsilon=0$，运动方程仍然包含了温度效应。

13.5　数值方法

对于经典的完全耦合的热弹性方程的数值解法，一般采用单步或交错法进行求解。单步或同步方法是一种单一时间增量方法。对于单步算法，时间步同时应用于整个方程组，并且同时求解多个未知变量。若单步算法的时间积分是隐式的，则通常可以达到绝对稳定。然而，尽管单步算法具有绝对稳定性，它仍会导致实际的系统过大。对于交错或分块算法，通常根据两个不同的场（位移场和温度场）对耦合的方程组进行划分。然后用不同的时间步迭代方法对每个分块分别处理。交错算法可以克服单步算法的一些缺点，然而通常无法达到绝对稳定性。在许多情况下，即使使用绝对稳定的时间积分方案来求解每个分区方程，热力系统方程的整体稳定性也还是条件稳定的（Wood 1990）。因此，研究人员已经进行了大量工作，并成功开发出用于热弹性方程的绝对稳定的交错算法（Armero 和 Simo，1992；Farhat 等人，1991；Liu 和 Chang，1985）。

采用交错算法对完全耦合的近场动力学热-力耦合系统进行数值求解。系统根据结构和热量场自然分区；因此，运动方程用于求解位移场，热传导方程用于求解温度场。并利用显式时间积分的方法计算这两个方程的解。

为了说明数值算法的具体实施方法，考虑一维近场动力学热-力耦合方程式（13.55a、b），它们可以离散为

$$\bar{\ddot{u}}_{(i)}^{n}=\frac{2}{\bar{\delta}^{2}\,\bar{A}}\sum_{j=1}^{N}\frac{\bar{\boldsymbol{\xi}}_{(i)(j)}^{n}+\bar{\boldsymbol{\eta}}_{(i)(j)}^{n}}{\left|\bar{\boldsymbol{\xi}}_{(i)(j)}^{n}+\bar{\boldsymbol{\eta}}_{(i)(j)}^{n}\right|}\left[\bar{s}_{(i)(j)}^{n}-\bar{T}_{(i)(j)}^{n}\right]\bar{V}_{(j)} \tag{13.59a}$$

和

$$\dot{\bar{T}}_{(i)}^{n}=\frac{2}{\bar{\delta}^{2}\,\bar{A}}\sum_{j=1}^{N}\left[\frac{\bar{\tau}_{(i)(j)}^{n}}{\left|\bar{\boldsymbol{\xi}}_{(i)(j)}^{n}\right|}-\epsilon\frac{\bar{e}_{(i)(j)}^{n}}{2}\right]\bar{V}_{(j)} \tag{13.59b}$$

式中：假设 $2/(\bar{\delta}^{2}\,\bar{A})$ 在整个区域内是常数；n 表示时间步长；i 表示要求解的质点；j 表示 i 的邻域范围内的质点。质点 j 的子域的无量纲体积用 $\bar{V}_{(j)}$ 表示。

一维区域的离散化如图 13.1 所示。将一维区域离散成子域，质点位于各子域的中心。

邻域范围为 $\bar{\delta}=3\bar{\Delta}$，其中 $\bar{\Delta}$ 是质点之间的无量纲距离。所计算质点为 i，而且它和左边 3 个以及右边 3 个质点相互作用。因此，i 邻域内的质点 j 是 $(i-3)$、$(i-$

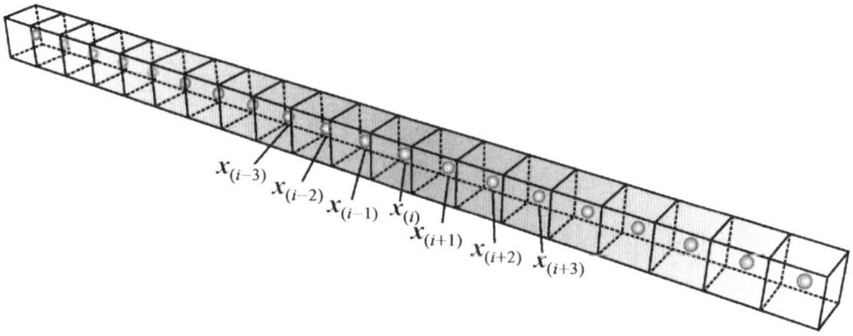

图 13.1 一维区域的离散化

2)、$(i-1)$、$(i+1)$、$(i+2)$ 和$(i+3)$，如图 13.1 所示。

所有质点第 n 个时间步(即当前时间步)的无量纲位移、速度和温度是已知的。对于图 13.1 中的模型，式(13.55a)可以离散为

$$\begin{aligned}\bar{\ddot{u}}_{(i)}^{n} = \frac{2}{\delta^2 \bar{A}}\Bigg\{ & \frac{\bar{\boldsymbol{\xi}}_{(i)(i+3)}^{n}+\bar{\boldsymbol{\eta}}_{(i)(i+3)}^{n}}{\left|\bar{\boldsymbol{\xi}}_{(i)(i+3)}^{n}+\bar{\boldsymbol{\eta}}_{(i)(i+3)}^{n}\right|}\left[\bar{s}_{(i)(i+3)}^{n}-\bar{T}_{(i)(i+3)}^{n}\right]\bar{V}_{(i+3)}+ \\ & \frac{\bar{\boldsymbol{\xi}}_{(i)(i+2)}^{n}+\bar{\boldsymbol{\eta}}_{(i)(i+2)}^{n}}{\left|\bar{\boldsymbol{\xi}}_{(i)(i+2)}^{n}+\bar{\boldsymbol{\eta}}_{(i)(i+2)}^{n}\right|}\left[\bar{s}_{(i)(i+2)}^{n}-\bar{T}_{(i)(i+2)}^{n}\right]\bar{V}_{(i+2)}+ \\ & \frac{\bar{\boldsymbol{\xi}}_{(i)(i+1)}^{n}+\bar{\boldsymbol{\eta}}_{(i)(i+1)}^{n}}{\left|\bar{\boldsymbol{\xi}}_{(i)(i+1)}^{n}+\bar{\boldsymbol{\eta}}_{(i)(i+1)}^{n}\right|}\left[\bar{s}_{(i)(i+1)}^{n}-\bar{T}_{(i)(i+1)}^{n}\right]\bar{V}_{(i+1)}+ \\ & \frac{\bar{\boldsymbol{\xi}}_{(i)(i-3)}^{n}+\bar{\boldsymbol{\eta}}_{(i)(i-3)}^{n}}{\left|\bar{\boldsymbol{\xi}}_{(i)(i-3)}^{n}+\bar{\boldsymbol{\eta}}_{(i)(i-3)}^{n}\right|}\left[\bar{s}_{(i)(i-3)}^{n}-\bar{T}_{(i)(i-3)}^{n}\right]\bar{V}_{(i-3)}+ \\ & \frac{\bar{\boldsymbol{\xi}}_{(i)(i-2)}^{n}+\bar{\boldsymbol{\eta}}_{(i)(i-2)}^{n}}{\left|\bar{\boldsymbol{\xi}}_{(i)(i-2)}^{n}+\bar{\boldsymbol{\eta}}_{(i)(i-2)}^{n}\right|}\left[\bar{s}_{(i)(i-2)}^{n}-\bar{T}_{(i)(i-2)}^{n}\right]\bar{V}_{(i-2)}+ \\ & \frac{\bar{\boldsymbol{\xi}}_{(i)(i-1)}^{n}+\bar{\boldsymbol{\eta}}_{(i)(i-1)}^{n}}{\left|\bar{\boldsymbol{\xi}}_{(i)(i-1)}^{n}+\bar{\boldsymbol{\eta}}_{(i)(i-1)}^{n}\right|}\left[\bar{s}_{(i)(i-1)}^{n}-\bar{T}_{(i)(i-1)}^{n}\right]\bar{V}_{(i-1)}\Bigg\}\end{aligned} \tag{13.60}$$

式中：无量纲伸长率用$\bar{s}_{(i)(j)}^{n}$表示，定义为

$$\bar{s}_{(i)(j)}^{n}=\frac{\left|\bar{\boldsymbol{\xi}}_{(i)(j)}^{n}+\bar{\boldsymbol{\eta}}_{(i)(j)}^{n}\right|-\left|\bar{\boldsymbol{\xi}}_{(i)(j)}^{n}\right|}{\left|\bar{\boldsymbol{\xi}}_{(i)(j)}^{n}\right|} \tag{13.61}$$

第 i 和第 j 个质点的位置分别用$\bar{\boldsymbol{x}}_{(i)}$ 和$\bar{\boldsymbol{x}}_{(j)}$ 表示，于是无量纲相对位移可以定义为

$$\bar{\boldsymbol{\xi}}^n_{(i)(j)} = \bar{\boldsymbol{x}}_{(j)} - \bar{\boldsymbol{x}}_{(i)} \tag{13.62}$$

第 i 和第 j 个质点的无量纲位移用 $\bar{\boldsymbol{u}}_{(i)}$ 和 $\bar{\boldsymbol{u}}_{(j)}$ 表示，于是无量纲相对位移可以定义为

$$\bar{\boldsymbol{\eta}}^n_{(i)(j)} = \bar{\boldsymbol{u}}_{(j)} - \bar{\boldsymbol{u}}_{(i)} \tag{13.63a}$$

以及 $\bar{T}^n_{(i)(j)}$ 定义为

$$\bar{T}^n_{(i)(j)} = \frac{\bar{T}^n_{(j)} + \bar{T}^n_{(i)}}{2} \tag{13.63b}$$

对于图 13.1 中的模型，式(13.55b)可以离散为

$$\begin{aligned}\dot{\bar{T}}^n_{(i)} = \frac{2}{\bar{\delta}^2\bar{A}}\Bigg\{&\left[\frac{\bar{\tau}^n_{(i)(i+3)}}{|\bar{\boldsymbol{\xi}}^n_{(i)(i+3)}|} - \epsilon\frac{\dot{\bar{e}}^n_{(i)(i+3)}}{2}\right]\bar{V}_{(i+3)} + \left[\frac{\bar{\tau}^n_{(i)(i+2)}}{|\bar{\boldsymbol{\xi}}^n_{(i)(i+2)}|} - \epsilon\frac{\dot{\bar{e}}^n_{(i)(i+2)}}{2}\right]\bar{V}_{(i+2)} + \\ &\left[\frac{\bar{\tau}^n_{(i)(i+1)}}{|\bar{\boldsymbol{\xi}}^n_{(i)(i+1)}|} - \epsilon\frac{\dot{\bar{e}}^n_{(i)(i+1)}}{2}\right]\bar{V}_{(i+1)} + \left[\frac{\bar{\tau}^n_{(i)(i-3)}}{|\bar{\boldsymbol{\xi}}^n_{(i)(i-3)}|} - \epsilon\frac{\dot{\bar{e}}^n_{(i)(i-3)}}{2}\right]\bar{V}_{(i-3)} + \\ &\left[\frac{\bar{\tau}^n_{(i)(i-2)}}{|\bar{\boldsymbol{\xi}}^n_{(i)(i-2)}|} - \epsilon\frac{\dot{\bar{e}}^n_{(i)(i-2)}}{2}\right]\bar{V}_{(i-2)} + \left[\frac{\bar{\tau}^n_{(i)(i-1)}}{|\bar{\boldsymbol{\xi}}^n_{(i)(i-1)}|} - \epsilon\frac{\dot{\bar{e}}^n_{(i)(i-1)}}{2}\right]\bar{V}_{(i-1)}\Bigg\}\end{aligned} \tag{13.64}$$

式中：

$$\bar{\tau}^n_{(i)(j)} = \bar{T}^n_{(j)} - \bar{T}^n_{(i)} \tag{13.65a}$$

质点之间的无量纲伸长变化率由下式给出。

$$\dot{\bar{e}}^n_{(i)(j)} = \frac{\bar{\boldsymbol{\eta}}^n_{(i)(j)} + \bar{\boldsymbol{\xi}}^n_{(i)(j)}}{|\bar{\boldsymbol{\eta}}^n_{(i)(j)} + \bar{\boldsymbol{\xi}}^n_{(i)(j)}|} \cdot [\dot{\bar{\boldsymbol{u}}}^n_{(j)} - \dot{\bar{\boldsymbol{u}}}^n_{(i)}] \tag{13.65b}$$

如 7.3 节和 12.9 节所述，式(13.60)的时间积分可以采用显式向前和向后差分方法，式(13.64)可以采用向前差分的时间积分方法。

13.6 验证

对传统方法已解决的问题，通过构造近场动力学解来验证完全耦合近场动力学热-力耦合方程。第一个问题是半无限杆，边界受到瞬态热载荷。第二个问题是关于一个具有初始正弦速度的热弹性杆的动态响应。通过构建一维 PD 模型获得这些问题的解。第三个问题是一个有限板受到压力冲击或热冲击以及它

们的组合。通过构建二维 PD 模型，来获得他们的解。第四个问题是一个受到瞬态热边界条件的物体。该问题通过建立三维 PD 模型求解。

13.6.1 半无限长杆受热载荷

半无限长杆在边界端上受到温度载荷。边界端无应力并逐渐加热。边界端的无应力条件通过不指定任何位移或速度条件实现。热和变形场的 PD 离散化如图 13.2 所示。

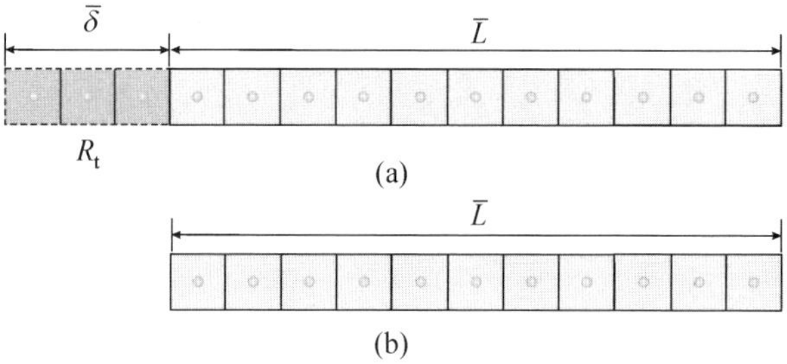

图 13.2 一维杆的近场动力学模型

(a) 热量场离散 (b) 变形场离散

将三种不同耦合情况下的无量纲温度和位移的近场动力学解与 Nickell 和 Sackman(1968)发表的经典解进行了比较。分别用耦合系数 $\epsilon=0$、0.36、1 分别表示解耦、中等耦合和强耦合情况。如第 12 章所述，温度边界条件通过虚拟区域 R_t 作用。几何参数、初始条件、边界条件、近场动力学离散参数以及数值解如下所示。

1）几何参数

(1) 杆的长度 $\bar{L}=5$。

(2) 横截面面积 $\bar{A}=6.25\times10^{-4}$。

2）初始条件

$\bar{u}(\bar{x},0)=\partial\bar{u}(\bar{x},0)/\partial\bar{t}=\bar{T}(\bar{x},0)=0$。

3）边界条件

$\bar{T}(0,\bar{t})=(\bar{t}/\bar{t}_0)H(\bar{t}_0-t)+H(\bar{t}-\bar{t}_0)$，$\bar{t}_0=0.25$。

4）近场动力学离散参数

(1) $\bar{x}$方向质点总数为 200。

(2) 质点之间的间隔 $\bar{\Delta}=0.025$。

(3) 单个质点的体积 $\Delta\bar{V}=1.5625\times10^{-5}$。

(4) 虚拟边界层的体积 $\overline{V}_{\overline{\delta}} = 3 \times \Delta\overline{V} = 4.6875 \times 10^{-5}$。

(5) 邻域范围 $\overline{\delta} = 3.015\,\overline{\Delta}$。

(6) 时间步长 $\Delta\overline{t} = 0.5 \times 10^{-3}$。

5) 数值解结果

图 13.3 给出了近场动力学在 $\overline{x} = 1$ 和 $\epsilon = 0$、0.36、1 时，仿真预测得到的温度和位移分布与 ANSYS 有限元预测的比较。这些结果也和 Nickell 和 Sackman (1968)的文献报道结果非常吻合。很明显在三种耦合情况下，随着时间的推移，在 $\overline{t} = 0.5$ 之前，$\overline{x} = 1$ 处温度以非常相似的方式增加，而位移都保持为 0。在 $\overline{t} = 0.5$ 时，点 $\overline{x} = 1$ 处的位移开始向正方向增长。在 $\overline{t} = 0.5$ 之后耦合效应变得明显。温度和位移变化对于三种耦合情况不再相同。随着耦合强度增加，温度和位移的幅值减小。耦合加速了热量的扩散，因为热量和机械能量的消耗在增加。

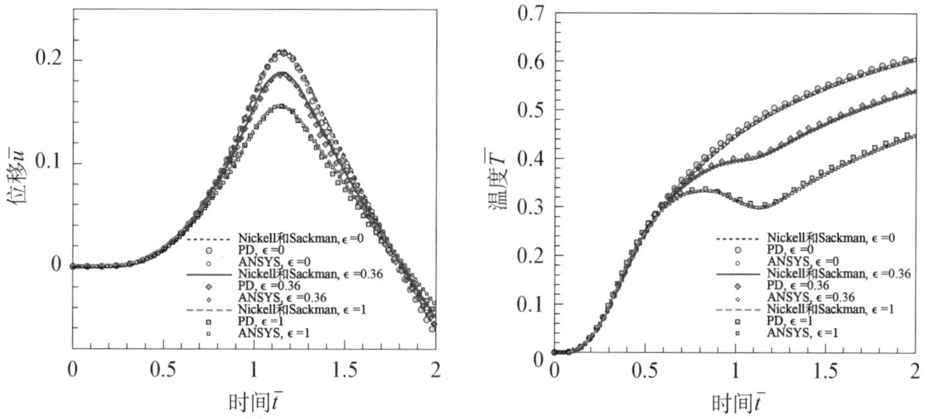

(a)　(b)

图 13.3　不同耦合系数在 $\overline{x}=1$ 处的结果

(a) 位移　(b) 温度

13.6.2　有限长杆的热弹性振动

有限长杆具有初始速度和初始位移，初始温度为零。初始速度根据指定的波数确定。杆末端固定，位移和温度为零。Armero 和 Simo(1992)用有限元法分析了这种热弹性振动问题。本节采用无量纲形式方程构造了 PD 解。图 13.4 给出了几何参数以及热和变形场的近场动力学离散情况。通过虚拟区域 R_t 和

R_u 分别施加温度和位移边界条件。

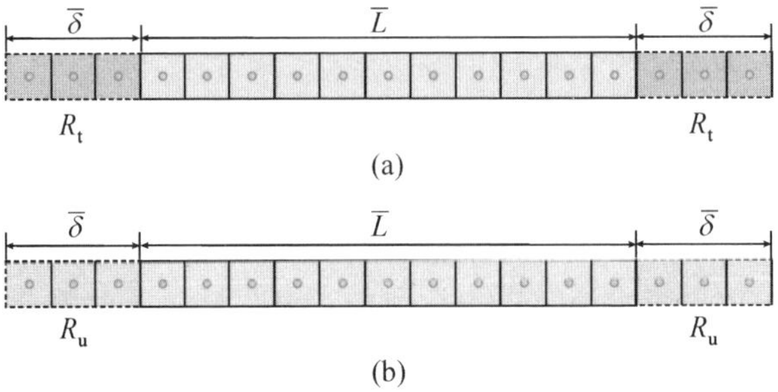

图 13.4 一维杆的近场动力学模型

(a) 热 (b) 变形

几何参数、初始条件、边界条件，以及近场动力学离散和时间积分参数如下。

1) 几何参数

杆的长度 $\bar{L} = 100$。

2) 初始条件

(1) $\bar{u}(\bar{x}, 0) = \bar{T}(\bar{x}, 0) = 0$。

(2) $\partial\bar{u}(\bar{x}, 0)/\partial t = \sin(\pi \bar{x}/\bar{L})$。

3) 边界条件

(1) $\bar{T}(0, \bar{t}) = \bar{T}(\bar{L}, \bar{t}) = 0$。

(2) $\bar{u}(0, \bar{t}) = \bar{u}(\bar{L}, \bar{t}) = 0$。

4) 近场动力学离散参数

(1) $\bar{x}$方向的质点总数为 5 000。

(2) 质点之间的间隔 $\bar{\Delta} = 0.02$。

(3) 单个质点的体积 $\Delta\bar{V} = 8 \times 10^{-6}$。

(4) 虚拟边界层的体积 $\bar{V}_{\bar{\delta}} = 3 \times \Delta\bar{V} = 24 \times 10^{-6}$。

(5) 邻域范围大小 $\bar{\delta} = 3.015\,\bar{\Delta}$。

(6) 时间步长 $\Delta\bar{t} = 1 \times 10^{-4}$。

5) 数值解结果

产生的弹性波是渐进行波。在完全耦合热弹性问题中，存在两种波：弹性波和热波。这两种波都已经从它们的非耦合形式中进行了修正。与非耦合弹性波相比，修正后的弹性波衰减，并随时间发生频散和阻尼耗散。修正的热波也表现出随时间的频散和阻尼。图 13.5 分别给出了在 $\bar{x}=50$ 和 $\bar{x}=25$ 位置处，耦合系数 $\epsilon=0$ 和 $\epsilon=1$ 的位移和温度的动态分布的近场动力学结果，并且将近场动力学解与 Armero 和 Simo(1992)所给出的经典有限元近似解做了比较。

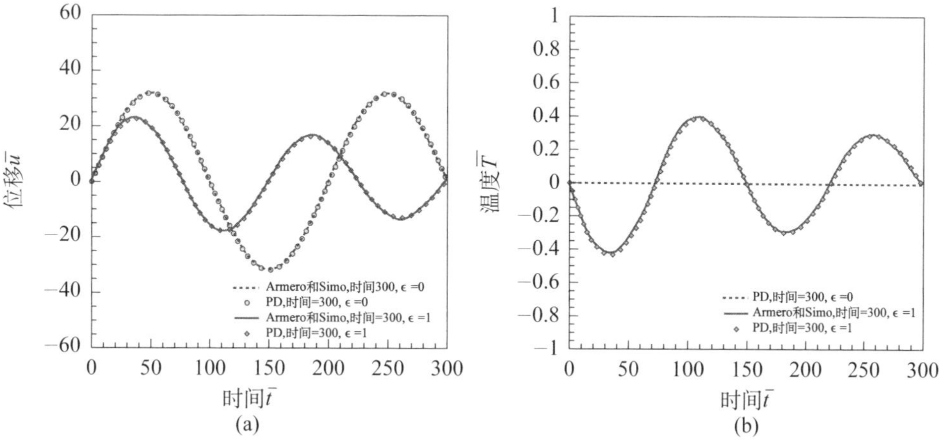

图 13.5　耦合系数 $\epsilon=0$ 和 $\epsilon=1$ 的位移和温度的动态分布

(a) 位移在 $\bar{x}=50$ 处　(b) 温度在 $\bar{x}=25$ 处

13.6.3　板受到压力冲击、温度冲击以及压力和温度组合冲击

通过 Hosseini-Tehrani 和 Eslami (2000)之前用边界元法求解的热-力耦合问题，进一步验证完全耦合的无量纲 PD 热-力耦合方程。一个各向同性材料的方形板，在自由边上受到正 $\bar{x}$ 方向的压力冲击或热冲击，以及压力和热的组合冲击。如图 13.6 所示，板的另一边夹持，绝缘的水平边缘无任何载荷。对于非耦合和耦合的情况求解热力方程。相关参数和数值解如下所示。

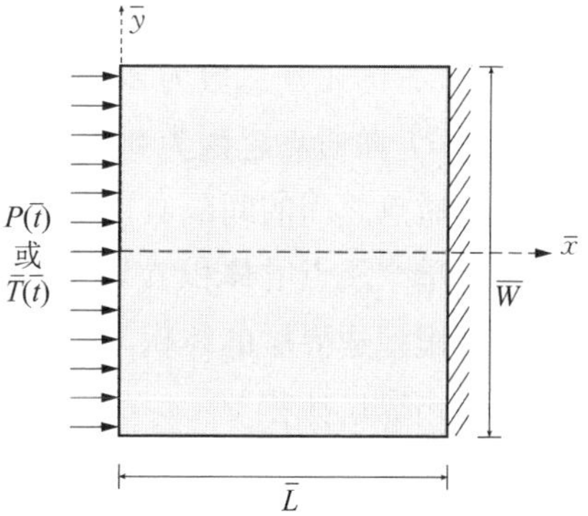

图 13.6　受压力和热冲击板的几何和边界条件

1) 几何参数

(1) 长度 $\bar{L}=10$。

(2) 宽度 $\overline{W}=10$。

(3) 厚度 $\overline{H}=1$。

2) 初始条件

(1) $\overline{T}(\bar{x},\ \bar{y},\ 0)=0$。

(2) $\bar{u}_{\bar{x}}(\bar{x},\ \bar{y},\ 0)=\bar{u}_{\bar{y}}(\bar{x},\ \bar{y},\ 0)=0$。

3) 边界条件

(1) $\overline{T}_{,\bar{x}}(\bar{x}=10,\ \bar{y},\ \bar{t})=0$。

(2) $\overline{T}_{,\bar{y}}(\bar{x},\ \bar{y}=\pm 5,\ \bar{t})=0$。

(3) $\bar{u}_{\bar{x}}(\bar{x}=10,\ \bar{y},\ \bar{t})=\bar{u}_{\bar{y}}(\bar{x}=10,\ \bar{y},\ \bar{t})=0$。

(4) $\sigma_{\bar{y}\bar{y}}(\bar{x},\ \bar{y}=\pm 5,\ \bar{t})=\sigma_{\bar{x}\bar{y}}(\bar{x},\ \bar{y}=\pm 5,\ \bar{t})=0$，式中$\bar{t}$是无量纲时间。

4) 压力冲击

(1) $\overline{T}(\bar{x}=0,\ \bar{y},\ \bar{t})=0$。

(2) $\sigma_{\bar{x}\bar{x}}(\bar{x}=0,\ \bar{y},\ \bar{t})=-P(\bar{t})=-5\,\bar{t}\,\mathrm{e}^{-2\bar{t}}$。

5) 热冲击

(1) $\overline{T}(\bar{x}=0,\ \bar{y},\ \bar{t})=5\,\bar{t}\,\mathrm{e}^{-2\bar{t}}$。

(2) $\sigma_{\bar{x}\bar{x}}(\bar{x}=0,\ \bar{y},\ \bar{t})=0$。

6) 压力和热冲击耦合

(1) $\overline{T}(\bar{x}=0,\ \bar{y},\ \bar{t})=5\,\bar{t}\,\mathrm{e}^{-2\bar{t}}$。

(2) $\sigma_{\bar{x}\bar{x}}(\bar{x}=0,\ \bar{y},\ \bar{t})=-P(\bar{t})=-5\,\bar{t}\,\mathrm{e}^{-2\bar{t}}$。

7) 近场动力学离散参数

(1) $\bar{x}$方向质点总数为 200。

(2) $\bar{y}$方向质点总数为 200。

(3) 质点之间的间隔 $\bar{\Delta}=0.05$。

(4) 单个质点的体积 $\Delta\overline{V}=1.25\times 10^{-4}$。

(5) 虚拟边界层的体积 $\overline{V}_{\bar{\delta}}=(3\times 200)\times\Delta\overline{V}=0.075$。

(6) 边界层体积 $\overline{V}_{\bar{\Delta}}=(1\times 200)\times\Delta\overline{V}=0.025$。

(7) 邻域范围 $\bar{\delta}=3.015\,\bar{\Delta}$。

(8) 时间步长 $\Delta\bar{t}=0.5\times 10^{-3}$。

热量场的近场动力学离散如图 13.7 所示。在虚拟区域 R_{t} 中施加温度边界条件。变形场的近场动力学离散如图 13.8 所示。在虚拟区域 R_{u} 中施加位移边界条件。压力施加在边界层区域 R_{p}。

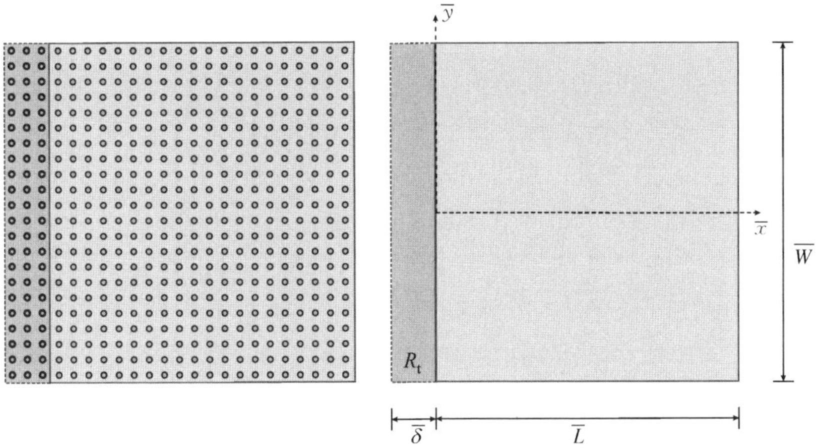

图 13.7　板的近场动力学热量场离散模型

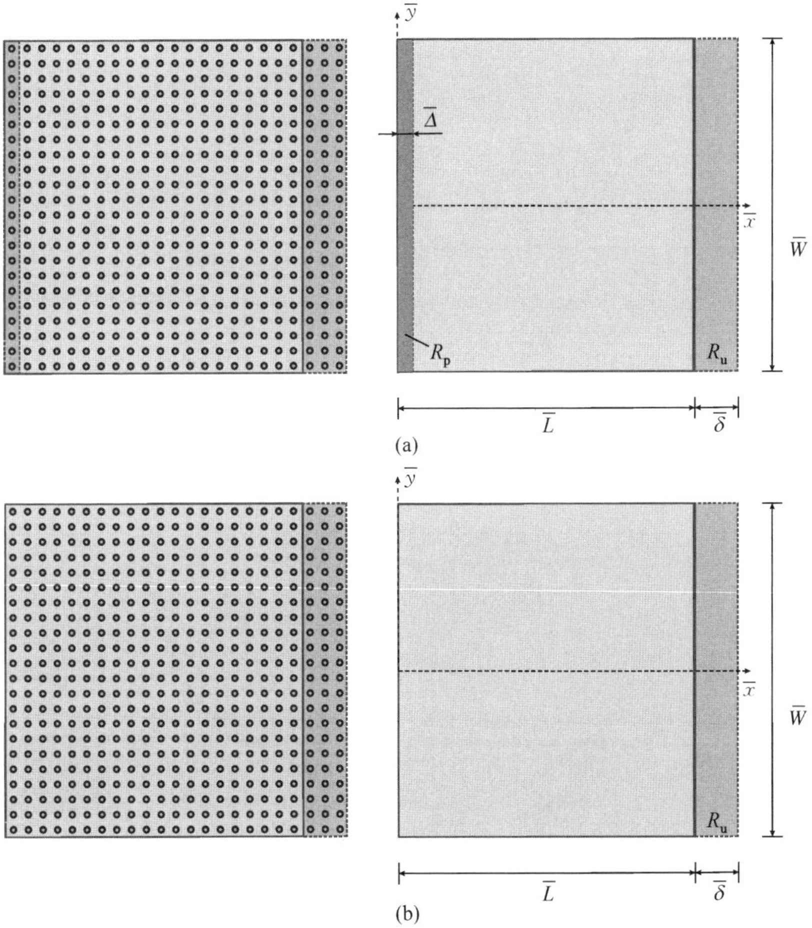

图 13.8　近场动力学板变形场模型

(a) 压力冲击　(b) 热冲击

8）数值解结果

图 13.9 给出了受压力冲击载荷，在 $\bar{t}=3$ 和 $\bar{t}=6$ 时，$\bar{y}=0$ 处的温度和位移变化。当耦合系数为零时无温度变化。然而，当考虑耦合效应时，即使作用的是机械载荷，温度也会发生变化。沿边界的压缩应力引起温度上升。如图 13.9 所示，随着时间的推移，温度分布的峰值逐渐向右移动。图 13.9 还给出了沿 $\bar{x}$ 轴分布的轴向位移。且 PD 的结果与 BEM 结果（Hosseini-Tehrani 和 Eslami，2000）非常一致。图 13.10 给出了受热冲击载荷，在 $\bar{t}=3$ 和 $t=6$ 时，$y=0$ 处的温度和位移变化。正如图 13.10 所示，热量场中的耦合项会导致温度下降，而近场动力学结果与 Hosseini-Tehrani 和 Eslami(2000)发表的 BEM 结果非常一致。图 13.11 给出了受到压力和热的组合冲击，在 $\bar{t}=3$ 和 $\bar{t}=6$ 时，$\bar{y}=0$ 处的温度和位移变化。PD 结果与 Hosseinih-tehrani 和 Eslami(2000)发表的 BEM 结果非常一致。

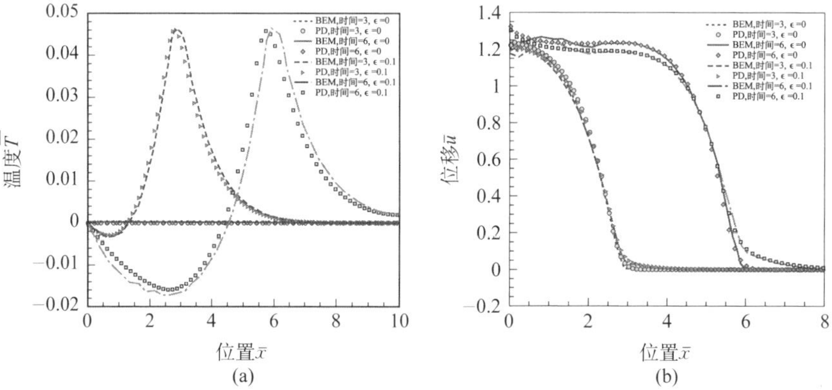

图 13.9　压力冲击下板中心线上无耦合($\epsilon=0$)和有耦合($\epsilon\neq0$)时的变化

(a) 温度　(b) 位移

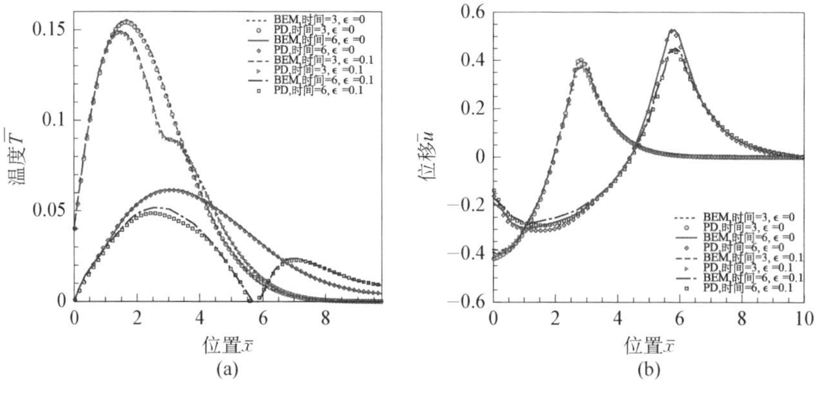

图 13.10　热冲击下沿板中心线无耦合($\epsilon=0$)和有耦合($\epsilon\neq0$)时的变化

(a) 温度　(b) 位移

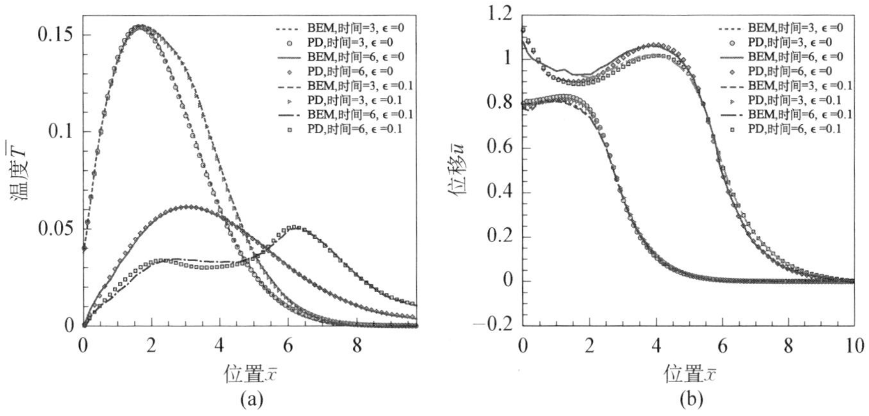

图 13.11 热和压力组合冲击下板中心线无耦合($\epsilon=0$)和有耦合($\epsilon\neq0$)时变化

(a) 温度 (b) 位移

13.6.4 物体受热载荷

将一个有限尺寸的三维物体的一端逐渐加热,其余表面都是绝缘的。如图 13.12 所示,将物体的另一端夹紧,没有其他载荷。热量场和变形场的 PD 离散化如图 13.13 所示。

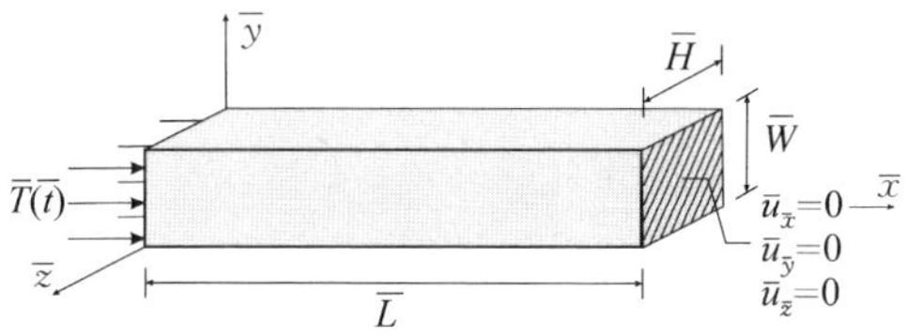

图 13.12 受热冲击载荷的物体的几何和边界条件

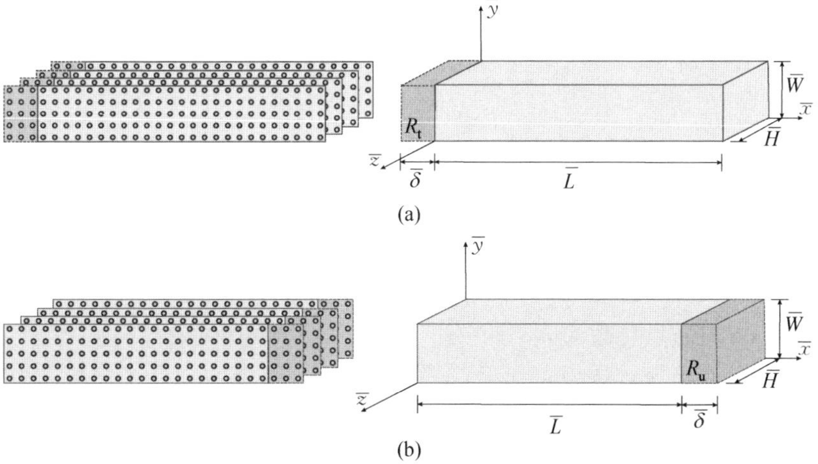

图 13.13 三维近场动力学模型

(a) 热量场 (b) 变形场

几何参数、初始条件、边界条件、近场动力学离散参数以及数值解如下所示。

1）几何参数

(1) 长度 $\bar{L}=5$ 。

(2) 宽度 $\bar{W}=0.15$。

(3) 厚度 $\bar{H}=0.15$。

2）初始条件

$\bar{u}(\bar{x}, \bar{y}, \bar{z}, 0)=\partial\bar{u}(\bar{x}, \bar{y}, \bar{z}, 0)/\partial\bar{t}=\bar{T}(\bar{x}, \bar{y}, \bar{z}, 0)=0$。

3）边界条件

(1) $\bar{T}(0, \bar{y}, \bar{z}, \bar{t})=(\bar{t}/\bar{t}_0)H(\bar{t}_0-t)+H(\bar{t}-\bar{t}_0)$。

(2) $\bar{T}_{,\bar{x}}(\bar{x}=\bar{L}, \bar{y}, \bar{z}, \bar{t})=0$。

(3) $\bar{T}_{,\bar{y}}(\bar{x}, \bar{y}=0, \bar{z}, \bar{t})=0$。

(4) $\bar{T}_{,\bar{y}}(\bar{x}, \bar{y}=\bar{W}, \bar{z}, \bar{t})=0$。

(5) $\bar{T}_{,\bar{z}}(\bar{x}, \bar{y}, \bar{z}=0, \bar{t})=0$。

(6) $\bar{T}_{,\bar{z}}(\bar{x}, \bar{y}, \bar{z}=\bar{H}, \bar{t})=0$。

(7) $\bar{u}_{\bar{x}}(\bar{x}=\bar{L}, \bar{y}, \bar{z}, \bar{t})=\bar{u}_{\bar{y}}(\bar{x}=\bar{L}, \bar{y}, \bar{z}, \bar{t})=\bar{u}_{\bar{z}}(\bar{x}=\bar{L}, \bar{y}, \bar{z}, \bar{t})=0$。

(8) $\sigma_{\bar{x}\bar{x}}(\bar{x}=0, \bar{y}, \bar{z}, \bar{t})=\sigma_{\bar{x}\bar{y}}(\bar{x}=0, \bar{y}, \bar{z}, \bar{t})=\sigma_{\bar{x}\bar{z}}(\bar{x}=0, \bar{y}, \bar{z}, \bar{t})=0$。

(9) $\sigma_{\bar{y}\bar{y}}(\bar{x}, \bar{y}=0, \bar{z}, \bar{t})=\sigma_{\bar{x}\bar{y}}(\bar{x}, \bar{y}=0, \bar{z}, \bar{t})=\sigma_{\bar{y}\bar{z}}(\bar{x}, \bar{y}=0, \bar{z}, \bar{t})=0$。

(10) $\sigma_{\bar{y}\bar{y}}(\bar{x}, \bar{y}=\bar{W}, \bar{z}, \bar{t})=\sigma_{\bar{x}\bar{y}}(\bar{x}, \bar{y}=\bar{W}, \bar{z}, \bar{t})=\sigma_{\bar{y}\bar{z}}(\bar{x}, \bar{y}=\bar{W}, \bar{z}, \bar{t})=0$。

(11) $\sigma_{\bar{z}\bar{z}}(\bar{x}, \bar{y}, \bar{z}=0, \bar{t})=\sigma_{\bar{x}\bar{z}}(\bar{x}, \bar{y}, \bar{z}=0, \bar{t})=\sigma_{\bar{y}\bar{z}}(\bar{x}, \bar{y}, \bar{z}=0, \bar{t})=0$。

(12) $\sigma_{\bar{z}\bar{z}}(\bar{x}, \bar{y}, \bar{z}=\bar{H}, \bar{t})=\sigma_{\bar{x}\bar{z}}(\bar{x}, \bar{y}, \bar{z}=\bar{H}, \bar{t})=\sigma_{\bar{y}\bar{z}}(\bar{x}, \bar{y}, \bar{z}=\bar{H}, \bar{t})=0$。

4）近场动力学离散参数

(1) $\bar{x}$方向质点总数为 200。

(2) $\bar{y}$方向质点总数为 6。

(3) $\bar{z}$方向质点总数为 6。

(4) 质点之间的间隔 $\bar{\Delta}=0.025$。

(5) 单个质点的体积 $\Delta\bar{V}=1.5625\times10^{-5}$。

(6) 虚拟边界层的体积 $\overline{V}_{\bar{\delta}} = (3 \times 6 \times 6) \times \Delta \overline{V} = 1.6875 \times 10^{-3}$。

(7) 邻域范围 $\bar{\delta} = 3.015\,\bar{\Delta}$。

(8) 时间步长 $\Delta \bar{t} = 1 \times 10^{-4}$。

5) 数值解结果

如图 13.14 所示,PD 与 ANSYS 有限元方法在 $\bar{t} = 1$ 和 $\bar{t} = 2$,且 $\epsilon = 0$ 和 $\epsilon = 1$ 时沿物体长度方向的温度和位移变化的预测结果吻合得很好。

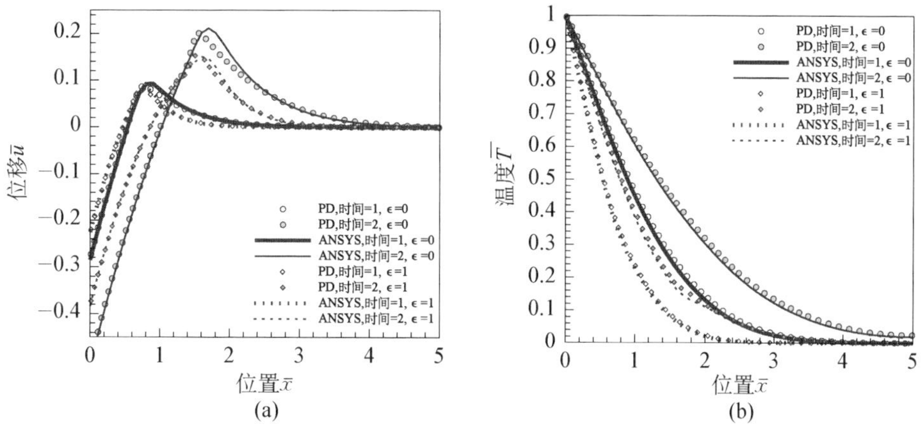

图 13.14 对有耦合和无耦合情况在($\bar{y}=\overline{W}/2$, $\bar{z}=\overline{H}/2$ 处)的预测结果

(a) 位移 (b) 温度

参考文献

Ardito R, Comi C (2009) Nonlocal thermoelastic damping in microelectromechanical resonators. J Eng Mech-ASCE 135: 214 - 220.

Armero F, Simo JC (1992) A new unconditionally stable fractional step method for nonlinear coupled thermomechanical problems. Int J Numer Meth Eng 35: 737 - 766.

Biot MA (1956) Thermoelasticity and irreversible thermodynamics. J Appl Phys 27: 240 - 253.

Boley BA, Hetnarski RB (1968) Propagation of discontinuities in coupled thermoelastic problems. ASME J Appl Mech 35: 489 - 494.

Boley BA, Tolins IS (1962) Transient coupled thermoelastic boundary value problems in the halfspace. J Appl Mech 29: 637 - 646.

Brünig M, Albrecht D, Gerke S (2011) Numerical analyses of stress-triaxiality-dependent inelastic deformation behavior of aluminum alloys. Int J Damage Mech 20: 299 - 317.

Chadwick P (1960) Thermoelasticity: the dynamical theory. In: Sneddon IN, Hill R (eds)

Progress in solid mechanics, vol I. North-Holland, Amsterdam, pp 263 - 328.

Chadwick P (1962) On the propagation of thermoelastic disturbances in thin plates and rods. J Mech Phys Solids 10: 99 - 109.

Chadwick P, Sneddon IN (1958) Plane waves in an elastic solid conducting heat. J Mech Phys Solids 6: 223 - 230.

Chen TC, Weng CI (1988) Generalized coupled transient thermoelastic plane problems by Laplace transform finite-element method. ASME J Appl Mech 55: 377 - 382.

Chen TC, Weng CI (1989a) Coupled transient thermoelastic response in an axi-symmetric circular-cylinder by Laplace transform finite-element method. Comput Struct 33: 533 -542.

Chen TC, Weng CI (1989b) Generalized coupled transient thermoelastic problem of a square cylinder with elliptical hole by Laplace transform finite-element method. J Therm Stresses 12: 305 - 320.

Deresiewicz H (1957) Plane waves in a thermoelastic solid. J Acoust Soc Am 29: 204 - 209.

Farhat C, Park KC, Duboispelerin Y (1991) An unconditionally stable staggered algorithm for transient finite-element analysis of coupled thermoelastic problems. Comput Methods Appl Mech Eng 85: 349 - 365.

Fung YC (1965) Foundations of solid mechanics. Prentice-Hall, Englewood Cliffs.

Givoli D, Rand O (1995) Dynamic thermoelastic coupling effects in a rod. AIAA J 33: 776 -778.

Hosseini-Tehrani P, Eslami MR (2000) BEM analysis of thermal and mechanical shock in a two-dimensional finite domain considering coupled thermoelasticity. Eng Anal Bound Elem 24: 249 - 257.

Huang ZX (1999) Points of view on the nonlocal field theory and their applications to the fracture mechanics (II)—re-discuss nonlinear constitutive equations of nonlocal thermoelastic bodies. Appl Math Mech 20: 764 - 772.

Kilic B, Madenci E (2010) An adaptive dynamic relaxation method for quasi-static simulations using the peridynamic theory. Theor Appl Fract Mech 53: 194 - 204.

Liu WK, Chang HG (1985) A note on numerical-analysis of dynamic coupled thermoelasticity. ASME J Appl Mech 52: 483 - 485.

Liu WK, Zhang YF (1983) Unconditionally stable implicit explicit algorithms for coupled thermal-stress waves. Comput Struct 17: 371 - 374.

Lychev SA, Manzhirov AV, Joubert SV (2010) Closed solutions of boundary-value problems of coupled thermoelasticity. Mech Solids 45: 610 - 623.

Nickell RE, Sackman JL (1968) Approximate solutions in linear coupled thermoelasticity. J Appl Mech 35: 255 - 266.

Nowinski JL (1978) Theory of thermoelasticity with applications. Sijthoff & Noordhoff International Publishers, Alphen aan den Rijn.

Oden JT (1969) Finite element analysis of nonlinear problems in dynamical theory of coupled thermoelasticity. Nucl Eng Des 10: 465 - 475.

Paria G (1958) Coupling of elastic and thermal deformations. Appl Sci Res 7: 463 - 475.

Rittel D (1998) Experimental investigation of transient thermoelastic effects in dynamic fracture. Int J Solids Struct 35: 2959 - 2973.

Silling SA (2009) Linearized theory of peridynamic states. Report SAND2009 - 2458.

Silling SA, Lehoucq RB (2010) Peridynamic theory of solid mechanics. In: Aref H, van der Giessen H (eds) Advances in applied mechanics. Elsevier, San Diego, pp 73 - 168.

Soler AI, Brull MA (1965) On solution to transient coupled thermoelastic problems by perturbation techniques. J Appl Mech 32: 389 - 399.

Ting EC, Chen HC (1982) A unified numerical approach for thermal-stress waves. Comput Struct 15: 165 - 175.

Wood WL (1990) Practical time-stepping schemes. Clarendon Press, Oxford.

附　　录

A.1　状态的概念

一个连续的函数 $g(x)$ 在 $-\infty < x < +\infty$ 范围内，可以看作无数的离散函数值 $g(x_i)$ 的集合，$i = 1, \cdots, \infty$。这些离散的函数值可以存储在无限维数组或"状态" $\underline{g}$ 中。

$$\underline{g} = \begin{Bmatrix} g(x_1) \\ \vdots \\ g(x_i) \\ \vdots \\ g(x_\infty) \end{Bmatrix} \tag{A.1}$$

所有的状态变量都用下划线表示。

二阶状态（双状态）用大写字体$\underline{A}$表示。一阶状态（矢量状态）用粗体大写字体$\underline{\boldsymbol{A}}$表示。零阶状态（标量状态）以小写字母（不加粗）字体$\underline{a}$表示。双状态$\underline{A}$作用在角括号运算符$\langle \cdot \rangle$上，得到二阶张量 $A\langle \cdot \rangle$；矢量状态$\underline{\boldsymbol{A}}$作用在角括号运算符$\langle \cdot \rangle$上，得到矢量$\underline{\boldsymbol{A}}\langle \cdot \rangle$；标量状态$\underline{a}$作用在角括号运算符$\langle \cdot \rangle$上，得到标量$\underline{a}\langle \cdot \rangle$。

"状态"的概念不仅仅限于连续函数，也适用于不连续函数。正如 Silling 等(2007)所说明的，状态也可以描述为张量的一种一般形式。状态可以转换为张量，反之亦然。将张量转换为状态的过程称为"展开"，而将状态转换为张量的过程称为"缩减"。

如果一个二阶张量 $\boldsymbol{F}$ 作用于矢量$[\boldsymbol{x}_{(j)} - \boldsymbol{x}_{(k)}]$，则对应的矢量$[\boldsymbol{y}_{(j)} - \boldsymbol{y}_{(k)}]$由下式得到

$$[\boldsymbol{y}_{(j)} - \boldsymbol{y}_{(k)}] = \boldsymbol{F}[\boldsymbol{x}_{(j)} - \boldsymbol{x}_{(k)}] \tag{A. 2}$$

其中 $j = 1, \cdots, \infty$。所有的矢量$[\boldsymbol{y}_{(j)} - \boldsymbol{y}_{(k)}]$都可以存储在一个无限维数组或矢量状态$\underline{\boldsymbol{Y}}$中

$$\underline{\boldsymbol{Y}} = \begin{Bmatrix} [\boldsymbol{y}_{(1)} - \boldsymbol{y}_{(k)}] \\ \vdots \\ [\boldsymbol{y}_{(\infty)} - \boldsymbol{y}_{(k)}] \end{Bmatrix} \text{或} \underline{\boldsymbol{Y}} = \begin{Bmatrix} \boldsymbol{F}[\boldsymbol{x}_{(1)} - \boldsymbol{x}_{(k)}] \\ \vdots \\ \boldsymbol{F}[\boldsymbol{x}_{(\infty)} - \boldsymbol{x}_{(k)}] \end{Bmatrix} \tag{A. 3}$$

在上述公式中，矢量状态$\underline{\boldsymbol{Y}}$和二阶张量 $\boldsymbol{F}$ 之间存在直接关系，这个关系可以表示为二阶张量 F 的"展开"。"展开"过程如图 A. 1 所示。图中，二阶张量 $\boldsymbol{F}$ 作用于无穷个矢量上，这无穷个矢量$[\boldsymbol{x}_{(j)} - \boldsymbol{x}_{(k)}]$（其中 $j = 1, \cdots, \infty$）形成一个圆，运算得到的矢量$[\boldsymbol{y}_{(j)} - \boldsymbol{y}_{(k)}]$形成一个椭圆。

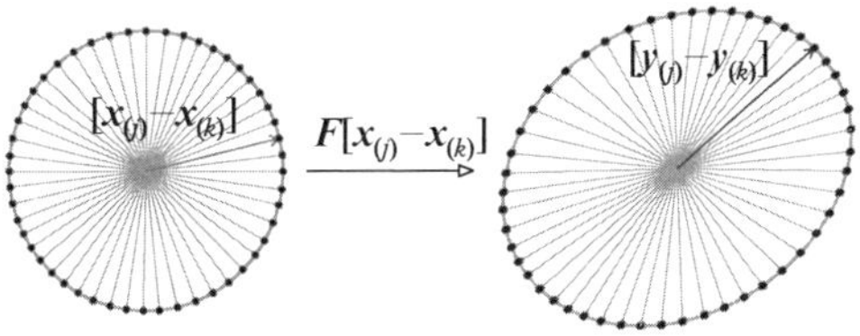

图 A. 1　二阶张量 F 的"展开"

因此，状态可以看作一个可以从中提取有关质点状态信息的数据库。例如，参考位置矢量状态$\underline{\boldsymbol{X}}$和变形矢量状态$\underline{\boldsymbol{Y}}$给出了质点在参考构型和变形构型中的相对位置信息。这种提取信息的数学运算表示为

$$\underline{\boldsymbol{X}}\langle \boldsymbol{x}' - \boldsymbol{x} \rangle = \boldsymbol{x}' - \boldsymbol{x} \tag{A. 4a}$$

和

$$\underline{\boldsymbol{Y}}\langle \boldsymbol{x}' - \boldsymbol{x} \rangle = \boldsymbol{y}' - \boldsymbol{y} \tag{A. 4b}$$

其中$(\boldsymbol{x}' - \boldsymbol{x})$和$(\boldsymbol{y}' - \boldsymbol{y})$分别表示参考构型和变形构型中点 $\boldsymbol{x}'$ 和 $\boldsymbol{x}$ 的相对位置。类似地，温度标量状态$\underline{\tau}$可以给出两个质点处的温度信息 T' 和 T，表达形式为

$$\underline{\tau}\langle \boldsymbol{x}' - \boldsymbol{x} \rangle = T' - T \tag{A. 4c}$$

如 Silling 等(2007)所提出的，两个矢量状态$\underline{\boldsymbol{A}}$和$\underline{\boldsymbol{D}}$以及两个标量状态$\underline{a}$和$\underline{d}$的点积(dot product)定义为

$$\underline{\boldsymbol{A}} \bullet \underline{\boldsymbol{D}} = \int_H \underline{\boldsymbol{A}}\langle \boldsymbol{x}' - \boldsymbol{x}\rangle \bullet \underline{\boldsymbol{D}}\langle \boldsymbol{x}' - \boldsymbol{x}\rangle \mathrm{d}H \tag{A.5a}$$

和

$$\underline{a} \bullet \underline{d} = \int_H \underline{a}\langle \boldsymbol{x}' - \boldsymbol{x}\rangle\, \underline{d}\langle \boldsymbol{x}' - \boldsymbol{x}\rangle \mathrm{d}H \tag{A.5b}$$

它们的被积函数可表示为

$$(\underline{\boldsymbol{AD}})\langle \boldsymbol{x}' - \boldsymbol{x}\rangle = \underline{\boldsymbol{A}}\langle \boldsymbol{x}' - \boldsymbol{x}\rangle \bullet \underline{\boldsymbol{D}}\langle \boldsymbol{x}' - \boldsymbol{x}\rangle \tag{A.6a}$$

和

$$(\underline{ad})\langle \boldsymbol{x}' - \boldsymbol{x}\rangle = \underline{a}\langle \boldsymbol{x}' - \boldsymbol{x}\rangle\, \underline{d}\langle \boldsymbol{x}' - \boldsymbol{x}\rangle \tag{A.6b}$$

矢量状态$\underline{\boldsymbol{A}}$和$\underline{\boldsymbol{D}}$的张量积定义为

$$\underline{\boldsymbol{A}} * \underline{\boldsymbol{D}} = \int_H \underline{w}\langle \boldsymbol{x}' - \boldsymbol{x}\rangle\, \underline{\boldsymbol{A}}\langle \boldsymbol{x}' - \boldsymbol{x}\rangle \otimes \underline{\boldsymbol{D}}\langle \boldsymbol{x}' - \boldsymbol{x}\rangle \mathrm{d}H \tag{A.7}$$

其中 $\underline{w}$ 是影响函数，是一个标量状态；⊗表示两个矢量的并矢运算，即 $\boldsymbol{C} = \boldsymbol{a} \otimes \boldsymbol{b}$ 或$C_{ij} = a_i b_j$。

从矢量状态到二阶张量的逆变换，称为“缩减”过程，Silling 等(2007)给出了近似表达式。张量 $\boldsymbol{R}\{\underline{\boldsymbol{Y}}\}$是矢量状态$\underline{\boldsymbol{Y}}$的矢量状态缩减，定义为

$$\boldsymbol{R}\{\underline{\boldsymbol{Y}}\} = (\underline{\boldsymbol{Y}} * \underline{\boldsymbol{X}})\boldsymbol{K}^{-1} \tag{A.8}$$

因此，矢量状态$\underline{\boldsymbol{Y}}$退化为二阶张量 $\boldsymbol{F}$

$$\boldsymbol{F} = \boldsymbol{R}\{\underline{\boldsymbol{Y}}\} \tag{A.9}$$

形状张量 $\boldsymbol{K}$ 定义为

$$\boldsymbol{K} = \underline{\boldsymbol{X}} * \underline{\boldsymbol{X}} \tag{A.10}$$

于是，形状张量 $\boldsymbol{K}$ 可以由下式得到

$$\boldsymbol{K} = \int_H \underline{w}\langle \boldsymbol{x}' - \boldsymbol{x}\rangle\, \underline{\boldsymbol{X}}\langle \boldsymbol{x}' - \boldsymbol{x}\rangle \otimes \underline{\boldsymbol{X}}\langle \boldsymbol{x}' - \boldsymbol{x}\rangle \mathrm{d}H \tag{A.11}$$

第 4 章中讨论的影响函数$\underline{w}\langle \boldsymbol{x}' - \boldsymbol{x}\rangle$，可以定义为

$$\underline{w}\langle \boldsymbol{x}' - \boldsymbol{x}\rangle = \frac{\delta}{|\, \boldsymbol{x}' - \boldsymbol{x}\, |} \tag{A.12}$$

其中δ定义了邻域H的半径。形状张量$\boldsymbol{K}$与邻域的体积有直接关系。定义位置矢量$\boldsymbol{\xi}=\boldsymbol{x}'-\boldsymbol{x}$,形状张量可以重新写为

$$\boldsymbol{K}=\int_H \underline{w}\langle\boldsymbol{\xi}\rangle\boldsymbol{\zeta}\otimes\boldsymbol{\xi}\mathrm{d}H \tag{A. 13a}$$

或

$$K_{ij}=\int_H \underline{w}\langle\boldsymbol{\xi}\rangle\xi_i\xi_j\mathrm{d}H,\ i,\ j=1,\ 2,\ 3 \tag{A. 13b}$$

在以质点$\boldsymbol{x}$为原点的笛卡尔坐标系$(x,\ y,\ z)$中,质点$\boldsymbol{x}$和$\boldsymbol{x}'$之间的位置矢量$\boldsymbol{\xi}$的分量$(\xi_x,\ \xi_y,\ \xi_z)$可以表示为

$$\xi_1=\xi_x=\xi\sin\phi\sin\theta \tag{A. 14a}$$

$$\xi_2=\xi_y=\xi\cos\phi \tag{A. 14b}$$

$$\xi_3=\xi_z=\xi\sin\phi\cos\theta \tag{A. 14c}$$

其中$\xi=|\boldsymbol{\xi}|$是位置矢量的长度;角度$\phi\in(0,\ \pi)$和$\theta\in(0,\ 2\pi)$的定义如图A. 2所示。

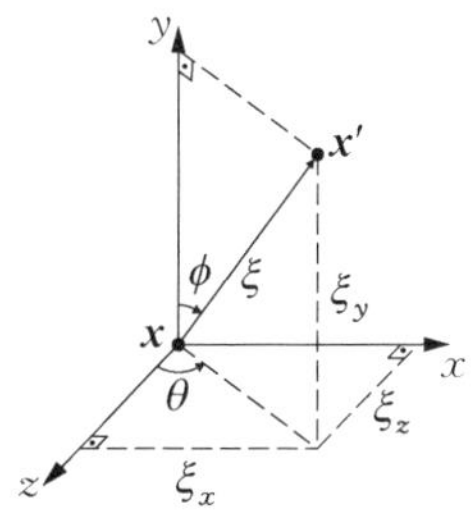

图 A. 2　质点 $\boldsymbol{x}$ 和 $\boldsymbol{x}'$ 之间的位置矢量ξ的分量

形状张量$\boldsymbol{K}$的分量为

$$K_{ij}=\int_H \frac{\delta}{\xi}\xi_i\xi_j\mathrm{d}H,\ i,\ j=1,\ 2,\ 3 \tag{A. 15a}$$

或

$$K_{ij}=\int_0^{\delta}\int_0^{2\pi}\int_0^{\pi}\frac{\delta}{\xi}\xi_i\xi_j\xi^2\sin\phi\,\mathrm{d}\phi\mathrm{d}\theta\mathrm{d}\xi \tag{A. 15b}$$

经过式(A. 15b)的积分运算,获得形状张量$\boldsymbol{K}$的分量为

$$K_{ij}=\frac{\pi\delta^5}{3}\delta_{ij} \tag{A. 16}$$

其中δ_{ij}是克罗内克符号,$i,\ j=1,\ 2,\ 3$。通过定义邻域的体积$V=4/3\pi\delta^3$,形状张量$\boldsymbol{K}$可表示为

$$\boldsymbol{K}=\frac{V\delta^2}{4}\boldsymbol{I} \tag{A. 17}$$

其中$\boldsymbol{I}$表示单位矩阵。因此,形状张量可以看作是矢量状态的张量积$(\underline{\boldsymbol{Y}}*\underline{\boldsymbol{X}})$的

体积平均。

按照缩减的定义式(A. 8),一个标量状态$\underline{a}$ 可以缩减为一个向量$\boldsymbol{R}\{\underline{a}\}$

$$\boldsymbol{R}\{\underline{a}\} = (\underline{a} * \underline{x})m^{-1} \tag{A. 18}$$

因此,标量状态$\underline{a}$可以缩减为矢量 $\boldsymbol{f}$

$$\boldsymbol{f} = \boldsymbol{R}\{\underline{a}\} \tag{A. 19}$$

标量加权体积 m 定义为

$$m = \int_H w\langle \boldsymbol{x}' - x\rangle \mid \underline{\boldsymbol{X}} \mid \langle \boldsymbol{x}' - \boldsymbol{x}\rangle \otimes \mid \underline{\boldsymbol{X}} \mid \langle \boldsymbol{x}' - \boldsymbol{x}\rangle \mathrm{d}H \tag{A. 20}$$

由于 $\underline{a}\langle \boldsymbol{x}' - \boldsymbol{x}\rangle$ 和$|\underline{X}|\langle \boldsymbol{x}' - \boldsymbol{x}\rangle$ 都是标量,于是矢运算符$\otimes$无效,因此,缩减表达式可以写为

$$\boldsymbol{f} = \frac{1}{m}\int_H \underline{w}\langle \boldsymbol{x}' - \boldsymbol{x}\rangle\, \underline{\boldsymbol{X}}\langle \boldsymbol{x}' - \boldsymbol{x}\rangle\, \underline{a}\langle \boldsymbol{x}' - \boldsymbol{x}\rangle \mathrm{d}H \tag{A. 21a}$$

其中

$$m = \int_H \underline{w}\langle \boldsymbol{x}' - x\rangle \mid \boldsymbol{x}' - \boldsymbol{x} \mid\mid \boldsymbol{x}' - \boldsymbol{x} \mid \mathrm{d}H \tag{A. 21b}$$

将式(A. 12)中的影响函数 $\underline{w}\langle \boldsymbol{x}' - \boldsymbol{x}\rangle$ 代入,得到标量加权体积为

$$m = \delta\int_H |\boldsymbol{x}' - \boldsymbol{x}|\, \mathrm{d}H \tag{A. 22}$$

根据图 A. 2,上式可展开为

$$m = \delta\int_0^\delta\int_0^{2\pi}\int_0^\pi \xi^2 \sin\phi \mathrm{d}\phi \mathrm{d}\theta \mathrm{d}\xi = \frac{3}{4}V\delta^2 \tag{A. 23}$$

标量加权体积可以看作是一个标量和一个矢量状态的张量积($\underline{a} * \underline{\boldsymbol{X}}$)的体积平均。

A. 2 Frechet 导数

令标量函数 Ψ 为状态$\underline{\boldsymbol{A}}$ 的函数,即 $\boldsymbol{\Psi} = \boldsymbol{\Psi}(\underline{\boldsymbol{A}})$。它的变分定义为

$$\mathrm{d}\boldsymbol{\Psi} = \boldsymbol{\Psi}(\underline{\boldsymbol{A}} + \mathrm{d}\,\underline{\boldsymbol{A}}) - \boldsymbol{\Psi}(\underline{\boldsymbol{A}}) \tag{A. 24}$$

其中 d$\underline{\boldsymbol{A}}$ 是$\underline{\boldsymbol{A}}$ 的微分。Silling 等人(2007)指出，如果 $\boldsymbol{\Psi}$ 是可微分的，那么 $\boldsymbol{\Psi}$ 的变分定义为

$$\mathrm{d}\boldsymbol{\Psi} = \nabla\boldsymbol{\Psi}(\underline{\boldsymbol{A}}) \cdot \mathrm{d}\,\underline{\boldsymbol{A}} \tag{A. 25a}$$

或

$$\mathrm{d}\boldsymbol{\Psi} = \boldsymbol{\Psi}_{,\underline{\boldsymbol{A}}}(\underline{\boldsymbol{A}}) \cdot \mathrm{d}\,\underline{\boldsymbol{A}} \tag{A. 25b}$$

其中 $-\nabla\boldsymbol{\Psi}(\underline{\boldsymbol{A}}) = \boldsymbol{\Psi}_{,\underline{\boldsymbol{A}}}(\underline{\boldsymbol{A}})$，称为 $\boldsymbol{\Psi}$ 对$\underline{\boldsymbol{A}}$ 的 Frechet 导数。由于 $\boldsymbol{\Psi}$ 是一个标量值函数，因此 $\boldsymbol{\Psi}_{,\underline{\boldsymbol{A}}}(\underline{\boldsymbol{A}})$ 是与 $\underline{\boldsymbol{A}}$ 同阶的状态。Silling 等人(2007)以及 Silling 和 Lehoucq(2010)给出了各种状态函数的 Frechet 导数。

参考文献

Silling SA, Epton M, Weckner O, Xu J, Askari A (2007) Peridynamic states and constitutive modeling. J Elast 88: 151 - 184.

Silling SA, Lehoucq RB (2010) Peridynamic theory of solid mechanics. Adv Appl Mech 44: 73 - 168.

索　　引

B

半无限长杆　238
本构关系　5
比热容　190
边界条件　11
变形　1
表面效应　61
表面修正系数　65
并矢　39
并行计算　10
波　8
波频散　123
波数　9
薄板　51
不等式　226
不可逆热力学　185
不可压缩性　8

C

材料(自然)坐标系　67
材料层　127
材料界面　3
材料属性矩阵　51
参考温度　223
常规态型近场动力学　12
冲击　10
冲击问题　112
出现不连续　1
初始缺陷　147
初始条件　27
粗粒化方法　8

D

带孔板　178
单层板　67
单元刚度矩阵　175
单轴拉伸　62
弹性波　8
弹性波速　232
低温系统　185
第二类 P-K(基尔霍夫)应力张量　38
第一类 P-K(拉格朗日)应力张量　39
点积　225
点力　8
定理　88
动力松弛法　120
动能　24
短程力　4
对流　196

E

二阶张量 39
二维结构 51
二元空间分解 130

F

Fréchet 导数 226
范德华力 7
范德华相互作用 12
方向依赖性 4
非局部 4
非局部理论 4
非局部热传导理论 185
非局部热扩散 185
非线性弹性 9
分布压力 30
分层 11
分叉 10
分子动力学 3
复合材料 10
傅里叶变换 9

G

杆 9
刚度矩阵 67
刚性圆盘 168
高斯积分点 114
高速边界条件 112
高速冲击 222
格林-拉格朗日应变张量 38
各向同性 8
各向同性膨胀 52

H

横向单轴拉伸 79
横向剪切变形 72
横向载荷 97
厚板 206

J

(近场)范围 7
积分 7
积分方程 7
积分-微分方程 8
积分型非局部材料模型 5
基于力的混合模型 11
几何形状变化 45
加权体积 192
剪切 10
剪切模量 49
简单横向剪切 87
简单剪切 52
键常数 35
键型近场动力学理论 8
交错算法 235
接触 164
近场动力学理论 7
近场力 173
经典弹性理论 7
经典局部理论 1
经典连续介质力学 1
经典热传导 193
局部 1
局部刚度矩阵 122
局部理论 1
局部损伤 107
聚合物 222
绝对温度 225
绝对稳定 224
绝缘裂纹 12

均匀温度变化 133

K

Kalthoff-Winkler 实验 10
柯西应力 42
空间划分 129
空间离散 9
块体 150
扩展有限元法 3

L

拉格朗日 19
拉格朗日方程 24
拉梅常数 223
拉普拉斯变换 223
拉伸 12
拉伸载荷 11
离散 4
力 1
力密度 21
裂尖 6
裂纹 1
裂纹路径 3
裂纹萌生 1
裂纹生长 2
临界等效应变 10
临界能量密度 10
临界能量释放率 2
临界伸长率 10

M

面力矢量 42

N

内部长度 7
内聚区 3
内能密度 225
能量守恒 31
凝固 185

O

欧拉-拉格朗日方程 186
耦合 11
耦合系数 223

P

PD 热传导方程 12
PD 热扩散方程 193
PD 应力张量 8
P-K 应力张量 8
配点法 111
配置点 113
膨胀度,体积变化率 46
平衡定律 5
铺层顺序 71

Q

球形空腔 133
屈曲 10
屈曲载荷 148
缺口 10

R

热波 240
热冲击 210
热传导 12
热弹性 222
热弹性波 223
热弹性振动 239
热弹性阻尼 222

热扩散　11
热-力耦合的　71
热-力耦合方程的无量纲形式　231
热力学第一定律　226
热流率　185
热流密度　188
热模量　223
热能　184
热能交换　186
热耦合项　228
热势　187
热通量　185
热通量矢量　184
热响应函数　197
热源　187
热载荷　11
熔化　185
弱非局部模型　185

S

三维结构　51
商　121
熵密度　225
摄动法　224
伸长　87
圣维南原理　173
失效载荷　106
时间步　9
时间步长　4
时间积分　9
矢量态缩减　39
势能　24
数值积分　9
数值收敛　122
数值稳定性　111
双材料板　159
双轴拉伸　79
斯特藩-玻尔兹曼常数　197
速度边界条件　123
速度约束　28
塑性　8
塑性区　222
损伤　7
损伤起始　106
缩减　55

T

态型近场动力学　8
态型近场动力学热扩散　190
特殊正交各向异性　67
梯度张量　39
体积变形　8
体积模量　35
体积修正　111
体积修正系数　111
体积应变　10

W

外载　127
完全热-力耦合　222
网格尺寸　3
微裂纹　6
微势　19
位矢　19
位移约束　28
温差　187
温度　10
温度变化　35
温度梯度　153
稳定性准则(条件)　9

稳态解 162
无量纲参数 232
无失效区 112
无限维数组 8

X

显式时间积分 118
线弹性 9
线弹性断裂力学 1
线性热弹性材料响应 228
相变 9
相对位移矢量 87
响应函数 7
形函数 173
形状变形 36
形状张量 39
虚功原理 24
虚拟边界层 28
虚拟边界区域 126
虚拟材料层 28
虚拟对角密度矩阵 121
虚拟区域 195
虚位移原理 37

Y

压力冲击 237
压缩 10
压缩波 167
一维结构 51
异质材料 213
应变能密度 23
应变张量 227
应力 1
影响函数 9
有限元法 2
预置裂纹 11
原子晶格模型 3
约束条件 27
运动方程 5

Z

载荷平衡 130
再淹没问题 186
张力波 167
真实材料层 30
振动 123
直接耦合 174
质点 1
质点间距 127
中心差分 118
重叠区域 173
自适应动力松弛法 120
自由表面 61
自由能函数 222
自由能密度 225
阻尼系数 120